엔진의 시대

ENGINES OF CHANGE

엔진의 시대

15대의 자동차로 보는 현대 문명의 비밀

폴 인그래시아 정병선 옮김

사이언스북스
SCIENCE BOOKS

찰리에게

현대 문명의 심장부에
자동화가 있었다

자동차는 현대 문명의 심장이요, 엔진이었다. 자동차 본넷 아래에서 부르
릉거리는 엔진 소리와 함께 지난 100년간 인류 문명은 발전해 왔다. 이 책
의 저자는 묻는다. 자동차가 문명을 만들었을까, 문명이 자동차를 만들
었을까? 그리고 답한다. 뭐라고 할 수 없을 정도로 서로 뒤엉켜 있다고. 엔
진의 시대 100년의 역사를 15대 자동차로 추적하는 이 책 속에서 앞으로
100년의 길잡이를 찾을 수 있다면 과언일까? 미래의 성정을 추진해 갈 지
혜와 열정을 『엔진의 시대』에서 발견할 수 있기를 바란다.

전명헌(전 현대자동차 북미 총괄법인장, 전 현대종합상시 시장)

자동차가 만든 세상

21세기 들어 자동차는 새로운 변화를 향해 달려가고 있다. 한 세기 동안 자동차의 동력원을 독점했던 내연기관은 차츰 전기 모터에게 자리를 내어 줄 기세다. 그러면서 자동차의 성격도 바뀌어 가고 있다. 전적으로 운전자의 조작에 의존하던 자동차는 이제 주변의 다른 사물과 환경을 읽으며 스스로 갈 길을 찾아 움직이기 시작했다. 이른바 자율 주행 자동차의 시대가 다가오고 있는 것이다.

자율 주행 자동차는 자동차의 쓰임새를 바꾸어 놓을 것이며, 그로 인해 미래 인류의 생활도 지금과는 다른 모습으로 펼쳐질 것이다. 새로운 개념의 자동차가 앞으로 세상을 어떻게 혹은 얼마나 바꿀지는 알 수 없다. 그러나 자동차가 지난 20세기에 인류의 삶에 미친 영향이 얼마나 컸는지를 돌아보면 그 규모와 깊이를 희미하게나마 짐작해 볼 수는 있을 것이다.

『엔진의 시대』는 그 열쇠가 될 책이다. 이 책에는 자동차와 사회가 서로 영향을 주고받으며 미국의 현대 역사를 만들어 온 과정이 그려져 있다. 철저히 미국 중심으로 이야기가 펼쳐지지만, 오히려 그 덕분에 자동차가 사회에 준 영향을 더 극적으로 확인할 수 있다. 이 책을 읽고 나면 자동차가 우리가 살아가는 지금의 세상이 만들어지는 데 얼마나 큰 역할을 했는지 깨닫고 놀라게 될 것이다. 앞으로 자동차가 바꿀 세상의 모습에 대한 영감을 얻기에 충분한 책이다.

류청희(자동차 평론가)

서문

크라이슬러(Chrysler)의 경영진은 1990년대에 차고 있는 시계만으로도 지프 운전자와 미니밴 운전자를 구별할 수 있다고 말하고는 했다. 실리적인 사람들은 타이멕스 시계를 찼다. 그들은 겉꾸밈에 무신경했고, 엄마 차를 모는 것도 아랑곳하지 않았다. 그들이 엄마였다고 해도 말이다.

자아상(self-image)이 미니밴과 타협할 수 없는 사람들은 롤렉스를 차고 강인하고 다부진 야외 활동 방식을 과시하고 싶어 했다. 자신들이 모는 지프의 그랜드 체로키 오비스(Grand Cherokee Orvis Edition)가 쇼핑몰을 향하며 도로의 움푹 패인 구멍을 건널 뿐이라고 할지라도 말이다. 컵 홀더에 저지방 벤티 사이즈 라테가 있어야 함은 물론이다.

수십 년간 위대한 사색가들이 자동차와 자아상의 관계를 탐색해 왔다. 비치 보이스(Beach Boys, 1961년에 결성된 미국의 록 그룹 — 옮긴이)가 1964년 발표한 「펀, 펀, 펀(Fun, Fun, Fun)」은 포드의 썬더버드(Thunderbird)만큼이나, 그 차를 운전하는 자유로운 10대 소녀를 노래했다.

11

자동차의 정형화된 이미지와 상충되는 운전자들을 칭송하는 노래도 있다. 「패서디나의 노부인(The Little Old Lady from Pasadena)」(잰 앤드 딘(Jan & Dean), 1964년)에는 "붉은색으로 반짝반짝 빛나는 최신형 수퍼 스톡 닷지(Super Stock Dodge)"를 타고 고속도로를 질주하는 할머니가 나온다. 이 책을 쓰려고 자료를 조사하던 중에 나는 노래에서처럼 다른 운전자들을 공포에 떨게 하던 할머니가 실제로 있었다는 것을 확인했다. 그녀가 머스탱을 몰았다는 것만 빼면 노래가 묘사한 내용과 똑같았다. 그 주인공 할머니는 위스콘신 주 오카너모웍(Oconomowoc)에 살았고, 노래가 안 나온 이유를 알 수 있을 것도 같다. 노래 제목이 「오카너모웍의 노부인」이었다면 미국인 한 세대 전체의 혀가 꼬이고 말았을 것이다.

미국사에 등장하는 어떤 차들은 단순하게 운전자들을 규정하는 것 이상의 역할을 했다. 몇몇 영화(가령 「새로운 탄생(The Big Chill)」)와 어떤 책(『호밀밭의 파수꾼(The Catcher in the Rye)』)처럼 그 특별한 자동차들도 미국 문화의 상당 부분을 규정했고, 당대를 정의했으며, 시대정신을 표출했다. 이들 차종과 그것들로 규정된 문화적 추세가 이 책의 주제다.

여기에는 미국의 현대 문화가, 주도권 다툼이 벌어지는 대규모 무대라는 전제가 필요하다. 실용과 허세가 음양으로 갈마들면서 경합을 한다는 이야기다. 대립항들을 변주해 보자. 검소함 대 화려함, 고급 요리(haute cuisine) 대 매운 닭날개 튀김, 고급 주택가 대 서민 거주 지역, 큰 것이 좋다 대 작은 것이 아름답다, 토요일 밤 대 일요일 아침. 이 책에서 읽을 수 있는 처음 두 차종, 곧 포드의 모델 T(Model T)와 제너럴 모터스(General Motors)의 라살(LaSalle)을 떠올리면 방금 말한 두 가치 항이 근본적으로 충돌함을 또렷하게 알 수 있다. 실용성을 극대화한 모델 T는 값이 저렴해, 미국 최초의 국민차로 등극했다.

차가 그리 예쁘지는 않았다. 하지만 모델 T는 1908년부터 1927년까지 20년 동안 괄목할 만한 족적을 남겼다. 농민들도 이 차 덕택에 그 전까지는 생각도 못 하던 거리까지 가서 도시의 불빛을 맛볼 수 있었다. 그 도시가 비록 먼시(인디애나 주 동부의 도시 — 옮긴이)에 그칠 뿐이라도 말이다.

반면 라살은 대중 시장에 나온 최초의 고급 차였다. 이 초기 여피(yuppie) 자동차는 주목받으며 사방을 돌아다니는 것이 목표였다. 라살은 1927년에 출시되었다. 바로 모델 T가 단종된 해다. 두 차는 완벽하게 대척점에 놓여 있다. 이 책에 나오는 제2차 세계 대전 이전에 활약한 차는 두 종뿐인데, 미국의 문화 발전은 1930년대와 1940년대에 걸림돌을 만났기 때문이다.

그 시대를 지배한 것은 대공황과 전쟁이었다. 제2차 세계 대전 때는 민간용 차량 생산이 유예, 중단되었다. 디트로이트의 공장들이 용도 전환되어, 항공기와 전차를 만들었다. 미국 문화의 격변도 겉으로 보기에는 잠시 중단되었다. 미국인들은 1930년대와 1940년대에 식료품과 일자리를 구하고, 그저 살아남는 일에 몰두했다.

25년 동안 쉬지 않고 지속되던 대공황과 전쟁은 1953년에 한국 전쟁 휴전으로 마침내 끝났다. 그즈음 미국인들은 풀어질 마음의 준비가 단단히 되어 있었다. 미국 최초의 현대적 스포츠카 쉐보레 콜벳(Chevrolet Corvette, 콜벳은 원래 대공, 대잠수함 장비를 갖춘 수송선단 호송용의 소형 쾌속함을 가리킨다. — 옮긴이)에게는 타이밍이 딱 맞았다. 러시아에서 볼셰비키로 활약하던 청년이 미국으로 이주했고, 제너럴 모터스의 쉐보레 기사(engineer)가 되었다. 그가 콜벳의 역사에서 중추적 역할을 수행했다.

전후의 미국은 거칠 것이 없는 존재였고, 그런 기풍을 디자인 측면에서 분명하게 선언한 것이 바로 테일핀(tail fin, 자동차 꽁무니를 날개 모양으로 치켜

세운 형태)이다. 크라이슬러는 테일핀을 안정 장치라며 팔았고, 그 회사의 수석 디자이너는 하버드 경영 대학원의 명예 학위를 수여 받았다. (정말이다.) 디트로이트의 엄청났던 테일핀 전쟁에서 거의 항상 승자는 크라이슬러였다. 하지만 제너럴 모터스도 가만있지 않았다. 1959년 출시된 캐딜락(Cadillac)에는 사상 최대의 테일핀이 달렸다.

테일핀을 설계한 척 조던(Chuck Jordan, 1927~2010년)이 2010년 말에 향년 83세를 일기로 타계했다. 영면에 들기 전에 그와 면담할 수 있었던 나는 행운아다. 조던은 거의 반 세기 전의 테일핀 이야기를 즐겁게 들려줬다.

콜벳과 테일핀은 다 허세였다. 이때 독일에서 수입된 물건 하나가 사태를 바꾸었다. 독일은 이전까지만 해도 미국의 적이었다. 다시 시계추가 실용성 쪽으로 확 기울었다. 캐딜락의 맞수 폭스바겐 비틀(Volkswagen Beetle)은 1930년대에 출시되었다. 아돌프 히틀러(Adolf Hitler, 1889~1945년)의 '국민차(people's car)'가 바로 비틀이었다. 수십 년이 흘렀고, 이제 비틀은 미국 히피들의 비공인 전용 차로 자리를 잡았다. 자동차 여행 풍조가 서사시처럼 휘몰아쳤고, 비틀은 필수품이었다.

폭스바겐의 비틀 광고는 자기를 바짝 낮추었는데, 알고 보면 영리한 판매 전략이었다. 예를 들어보자. 오자크 산지(The Ozarks, 미주리, 아칸소, 오클라호마의 세 주에 걸쳐 있으며 벽촌이라는 뉘앙스가 있다. ─ 옮긴이)에 사는 농민 부부가 아끼던 노새가 죽자 비틀을 구매한다는 이야기도 있었다.

제너럴 모터스는 비틀의 쇄도에 뒤늦게 반응했다. 1959년 말에 출시된 쉐보레 콜베어(Corvair)는 실용적이었지만 문제도 많았다. 콜베어는 여러모로 시원치 않았다. 무명의 청년 변호사 랠프 네이더(Ralph Nader, 1934년~)가 단단히 열 받았고, 『자동차: 서 있어도, 달려도 언제나 위험한(*Unsafe at Any Speed*)』을 썼다.

콜베어의 영향은 지속적이었다. 미국 최고의 성장 산업인 법정 소송전 (lawsuit)을 유산으로 남긴 것이다. 미국인 수백만 명이 법률 회사가 제작한, 신체 상해 장면이 나오는 텔레비전 광고를 지켜보아야 했다. 잽싸게 채널을 돌리지 않으면 말이다.

이 책에 나오는 모든 차량은 실용적이거나 과시용이지만 두세 종은 중간 심연에 양다리를 걸치고 있다. 픽업 트럭(pickup truck)만 해도 출발은 지저분한 허드렛일 수단이었지만 디트로이트는 디자인을 호화롭게 만들어 수십 억 달러를 벌어들였다. 일부 픽업 트럭의 좌석은 웬만한 소보다 가죽이 더 많이 들었다.

많은 사람에게, 특히 35세 이하에게 자동차는 아이패드, 아이팟, 휴대전화, 각종 앱, 퍼스널 컴퓨터, 블랙베리(BlackBerry)만큼 중요한 것은 아니다. 전기 기계에 대한 당대인들의 이런 매혹과 열광을 떠올리면, 포드 머스탱(Mustang)이 사회적으로 얼마나 중요했는지에 관해 책을 쓴다는 생각이 예스러워 보일지도 모르겠다. 머스탱이 한 시대를 풍미했을 때, '랩탑 (laptop)'은 최신 기술 용어가 아니었다.

하지만 자동차는 계속해서 특별한 자유와 이동성을 사람들에게 선사해 왔다. 자동차는 가족 여행, 첫 번째 차, 첫 번째 성 경험 등 강렬한 감정과 경험, 기억을 불러일으킨다.

첫 번째 컴퓨터의 구매 서류를 계속 보관하거나, 그 장비에 이름을 붙이는 사람은 거의 없다. 그러나 일부 미국인은 그들의 첫 번째 차와 관련해 이 둘을 다 한다. 비치 보이스는 「셧 다운(Shut Down)」이라는 노래로 드래그 레이스(drag race, 개조 자동차로 짧은 거리를 달리는 경주 — 옮긴이)를 칭송했다. 하지만 「다운로드(Download)」라는 노래를 취입한 가수는 아직 아무도 없다.

자동차와 자동차 문화에 관한 나의 열정을 이 책에 담았다. 그 열정은 수십 년에 걸쳐 서서히 매혹된 경험이다. 나의 유년기는 1950년대 미시시피 주 로렐(Laurel)을 무대로 한다. (우리 집은 거기서 아이탤리언(EYE-talian)으로 통했다. (현지인들이 '이탈리아 인'을 그렇게 발음한 듯하다. — 옮긴이)) 익스플로러(explorer, 말 그대로 상당량의 필요 화물을 적재하고 탐험에 나선다는 개념으로, 여행을 도운 차다. — 옮긴이) 초창기 모형은 아버지가 몰던 허드슨(Hudson)과 데 소토(De Soto)를 통해 깨우쳤다. 하지만 대가도 치러야 했다. 모든 자동차가 다 스테이션 왜건(station wagon)은 아니라는 사실을 깨닫는 데 여러 해가 걸렸던 것이다.

1960년에 나는 열 살이었고, 우리 가족은 시카고 교외로 이사했으며, 다른 수백만 미국인들처럼 사상 처음으로 차가 2대 있는 집으로 등극했다. 자동차를 타고 동부의 두 할머니를 방문하는 여정이 일종의 가족 전통으로 자리를 잡았다. 펜실베이니아의 유료 도로 턴파이크(Turnpike)에서 매년 차가 퍼졌다. 그때 기억들이 아직도 생생하다.

고등학교 시절의 나는 폭주 청년이 아니었다. 사실 다른 면에서도 난폭함과는 거리가 멀었다. 그래도 자동차는 사춘기 소년인 내 마음에서 중요한 자리를 차지했다.

1964년은 머스탱과 폰티액 GTO(Pontiac GTO)가 출시된 해다. 그때 나는 일리노이 주 휘튼(Wheaton)의 성 프랜시스 고등학교 1학년에 재학 중이었다. 머스탱과 폰티액이 거리를 질주하던 그 순간에 내가 맥고언 선생님의 수학 수업에 붙잡혀 있다는 자각은 비극 그 자체였다. 나는 수학이 싫었다. 십진법은 따분했고, 분수는 이해 불가였다. 그래도 선생님께서는 가끔씩 짬을 내 우리 소년들에게 자동차 이야기를 해 주셨다. 그에게 축복 있을진저!

우리는 그해 출시된 폰티액과 쉐비(Chevy, 쉐보레의 애칭 — 옮긴이) 시리즈 중 어느 것이 더 나은지를 놓고 토론을 벌였고 (나는 폰티액 쪽이었다.) 누구 아버지가 머스탱 V8(Mustang V8)을 샀다는 이야기에 (불행히도 나의 아버지는 아니었다.) 눈을 반짝였다. 젠장, 나는 아버지의 6기통 쉐비 벨 에어(Bel Air)로 운전을 연습했다. 조향 핸들 축관(steering column)에 3단 변속 기어가 달린 벨 에어는 평범하고 재미없는 차였다. 오죽하면 '쓰리 온 더 트리(three on the tree)'라는 말이 다 있을까!

나는 첫 차를 일리노이 대학교 시절에 구입했다. 1969년식 쉐비 노바(Nova)였는데, 6기통 엔진의 출력이 어찌나 달렸는지, 샴페인(Champaign) 주위의 2차선 도로를 달리는 일은 목숨을 건 모험이나 다름없었다. 그 노바는 2,200달러 정도였다. 요즘으로 치면 신형 흙받이 가격인 셈이다.

대학생들 사이의 최고 인기 차 1969년식 폰티액 GTO를 친구 데일 새히트레벤(Dale Sachtleben)이 갖고 있었다. 한번은 그 차를 타고 동부로 길을 나섰는데, 데일이 시속 90마일(약 145킬로미터)로 달리다가 델라웨어에서 속도 위반 딱지를 뗐다. 사실을 말하자면 전체 여정에서 가장 느린 속도였다.

30년이 훌쩍 흘렀고, 폰티액은 오랫동안 죽어 있던 GTO를 최신 버전으로 다시 출시했다. 나는 데일과 다시 만나 신형 모델을 타고 시험 주행을 하면서 추억을 회고했다. 그는 머리가 하얗게 셌고, 나는 암에 걸렸지만 살아남았으며, 둘 다 (놀랍게도) 공화당원이었다.

우리는 신형 GTO를 몰고 일리노이 주 그린뷰(Greenview)로 갔다. 스프링필드 정북쪽의 소도시로 데일의 고향인데, 중서부 대평원 옥수수밭과 콩밭의 한 귀퉁이였다. 우리는 그곳의 한 농로(農路)에서 가속과 감속을 해보았다. 그 옛날 이 동네에서 드래그 레이스가 펼쳐지던 곳이다. 잠시나마 우리는 다시 아이로 돌아갔다. 자동차에는 그런 능력이 있다.

나는 대학을 졸업하고 1973년 일리노이 주 디케이터(Decatur)에서 첫 직장을 구했다. 옆집에 휘트니(Whitney) 씨가 살았는데, 그 집에는 1960년식 썬더버드가 있었다. 1955년 출시되었을 때만 해도 군더더기 없이 깔끔한 2인승이던 썬더버드는 당시에는 뒷좌석을 달고 나왔다. 낮은 차체에 도로를 빠른 속도로 만유(漫遊)하는(boulevard-cruiser) 듯한 스타일은 여전했지만 말이다. 당시에 소년이던 휘트니 가족의 아들 클레이(Clay)는 이제 사업체를 운영하는데, 여전히 그 클래식을 갖고 있다.

내가 소유한 것으로 이 책에 나오는 차는 훨씬 평범하고 실용적이다. 1984년식 크라이슬러 미니밴(Chrysler Minivan). 아내와 나는 클리블랜드에 살았고,《월 스트리트 저널 (*Wall Street Journal*)》소속으로 일했다. 우리한테는 6세 미만의 사내 아이 셋이 달려 있었다.

이 미니밴은 실내가 아주 널찍했다. 어느 정도였느냐 하면, 아예 작심하고 내부에 비무장 지대를 설치한 듯했다. '미운' 아이들이 서로를 살상하기가 불가능했다. 우리는 도로 여행 중에 미치고 폴짝 뛰는 상황을 미연에 방지할 수 있었다. 엄마들 전용차로 변신하기 전 몇 년 동안, 미니밴은 정말이지 괜찮았다. (절대 농담으로 하는 말이 아니다.)

《월 스트리트 저널》의 편집국장 노먼 펄스틴(Norm Pearlstine, 1942년~)이 1985년에 나를 디트로이트로 발령했다. 내가 뭘 했다고 클리블랜드 다음에 디트로이트로 가라는 것인지 알 수 없었지만 뭐 하여튼, 나는 좋았다.

꼭 인류학자가 된 기분이었다. 같은 나라 사람들인데도 이국적이었으니 말이다. 그들은 이상한 신들을 숭배하고 사랑했다. 가령 '멀티 밸브 엔진(Multivalve Engine, 실린더에 2개 이상의 흡기 및 배기 밸브가 설치된 엔진으로 실린더 헤드의 설계가 복잡해진다. — 옮긴이)', '제로 투 식스티(Zero to Sixty, 엔진의 성능을 가늠하는 한 요소로, 정지 상태, 곧 속도 0에서 시속 60마일(시속 96.6킬로미터)로 가속되는 데 걸리는 시간 — 옮긴이)', '파운드피트 오브 토크(Pound-Feet of Torque, 내연 기관의 크랭크샤프트에 일어나는 회전력으로, 비틀림 모멘트라고 하는데, 파운드피트는 약술 단위이다. — 옮긴이)' 같은 것들. 쌍둥이 신 '인터쿨러(Intercooler, 중간 냉각기. 터보차저나 수퍼차저에서 나온 압축 공기를 엔진에 들어가기 전에 식히는 라디에이터. 동력을 높이고, 안정성을 강화한다. — 옮긴이)'와 '수퍼차저(Supercharger, 과급기. 엔진 구동 컴프레서로 강제로 공기를 흡기 시스템으로 밀어 넣어, 실린더로 들어가는 연료와 공기의 혼합기 양을 늘리고 토크와 파워를 높인다. — 옮긴이)'는 말할 것도 없다. (둘 다 내연 기관의 출력을 증대해 주는 부속 장치로, 신성한 자동차의 제단에서는 당연히 숭배할 만한 것들이다. — 옮긴이)

디트로이트에는 볼트와 너트가 널려 있었다. 말장난을 용서해 주신다면, 균형 장부(balance sheet, 회계에서 사용하는 대차대조표 — 옮긴이)에서 균형축(balance shaft, 엔진의 진동을 줄여 주는 균형축 — 옮긴이)까지 자동차 산업의 모든 것이 있었다. 자동차 산업을 취재, 소개하는 일은 발견의 여정이었고, 감사하게도 나는 퓰리처상까지 받았다. 당시 초등학교에 다니던 아들 찰리는 학교 선생님에게 아빠가 "퓰리처를 놀라게 했다.(Pulitzer Surprise.)"라고 자랑했다. 어떤 면에서는 아들 녀석 말이 옳았다.

나는 1994년 디트로이트를 떠나, 《월 스트리트 저널》의 모회사인 다우 존스(Dow Jones)의 이사가 되었다. 하지만 자동차 산업과 자동차 문화에 대한 나의 열정은 식지 않았다. 다우 존스가 발행하는 잡지 가운데 하나인 《스마트 머니(Smart Money)》에 가끔 자동차 리뷰 기사를 썼던 것도 한 원인으로 작용했다.

내가 시험 주행해 본 차량으로 포드 익스커션(Ford Excursion)이 있다. 2000년에 출시된 사상 최대의 SUV(Sport-Utility Vehicle)이다. 어찌나 큰지, 포드는 몬태나에서 언론 시승회를 열었다. 그 차량이 어울릴 만한 곳이 몬태나뿐이었던 것이다.

나는 그 행사에 가지 않았지만, 그래도 익스커션을 타고 그리니치빌리지(Greenwich Village)를 달려 보았다. 간신히 평행 주차를 할 수 있었다. 바퀴 2개를 인도에 걸쳐 놔야 했음은 물론이다. 게다가 익스커션은 너무 무거웠다. (약 4톤) 차가 차도와 인도 사이의 연석을 타고 오르는 것조차 못 느낄 정도였으니 말 다했다.

2003년에 말에는 닛산(Nissan)의 픽업 트럭 타이탄(Titan)을 타 보고, 글을 썼다. 이놈도 익스커션 못지않게 육중했다. 언론 시승회가 열린 곳은 포도주 못지않게 도로가 잘 정비된 나파 밸리(Napa Valley)였다.

사실 그즈음에 이 책을 구상하기 시작했다. 자동차는 온 데, 사방, 도처에 있다. 하지만 어떤 차가 우리의 사고방식과 삶을 드러내고, 나아가 시대를 규정하며 상징하는 방식에 관한 이해는 드물고, 피상적이다. 물론 내가 지난 25년간 써 온 것은 자동차 산업이지만, 자동차 이야기와 그것을 타는 사람들의 이야기는 천태만상이어서 놀랍다.

집필 조사는 2007년부터 시작했고, 그 동안 나는 미국 전역을 돌아다녔다. 미시간 주에서 프리우스(Prius)를 운전했고, 지프로 콜로라도 주를 통과했으며, 픽업 트럭을 타고서는 텍사스 주의 힐 컨트리(Hill Country, 텍사스 중부와 남부 25개 카운티 지역. 카르스트 지형과 기복이 심한 산이 특징이며, 석회석과 화강암 표토가 얇게 덮여 있다. ─ 옮긴이)와 맨해튼 중간 지대(Midtown Manhattan)를 누볐다. (힐 컨트리는 집처럼 마음이 편했지만, 맨해튼에서는 외계에서 온 침략자라도 된 기분이었다.) 그래도 뉴욕에서 몬 픽업 트럭에 남부 연합 깃발을 붙이거나 총기 받침대를 싣지는 않았다.

자동차 전시회와 발표회도 무수히 찾았다. 2008년 여름 인디애나 주에서 열린 포드의 모델 T 100주년 기념식이 떠오른다. 모델 T를 끌고 '우클라(UCLA)'에서 기념식을 찾은 남자가 있었는데 '앨라배마 주 남부 위쪽(Upper Corner of Lower Alabama, UCLA)'이라는 설명이었다.

먼로빌(Monroeville)이 그의 고향이었다. 『앵무새 죽이기(To Kill a

Mockingbird)』를 쓴 은둔 소설가 하퍼 리(Harper Lee, 1926년~)도 그곳 출신이다. 리의 소설도 모델 T처럼 미국인들의 삶과 사고를 바꿔 놓았다.

한 자동차 쇼에서 자신의 AMC 그렘린(AMC Gremlin)을 선보이던 남자가 재미있다며 내게 들려준 이야기는 이랬다. 어머니가 그렘린 뒷좌석에서 자신을 임신했다는 여성의 사연이었다. 인생의 출발로 그리 좋다고는 할 수 없을 것이다. 희극인 존 스튜어트(Jon Stewart, 1926년~)의 첫 차도 1975년식 그렘린이었다. 고등학교 졸업식 날에 키우던 고양이가 뒷좌석에서 오줌을 누었다고도 했다. 무슨 일에나 쉽게 웃을 수 있는 그의 여유에는 다 사연이 있었다.

일리노이 주 블루밍턴(Bloomington)에서 매년 열리는 골드 콜벳(Gold Corvette) 쇼와 켄터키 소재의 콜벳 박물관(National Corvette Museum)은 잊지 못할 방문지였다. 이 차의 역사를 총망라한 켄터키 박물관은 콜벳의 전당(Corvette Cathedral)이라 할 만하다.

캘리포니아 주 페블 비치(Pebble Beach)에서 매년 8월 열리는 콩쿠르 델레강스(Concours d'Elegance, 프랑스 어 '우아함을 경연한다'에서 왔으나, 영어로 편입되어 '자동차 품평회'라는 뜻으로 쓰인다.—옮긴이)는 수많은 자동차 쇼의 본보기이다. 오전 6시부터 태평양에서 밀려오는 시원한 박무(薄霧)를 만끽하며, 이스파노 스이자(Hispano-Suiza)와 들라지 드 빌라스(Delage De Villars) — 애정을 가득 담은 억양이 아니라면 결코 입에 담아서는 안 될 이름들이다. — 의 값을 매길 수 없을 정도로 소중한 로드스터(roadster, 원래는 단일한 좌석에 2~3명이 나란히 탈 수 있던 오픈 카를 뜻했지만, 지금은 종류를 막론하고 2인승 오픈 스포츠카를 가리킨다.—옮긴이)들이 18번 페어웨이(fairway, 티와 그린 사이의 기다란 잔디밭—옮긴이)를 굴러가는 것을 지켜보는 일보다 더 즐거운 것이 있을까? 신성한 땅의 신성한 자동차라니!

조금은 지루한 작업도 해야 했다. 하지만 자동차 관련 기록 보관소를 파헤치는 일은 대단히 보람 있었다. 미시간 주 디어본(Dearborn)의 벤슨 포드 연구 센터(Benson Ford Research Center), 플로리다 주 네이플스(Naples)의 콜리어 박물관 겸 도서관(Collier Museum and Library), 뉴욕 공공 도서관(New York Public Library) 여러 곳, 디트로이트 공공 도서관의 자동차 역사 컬렉션(National Automotive History Collection)이 내가 뻔질나게 드나든 곳들이다.

탄력을 받아 고속으로 진행되던 조사와 연구가 느닷없이 중단되었다. 2008년 가을 디트로이트의 자동차 회사들이 위기를 겪는가 싶더니, 결국 그 가운데 둘, 제너럴 모터스와 크라이슬러가 파산해 버린 것이다. 나는 비극적이면서도 역사적인 그 사건을 쓰지 않을 수 없었다.

그렇게 해서 2010년에 나온 책이 『도산(Crash Course)』이다. 『도산』은 파산과 구제 금융 이야기이지만, 사실 인간의 행동을 다룬 책이었다. 이 책도 마찬가지다.

별도 과제를 마무리하고, 나는 다시 이 책으로 돌아왔다. 캘리포니아 주 설라이나스(Salinas)에 있는 스타인벡 센터(National Steinbeck Center)를 찾은 것은 기분 전환을 위해서만이 아니었다. 노벨 문학상 수상 작가이자 애국적 시민이었던 존 언스트 스타인벡(John Ernst Steinbeck, 1902~1968년)은 작품 여러 곳에 차를 등장시켰다. 『통조림 공장 골목(Cannery Row)』을 읽어 보면, 모델 T로 인해 섹스와 결혼 행태가 크게 바뀌었음을 알 수 있다. 『분노의 포도(The Grapes of Wrath)』에는 임시변통의 픽업 트럭을 타고 서부로 가는 신산(辛酸)한 여정이 나온다. 스타인벡 센터에는 작가가 1962년작 여행기 『찰리와 함께한 여행(Travels with Charley)』을 쓰면서 아메리카 대륙을 횡단한 암녹색 GMC 픽업 트럭이 전시되어 있다.

나는 조사 연구차 일본과 코펜하겐도 다녀왔다. 덴마크의 수도라면 좀 뜻밖인 것도 사실이다. 아무튼 거기에서는 덴마크 캐딜락 클럽(Cadillac Club of Denmark)이 주최하는 주말 자동차 경주를 참관했다. 사실 그런 조직이 있다는 사실 자체가 놀라웠다. 클럽 회원들은 테일핀이 달린 차를 타고 중세의 고성(古城)을 둘러보았는데, 일련의 과정이 내게는 정말이지 중세적 풍경으로 다가왔다. 하지만 그들은 나와 동시대를 살아가는 사람들이었다.

내 조사 연구는 문헌적 탐구와 실제의 물리적 자동차 여행 둘 다로 구성되었다. 나는 잭 케루악(Jack Kerouac, 1922~1969년)의 자아 발견 여정이 담긴 『길 위에서(On the Road)』를 다시 읽었다. 1950년대에 나온 놀라운 책이 두 권 더 있다. 『자동차의 오만 (The Insolent Chariots)』과 『은밀한 설득자(The Hidden Persuaders)』는 1950년대의 자동차 과잉을 풍자했다. 1987년 출간된 패트릭 제이크 오루크(Patrick Jake O'Rourke, 1947년~)의 『공화당은 파충류(Republican Party Reptile)』에는 픽업 트럭과 맥주가 얼마나 긴밀한 관계에 있는지 잘 나온다.

영화와 텔레비전 자료도 빼놓을 수 없겠다. 어렸을 때 시청한 「로이 로저스 쇼(The Roy Rogers Show)」(1951~1957년 6시즌에 걸쳐 총 100개의 에피소드가 NBC에서 방송되었다. 웨스턴, 액션, 어드벤처, 코미디 장르였다. ─옮긴이), 사춘기 때의 「66번 도로(Route 66)」(66번 도로는 미국 고속도로의 대명사로, 일리노이 주 시카고를 기점으로, 미주리, 캔자스, 오클라호마, 텍사스, 뉴멕시코, 애리조나 주를 경유해, 캘리포니아 주 산타모니카에 이르는 총연장 2,448마일(약 3,940킬로미터)을 자랑한다. 1960년대에는 동명의 텔레비전 쇼가 제작될 정도로 대중문화에서 각광받았다. ─옮긴이), 그리고 성인이 되어서도 사족을 못 썼던 「커브 유어 인수지애즘(Curb Your Enthusiasm)」(HBO에서 2000년대에서 나온 코미디 시트콤 ─옮긴이)이 떠오른다. 이 세 프로그램 모두에서 자동차는 특별한 역할을 맡았다. 다른 많은 텔레비전 쇼와 영화는 말할 것도 없다.

후기에서는 이 책에 들어가야 한다고 생각했지만, 아쉽게도 뺄 수밖에 없었던 차량 몇 종을 언급한다. 최종 명단에 들지 못한 차종의 팬이라면 나의 판단 근거가 불만일 것이다. 하지만 이 책은 가장 좋은 차나 가장 나쁜 차를 소개하고 논평하는 서적이 아니다. 우리의 생각과 삶을 규정한 자동차를 탐구하는 것이 목표로, 그것이 판단 기준이었다. 달리 말해 이 책은 4막 연극처럼 15대의 차종이라는 프리즘으로 탐색해 본 현대 미국 문화사인 것이다.

자동차가 문화를 만든 것인지, 그게 아니라면 문화가 자동차를 만든 것인지는 닭이 먼저냐, 달걀이 먼저냐의 문제와 같다. 그냥 둘 다라고 해 두자. 일부 독자는 묻고 싶을지도 모르겠다. 어떤 차를 몹니까? 그런 질문이라면 냉큼 대답할 수 있다.

그게 …… 빨간 놈입니다.

차 례

추천의 말   7

서문   11

01 모델 T 대 라살
여명기의 자동차 전쟁   27

02 쉐보레 콜벳
아르쿠스-둔토프와 66번 도로의 모험   65

03 1959년식 캐딜락
디트로이트 빅3 출동하다   101

04 폭스바겐 비틀과 마이크로버스
히틀러에서 히피로의 머나먼 여정   131

05 쉐보레 콜베어
소비자의 반란   169

06 포드 머스탱
아이아코카와 신세대 미국인   207

07 폰티액 GTO
들로리안의 염소   237

08 혼다 어코드
오하이오 고자이마스   273

09 크라이슬러 미니밴
베이비붐 세대의 무기   307

10 BMW 3 시리즈
여피와 아루굴라 로드   335

11 지프
전장에서 전원으로   367

12 포드 F-시리즈
카우보이, 컨트리 음악, 공화당 지지자들   401

13 토요타 프리우스
자동차의 미래   433

후기   469

감사의 말   475

후주   478

참고 문헌   499

찾아보기   502

01

모델 T 대 라살

여명기의 자동차 전쟁

포드의 모델 T가 미국인에게 미친 정신적, 육체적, 미학적 영향에 관해 누군가 나서서 깊이 있게 써야 한다. 적어도 두 세대가 클리토리스보다 자동차 코일에 관해, 태양계 행성보다 유성 기어 장치(planetary system of gears)에 관해 더 많이 알았다.

스타인벡, 『통조림 공장 골목』[1]

디트로이트 시내 빈민가 북쪽으로 피켓(Piquette)이라고 하는 작은 길이 있고, 거기에 신앙 충일 교회(Abundant Faith Cathedral)라는 상가 건물 교회 (storefront church)가 자리 잡고 있다. 주위로 잡초가 무성한 부지와 텅 빈 공장 건물을 보노라면 희망은 말할 것도 없고 충만한 신앙이 꼭 필요할 듯하다. 이 동네는 산업이 빠져나간 게토다. 물론 길 건너 교회 맞은편에는 제너럴 리넨 앤드 유니폼 서비스(General Linen & Uniform Service)가 사업을 운영 중이기는 하다. 도저히 상상이 안 되지만, 그 업체가 차지하고 있는 낡은 건물 1층에서 현대 미국이 시작되었다.

1908년 초가을, 바로 이곳에서 헨리 포드(Henry Ford, 1863~1947년)가 모델 T라는 차를 생산하기 시작했다. 이름을 그렇게 지은 것은, 포드의 이전 차들이 모델 N, 모델 R, 모델 S였기 때문이다. 모델 T는 파격적이었다. 헨리 포드가 자기 이름을 건 회사인데도 모델 T를 제작하기 위해 갖은 난관을 돌파해야 했을 정도이니 말 다했다.

당시에 제작된 다른 대다수 자동차는 신흥 산업 엘리트용으로 고급스러웠고, 값이 비쌌다. 이런 판국이었으니 단순하고 실용적이며 마음만 먹으면 살 수 있는 모델 T가 파격적인 것은 당연했다. 포드는 이렇게 말했다. "내가 만드는 자동차는 대중을 목표로 한다. 웬만큼 버는 사람이면 누구나 한 대씩 가질 수 있게 하겠다. 가족과 함께 대자연에서 즐거운 시간을 만끽하게 하고 싶은 것이다."[2]

정비 공장의 지루한 나날과 대비되는 즐거운 시간을 보장하려면 믿음직한 설계를 바탕으로 가볍게 제작해야 했다. 모델 T의 차대(車臺, chassis)는 도로 사정에 따라 출렁이며 구부러졌다. 그게 불편한 경우도 잦았지만, 이를 바탕으로 크고 무거운 차들이 수용하려고 하지 않던 신세계로 도약할 수 있었다. 헨리 포드가 가장 좋아한 농담은 자기 모델 T에 묻히기를 원했다는 농부의 이야기였는데 토굴 같은 집에서 자기를 꺼내 주었기 때문이라는 것이 이유였다. 모델 T는 차체(車體, car body) 스타일이 다양했다. 지붕을 없애 짜릿한 속도감을 즐길 수 있는 '고속 기계(speedster)' 유형이 있었는가 하면, 승객을 5명까지 태울 수 있는 세단(sedan, 고정식 금속 지붕을 단 차. 살롱(saloon)이라고도 한다. ― 옮긴이)형 자동차도 나왔다. 물탱크와 침대를 장비해, 캠핑용 자동차(camper)로 탈바꿈시키는 것조차 가능했다. 반세기 후 등장한 폭스바겐의 마이크로버스(Microbus)가 생각나는 대목이다.

요즘 사람들은 알기 힘든 불분명한 이유로, 모델 T에는 '틴 리지(Tin Lizzie)'라는 별명이 붙었다. 아무튼 틴 리지 덕분에 사람들은 전대미문의 이동성을 확보했다. 농촌 생활의 고립 및 소외가 완화되었으며, 미국의 농촌이 투박하다는 관념은 종말을 고했다. 모델 T는 처음에 850달러였다. (비슷한 차들의 경우 1,000달러를 상회했다.) 그러던 것이 1924년경에는 260달러에 불과하게 된다. 이런 엄청난 가격 인하가 가능했던 것은 또 다른 혁신 때문이었다. 포드가 피켓 로를 벗어나 몇 마일 떨어진 곳에 더 큰 공장을 세운 후 개발한, 이동식 일관 작업 라인(moving assembly line)이 그 주인공이었다. 포드는 거기서 그치지 않고 노동자의 일당을 5달러로 올렸다. 이는 당시 평균 공임의 2배가 넘는 액수였다.

모델 T가 대량 생산되면서 연쇄 반응이 일어났고, 그 결과 새로운 세상이 탄생했다. 「창세기」를 원용해 보자. "그렇다. 헨리가 모델 T를 낳고, 모델 T가 대량 생산을 낳았으며, 대량 생산은 하루 5달러 공임을 낳았다. 그리고 이 모두가 합세해 중간 계급과 교외와 쇼핑몰과 맥도널드와 타코 벨과 드라이브 스루 은행(drive-through bank)과 오늘날의 교양 없는 속물들이 사랑하는 다른 여러 가지를 낳았다." 스타인벡이 떠올린 깊이 있는 글이 이런 내용은 아니었을 것이다. 하지만 포드가 전술한 변화를 초래했다는 것은 분명한 사실이다.

페이스북(Facebook)이 그러하다고 하듯이, 모델 T는 100년 전에 사회생활의 관계망을 혁신했다. 어디 그뿐인가? 피임약이 나오기 50년 전에 이미 모델 T의 등장으로 성(생활) 혁명이 일어났다. 스타인벡은 이렇게 썼다. "그 시절에 태어난 아기 대다수가 모델 T에서 잉태되었다. 차에서 태어난 아기도 적지 않다. 앵글로색슨 인의 가정 이론은 크게 왜곡되었고, 결코 다시는 원래로 돌아가지 못했다."[3] 앵글로색슨 인의 가정만 풍파에 노출된 것도 아니었다. 모델 T가 오스트레일리아에서 아르헨티나에 이르는 19개국과 기타 수많은 곳에서 제작되는 것이다.

모델 T가 남긴 유산은 엄청났다. 2008년 7월에 이 혁명적인 차의 100주년을 축하하기 위해 미국의 심장부에 모인 수집가가 몇 명쯤일 것 같은가? 무려 1만 3000명이었다. 포드 자동차 사(Ford Motor Company)의 한 관계자는 모인 사람들에게 이렇게 말했다. "모델 T는 그냥 차가 아닙니다. 한번도 그런 적이 없었죠. 여러 면에서 모델 T는 자동차 그 자체인 것입니다. 모든 것을 시발(始發)한 차. 세상을 바퀴 위에 올려놓은 차. 모든 것을 바꾼 차인 것입니다."[4] 고조부처럼 빼어난 외모의 연사는 역시 이름이 헨리 포드 3세(Henry Ford III, 1980년~)로, 28세의 포드 사 구매 담당 이사였다.

모델 T는 1908년부터 1927년까지 20년 동안 도로를 지배했다. 그러고는 급작스럽게 생을 마감했다. 광란의 20년대(Roaring Twenties)라는 유성의 일격을 당했던 것이다. 자동차는 운송에 그치지 않고 자기표현의 수단이 되었다. 그 변화를 상징하는 차들이 1927년에 첫 선을 보였다. 모델 T 생산이 중단된 해다. 그 최초의 양산형 고급차를 광고 선전하는 전단을 보자. "맵시는 기본, 개성 만점, 짜릿한 운전. 열정의 시대를 만끽하세요."[5] 라살은, 제너럴 모터스가 생산한 최고급 차종인 캐딜락의 하위 브랜드였다.

더 작고, 가볍고, 빠르고 날렵한 라살은 캐딜락의 "자매(companion brand)"로 홍보되었고, 판매자 역시 같았다. 1920년대에는 여피를 "스마트 셋(smart set)"이라고 했다. 라살은 바로 그 유행의 첨단을 간다고 자처하는 사람들을 목표로 했다. 모델 T는 무지막지하게 실용적이었다. 생동감 넘치고 맵시가 넘쳤던 라살은 궁극의 가정용품이기를 거부했다. 라살을 설계한 할리 얼(Harley J. Earl, 1893~1969년)은 포드와는 극과 극인 인물이다.

포드는 시골 쥐 자체였다. 그가 자란 미시간 주 남동부는 남북 전쟁때부터 계속 농촌이었다. 반면 얼은 세련된 도시 쥐였다. 그는 로스앤젤레스의 부유한 집안에서 태어났다. 1912년 할리우드 고등학교를 졸업한 그는 서던 캘리포니아 대학교와 스탠퍼드 대학교를 다녔으며, 커스텀 카(custom car, 구매하는 사람이 자기 기호에 맞게 개조하는 자동차. 자동차 회사가 판매한 상태 그대로인 차는 스톡 카(stock car)라고 한다. ─ 옮긴이) 차체 제작업에 뛰어들었다. 그의 고객 가운데 한 사람이 은막에서 카우보이로 활약한 톰 믹스(Tom Mix, 1880~1940년)였고, 얼은 그의 주문에 응해 자동차 보닛(bonnet)에 안장을 붙인 차를 만들어 줬다. (그런 일은 확실히 단 한번뿐이었다.)

얼은 도저히 가능할 것 같지 않은 연줄을 통해 1926년에 디트로이트로 갔다. 제너럴 모터스의 거물들이 재주를 시험해 볼 요량으로 그를 초청한 것이었다. 얼은 이내 깨달았다. 디트로이트도 할리우드와 꼭 마찬가지로 꿈의 공장이라는 것을. 제너럴 모터스가 그를 고용한 것은 1년 후였다. 제너럴 모터스 최초의 디자인 부서가 꾸려졌고, 얼은 이후 31년 동안 그 부서를 이끈다. 재즈 시대(Jazz Age, 제1차 세계 대전 후부터 1920년대의 향락적이고 사치스러웠던 재즈의 전성기 ─ 옮긴이)에서 우주 시대(Space Age, 1957년 소련이 사상 최초의 인공위성 스푸트니크(Sputnik)를 발사하면서 미소 냉전과 결부해 본격적인 우주 개발 시대가 펼쳐졌다. ─ 옮긴이)까지 말이다. 얼은 이렇게 말하고는 했다. "사람들은 …… 시각적 여흥과 오락을 좋아한다." 기실 그가 대중에게 선사하고자 했던 것이 바로 그것이다.[6]

시장에 출고된 14년 동안 라살은 일종의 신분 상승용 차였다. 라살은 모델 T가 사람을 이동시킨 것과 대비되는 대목이다. 두 자동차는 자동차와 사회와 사람에 관한 철학이 달랐고, 그 대표 주자였다. 모델 T가 시골(country)스럽다면 라살은 컨트리 클럽(country club)이었다. 본분을 다하고 독립독행하는 모델 T와 아름답고 스스로에 도취되어 방종한 라살. 모델

T도 섹스에 사용되기는 했다. 하지만 라살에 비한다면야! 라살의 디자인 목표는 성적 매력을 발산하는 것이었다. 두 차종 간의 음양의 대립에는 이렇게 상이한 철학이 담겨 있었다. 말할 것도 없이, 그 두 철학이 미국 문화를 규정했고, 향후 등장하는 자동차에서도 반복되며 당대의 에토스(기풍)가 그 반향 속에서 규정되었다.

유명한 일화가 있다. 1920년대 초에 사회학자가 어떤 농촌 아낙에게 물었다. 옥내 화장실 설치를 마다하고 모델 T를 산 이유가 무엇인가? 아낙은 "목욕통을 타고 읍내에 갈 수는 없잖아요."라고 답했다.[7] 이야기의 출처가 불분명하기는 하다. 하지만 그게 무어 그리 대수이겠는가? 우리는 모델 T가 사람들에게 얼마나 매력적으로 비쳤는지 생생하게 느낄 수 있다. 하지만 잊어서는 안 된다. 헨리 포드의 성공 가도는 결코 순탄하지 않았다. 모델 T의 그 악명 높은 주행 불안정성처럼 말이다.

포드가 장수한 것이 행운임을 지적해야겠다. 그는 남북 전쟁기에 태어나 제2차 세계 대전 종전 후까지 살았다. 대기만성형이었던 포드는 1863년 7월 30일 미시간 주 디어본에서 태어났다. 게티즈버그 전투가 종료되고 1달이 채 안 된 시점이었다. 당시의 디어본은 디트로이트 중심가에서 서쪽으로 10마일(약 16.1킬로미터) 떨어진 농촌이었다. 여섯 자녀 가운데 맏이였던 헨리는 농장 일을 싫어했고, 기계를 만지며 고치는 일에 빠져들었다. 그는 16세에 고향을 떠나 디트로이트의 기계 공장에서 일한다.

1893년 포드는 30세였고, 디트로이트 소재 에디슨 일렉트릭 일루미네이팅 컴퍼니(Edison Electric Illuminating Company)의 수석 엔지니어로 근무했다. 하지만 그는 따분해서 죽을 지경이었다. 포드는 3년 후, 어떤 잡지에서 보았던 설계안을 바탕으로 집 뒤 헛간에서 첫 번째 자동차를 만들었다. 약 80년 후 스티브 잡스(Steve Jobs, 1955~2011년)와 스티브 워즈니악(Steve Wozniak, 1950년~)이 차고에서 첫 번째 애플 컴퓨터를 만든 것과 크게 다르지 않았다.

포드가 만든 차는 막대로 조종하는 판때기에 불과했다. 실린더 2개짜리 엔진이 동력을 공급했고, 자전거 바퀴 4개가 달려 있었다. 그래서 이름이 쿼드러사이클(Quadricycle)인 것이다. 포드가 기계를 만드는 데 어찌나 몰두했던지, 제작된 차는 헛간 문을 통과할 수 없었다. 아차 싶었지만, 포드는 자신의 피조물이 달리는 것을 보고 싶어 이내 도끼를 집어 들어 벽을 부수었다. 1896년 6월 4일 새벽 4시, 포드 최초의 자동차가 디트로이트 시내를 주행했다.[8] 두세 가구(block)쯤 달렸을까, 쿼드러사이클은 시동이 꺼져 버렸다. 행인들이 그 광경에 야유를 보냈다. 하지만 헨리 포드는 자기가 만든 자동차가 작동한다는 사실에 날아갈 듯 기뻤다.[9]

다시 3년 후 포드는 직장을 그만뒀다. 지원하겠다고 나선 사람들의 투자를 받아 디트로이트 자동차 회사(Detroit Automobile Company)를 창업한 것이다. 하지만 그 회사는 2년이 채 못 되어 파산했다. 초창기의 다른 자동차 사업가들처럼 포드도 망했다. 그리고 그것이 마지막도 아니었다.

그는 계속해서 자동차를 만들고 수리했다. 1901년 10월에는 디트로이트 동쪽 그로스 포인트(Grosse Pointe)에서 열린 더트 트랙 경주(dirt track race, 폐쇄적인 비포장 도로에서 시합을 펼친다. 길이는 0.25~0.5마일(약 0.4~0.8킬로미터)이고, 턴을 할 때 자동차가 옆으로 미끄러지듯 쏠리는 특성이 있다. — 옮긴이)에도 참가했다. 우승자 상금은 1,000달러였는데, 포드에게는 운 좋게도 남아서 달리고 있는 다른 경주차가 1대뿐이었다. 문제의 참가자가 알렉산더 윈턴(Alexander Winton, 1860~1932년)이었다. 클리블랜드에 자기 이름을 단 자동차 회사를 보유한 거물에 비할 때 헨리 포드의 처지란! 그는 무명의 윈턴 워너비

(wannabe)였을 뿐이다.

처음에는 윈턴의 차가 손쉽게 선두를 달렸다. 그런데 경기 도중 엔진이 과열되었고, 윈턴은 속도를 늦추지 않을 수 없었다. 한편 포드는 자기 차가 뒤집어지는 것을 막아야만 했다. 포드가 낸 수는 요트의 하이크 아웃 (hike out, 요트가 기울어지는 것을 줄이기 위해 탑승자가 몸을 배 밖으로 젖혀 내놓는 것 — 옮긴이) 기술이었다. 그는 그 동네에서 차량 정비공을 한 명 데려와, 자기 차 옆에 매달려 붙들고 있게 했다. 그런 식으로 경기 중에 차량의 균형을 잡은 것인데, 이 방법이 웃기는 장면을 연출했을 것임은 불을 보듯 뻔하다. 아무튼 효과가 있었고, 포드는 우승을 차지해 1,000달러 상금을 거머쥐었다.

포드의 명성이 커지자, 투자자들이 모여들었고, 그는 다시금 자동차 회사를 세웠다. 이름하여, 헨리 포드 컴퍼니(Henry Ford Company)였다. 헨리 포드는 수석 엔지니어였고, 지분의 6분의 1을 보유했다. 회사는 전도유망해 보였다. 하지만 또 사고가 났다. 불과 4개월 만에 투자자들과 사이가 틀어진 것이다. 외골수에다 성미까지 고약했던 포드는 짐을 싸 버렸다. 투자자들은 호화로운 고급차(luxury car)를 만들어 고소득 부유층에게 팔려고 했다. 하지만 포드는 생각이 달랐다. 그는 최근의 성공을 발판 삼아 경주용 자동차(racing car)에 집중하고자 했다.

포드가 떠나자, 투자자들은 수석 엔지니어 헨리 마틴 릴런드(Henry Martin Leland, 1843~1932년)를 새로 영입하고, 회사 이름도 캐딜락(Cadillac)으로 바꾸었다. 이후 제너럴 모터스에 매입되는 캐딜락은 수십 년 동안 미국의 최고급 자동차 브랜드로 군림한다. 38세의 포드는 자동차 회사를 2개 세웠고, 다 말아먹고 말았다. 그는 이제 더는 피고용인은 안 하겠다고 다짐한다. 그의 말을 직접 인용하면, "더는 어떤 놈의 명령도 듣지 않겠어."[10]

하지만 젊은 발명가의 불운은 이후로도 계속되었다. 그는 이미 2번이나 실패한 루저였을 뿐만 아니라, 미국에는 자동차 회사가 차고도 넘치는 상황이었다. 당시 약 60개 정도의 회사가 난립했다. 너무 오래되어서 사람들이 도통 모르는 회사명을 몇 개 소개한다. 맥스웰(Maxwell), 토머스(Thomas), 홀스먼(Holsman), 화이트(White). 버펄로(Buffalo) 소재의 밥콕 일렉트릭 캐리지 컴퍼니(Babcock Electric Carriage Company)라는 회사는 무려 100년 전에 전기차를 제작하기도 했다.

하지만 포드에게도 마침내 세 번째 기회가 찾아왔다. 지역 사업가들이 그를 지원하겠다고 나섰다. 실상 포드가 제임스 커즌스(James J. Couzens, 1872~1936년)라는 회계 담당자를 고용해 마지막 승부수를 띄운 것이었다. 커즌스에게는 포드에게 없는 재정 및 행정 소질이 있었다. 두 사람은 15년이 채 못 되는 세월 동안 세상을 혁명적으로 바꿔 놓는다. 이런 비교는 어떨까? 동시대의 짝패도 블라디미르 일리치 레닌(Vladimir Ilyich Lenin, 1870~1924년)과 레프 다비도비치 트로츠키(Lev Davidovich Trotsky, 1879~1940년)가 있었다. 그 모든 혼란과 아수라장을 제외한다면 전자도 후자에 못지않게 말이다.

포드 자동차 사는 1903년 6월 16일 설립되었고, 1달 후 시카고의 한 치과 의사에게 첫 차를 판매했다. 4인승 모델 A(Model A)였다. 포드 자동차는 10개월 동안 모델 A를 657대 더 팔아치운다. 수익 약 10만 달러를 현행의 화폐 가치로 환산하면 약 240만 달러다. 포드는 1904년 1월 시속 91.37마일(약 147킬로미터)이라는 속도 신기록을 수립했다. 인근 세인트 클레어 호수의 얼음판에서 작성된 기록이다. 포드는 두 번째 회사를 말아먹고 2년이 채 안 된 시점에서 비로소 승운을 탔다.

운이 바뀌었지만 포드의 성질머리는 여전했다. 부아를 돋우는 독단적인 성격이 어디 가겠는가! 투자자들과의 다툼이 계속되었다. "어떤 차를 개발해야 하는가?" 하는 낯익은 화두였다. 대다수가 모델 K(Model K) 같은 크고 묵직한 차를 선호했다. 거기에는 2,000달러가 넘는 가격표가 붙었다. 하지만 포드는 생각이 달랐다. 자동차 시장이 유아기를 벗어나 진화했다는 것이 그의 판단이었던 것이다. 포드는 모델 N(Model N)이 설정한 방향으로 가고 싶었다. 1906년 출시된 모델 N은 가볍고 저렴했다. 불과 500달러로 매겨진 가격은, 모델 K 같은 차를 살 수 없는 사람들을 겨냥했다. 향후 100년 동안 자동차 업계에서 맹위를 떨치는 큰 차 대 작은 차 논쟁의 고전기 사례인 셈이다.

논쟁이 과열되었고, 포드와 동맹 세력은 성가시게 나오는 투자자들을 재정적으로 압박하는 술책을 썼다. 그것은 이러했다. 그들은 포드 매뉴팩처링 컴퍼니(Ford Manufacturing Company)를 세우고, 그 부품 공급 회사의 주식을 포드에 우호적인 인사들에게만 팔았다. 포드 매뉴팩처링은 포드 자동차에 부품을 공급하며 비싼 단가를 책정했고, 결과적으로 상당한 이윤을 갈취해 포드 자동차 자체를 위기로 몰아넣었다.[11]

포드와 커즌스가 이런 야비한 속임수를 100년 후에 썼다면 어땠을까? 오늘날은 기업의 자기 거래를 엄격히 금하고 있고, 두 사람은 법률 위반으로 차는 고사하고 연방 교도소에서 자동차 번호판이나 만들고 있을 것이다. 하지만 그들의 뻔뻔한 술책은 성공했고, 반대파는 굴복하지 않을 수 없었다. 헨리 포드는 주식을 몽땅 사들여 포드 자동차 지분의 58퍼센트를 소유하게 된다. 커즌스도 11퍼센트 지분을 보유해, 두 번째로 많았다. 임무를 완수한 포드 매뉴팩처링은 얼마 후 주식을 전부 포드 자동차에 팔고, 청산되었다. 헨리 포드는 포드 자동차를 완전히 장악했고, 원하는 차를 마음껏 개발할 수 있게 되었다.

포드는 1906년 《오토모빌(Automobile)》에 쓴 편지에서 자신의 꿈을 이렇게 설명했다. "오늘날 가장 필요한 것은 저가의 경차다. 마력이 충분한 첨단 엔진을 탑재하는 것은 두말하면 잔소리고. …… 미국에서 도로를 타려면 엔진이 강력해야 한다. 마차가 가는 곳 어디라도 승객을 싣고 달릴 수 있어야 한다."[12]

포드는 피켓 로 공장의 3층 북동쪽 공간을 따로 분할해 문에 맹꽁이자물쇠를 달고, 직원 몇 명과 작업에 착수했다. (이곳은 오늘날에도 여전히 보존되고 있다.) 그들은 모델 N을 바탕으로 약간 개량한 두 차종 모델 R와 모델 S를 내놓았다. 세 차종은 작고 느렸으며, 당시의 열악한 도로 조건에서 내구성이 떨어졌음에도 웬만큼 성공을 거두었다. 헨리는 제도공의 도면을 믿지 않았다. 실제의 견본품만 가지고서 시험을 하고, 판단했던 것이다. 당연히 이 과정은 시간을 많이 잡아먹었다. 시행착오가 무수했음은 물론이다. 신차의 최초 시제품이 1907년 10월에 주행 시험을 마쳤다. 하지만 미비점을 보완한 최종 자동차가 나올 때까지 1년이 더 걸린다.

1908년 9월 포드가 앞장서 최종 성능 시험에 착수했다. 1,357마일(약 2183.9킬로미터)에 이르는 미시간 호수 호안을 순회하는 시운전이었다. 일행은 로워 반도 끝으로 차를 몰고 간 다음, 카 페리로 매키낙 해협을 건넜고, 계속해서 거친 황무지 어퍼 반도를 횡단한 후, 서쪽 호반을 따라 내려왔다. 이제 디트로이트로 돌아오려면 시카고를 경유해야 했다. 온통 진흙투성이인 자동차 1대가 시카고를 통과했다. 당시 시카고는 말이 도시였지 황무지나 다름없는 곳이었다. 하지만 모델 T는 해냈다. 타이어 펑크가 1번 난 것 빼고는 아무 이상이 없었다. 포드는 이제 자신의 피조물을 팔아도 되겠다고 생각했다.

모델 T는 1908년 10월 1일 시장에 첫 선을 보인 당시 가장 싼 차는 아니었다. 브러시 사(Brush)의 '모두의 차(Everyman's Car)' 런어바웃(Runabout)이 불과 500달러로, 이것은 모델 T보다 350달러 더 낮은 가격이었다. 하지만 브러시의 사양은 참혹했다. 엔진은 실린더가 하나였고, 차대, 차축, 바퀴의 소재가 전부 나무였던 것이다. 브러시는 이런 욕을 먹었다. "차체가 나무고, 차축도 나무라고? 나 못 타!(Wooden frame, wooden axles and wouldn' run.)"[13]

모델 T의 핵심 부품은 새로운 유형의 강철인 바나듐으로 제작되었다. 바나듐은 기존의 탄소강보다 가벼우면서도 더 튼튼했다. 포드의 광고 책자는 이렇게 자랑했다. "바나듐 강철로 만든 우리의 샤프트와 스프링과 차축은 절대로 부러지지 않습니다."[14] 4기통 엔진 역시 한 조각 블록이었고, 머리 부분을 떼어낼 수 있었는데, 당시로서는 매우 혁신적인 설계였다. 당연했다. 엔진 내부로 접근하기가 쉬워졌고, 다른 대다수 엔진보다 제작과 수리가 간편해졌던 것이다.

모델 T가 부품 교환 시스템을 전폭적으로 채택한 최초의 차라는 사실이 가장 중요했다. 기능 고장을 일으키거나 망가진 부품을 신속하게 싼 가격으로 교체하는 것이 가능해졌다. 모델 T의 5인승 투어링(touring) 모델은 무게가 1,200파운드(약 544킬로그램)였는데, 이것은 동급의 차량보다 400~600파운드(약 181~272킬로그램) 덜 나가는 무게였다. 모델 T는 거친 도로 환경을 견디기 위해 다른 차처럼 육중한 차대를 쓰지 않았다. 모델 T가 채택한 경량의 "3지점(three-point)" 차대와 현가 장치(suspension system, 서스펜션)는 길의 굴곡에 따라 휘어졌다. 장점이 어떤 면에서는 결함이기도 했다. 당시의 우스갯소리를 하나 소개한다. 보유한 모델 T를 테디 루스벨트(Teddy Roosebelt, 시어도어 루스벨트(1822~1945년)의 별명 ― 옮긴이)라고 명명한 사람이 그 이유를 이렇게 설명했다. "러프 라이더(Rough Rider)잖아!"[15] (말 그대로 승차감이 좋지 않은 차라는 의미와 함께, 미국-에스파냐 전쟁 때 미국의 의용 기병대원을 가리키기도 한다. 루스벨트가 그 부대를 이끌었다. — 옮긴이)

모델 T의 최고 속도는 시속 40마일(약 64킬로미터)이었고, 연비는 가솔린 1갤런(약 4리터) 당 거의 20마일(약 32킬로미터)에 이르렀다. 운전 제어도 별스럽기는 했지만 효과적이었다. 전진 기어가 둘, 바닥에는 페달이 셋 있었다. (각각 후진 기어, 브레이크, 클러치) 액셀러레이터(accelerator, 가속 페달)는 줄기 또는 대 형태로 조향 핸들 축관에서 비어져 나왔다. 오늘날의 차에서 회전 신호를 넣는 막대처럼 말이다. 이 차에는 연료계가 없었다. 충격 흡수 장치도 없었고, 연료 펌프도 없었다. 카뷰레터(carburetor, 기화기)는 가솔린을 인입하는 데 중력을 이용했다. 모델 T는 연료가 줄어들면 가파른 경사를 오를 수 없었는데, 차의 각도로 인해 가솔린이 엔진으로 유입되지 못했기 때문이다. 어떻게 해야 했을까? 차를 후진시켰다.

이런 문제점이 있었지만, 헨리 포드의 발명품에 관한 소문이 퍼져 나갔고, 대중의 반응은 열광적이었다. 우리는 100년 후 사람들이니, 아이폰이나 아이패드에 관한 열광을 떠올려 보면 되겠다. 모델 T를 구입하겠다는 사전 예약 주문이 1만 5000건 답지했다. 이 수치는 포드가 전년에 팔아치운 총량의 2배에 육박했다. 포드는 1909년 5월부터 2개월 동안 모델 T 주문을 더 이상 받지 않았다. 이미 받은 주문을 처리하는 일만도 엄청났기 때문이다. 1개월 후에 또 다른 희소식이 도착했다. 뉴욕에서 시애틀까지 달리는 유명한 크로스컨트리 대회에서 모델 T가 1위를 차지한 것이었다. 20일하고도 2일이 소요되었고, 평균 시속이 7.75마일(약 12킬로미터)이었다. 그 우승은 얼마 후 빛이 바래고 말았다. 경기 중 엔진을 교체하는 바람에 자격 요건을 상실했던 것이다. 노골적인 경기 규칙 위반이었음은 두말할 필요가 없다. 하지만 경기 결과를 바로잡는 과정은 별 의미가 없었다. 포드는 이미 홍보 효과를 톡톡히 누렸다.

모델 T는 구매를 감당할 만한 비용으로 출고되었다. 기계 자체가 다재 다능하기까지 했다. 이 두 요소가 결합하면서, 모델 T가 돌풍을 일으켰다. 이전까지만 해도 자동차 소유는 분에 넘치는 짓이라고 여기던 사람 수천 명이 생각을 고쳐먹었다. 포드의 '플리버(flivver)'에 붙일 액세서리를 생산 하는 기업이 우후죽순처럼 생겨났다. 당시에는 합리적 가격의 소형차를 플리버라고 했다. 농부들은 차에 강철 바퀴가 달린 장비를 이어 붙이고, 밭에 들어가 기계 수확기를 끌었다. 모델 T의 엔진을 활용해 목재를 톱으 로 켜고, 물을 퍼올리는 장비도 있었다. 이보다 더 작은 부가 장치도 수십 종이나 되었다. 엔진의 다기관을 요리용 석쇠로 용도 변경해 주는 액세서 리가 있을 정도였으니 말 다했다.

포드 자동차는 1912년에 모델 T를 약 7만 대 생산했다. 기본 2인승 '토 르페도 런어바웃(Torpedo Runabout)' 모델의 가격도 590달러로 인하되었다. 1년 후인 1913년에 포드는 또 다른 혁신을 단행한다. 이동식 조립 라인이 바로 그것이다. 디트로이트 인근에 시카고가 있었고, 시카고는 다 알듯이 식육 공장 천지였다. 가축 수용소의 '해체(disassembly)' 방식이 어느 정도 영향을 미쳤음에 틀림없다. 육우를 해체하는 노동자들의 작업은 역할 분 담이 명확했다. 포드는 조립 라인이라는 개념을 먼저 부품들의 하위 조립 공정에 적용해 보았다. 생산성이 단박에 약 40퍼센트 상승했다.[16]

이 개념은 계속해서 다른 하위 조립 공정, 곧 계기반, 엔진, 차대에도 적 용되었다. 포드는 준비가 다 되었다고 판단했다. 일관 작업 방식이 전면화 되었고, 이 방식으로 완성차를 생산했다. 포드는 추가로 공정을 간소화해 생산성을 높이고 싶어서 죽을 지경이었다. 모델 T는 빨강색, 초록색, 회색, 암청색으로 더 이상 도색되지 않았다. 포드는 이렇게 선언했다. "그냥 검정색으로만 나오기 때문에" 소비자들은 "원하는 어떤 색이라도" 칠할 수 있다. 포드가 채택한 검정이 정확히 '재팬 블랙 에나멜(Japan black enamel)'이었다는 사실은 참 얄궂다. 일본 자동차 회사들이 수십 년 후의 디트로이트에 무슨 몹쓸 짓을 할지 알았더라도 헨리가 과연 그 색을 썼을까?

포드의 판매고가 급등하고 수익이 급증하자, 자동차 산업뿐만 아니라 미국 전체가 급변했다. 커즌스가 1914년 1월 5일에 기자들을 집무실로 불러 모은 다음 성명서를 하나 읽어 줬다. 포드 자동차는 "(일일) 노동 시간을 9시간에서 8시간으로 줄입니다. 수익 배분 정책을 통해 종사자 전원의 임금도 올라갈 것입니다. 22세 이상 근로자가 아무리 적게 받아도 일당 5달러를 상회할 것입니다."[17] 새로 도입된 정책에 여성 노동자는 포함되지 않았다. 그녀들이 가족을 부양한다고 생각하지 않았기 때문이다. 하지만 그런 정책 방침도 몇 년 후 바뀐다. 동일한 논리로 22세 미만 남성도 배제되었는데, 물론 커즌스가 이런 단서 조항을 달기는 했다. "가족, 홀어머니, 밑으로 형제자매를 부양하는 청년은 22세 이상과 동일하게 처우합니다."[18]

역사가들에 따르면 커즌스는 술수를 부리지 않는 진지한 금융가였고, 일당 5달러를 옹호한 것도 포드가 아니라 커즌스였다고 한다. 진실이 뭐든, 상업적 이유가 이상주의만큼이나 큰 역할을 했다는 사실은 분명하다. 포드의 노동자들은 소외가 심했다. 다수가 일당 2.34달러의 임금으로 아등바등하며 가족을 부양했다. 포드의 하일랜드 파크(Highland Park) 공장은 이직률이 연간 400퍼센트에 육박했다. 직원을 새로 뽑아 훈련시키는 데 들어가는 고정 비용이 매우 높았다. 커즌스의 임무는 판매와 유통 관리였고, 그는 하루 5달러 정책이 판매 촉진에서 신의 한 수가 될 것이라고 내다봤다. 아마도 이 점이 가장 중요했을 것이다.

다른 산업가들은 그 조치를 비난했다.《월 스트리트 저널》은 사설에 이렇게 썼다. 포드가 "사회사업이랍시고 저지른 일은 범죄가 아니라 해도 경제적으로 어리석기 짝이 없는 짓이다. 그 실책이 부메랑이 되어, 그와 그가 대표하는 산업, 그리고 사회까지 망가뜨릴 수 있다."[19] 새로운 임금 정책이 진보적이었음에도, 거기에는 가부장적 통제가 따랐다. 하루 5달러 정책이 도입되기 직전에 사회 부서(Sociological Department, 사회과)라는 것이 만들어졌고, 그곳 직원들이 노동자들의 가정을 수시로 방문해 정리 정돈 및 청결 상태를 점검했다. 포드와 커즌스는 노동자들이 여윳돈을 음주나 매매춘, 기타 방종한 생활에 허비하지 못 하게 하고 싶었다. 사규 위반자들은 면담을 통해 생활 방식을 뜯어 고쳐야 했다. 그러지 않고 계속 내키는 대로 살다가는 해고될 수도 있었다.

커즌스는 하루 5달러 정책이 판매 촉진에 엄청난 영향을 미치리라 예상했고, 정확히 들어맞았다. 헨리 포드가 세계 최고 부자가 되어 가는 중이었음에도 그는 그 정책으로 노동 계급의 영웅으로 인정받았다. 노동자들의 감사 편지가 쇄도했다. 입에 풀칠이라도 하려고 자식들을 하인으로 들여보내는 쓰디쓴 경험을 더 이상은 하지 않아도 되었다. 소규모지만 이민 물결도 새로 일어났다. 100년 후 디트로이트의 노인들은 자기네들의 할아버지가 유럽을 떠나 미국에 온 것은 하루 5달러 일당을 받기 위해서였다고 증언한다. 포드로 구직자들이 쇄도했고, 다른 기업들은 포드의 임금 정책을 따르지 않을 수 없었다. 포드는 1914년에 모델 T를 30만 대 팔았다. 불과 3년 전보다 4배 이상 늘어난 수치였다. 다시 2년 동안 판매고가 2배 이상 신장해, 70만 대를 넘어섰다.

일당 5달러 정책이, 아찔한 6년 세월의 대미를 장식했다. 그 시기에 포드가 분출시킨 활화산 같은 창조성은 두 사람, 아니 세 사람 몫쯤 될 것이다. 그 짧은 세월 동안 국민차가 탄생했고, 대량 생산 방식이 고안되었으며, 노동자들은 번영을 구가할 수 있을 만큼 충분한 보수를 받았다. 모델 T가 미국인의 삶에서 중요한 요소로 자리 잡았고, 사소한 약점을 소재로 하는 우스개가 전국에 퍼졌다. 1915년 출판된 『포드 관련 최신 농담 모음집(Original Ford Joke Book)』「(포드) 시편」 23장을 보자.

포드가 생겼으니, 다른 차는 필요 없어요.
덕분에 녀석 밑으로 기어 들어가야 하는 신세가 됐죠.
참, 무던히도 속을 썩이는군요.
그 놈의 이름값 때문에 바보의 길로 접어들었죠.
뭐, 그래도 시골길을 달리고, 산에도 올라갔습니다.
사실 두려워요. 조종간과 엔진이 불안하거든요.
타이어를 계속 때웠고, 라디에이터도 맛이 갔죠.
미운 놈이라도 나타났는데 펑크라도 난다면.
평생 이렇게 시달려야 하는 것이라면
차라리 정신 병원에 있겠어요.[20]

1915년 무렵 포드의 성공은 명실상부해졌다. 그는 무엇이든 할 수 있다고 자신했다. 고집스러운 괴짜였던 그가 이때부터 기이한 짓을 시작하는데, 결과가 좋지 못했다. 그해 12월 그는 배를 한 척 빌렸다. 그러고는 다른 유명 인사들을 대동하고 노르웨이로 항해해 갔다. 유럽의 제1차 세계 대전을 중재, 조정하겠다는 목적이었으니 돈키호테가 따로 없었다. 그가 자처한 '평화의 배(Peace Ship)' 임무는 논란이 분분했던 만큼이나 웃겼다. 그 기행은 완벽한 실패로 끝났다. 커즌스와 사이가 틀어진 것도 이 일 때문이었다. 커즌스는 1915년 회사에서 물러났고, 정치를 시작했으며 미시간 주의 연방 상원의원이 된다.

포드 자신도 1918년 미시간 주의 연방 상원의원에 입후보했다. 방식이 참말이지 특이했다. 그는 공화당과 민주당 경선 모두에 참가했고, 공화당 경선에서는 졌으나 민주당 경선에서 당선되었다. 그는 민주당 후보로 총선에 나섰다. 그가 오랫동안 공화당원이었다는 사실을 덧붙여야 하리라. 그는 엄청난 부자였는데도 선거 운동에 돈을 거의 쓰지 않았다. 어쨌거나 이길 것 같았기 때문이다. 하지만 근소한 표 차로 패배했고, 충격에 빠진 그는 사설탐정들을 고용해 투표 사기 여부를 조사했다. 아무것도 안 나왔다. 다음으로 포드는 출판을 기웃거렸다. 하지만 역시 결과가 안 좋았다. 그는 고향에서 발행되던 신문인 《디어본 인디펜던트(*Dearborn Independent*)》를 인수했다. 포드의 의태주의 관점이 신문에 실리기 시작했다. 그리스도 교도가 서로를 죽이게끔 유태인들이 제1차 세계 대전을 일으켰다는 것이 그의 주장이었다.

1918년 말에는 외아들에게 포드 자동차를 물려주고 자신은 회장직에서 물러나겠다고 선언했다. 에드셀 브라이언트 포드(Edsel Bryant Ford, 1893~1943년)는 당시 25세에 불과했다. 경영권 승계 발표는 놀라운 소식이었지만, 이번에는 아들이 나서서 사람들을 놀라게 했다. 5개월 만에 포드 자동차를 그만두고, 아버지와 함께 별도의 새로운 자동차 회사를 시작한 것이었다.

일련의 발표는 소액 주주들을 겁주려는 파렴치한 행동이었다. 그들이 보유 주식을 포드에게 팔아 버렸으니, 작전은 성공한 셈이었다. 포드는 1억 580만 달러를 주고 비가족 주식을 전부 사 버렸고, 포드 자동차에 대한 지배권을 강화했다. 커즌스가 2900만 달러 이상의 지분을 갖고 있었는데, 후에 그는 대부분을 자선 단체에 기부한다. 헨리는 골치 아픈 외부 투자자들을 몰아냈고, 실질적인 독재자로 군림했다. 물론 에드셀 포드가 회장직을 유지하기는 했다.

헨리 포드는 모델 T가 자동차 진화의 극점이라고 믿었기에 모델 T의 개량은 아주 느린 속도로, 마지못해 이루어졌다. 모델 T에는 전기 시동기(electric starter)가 없었다. 손으로 돌리는 거추장스러운 시동기(hand crank, 한국형 농기계 경운기에서 이 방식을 사용했다. ― 옮긴이)는 1919년에야 대체되었는데 캐딜락이 전기 시동기를 도입하고 7년이 지나서였다. 포드는 그때조차 전기 시동기를 추가 비용을 받는 선택 사양으로 했다. 1920년대 초반쯤 되면 모델 T가 한물간 구식이 되어 가고 있음을 더욱 더 많은 관리자들이 깨달았다. 하지만 그 사실을 허심탄회하게 꺼내 놓는 사람이 거의 없었다. 헨리 포드와 아내가 유럽으로 장기 휴가를 떠난 사이 진취적인 엔지니어 몇이 사장을 놀라게 하겠다고 마음먹고, 신차 견본을 만들었다. 그는 견본을 목도하고 불같이 화를 냈다. 맨손으로 제품을 다 때려 부술 지경이었다. 그 이야기는 여기까지 하자.

한동안은 변화를 거부하는 포드의 자세가 옳은 듯이 보였다. 1921년 포드 자동차의 미국 시장 점유율이 60퍼센트를 넘어섰다. 신기록이었다. 모델 T가 1923년 190만 대 이상 팔렸다. 이 기계의 놀라운 다용도 및 다목적성이 한몫했고, 또 한번 기록이 경신된 것이었다. 모델 T의 차대는 약간만 변형하면 여러 다양한 차량을 만들 수 있었다. 램스티드 캠프카(Lamsteed Kampkar)도 그 가운데 하나였다. 535달러를 주고 따로 제작된 차체를 구입해 볼트로 고정하면 바퀴 달린 집을 한 채 지을 수 있었던 것이다. 캔버스 천으로 가림막을 삼은 접이식 침대, 물 탱크, 조리용 난로를 갖추었으므로 과연 집이라고 말할 만했다. 맥주 회사 안호이저부시(Anheuser-Busch)가 캠프카 액세서리를 만들었다는 사실은 안 믿길 정도로 놀랍다. 1919년 금주령이 발효되면서 신사업에 뛰어들었던 것이다.

포드가 시종일관 고수한 마케팅 전략은 제작 공정을 더 효율적으로 가다듬고, 원가를 절감해 그 이득을 소비자들에게 넘긴다는 것이었다. T의 기본 모델 '런어바웃'은 전기 시동기가 아니라 손으로 돌리는 발동기가 달리기는 했어도 1924년부터 1926년까지 내리 3년간 260달러면 살 수 있었다. 오늘날의 화폐 가치로 약 3,500달러다.

하지만 정점은 1923년이었고, 모델 T의 판매고는 서서히 하향세를 그렸다. 1926년에 외장을 전면 개조하고, 다 늦게 전기 시동기를 표준 사양으로 채택했지만 이 추세가 바뀌지는 않았다. 미국을 바퀴 위에 올려놓은 모델 T는 크고 작은 수십 가지 측면에서 경쟁에 한참 뒤떨어졌다.

에드셀 포드는 더 현대적이고 맵시 있는 자동차가 필요하다고 확신했다. 하지만 그의 아버지는 들으려 하지 않았다. 미국 국민들은 새로이 잘살게 되자 이것을 겉치레로 뽐냈고, 포드는 그런 가식을 기꺼워하지 않았다. 그런 그가 번영을 일구는 데 큰 역할을 했다는 것을 상기하면 얄궂기만 하다. 1926년 포드의 시장 점유율이 50퍼센트 이하로 떨어졌다. 약진한 차는 제너럴 모터스의 쉐보레였다. 쉐보레가 강조한 안락함, 편리성, 고급스러움은 낮은 가격에만 초점을 맞춘 포드의 외골수와는 정반대였다. 미국인들은 체통과 멋을 원했고, 점점 더 많은 사람이 그것을 감당할 수 있었다.

1920년대는 결코 아무것도 아닌 것에 광분하지 않았다. 듀센버그 오토모빌 앤드 모터스 컴퍼니(Duesenberg Automobile & Motors Company)가 파산했지만, 소유자가 새로 나타나며 부활했다. 여기서 나온 최고급 차종 하나는 가격이 2만 달러가 넘었다. 오늘날로 치면 24만 5000달러 정도다. "뒤지로군.(It's a Duesie.)"이라는 어구가 어휘 사전에 등재되었다. 감탄과 존경을 표현하는 말로서 말이다. 하지만 듀센버그는 대공황기에 사업을 접는다. 다우 존스 산업 평균(Dow Jones Industrial Average)은 90에서 1920년대를 출발했고, 1927년 5월 20일 171.75로 장을 마감했다. 1927년 5월 20일, 이날 비행사 찰스 오거스터스 린드버그(Charles Augustus Lindbergh, 1902~1974년)가 단독 비행으로 유럽의 파리를 향해 날아갔다.

린드버그의 역사적인 비행이 개시되고 나서 5일이 지난 5월 25일 포드도 역사에 남을 성명을 발표했다. 모델 T 생산을 중단하겠다는 발표였다. 지난 20년 동안 1500만 대 이상의 모델 T가 제작되었다. 향후 45년 동안 깨지지 않을 단일 모델 최고 기록이었다. 독일산의 또 다른 국민차가 능가할 때까지 말이다. 경향 각지에서 모델 T의 생산 중단을 애도했다. 사람들은 그 소식을 슬프지만 불가피한 것으로 받아들였다. 노스다코타의 지역 신문《비스마르크 트리뷴(Bismarck Tribune)》은 이렇게 썼다. "소박한 플리버는 여러 해 동안 제작되기 바쁘게 팔려 나갔다. 사태 변화가 감지된 것은 약 3년 전부터였다. 처음에는 느렸지만 이후로는 점점 더 빨라졌다. 사람들은 플리버를 외면했고, 더 화려한 차를 찾았다."[21] 미래의 침로를 가리킨 그런 차가 한 대 있었다.

텔레비전 시트콤「올 인 더 패밀리(All in the Family)」가 첫 선을 보인 것은 1971년이다. 극 중 등장인물인 아치 벙커(Archie Bunker)와 에디스 벙커(Edith Bunker)가 매 회 서두에서 주제가「그땐 그랬지(Those Were the Days)」를 불렀다. 그런데 많은 사람이 네 번째 행의 가사에 어리둥절해 했다. "아, 우리의 구식 라살은 대단했지.(Gee, our old La Salle ran great.)" 오래전에 단종되어, 대다수가 잊어버린 브랜드를 언급하고 있는 것이다.

라살은 1927년 3월 5일에 출시되었다. 포드가 모델 T 단종을 공언하기

11주 전이었다. 라살은 모델 T와 직접 경쟁하지 않았다. 가장 싼 라살도 2인승 모델 T 런어바웃 가격의 7배였다. 하지만 두 사건은 모델 T의 죽음을 상징했다. 미국이 농업 국가에서 산업화된 도시 국가로 변모하자, 칙칙함이 우아함에 길을 내주었다. 실용주의가 물러나고, 가식과 허세가 그 자리를 차지했다. 선구적인 새로움이 예스러운 구식을 대체했다.

다른 자동차 회사들도 이 추세에서 기회를 잡고자 했다. 스튜드베이커 (Studebaker)가 1927년 딕테이터(Dictator)라는 고급 모델을 출시했다. 다른 모든 차종이 따르는 표준을 발아래에 둔 차라는 의미의 명칭이었다. 하지만 상황이 이상하게 꼬여 버렸다. 1930년대 중반쯤 되자 유럽 정치 무대의 베니토 무솔리니(Benito Mussolini, 1883~1945년)와 히틀러가 미국 국민들 사이에서도 익숙해지자, 독재자라는 이미지가 덧씌워져 버린 것이다. 스튜드베이커는 결국 그 이름을 버렸다.

하지만 라살은 특별했다. 1927년 9월 오하이오 중부에서 발행되던 한 신문의 보도를 보자. "무법자 청년들의 무모한 일탈." 소도시 델라웨어 (Delaware)의 범법자들이 지난 5개월 동안 차량을 25대 훔쳤는데, 절도의 목적이 폭주 드라이브라는 내용이었다. 라살도 그 가운데 1대였다. "청년들은 보안관에게 훔친 차들 가운데 라살이 가장 '엄청났다.'라고 말했다. 보안관 램버트는 놈들이 주행 능력 때문에 라살을 또 훔치려 모의했다고 전한다."[22]

오하이오의 그 악당 청년들은 양식은 없었어도, 차에 대한 감식안은 대단했다. 제너럴 모터스가 포드의 지배적 지위를 대체해 나갔던 것은 어느 정도 라살 덕택이었다. 향후 80년 동안 제너럴 모터스가 세계 최대의 자동차 회사로 군림하게 되는 점을 상기하면 라살이 더욱 다르게 보일 지경이다. 포드의 소박함이 얼의 세련된 감성에 길을 내주었다.

얼은 1893년에 태어났다. 농촌 출신인 포드와 비교할 때, 배경이 이보다 더 다를 수는 없었다. 그와 4남매는 할리우드의 3층짜리 저택에서 자랐다. 영화감독 세실 블런트 드밀(Cecil Blount De Mille, 1881~1959년)이 이웃 가운데 한 사람이었다. 청년 할리는 큰 키(6피트 4인치, 약 193센티미터)에, 호남인 데다, 운동 능력이 뛰어났다. 그는 공부보다는 미식축구, 럭비, 자동차 경주에 더 열을 쏟았다.

그는 서던 캘리포니아 대학교와 스탠퍼드 대학교에서 스포츠 활동에 열중했다. 법학부를 지망했는데, 잘 안 되었다. 두 학교 모두에서 낙제한 그는 결국 아버지를 돕기로 한다. 그의 아버지 얼(J. W. Earl)은 얼 자동차 제작소(Earl Automobile Works)를 운영했다. 고객의 주문을 받아 수작업으로 마차(coach)를 제작해 주는 회사였는데, 당시에는 차대 위에 올라가는 차체를 그렇게 불렀다. 얼의 아버지는 1919년 지역의 한 캐딜락 판매업자에게 사업체를 팔았다. 조건이 하나 달렸다. 아들인 얼이 재능이 있으니, 회사에 남아 계속 일할 수 있게 해 달라는 것이었다.

얼의 디자인은 날렵하고 맵시 있는 선을 뽐냈다. 당대 대다수의 차가 꼿꼿하게 솟은 상자 모양이었으니 눈에 안 띌 수가 없었다. 그가 설계한 차들이 시카고와 뉴욕의 자동차 전시회에 선을 보였고, 영향력이 막강한 피셔(Fisher) 형제를 포함해 제너럴 모터스의 관리 이사 몇 명이 주목했다. 이 7형제는 아버지가 운영하던 오하이오 소재의 '마치코바' 제작소를 차체를 대량 생산하는 기업으로 탈바꿈시킨 경력자들이었다. 그들은 1919년 제너럴 모터스에 지분 60퍼센트를 팔고 나머지 40퍼센트는 1926년에 팔면서, 한동안 제너럴 모터스 2대 주주가 되기도 한다. 오늘날까지도 디트로이트에는 포드 프리웨이(Ford Freeway)와 더불어 피셔 프리웨이(Fisher Freeway)가 있다.

1925년 12월의 크리스마스를 며칠 앞둔 시점이었다. 제너럴 모터스의 캐딜락 부문 총괄 책임자 로런스 피터 피셔(Lawrence Peter Fisher, 1888~1961년)가 로스앤젤레스의 얼에게 전화를 걸어왔다. 피셔는 말했다. 캐딜락은 더 빠르고 날렵하며 젊은 느낌의 고급차를 만들고 싶다. 패커드(Packard)를 누르고 싶다. 젊고 부유한 구매자들이 패커드에 혹해 캐딜락을 떠나고 있었다. 하지만 제너럴 모터스의 엔지니어들은 따분하고 둔감한 스타일에서 헤어날 줄 몰랐다. 가히 구제 불능 수준이었다. 어찌 보면 다수의 캐딜락 소유자도 그런 면이 있었다. 캐딜락의 자문에 응해 주겠는가? 뭔가 다른 것을 설계해 줄 수 있겠는가? 피셔는 얼에게 이렇게 묻고, 요청했다.

1926년 1월 6일, 32세의 얼은 디트로이트행 기차에 올랐다. 다음 3개월 동안은 디트로이트 남서부에 있는 캐딜락 공장의 설계 및 개발실(design and development shops)이 얼의 집이나 다름없었다. 얼이 그해 봄 제너럴 모터스의 이사회에 설계안을 제출했다. 최고 경영자인 앨프리드 프리처드 슬론 주니어(Alfred Pritchard Sloan Jr., 1875~1966년)도 그 발표회 자리에 있었다. 얼은 설계 도면만 보여 주고 대충 끝내지 않았다. 발표회는 할리우드 기획자 소리가 나올 만한 한 편의 쇼였다.

그가 설계 디자인한 모델 4개가 실물 크기(full-sized)로 제작, 공개되었다. 나무로 뼈대를 만들고, 진흙을 입힌 다음 성형한 차체에는 검정색 에나멜 도료를 칠했고, 투명한 광택제를 발라 마감했다. 젖은 여인의 섹시함이 빛났다! 제너럴 모터스의 사장단은 눈이 휘둥그레졌고, 준비된 모델들을 보고 또 보았다. 슬론은 이렇게 말했다. "모두가 볼 수 있게 얼을 데려오게."

젊은 디자이너가 불려오자 슬론은 이렇게 말했다. "얼, 우리가 자네 디자인을 채택했음을 알아줬으면 하네!" 그러고는 피셔에게 캐딜락 부문에서 치하의 의미로 얼이 다가오는 파리 모터쇼를 다녀오도록 하라고 지시했다. 피셔는 희색이 만면한 얼굴로 이렇게 대꾸했다. "회장님, 표는 이미 구해 됐습니다!"[23]

파리 모터쇼는 적합한 부상이었다. 얼이 프랑스 자동차, 구체적으로 이스파-노스이자에서 영감을 얻었기 때문이다. 얼이 제작한 모델들은 세로 모양의 그릴이 눈을 확 잡아끌었고, 후드의 양 옆으로 방열창(louvered vent)을 내, 전체적으로 더 길고 수평적인 자태를 연출했다. 이것은 이스파노-스이자의 특징이기도 했다. 진흙 모형들은 어떤 각도에서 봐도 라인이 환상적이었고, 자세히 살피지 않을 수 없었다. 고압적인 느낌 없이 우아했으며, 비좁고 갑갑한 느낌 없이 아담했다. 제너럴 모터스의 거물들이 바로 그런 디자인을 원하고 있었다. 젊고 발랄한 취향을 보태, 고급스럽지만 고루한 캐딜락 계열을 확장하는 것. 얼의 디자인은 파격적이었고, 제너럴 모터스는 캐딜락 딜러들이 그 차를 팔게 했지만, 따로 차종 명을 부여했다. 그렇게 해서 라살이란 이름이 생겨났다. 두 이름 모두 제격이었다. 캐딜락(Rene-Robert Cavelier, Sieur de La Salle 또는 Robert de La Salle)과 라살(Antoine Laumet de La Mothe, Sieur de Cadillac 또는 Antoine de la Mothe Cadillac)은 프랑스인들로, 초기 아메리카 대륙 탐험가였다. 캐딜락은 디트로이트를 세웠고, 라살은 루이지애나에 대한 권리를 주장하다가 부하들에게 살해당했다. 이것 역시도 그럴싸했다. 얼의 관리, 운영 방식을 보면 알 수 있다.

슬론은 얼을 제때 발견했다. 슬론이 제너럴 모터스를 이끌기 시작한 것은 1923년이었다. 창립자인 윌리엄 '빌리' 크레이포 듀런트(William 'Billy' Crapo Durant, 1861~1947년)의 무모한 경영으로 회사가 도산할 뻔했다가 간신히 살아남고서 불과 몇 년 후였다. 슬론은 비용을 끊임없이 절감해 대는 포드와의 대결에서는 승산이 없다고 판단했다. 그는 게임이 벌어지는 판을 바꾸기로 결심했다. 주주들에게 편지 형식으로 발송된 1924년 연례 보고서에 슬론의 전략이 담겼다. 그는 이렇게 썼다. "제너럴 모터스가 만드는 차는 모든 이의 주머니 사정과 모든 이의 용도를 만족시킬 것입니다." 제너럴 모터스는 헨리 포드의 "하나면 다 통한다(once size fits all)" 철학을 고수하지 않고 다양한 층위의 브랜드를 생산할 것이라는 말이었다. 그의 구상에 따르면, 소비자들은 실용적이고 저렴한 쉐보레에서 출발해, 원컨대 폰티액, 올즈모빌(Oldsmobile), 뷰익(Buick)을 거쳐, 미국의 사회적, 경제적 성공의 사다리를 타고 오른 사람들은 최종적으로 캐딜락을 구매할 터였다.

포드가 대량 생산을 했다면 슬론은 대량 판매를 했다. 문제는 슬론에게 대담한 판촉 능력이 전혀 없었다는 데 있다. 그는 매일 입는 셔츠와 풀먹인 칼라만큼이나 뻣뻣한 지식인이었다. 허튼 짓을 모르는 엄격한 사업가가 사람들의 가식과 허례를 이용해 물건을 파는 것에 엄청난 잠재력이 있음을 깨닫는 데는 시간이 약간 필요했다. 슬론과 얼은 환상의 콤비였다.

슬론이 얼의 디자인을 승인하고 1년 후 최초의 라살이 대중에 공개되었다. 보스턴의 코플리 플라자 호텔(Copley Plaza Hotel)에서였다. 초대 손님들이 흰 옷을 맞춰 입은 연주자들을 좇아 용도가 변경된 무도회장에 들어섰다. 보스턴의 한 캐딜락 판매업자의 딸이 샴페인 병을 라디에이터에 대고 깨트리며 신차를 마치 배라도 되는 것처럼 진수했다. 참석자들은 여성이 이렇게 읊조리는 소리를 들었다. "수많은 이가 열과 성을 다해 완성한 어여쁜 그대여, 가거라 세상의 모든 길로, 내 그대를 부르노니 라살이여."[24]

6종류의 차체가 있었다. 무개 접좌석(rumble seat)이 달린 2인승 로드스터는 2,495달러였고, 5인승 세단은 패커드와 경쟁했다. 뒤엣것의 가격은 2,685달러로, 가장 저렴한 캐딜락보다 500달러 낮았다. 라살 세단은 스타일이 전통적이었고, 《뉴요커(New Yorker)》는 이렇게 콧방귀를 뀌었다. "네모나고, 널찍하고, 교외의 중산층 가정이 떠오른다. …… 로터리 클럽 회원들에게나 팔아먹겠다는 것이다." 하지만 라살 쿠페(coupe, '자르다.'라는 의미의 프랑스 어 동사 쿠페(couper)에서 왔고, 원래는 문이 둘 달리고 지붕선이 낮게 단축된 유개차를 가리켰다. 오늘날의 쿠페는 일반으로 후미로 갈수록 지붕선이 낮아진다. — 옮긴이)와 컨버터블(convertible, 문이 둘이고, 천 소재 지붕을 제거하거나 접을 수 있다. 카브리올레(cabriolet)라고도 한다. — 옮긴이)은 꽤나 인상적이었던 듯하다. 잡지는 계속해서 이렇게 적고 있다. "라인이 전반적으로 참신하다. 아이오와 주 디모인(Des Moines)의 무도회장에서 볼 수 있는 파리풍 원피스처럼 말이다."[25] 제너럴 모터스는 라살 광고에 《뉴요커》의 찬사를 활용한다. 물론 디모인 이야기는 빼고.

라살은 그릴이 예쁜 것 이상이었다. 기술 능력이 대단히 인상적이었다. 전 차종에 75마력 V8 엔진이 얹혔다. 미국 도로에 V8 엔진은 사치라던 시절에 말이다. 1927년 5월 제너럴 모터스의 한 정비공이 회사 소유의 미시간 성능 시험장(Michigan Proving Ground)에서 라살을 시험 주행했다. 거의 952마일(약 1,532킬로미터)을 평균 시속 95마일(약 153킬로미터) 이상으로 달렸다. 라살은 그해 열린 인디애나폴리스 500(Indianapolis 500, 1인승 자동차만 출전할 수 있는 미국 자동차 경주 대회의 선두 주자격이다. 타원형의 인디애나폴리스 모터 스피드웨이(Indianapolis Motor Speedway)에서 1911년부터 매년 개최되고 있다. — 옮긴이)에서 페이스 카(pace car, 자동차 경주 개시 전에 코스를 일주하는 선도차. 노면 상태 등을 점검한다. — 옮긴이)로 달렸다. 160마력의 듀센버그가 그해 우승을 치지했는데, 이 거리의 절반을 불과 시속 2마일(약 3.2킬로미터) 더 빠른 평균 속도로 주파했음을 생각해 보면, 정말 대단한 위업이다.

아직 소규모에 불과했지만 점점 그 수가 늘어나던 여성 운전자들이 라살을 아주 좋아했다. "라살은 우아한 차다. 여성의 눈에 대단히 매력적으로 비친다. 그 맵시 있는 라인이라니!"《보그(Vogue)》는 라살을 모는 여성들을 소개하면서 이렇게 썼다.[26] 배우 클라라 고든 보(Clara Gordon Bow, 1905~1965년)는 무성 영화 시대의 섹스 심벌이다. 로스앤젤레스에서는 그녀가 1927년식 라살 로드스터에 타고 있는 모습이 무시로 찍혔다.

라살은 여성들이 다루기 쉬웠다. 축간 거리(wheelbase, 휠베이스. 자동차에서 앞바퀴와 뒷바퀴 사이의 거리 — 옮긴이)가 가장 작은 캐딜락보다 7인치(약 18센티미터) 더 짧았다. 기어비(gear ratio, 최초 톱니바퀴와 마지막 톱니바퀴의 회전 속도 비 — 옮긴이)도 한몫했다. 라살은 저속 기어로 바꾸지 않고도 코너를 돌 수 있었는데, 기어 변환이야말로 여성 운전자들이 몹시 싫어하는 운전 요소 가운데 하나였기 때문이다. "라살은 여성의 터치에 즉각 반응합니다. 식은 죽 먹기죠." 여성들을 겨냥한 한 광고는 이렇게 선언했다. 여성만을 목표 삼은 광고가 당시로서는 매우 특출났다는 점을 보태야 하리라.[27] 그 외 광고들을 보면, 프랑스 어가 도드라졌다. "누벨 아리베(Nouvelle Arivee, '신착', '새로운 차가 왔습니다' — 옮긴이)", "봉 보아야쥐(Bon Voyage, '즐거운 여행이 되기를!', '잘 다녀오십시오!' — 옮긴이)" 제너럴 모터스는 출고 첫해에 라살을 약 2만 7000대 팔았다. 어떤 기준을 적용하더라도 대박이었다. 제너럴 모터스는 새로운 브랜드를 갖추었고, 얼마 후 새로운 경영자도 맞이한다. 얼이 그 주인공이다.

제너럴 모터스의 디자이너들은 1930년대부터 1950년대까지 다음의 짧은 노래를 습관적으로 흥얼거렸다.

하느님 아버지, 스타일의 대부,
그 이름 할리

직원들이 그들의 상사를 미스터 얼(Mr. Earl)이 아니라 할리라고 부르던 시절의 이야기다. 미스터 얼은 발음하면 언제나 예외 없이 한 단어처럼 '미스터를(Misterl)'이 되어 버렸기 때문이다. 얼은 디자인(스타일)에만 빠져 있지 않았다. 사실 그 자신이 스타일 아이콘이었다.

슬론은 얼의 라살 도안에 크게 감동했다. 신차가 출고되고 불과 두세 달 후인 1927년 여름 그 최고 경영자는 제너럴 모터스 이사회에 고위급 인사 안건을 제출한다. 슬론은 얼에게 규모는 작겠지만 상당히 중요한 새 부서의 우두머리 자리를 주고, 상근으로 채용하겠다고 제안했다. 미술 및 색상 부서(Art and Colour Section)가 바로 그것이었다. ('colour'는 영국식 철자법이다.) 미국의 자동차 산업은 이제 막 도약하려던 찰나였고, 도무지 그런 부서는 있지도 않던 시절이었다.

얼과 디자이너들은 제너럴 모터스의 자동차 개발 과정에서 디자인을 필수적 일부로 정착시킨다. 제너럴 모터스는 이것을 바탕으로 따분하기 이를 데 없는 경쟁사들보다 우위에 섰다. 얼은 화창한 로스앤젤레스를 뒤로 하고 계절이 겨울과 겨울이 오는 계절 둘뿐인 듯한 곳으로 옮겨 왔다. 33세 얼과 가족이 디트로이트에 도착했다. 그로스 포인트는 이제 교양 있는 사람들이 모여 사는 교외였고, 그들도 거기 정착했다.

제너럴 모터스에 안착하는 과제는 좀 더 힘들었다. 얼은 큰 조직에서 일해 본 경험이 없었다. 알력, 음모, 사내 정치가 난무했다. 피셔가 얼이 디자인한 자동차에 들어갈 철판을 찍어 냈는데, 그가 이끄는 부서는 반독립적 공화국이나 다름없었다. 피셔 형제도, 부하들도 간섭하고 참견하는 것을 절대로 못 참았다. 그들은 가끔 얼의 디자인을 즉석에서 바꿔 버렸다. 얼의 설명서대로 했다가는 자동차의 온전한 구조가 훼손되거나 생산 비용이 늘어난다는 것이었다.

제너럴 모터스는 1929년 얼이 디자인한 새 뷰익 세단을 출시했다. '벨트 라인(belt line)'이 부풀어 오른 스타일이었다. 여기서의 벨트 라인이란 차창 바로 아래 부분을 가리킨다. 제너럴 모터스의 이사였다가 경쟁자로 변신한 월터 퍼시 크라이슬러(Walter Percy Chrysler, 1875~1940년)는 그 차를 "임신한 뷰익"이라고 불렀다. 매우 잘 어울리는 호칭이었다. 뷰익 판매고가 그해에 25퍼센트 이상 추락했다. 주식 시장 대폭락이 아직 일어나지도 않았는데 말이다.

낭패였다. 고성과 삿대질이 난무하는 비방전이 전개되었다. 피셔 형제는 자기네들은 얼의 디자인을 충실히 따랐을 뿐이라고 주장했다. 얼은 뷰익이 배가 나와서는 안 되는 것이었다고 반박했다. 그는 피셔 형제에게 "일곱 난쟁이(Seven Dwarfs)"라는 극언을 퍼부었다.[28] (단신의 피셔 7형제는 구식 홈부르크 모자(homburg hat)를 썼다.) 얼은 앞으로는 모든 디자인을 자신이 승인하겠다고 밝혔다. 피셔 동네의 판금쟁이들한테 농락당하는 일을 좌시하지 않겠으며, 그 조치로 휘하 부서에 엔지니어를 고용하겠다고도 했다.

아무튼 다툼을 진화해야 했고, 얼은 슬론과의 친분을 동원했다. "앨프리드는 어떻게 생각하는지 물어봅시다." 그는 이렇게 말하고는 했다. 하지만 정작 그가 전화를 거는 일은 거의 없었다. 얼의 힘이 슬론을 배경으로 한다는 것이 분명했다. 얼은 제너럴 모터스에서 근무한 지 10년 후인 1937년 부사장으로 승진했고, 그가 이끌던 미술 및 색상 부서도 제너럴 모터스 디자인 부문(General Motors Styling Department)으로 격상되었다. 지위가 강화되자, 자기 분야를 공식으로 구조화한 것이다.

얼은 쉐보레, 폰티액, 올즈모빌, 뷰익, 캐딜락/라살 등 부문 차종마다 디자인 스튜디오를 따로 만들었다. 모두를 관리 감독하며 통할하는 것은 얼 혼자뿐으로, 그렇게 휘하 디자이너들을 경쟁시켰다. 그러는 사이 기존

기계 장치 위에 새로 성형한 철판을 씌우는 것이 관례로 자리를 잡았다. 매년 모델이 바뀌기 시작하면서 디자인이 한결 중요해진 것이다. 포드는 이 관행을 업신여겼고, 사태를 주도한 것은 제너럴 모터스와 얼이었다. 사람들은 진부화 전략(planned obsolescence)의 먹잇감으로 전락해 매년 전시장을 찾았고, 전시장을 찾는 고객의 규모가 자동차 판매를 좌우했다.

얼이 1938년 최초의 미래형 '드림 카(dream car)'를 설계했다. 드림 카는 디자인 철학을 천명하고, 화제를 불러일으키는 것이 목표지, 실제로 양산되는 차가 아니다. 뷰익 와이-잡(Buick Y-Job)이라는 명칭은 실험용 항공기에서 착안한 것이었다. 뷰익 와이-잡은 차체가 낮고 매끈한 유선형이었다. 전조등을 숨길 수 있었고, 크롬 도금 범퍼가 단연 눈에 띄었으며, 가로로 널찍하게 설치된 그릴은 당대의 전형적인 세로 방향 그릴과 대비되었다.

얼은 와이-잡을 자기만의 개인 승용차(personal car, 여러 사람이 타는 것이 아니고, 자기 혼자만의 차라는 느낌을 준다. 개인이 혼자서 사용하는 데 적당한 크기와 성능을 지닌다는 말로 통용된다. ─ 옮긴이)로 탔다. 여러 해 동안 출퇴근용으로 직접 운전한 것이다. 와이-잡은 얼의 철학을 천명하는 수단이기도 했다. "미국 자동차를 길쭉하고, 낮게 만드는 것이 나의 1차 목표였다. 가끔은 실제로 그랬고, 적어도 겉모습은 항상 그랬다."[29] 자신의 디자인 철학을 더 함축적으로 표현한 말도 보자. "학교를 지나치는데 아이들이 휘파람을 불며 환호하지 않으면 다시 제도판으로 돌아가야 한다."[30]

얼은 할리우드를 떠났지만 할리우드는 얼을 떠나지 않았다. 그가 제너럴 모터스에 꾸린 여러 사무실은 방송이나 영화 촬영 세트 같았다. 얼 자신이 출현하는 그런 스튜디오 말이다. 검정색 벽판으로 구획된 사무실들은 천장을 빛줄기가 때렸고, 동양풍 플러시 카펫이 바닥에 깔렸다. 방 한쪽 끝 연단에 얼의 책상이 있었고, 그래서 그는 항상 상대방을 하대했다.

제너럴 모터스 임원 대다수의 옷 입는 기호는 주차장의 아스팔트 같았다. 검정 양복, 폭이 좁은 검정 타이, 하얀 셔츠. 하지만 얼은 아니었다. 그가 맞춰 입은 양복의 색깔만 해도 황갈색, 회색, 심지어 흰색까지 있었다. 밝고 화사한 색상의 실크 셔츠와 타이에 어울리는 행커치프를 꽂고 스웨이드나 부드러운 가죽 소재 구두를 신었다. 그는 사무실 옷장에 항상 같은 옷을 준비해 두고, 정오에 갈아입었다. 사무실 냉방이 없던 시절이었고, 미시간의 한여름은 무더웠다. 다른 이들이 후줄근한 모습으로 처져 있을 때조차 얼은 항상 산뜻하게 다림질된 옷을 걸치고 나타났다. 큰 키, 떡 벌어진 어깨, 창백한 푸른 눈, 플로리다로 선탠을 하러 다닐 법한 하얀 피부의 얼은 인상적인 외모로 눈길을 잡아끌었다.

얼은 밤 10시, 심지어 자정까지 스튜디오의 복도를 활보했다. 그런 위협적인 작업 평가 방식 속에서 부하들은 성공하거나 쫓겨났다. 얼은 디자이너들을 반원으로 주위에 도열시킨 다음 그들의 도안을 평가하는 일이 잦았다. 물론 부하들의 작품 앞에서 다리를 꼬고 앉았으며, 구둣발로 마음에 드는 부분을 가리켰다. 포커스 그룹(focus group)과 마케팅 조사(marketing survey)가 고안, 도입되기 전이었다. (물론 그런 것이 개발되었을 때조차 과연 효과는 있는 것인지, 미심쩍어 하는 분위기였다.) 얼은 본능을 믿었다. 그는 라살을 디자인한 후로 신차를 직접 스케치한 적이 거의 없었다. 그 과제는 언제나 부하들의 몫이었다.

데이비드 홀스(David Holls, 1931~2000년)는 캐딜락 부문에서 오랫동안 디자이너로 일했다. 그가 어떻게 회고하는지 보자. "사람들은 얼을 조금쯤은 항상 두려워했습니다. 내 생각에는 그가 부하들의 그런 반응을 즐겼던 것 같아요." 한번은 홀스가 입사 초기였는데 얼 옆에 서 있을 기회가 있었다고 한다. 얼이 캐딜락 부서장과 새 도안을 논의 중인 자리였다. 얼이 이렇게 다그쳤다. "왜 젊은 친구들한테 묻지 않는 거지? 그들이 뭘 원하는지 알아야 하지 않겠어?" 곁에 있던 홀스가 의견을 말해 보라는 얼의 다그침에 속으로 하던 생각을 더듬더듬 제시했다. 하지만 그는 얼의 생각이 다르다는 것을 이내 깨달았다. 얼이 말을 잘랐던 것이다. "쓸데없는 소리! 젊은 친구가 필요하면 그때 물어보도록 하지." 홀스는 다음 2주 동안 해고당하는 것은 아닌지 전전긍긍했다.[31]

얼이 공포의 대상이었다는 이야기를 하나 더 소개한다. 얼의 경력이 한창일 때였다. 젊은 디자이너 눈에 상관이 들어왔다. 문제는 거기가 임원 주차 구역이었다는 점이다. 얼이 커다란 돈뭉치 2개를 겨드랑이에 끼운 채 성큼성큼 걸어왔다. 디자이너는 자기도 모르게 이렇게 반응했다. "안녕하세요, 미스터를? 수표 바꾸셨나 보네요!" 얼은 걸음을 멈추고 노려보더니, 그냥 가 버렸다. 젊은 디자이너는 침을 꿀꺽 삼켰고, 자신이 현장에서 해고되지 않았다는 사실에 안도했다.[32]

운이 나쁜 사람도 있었다. 윌리엄 '빌' 미첼(William L. 'Bill' Mitchell, 1912~1988년)은 오랫동안 얼을 보좌하다가 그의 자리를 물려받았다. 한 번은 그가 상관의 선처를 호소하며 동료 둘과의 중재에 나섰다. 얼이 사사건건 다그쳐 대서 둘의 기가 꺾여 버렸던 것이다. 미첼이 어느 날 일과 후 저녁에 얼에게 상황을 설명했다. "그 두 친구가 당신 때문에 죽을 맛이랍니다. 정신과 치료까지 받고 있다고요." 듣고 있던 얼이 알겠다는 투로 이렇게 대꾸했다. "이야기해 줘서 기쁘네." 그런데 며칠 후 얼이 미첼을 호출하더니 이렇게 윽박질렀다. "망할 개자식아, 놈들이 일을 못 하겠다면 쫓아내." 그 둘은 해고되었다.[33]

얼이 제너럴 모터스에서 출세가도를 달릴수록 그의 라살은 판매고가 떨어졌다. 이전이라면 화려한 고급차를 무리해서라도 샀을 사람들이 대공황(Great Depression) 속에서 허리띠를 졸라매며 덜 한 것에 만족했다. 미국인 대다수가 소박 간소하게 살아갔고, 라살도 이에 순응하지 않을 수 없었다. 1933년 광고는 차가 고급스럽다는 자랑 외에도 내구성을 장점으로 내세웠다. 하지만 그럼에도 라살의 판매고는 그해 3,500대로 급락했다. 가격을 1927년 가격보다 10퍼센트 낮은 2,235달러로 깎았는데도 말이다.

라살이 단종될 것이라는 소문이 파다했다. 제너럴 모터스의 고급 간부들이 1934년 출시할 신차 디자인을 검토하기 위해 모였다. 얼은 상황을 정면 돌파하기로 단단히 마음먹고 있었다. "임직원 여러분, 라살을 그만 만드시겠다고 하시면, 이 차를 안 만드는 것입니다."[34] 커튼이 걷혔고, 그 자리에는 굉장히 아름다운 디자인이 버티고 있었다.

새 차는 이전보다 선이 더 길고, 둥글었다. 그릴은 폭을 좁혀, 마치 높이 솟은 탑 같았고, 후드 양 옆으로는 현창(舷窓)처럼 생긴 방열공(放熱孔)을 5개 달았다. 날아오르는 새를 형상화한 미려한 장식물이 길쭉한 후드의 첨두에 달렸다. 물론 판매 현실도 고려해야 했다. 1934년식 라살은 제너럴 모터스에서 급이 떨어지는 올즈모빌 부문에서 엔진과 기타 핵심 부품을 빌려와, 생산 단가를 낮췄다. 작전이 주효했다. 제너럴 모터스는 1934년에 라살을 7,200대 팔았는데, 전년의 2배를 상회하는 실적이었다. 3년 후인 1937년 라살은 기록적인 판매고인 3만 2000대를 찍었다. 라살은 그해에 다시 캐딜락 엔진을 집어넣었다. 갈빗대가 붙은 창문 형태의 스테인리스 방열창이 방열공도 대체했다. 차체 디자인에 따라 가격을 무려 1,000달러로 인하하는 등, 다양한 판매 증진 노력을 기울였던 것이다. 1937년식이야말로 라살의 정점이었다. 하지만 성공은 오래 가지 못했다.

1938년에 라살 판매가 급감했다. 그즈음이면 라살은 이제 충분히 커저 버렸고, 약간 싼 캐딜락 대용품이었던 것이다. 뉴욕 주 버펄로(Buffalo)의 페스크(Paske) 씨 가족을 예로 들어 보자. 엄마와 아빠에, 아들이 다섯이었던 페스크 일가는 1939년식 라살 세단을 타고, 주를 가로질러 조지 호수로 가 가족 휴가를 즐겼다. 셋째 레이먼드가 뒷좌석 바닥에 앉아 형제들의 발길질을 요령껏 피하며 방귀를 들이마시지 않을 수 없었지만 말이다. 그래도 일곱 식구 전원과 그들의 짐 꾸러미가 라살에 다 들어갔다.[35]《오토모빌 쿼털리(Automobile Quarterly)》는 후에 이렇게 논평했다. "라살과 캐딜락이 사실상 같은 물건이 되어 버렸음이 제너럴 모터스에 점점 더 명백해졌다. 둘 중 하나는 버려야 했다."[36] 라살은 1940년식을 마지막으로 단종된다.

지구는 당시 전쟁 중이었다. 물론 미국은 거의 2년 후에나 그 어지러운 싸움에 가담하지만 말이다. 민수용 차는 제2차 세계 대전 때 생산이 중단된다. 미국이 '민주주의 진영의 조병창(Arsenal of Democracy)'으로 탈바꿈했고, 디트로이트의 공장들이 그에 발맞춰 비행기, 전차, 병력 수송 트럭, 그리고 지프(jeep)라고 하는 꾀바른 군용 차량을 생산했다. 자동차는 미국 문화의 동향과 추세를 더 이상 보여 주지 못했다. 새로운 10년인 1950년대가 동터오기 전까지는 말이다.

그래도 모델 T와 라살이 수립한 두 문화의 긴장과 갈등은 여전할 터였다. 아니 더 격화된다. 단순함과 소박함 대 세련됨과 화려함, 실질 및 실용 대 가식과 허세. 포드는 이성에 호소해 물건을 팔았다. 얼은 감성을 자극했다. 두 남자의 차는 상반되는 가치를 드러냈고, 미국 사회에 존재하는 단층선(fault line)이 앞으로도 수십 년간 그 두 가치를 통해 드러난다. 미국 문화는 1950년대와 1960년대, 그 이후를 거치면서 변화 속도가 빨라졌다. 향후 세대의 차량도 거듭해서 이 두 가치를 대변한다.

얼은 1954년에 이렇게 말했다. "내 사무실에는 제너럴 모터스에서 처음 디자인한 세단의 모형이 있습니다. 1927년식 라살 V8이죠. 난 그 고물차가 정말 좋아요. 하지만 인정합니다. 측면이 평평하고, 상부가 너무 무거워 불안정하죠. 뻣뻣한 어깨는 말할 것도 없고요."[37] 정말이지 그즈음이면 자동차 디자인도 엄청나게 진화한 상태였다. 전쟁을 마친 미국은 부유하고, 낙천적이었다. 이런 미국을 상징하는 강력한 토템이 필요했고, 얼이 콜벳을 들고 나타났다. 자동차에 크롬 (도금)이라니! 테일핀은 또 무엇인가!

02

쉐보레 콜벳

아르쿠스-둔토프와
66번 도로의 모험

우리는 태어나면서 누구나 다 독방에 감금되는 신세야. 우리가 평생 SOS를 발하는 건 누군가가 들어주기를 바라서지.

「66번 도로」에서 버즈 머독(Buz Murdock)으로

분한 조지 마하리스의 말[2]

「66번 도로」가 1960년 10월에 첫 방송을 탔고, 비평가들은 환호했다. 텔레비전이 흰둥이들만 설쳐 대는 무미건조한 황무지였는데, 여느 드라마와 달리 수준 높고 세련되었던 것이다. 《TV 가이드(TV Guide)》는 "동부 출신의 두 청년이 스포츠카를 타고 서부를 떠도는" 이야기라는 소개와 함께 이 쇼를 칭찬했다. "마틴 샘 밀너(Martin Sam Milner, 1931년~)는 막 고아로 전락한 예일 출신 청년이고, 조지 마하리스(George Maharis, 1928년~)는 뉴욕을 떠나기로 마음먹은 평범한 이웃이다. 스폰서의 후원으로 멋들어진 스포츠카도 나온다."[3] 그 스폰서가 제너럴 모터스의 쉐보레 부문이고, 스포츠

카가 콜벳이었다.

콜벳이 첫 회에 미시시피의 한 소읍에서 고장이 난다. 두 젊은이는 부패한 보안관과 충돌하고, 린치를 당하기 직전까지 몰린다. 바로 그때 오랫동안 학대에 시달리던 보안관의 아들이 반기를 들고, 두 사람을 구해 준다. 우연의 일치겠지만 이야기의 줄거리가 콜벳의 운명과 기묘하게 닮았다. 콜벳은 처음에 거의 죽다 살아났고, 그를 구한 영웅도 도저히 있을 법하지 않은 인물인 것이다.[4]

콜벳이 시장에 첫 선을 보인 것은 1953년 12월이었다. 엑스(EX, '실험용(experimental) 차') 122라는 시제품 스포츠카로 전시되고 1년 후였다. 굴곡이 많고 날렵한 차체가 처음부터 사람들의 눈을 잡아끌었다. 하지만 후드 아래를 들여다보면 허약한 6기통 엔진이 얹혔고, 콜벳은 진정한 스포츠카이기는커녕 어른들의 보행기에 가까웠다.《메캐닉스 일러스트레이티드(Mechanix Illustrated)》의 토머스 제이 맥카힐 3세(Thomas Jay McCahill Ⅲ, 1907~1975년)가 당시 미국 자동차 비평가들을 이끌었는데, 그는 이렇게 썼다. "오스틴-힐리(Austin-Healy)가 콜벳을 산 채로 잡아먹을 것이다. 그건 재규어(Jaguar)도 마찬가지다. (둘 다 영국의 자동차 브랜드 — 옮긴이) 미제 '스포츠' 카를 타고 …… 두메산골 촌뜨기를 놀라게 하고 싶은가? 그렇다면 콜벳을 추천한다."[5] 이 하나마나 한 칭찬이 사실이었고, 콜벳은 초기 판매가 부진했다. 머지않아 쉐보레는 단종을 검토한다. 가격이 높았는데도 계속해서 돈을 까먹었기 때문이다. (4,000달러에 육박하는 콜벳의 가격은 당시 평균의 3배가 넘는 액수였다.)

그러나 1953년은 이행의 해였다. 드와이트 데이비드 아이젠하워(Dwight David Eisenhower, 1890~1969년)가 백악관에 입성했다.《새터데이 이브닝 포스트(Saturday Evening Post)》가 매사추세츠 출신의 초선 상원의원 존 피츠제럴드 케네디(John Fitzgerald Kennedy, 1917~1964년)를 자세히 소개하는 기사를 썼다. 제목이 인상적이다. 「잭 케네디: 쾌활한 미혼의 젊은이」.[6] 물론 1950년대의 정서에서나 가능한 일이었다.

그해 7월 27일에 내키지는 않았지만 휴전 협정이 체결되었고, 3년간의 피비린내 나던 전쟁이 한반도에서 종결되었다. 이로써 거의 4반세기를 끌어온 대공황과 전쟁이 마침내 종막을 고했다. 금욕과 궁핍 속에서 성인이 된 한 세대의 미국인은 이제 좀 풀어지고 싶었다. 전후 호황이 전개되면서 그것이 가능했다.

새로운 정치 지도자들이 대두했고, 도저히 있을 것 같지 않은 몇몇 젊은이가 장기간 유지되어 온 문화 규범에 도전장을 던졌다. 미시시피 북동부 농촌 출신의 가난한 백인 청년이 대표적이다. 그는 흑인처럼 노래할 수 있었고, 허리 돌리기 또한 예술이었다. 엘비스 프레슬리(Elvis Presley, 1935~1977년)가 자신의 음악 경력을 시작한 때가 1953년이었다.

휴 마스턴 헤프너(Hugh Marston Hefner, 1926년~)는 또 다른 모반자였다. 시카고의 중산층 가정 출신인 그는 일리노이 대학교에 들어갔고, 거기서 첫 번째 출판 일을 경험한다. 《데일리 일리니(Daily Illini)》라는 학생 신문에 만화를 그렸던 것이다. 콜벳이 첫선을 보인 1953년 12월에 헤프너도 《플레이보이(Playboy)》를 창간했다. 식자층이나 볼 법한 기사들은, 말하자면 벌거벗은 여자 사진들에 대한 눈가림이었다. 창간호에 여배우 메릴린 먼로(Marilyn Monroe, 1926~1962년)의 충격적인 누드 사진이 실렸다. 먼로라면 그해 최고 히트 영화 중 하나인 「신사는 금발을 좋아해(Gentlemen Prefer Blondes)」의 스타였다. 《플레이보이》는 빠르게 성공을 거두었다. 프레슬리는 남부 농촌 출신이었고, 헤프너는 북부 도시 출신이었다. 아무려면 어떤가? 두 사람 때문에 가톨릭 교도와 침례교도가 들고 일어났다. 두 사람이 당대의 어떤 인물보다 더 많이 기독교계의 통일에 기여했다고 말할 수도 있겠다.

덜 유명하지만 모반자는 또 있었다. 조라 아르쿠스-둔토프(Zora Arkus-Duntov, 1909~1996년)는 초창기에는 미약했지만 헤프너나 프레슬리보다 훨씬 극적이었다. 둔토프는 부모가 유태계 러시아 인이었고, 어린 시절에 상트페테르부르크에서 러시아 혁명을 목격했다. 청년 시절에는 베를린에서 나치가 발흥하는 것도 지켜봤다. 젊은이라면 누구나 그러는 것처럼 둔토프도 차를 좋아했고, 아가씨들을 쫓아다녔다. 그는 두 대상 모두에 열정이 대단했다. 둔토프가 진격하는 독일군을 뒤로 하고 프랑스를 탈출해서 미국에 도착한 때는 그가 30세였던 1940년이었다.

둔토프는 유럽에서 그랬던 것처럼 미국에서도 플레이보이로 살았다. 이 사실을 알았다면 헤프너가 무척 좋아했을 것이다. 둔토프는 자동차에 대한 관심을 생계 수단으로까지 확장했다. 고성능 엔진 부품을 개발했던 것이다. 그러다가 속임수를 써서 제너럴 모터스에 입사했다. 바로 콜벳을 개발하고 싶었기 때문이다. 상황이 그러했으니 일찌감치 콜벳의 단종이 고려되었을 때 둔토프가 얼마나 원통하고 분했을지는 쉬이 짐작된다. 그는 여러 보고서를 통해 콜벳을 죽여서는 안 된다고 탄원했다. 보고서에서 그가 사용한 매력적인 이민자 영어와 더불어 따분하기 이를 데 없는 기업 특수 용어를 읽을 수 있다.

한 보고서에서 그는 이렇게 썼다. "자동차의 가치가 실용적 측면과 정서적 매력으로 구성된다면, 스포츠카의 경우 첫 번째는 거의 없고, 따라서 두 번째를 강조, 강화해야만 합니다. 승용차가 매력적이려면 구애 신호(mating call)를 결여해서는 안 됩니다. 정서적 매력이 전혀 없는데 2인승 소형차에 4,000달러를 낼 사람은 없습니다."[7] 둔토프가 콜벳에 입히고자 했던 것이 바로 호르몬이 넘치는 원시적 매력이었다. 결국은 젊은이 대상 판촉 활동이 출현한다. 좋을 수도 있고 싫을 수도 있겠지만, 여드름용 크림, 디자이너 브랜드의 청바지, MTV 광고 역시 끊이지 않고 지속되는 현실을 직시하라.

둔토프는 콜벳을 만들지 않았다. 그는 송장이 되어 버려질 뻔했던 콜벳을 구해 냈고, 진정한 스포츠카로 탈바꿈시켰다. 위스콘신 출신의 반공 십자군이었던 조지프 레이먼드 매카시(Joseph Raymond McCarthy, 1908~1957년) 상원의원이 소년 시절에 둔토프가 볼셰비크였음을 알았다면 콜벳은 미국인이 살아가는 방식을 상징하는 것은 고사하고 공산주의자의 음모로 치부되었을지도 모를 일이다. 아무튼 그런 일은 일어나지 않았고, 콜벳은 그냥 단순한 자동차에서 숭배의 대상으로 떠올랐고 어울리지 않는 자본주의 기업가들이 나타나 소규모 산업이 형성될 정도였다.

제2차 세계 대전이 끝나자 로스앤젤레스 일대에서 자동차를 개조해 모는 하위 문화가 뿌리를 내리기 시작했다. 그곳 청년들이 엔진의 출력을 높여서, 말라붙은 호수 바닥으로 나가 자동차 경주를 했다. 홍보업을 하는 로버트 에이나르 '피트' 피터슨(Robert Einar 'Pete' Petersen, 1926~2007년)이라는 사람이 있었다. MGM의 배달 사환으로 경력을 시작한 그는 1948년에《핫 로드(Hot Rod)》를 창간했다. 뒷마당에서 이루어지던 차량 개조 작업을 소개하고 칭찬하는 내용이 잡지에 실렸음은 물론이다. 피터슨은 자동차 경주장을 돌며 행상처럼 잡지를 팔았다. 1부에 25센트였다. 1년 후《핫 로드》가 크게 성공했다는 사실이 명백해지자, 피터슨은 잡지를 하나 더 내기로 한다. 신차에 초점을 맞춘《모터 트렌드(Motor Trend)》가 그것이다.

개조 자동차 운전이 유행하고, 피터슨의 성공이 얼의 눈에 띄었다. 얼은 전후 르망(Le Mans) 경주 대회를 참관하면서 2인승 스포츠카의 대단한 인기를 몸소 체험했다. 대표적으로 재규어 XK120 로드스터가 있었는데, 그 차는 재규어 사가 전후 첫 번째 차로 1948년 출고했다. 6기통 엔진을 단 XK120은 앞부분이 길고 곡선미가 넘쳤으며, 후부는 짧고 근육질이었다. 차는 과연 재규어라는 이름에 걸맞게 확 덮칠 것 같은 인상이었다. 뉴욕 주 북부 왓킨스 글렌(Watkins Glen)의 경주로에서도 팬들은 과연 XK120과 다른 유럽산 차들을 좋아했다. 얼 자신이 1951년 그곳에서 페이스 카를 몰았다. 대학생이 된 두 아들을 방문한 얼의 눈에 캠퍼스의 로드스터들이 들어오기 시작했다.

얼은 충분히 고무되었고, 디자이너들에게 2인승의 스포티한 로드스터를 개발하라고 명령했다. 그는 라인이 단순하고 깔끔한 차로 XK120의 인기를 가로채겠다고 다짐했다. 1952년 봄에 GM의 핵심 인물 둘이 그 신형 로드스터를 마주했다. 할로 허버트 '레드' 커티스(Harlow Herbert 'Red' Curtice, 1893~1962년)는 제너럴 모터스의 회장이었고, 에드워드 니콜라스 콜(Edward Nicholas Cole, 1909~1977년)은 신임 쉐보레 부문 수석 엔지니어였다. (이 맹렬 공학자의 지휘로 활기가 없던 쉐보레 차종이 생기를 얻는다.) 세 사람은 다음 해 1월 모터라마(Motorama)라고 명명한 제너럴 모터스 전시회에 시제품을 선보이고, 대중의 반응을 알아보기로 했다. 모터라마는 언론과 대중에게 제너럴 모터스의 신차를 소개하고, 분위기를 띄우는 디딤판 같은 장소이자 쇼였다. 1949년과 1950년에 차례로 뉴욕과 보스턴에서 이미 두 차례의 쇼가 열렸다. 하지만 웬일인지 2년 동안 사업이 중단된 상황이었다.

세 번째 모터라마가 1953년 1월 17일 뉴욕의 월도프-아스토리아 호텔에서 열렸고, 공백이 채워졌다. 1953년 전시회는 처음 두 번의 행사와는 달리 시판 중인 모델이 아니라 미래주의를 표방한 차량과 시제품을 선보였다. 시제품 EX 122가 전시회의 총아로 주목을 받았다. 제너럴 모터스의 1953년 1/4분기 재무 보고서에는 차려입은 선남선녀들이 홀린 듯이 EX 122 주위로 운집해 있는 사진이 나온다.[8] 여배우 디나 쇼(Dinah Shore, 1916~1994년)가 EX 122를 보겠다며 전시회장을 찾았고, 당연하게도 운전석에 앉아 찍힌 사진이 남았다. 뉴욕에 살고 있던 중년의 엔지니어 둔토프가 그 선남선녀 무리에 끼어 있었음도 언급해야 하리라.

둔토프는 1909년 크리스마스에 브뤼셀에서 태어났다. 러시아 출신의 부모 자크 아르쿠스(Jacques Arkus)와 레이철 아르쿠스(Rachel Arkus)는 학생이었고, 둔토프의 원래 이름은 자카리 아르쿠스(Zachary Arkus)였다. 출생지가 러시아가 아니라 벨기에라는 사실이 수십 년 후 냉전이 한창이던 시절에 천우신조처럼 유리하게 작용한다. 제너럴 모터스의 홍보 담당은 둔토프의 조상이 벨기에 인이라고 발표한다. 부모는 갓난아이 자카리를 데리고 상트페테르부르크로 돌아갔다. 어머니가 거기서 볼셰비키 정치에 몸담았다. 아명이 조라(Zora)였던 둔토프는 1917~1918년에 볼셰비키 혁명을 생생하게 목격했다. 어머니가 신생 소련 정부를 지지했기 때문에 둔토프 가족은 충분한 양은 아니지만 식량을 배급 받았다. 조라는 어려서 양파 샌드위치를 어찌나 먹어 댔던지 성인이 되어서는 거들떠보지도 않았다. 폭력이 끊이지 않았고, 열 살 소년 조라는 가족에게 할당된 배급 빵을 받으러 갈 때 스미스 앤드 웨슨(Smith & Wesson) 45구경 권총을 휴대했다. 어머니가 몸져 누웠는데 왕진을 거부한 의사를 조라가 권총으로 위협한 적도 있었다고 전한다. 다행히도 의사가 마음을 고쳐먹었다.[9]

하지만 다른 일은 썩 잘하지 못했던 것 같다. 부모가 바빴던지 동생 유라(Yura)를 대신 입학시켜야 했던 조라는 그만 학교에 늦고 말았다. 조라는 자신의 부주의와 과실을 무려 1개월 동안이나 숨겼다. 다섯 살 유라를 수업 시간에 아무도 모르게 캐비닛에 집어넣고 숨긴 것이었다. 학교는 조라를 구제불능으로 보고, 퇴학시켰다. 엄마는 아들을 "자주" 멍청이라 불렀고, "나도 그렇게 생각했다." 둔토프는 후에 이렇게 회고한다.[10]

조라의 유년기는 혼란의 연속이었다. 엎친 데 덮친 격으로 부모가 이혼을 했다. 노동자 천국이라지만 주택이 부족했고, 아버지는 가족과 계속 살았다. 어머니의 새 남편 요제프 둔토프(Josef Duntov)가 그 집으로 살러 들어왔는데도 말이다. 조라와 유라의 이름에 둔토프라는 성이 붙은 이유다. 둔토프는 후에 이렇게 설명한다. "영국식 방법을 썼어요. 하이픈을 붙인 거죠."[11] 조라는 시간이 흐르면서 그냥 간단히 "둔토프"로 통하게 된다. 하이픈 앞에 여전히 아르쿠스가 달려 있었지만 말이다.

1927년에 둔토프 가족이 베를린으로 이주했다. 양아버지가 소련 정부의 무역 대표로 임명되었던 것이다. 조라가 오토바이를 한 대 사서 경주를 벌이기 시작했다. 그런 행동으로 부모의 속이 썩었음은 두말 하면 잔소리다. 조라는 1934년 베를린의 유서 깊은 샤를로텐부르크 인스티튜트(Charlottenburg Institute)에서 공학 학사 학위를 받았다. 학위를 딴 그는 이 직업 저 직업을 전전하며 지루해 했다. 미래의 콜벳 구루는 그중 한곳에서 동력 사슬톱에 들어가는 모터를 설계하기도 한다. 둔토프는 젊었고, 여자와 모험을 열심히 좇았다. 베를린에서는 아마추어 복싱 선수로도 활약했다. 한 시합에서 어깨 하나가 탈구되는 부상을 입었는데도 차를 몰고 귀가하다가 자동차 사고를 당해 남은 팔까지 부러졌다. 둔토프의 복싱 인생은 그렇게 마감되었다.

1935년의 두 사건으로 둔토프의 인생이 바뀐다. 그는 친구들과 합세해 자신만의 스포츠카를 만들려고 시도한다. 일명 아르쿠스다. 낡은 경주용 차 탈보(Talbot)의 차대를 이용한 그 시제품은 계속해서 기계 결함을 드러냈고, 도무지 경주에 출전할 수가 없었지만 둔토프에게는 그 과정이 매우 즐겁고 신나는 경험이었다. 그리고 그는 금발에 파란 눈동자의 아가씨 엘피 볼프(Elfi Wolff, 1915~2008년)를 만났다. 엘피는 아마추어 무용수이자 곡예사였고, 그녀의 아버지는 독일 최대의 축하 카드 제작 업체 사장이었다.

볼프 집안 역시 아르쿠스-둔토프 집안처럼 유태인이었다. 두 청춘 남녀의 교제가 시작될 즈음 독일은 점점 더 위험한 곳으로 변해 갔다. 두 사람은 1937년에 파리로 이주했다. 볼프는 폴리베르제르 무용단(Folies-Bergère dance troupe, 파리 몽마르트르에 있는 공연장으로, 1869년 개장했다. — 옮긴이)에서 일했고, 둔토프는 벨기에로 금을 밀수했다. 그는 낡은 포드 V8의 차대에 속이 빈 관을 몰래 설치하고 거기에 금을 숨겼다. 둔토프와 볼프는 1939년 2월 11일에 결혼한다. 7개월 후 유럽에서 전쟁이 발발했다.

둔토프는 프랑스 공군에 입대했다. 하지만 아쉽게도 조종사가 아니라 미포 사수(tail gunner)였다. 별로 중요한 역할은 아니었다. 1940년 5월에 독일이 프랑스 군대를 궤멸시키고, 파리를 점령했다. 둔토프는 작전이라는 것에 한번도 참가해 보지 못했다. 볼프는 MG 로드스터(MG roadster)를 타고 파리 점령 직전에 도망쳤다. 목적지는 와인 산지로 유명한 보르도의 메리냐크(Mérignac)였다. 남편 둔토프가 그곳에 주둔 중이었다. 4일 간의 대탈주 여행 끝에 엘피는 목적지에 당도했다. (가솔린을 구걸해야 했고, 프랑스 및 스코틀랜드 군인들과 함께 잠을 청하기도 했다.) 부부는 역시 메리냐크에 주둔 중이던 유라와 함께 프랑스를 탈출할 방법을 모색했다.

세 사람은 마르세유에 당도해 한 매음굴에 숨었다. 유곽 주인한테 뇌물을 먹은 관리들이 알아서 비켜가 주었고, 그 덕에 안전했던 것이다. 마르세유 주재 에스파냐 영사가 그들에게 비자를 내주었다. 둔토프 형제는 바람둥이였고, 자신의 누이들에게서 그들을 떼어 놓아야 했기 때문일 것이다. 세 사람은 엘피의 MG를 처분해 마드리드행 기차표를 샀고 리스본까지 갔다. 둔토프의 어머니와 양아버지가 그곳에서 그들을 기다리고 있었다. 숫자가 불어난 일행은 화물선을 타고 리스본을 출항했다. 니아사(Nyassa)라는 이름의 고물 배였다. 그들은 1940년 12월 4일 뉴저지 주 호보켄(Hoboken)에 입항했다. 조라 아르쿠스-둔토프가 마침내 미국에 도착한 것이다. 두 사람 내지 세 사람이 평생 해도 모자랄 흥미진진한 모험을 끝내고서였다.

둔토프의 다음 인생 12년도 사건의 연속이었다. 앞의 것과 견줄 때 비교적 순탄하기는 했지만 말이다. 그는 다른 난민들의 도움을 받아 꾸준히 할 수 있는 일을 찾아냈다. 항공기, 선박, 기차에 들어가는 엔진을 만드는 회사들에게 상담과 조언을 해 주는 것이 둔토프의 일이었다. 1942년에 미국은 전쟁 중이었고, 그는 돈을 대출해 아르둔 기계 회사(Ardun Mechanical Corporation, '아르쿠스(Arkus)'와 '둔토프(Duntov)'를 섞은 말이다.)를 창업했다. 아르둔은 전쟁 물자를 생산하는 공작 기계를 만들었다. 회사가 번창했고, 둔토프와 볼프는 맨해튼 리버사이드 로(Riverside Drive)의 고급 아파트로 이사했다. 둔토프가 계속해서 엽색 행각을 벌였고, 부부는 한동안 별거했다. 볼프는 무용 활동을 다시 시작했다. 둘이 재결합한 것은 전쟁이 끝나고서였다. 서로가 각자의 이해와 관심사를 추구하면서 장기간 떨어져 지내는 경우가 많았지만 적어도 공식적으로는 그러했다.

둔토프는 이런 개별 생활 중에 엔진을 개발하고, 경주차를 몰았다. 그가 설계한 아르둔의 실린더 헤드(cylinder head)가 포드의 '플랫헤드(Flathead)' V8 엔진에 결합되었다. 그로 인해 연소실에 주입되는 혼합기가 더 강력한 성능을 냈고, 마력이 무려 60퍼센트 증대했다. 그는 미국에서 자동차 경주에 참가했고, 후에는 유럽까지 손을 뻗쳤다. 하지만 성공하지는 못했다. 1952년 가을에 둔토프는 미국의 자동차 제조사들에 구직 편지를 쓰고 있었다.

스튜드베이커, 크라이슬러, 포드가 연달아 둔토프에게 퇴짜를 났다. 그러다가 1953년 1월이 되었고, 그도 다른 뉴욕 시민들과 마찬가지로 제너럴 모터스의 모터라마 쇼 티켓을 구입했다. 유리 섬유 소재의 쉐보레 부문 스포츠카 EX 122의 하얀 자태가 그의 눈길을 사로잡았다.《스포츠 일러스트레이티드(*Sports Illustrated*)》는 후에 이렇게 쓴다. EX 122는 이를 드러낸 듯한 그릴로, 앞에서 보면 "색소 결핍증에 걸린 복어가 안 맞는 의치를 하고 있는 것 같았다."[12] 둔토프는 그 차에 홀딱 반했다.

그가 1월 28일 쉐보레의 선임 엔지니어 모리스 올리(Maurice Olley, 1899~1972년)에게 편지를 썼다. 수취인의 이름이 잘못 철자된 그 편지를 보자. "친애하는 오리(Olly) 씨께. 저는 귀사의 모터라마 쇼에 갔고, 쉐보레의 스포츠카에 심넘어(breathtacking) 갈 뻔했습니다." (둔토프는 이민자여서 영어 쓰기에 서툴렀다. ─옮긴이) 둔토프는 계속해서 이렇게 말한다. "저는 전기(轉機)가 마련되었다고 생각합니다. 유럽의 차체 디자이너들도 이제 영감을 얻으려면 디트로이트로 눈을 돌려야 할 거라는 이야기입니다."[13] 철자법이나 문법에 구애 받지 않았음이 분명한 올리는 4월 중순 보조 기사(assistant staff engineer) 자리를 제안했다. 둔토프는 연봉 1만 4000달러에 보너스를 받는 조건으로 1953년 5월 1일부터 출근했다. 엘피와의 보금자리도 디트로이트로 옮겼다.

제너럴 모터스는 여러 면에서 기업이라기보다는 차라리 국가였다. 대학을 운영했고(미시간 주 플린트(Flint) 소재의 제너럴 모터스 인스티튜트), 항공기 부대가 있었으며(회사 비행기들이라 무장을 하지는 않았지만), 사회 보장 제도를 따로 두었다. 경영 관리자들은 봉급, 각종 수당, 연금으로 평생 안락하게 살았다. 둔토프 부부는 단연 눈에 띄는 커플이었다. 무용수 출신의 엘피는 날씬한 외모를 뽐냈다. 파란 눈동자의 조라는 이른 나이에 머리가 세는 바람에 배우 폴 뉴먼(Paul Newman, 1925~2008년)을 빼다 박은 꼴이 되었다. (뉴먼도 1953년 브로드웨이에 데뷔했다.) 하지만 그들이 두드러진 것은 외모 때문만이 아니었다.

둔토프 부부는 세상 경험이 많은 외국인이었다. 반면 디트로이트 시민 일반, 구체적으로 제너럴 모터스 사람들은 지방적이고 편협했다. 제너럴 모터스의 이사들은 거개가 미시간이나 오하이오의 소도시에서 소년 시절을 보낸 와스프(WASP, White Anglo-Saxon Protestant의 머리글자를 딴 단어. 앵글로색슨계 백인 신교도로, 미국 사회에서 가장 유력한 계층으로 여겨진다. ─ 옮긴이)였다. 내부 친목을 도모하는 성소라고 할까, 피난처는 블룸필드 힐스 컨트리 클럽(Bloomfield Hills Country Club)이었다. 거기서는 포드조차 외국 차였다. '빌' 미첼은 얼을 이어 제너럴 모터스의 디자인 부문을 총괄한 사람이다. "나한테는 피카소가 이상한 놈이다." 한 연설에서 미첼이 아무렇지도 않게 내뱉은 말이다.[14] 그들이 얼마나 편협했는지를 단적으로 보여 주는 사례인 바, 이것이 결국 제너럴 모터스가 몰락하는 원인으로 작용한다.

둔토프 부부는 출신이 외국계 유태인들로, 골프, 브리지 게임, 컨트리 클럽 문화는 전혀 안중에 없었다. 두 사람은 새로 접한 분위기에 한숨을 내쉬고는 했다. 둔토프가 한 친구에게 이렇게 이실직고한 적도 있다. 제너럴 모터스 이사들은 "세상의 끝이 동쪽은 휴런 호고, 서쪽은 미시간 호"라고 생각한다.[15] 아무래도 상관없었다. 둔토프는 경주와 스포츠카에 열정을 불태웠다. 디트로이트에 살면서 제너럴 모터스의 기풍에 적응하는 것이야 열정을 불사르면서도 생계를 확보하는 것에 비하면 기꺼이 치를 수 있는 대가였다.

둔토프는 제너럴 모터스 입사 1달 후 자신이 르망 경주 대회에 참가하기 위해 프랑스에 갔다고 올리에게 별 생각 없이 알렸다. 한번은 앨러드 자동차 회사(Allard car company) 소속으로 출전하기도 했다고 밝혔다. 둔토프는 이제는 지나간 일일 뿐이라고 말을 보탰다. 올리는 격분했고, 신입 사원 둔토프도 얼굴에 철판을 깔고 대응에 나선다. 둔토프는 모반자였고, 콜에게 일러바쳤다. 콜은 올리의 상관이었으며, 그 자신이 모반자였다. 사실 앨러드는 르망 경주 대회에서 캐딜락 엔진을 가져다 썼고, 콜은 이 점을 들어 올리의 반발을 무마할 수 있었다. 둔토프는 겨우 살아났다.

둔토프는 입사하고 몇 주가 지나자마자 상관들에게 도전하며 그들의 화를 돋웠다. 내내 익숙해지게 될 행태가 시작된 것이었다. 대담함에는 대가가 따랐다. 둔토프가 프랑스에서 돌아오자, 올리가 그를 통학 버스나 연구하라며 회사 소유의 밀포드 성능 시험장(Milford Proving Ground)으로 쫓아 버렸다. 러시아 인 둔토프는 그 좌천을 제너럴 모터스 버전의 시베리아 유형이라고 회고했다.

하지만 르망 대회의 출전 경험이 반전의 계기로 작용했다. 그해 9월에 권위를 자랑하는 자동차 공학 협회(Society of Automotive Engineers, SAE)가 스포츠카의 미래 전망이라는 주제로 연설을 해 달라며 그를 초청한 것이다. 둔토프는 연설을 해야 한다는 생각에 오금이 저릴 지경이었지만 하기로 했다. (그에게 영어는 러시아 어, 독일어, 프랑스 어 다음으로 네 번째 언어였다.) 그는 시장이 무르익었다고 보는 이유를 이렇게 설명했다. "경제가 번영해야만 (사람들은) 스포츠카에 관심을 보이고, 팔리기도 많이 팔립니다."

"주변을 보십시오. 평범한 사람들은 하찮은 톱니바퀴에 불과합니다. 지하철, 승강기, 백화점, 식당에서 미어터지는 꼴이라니요! 그들은 이웃과 똑같은 집에서 삽니다. 가구도 똑같고, 옷도 똑같지요. …… 차가 다르면

스스로와 주변 사람 모두에게 자신만의 독특한 개성을 과시할 수 있습니다."[16] 둔토프는 특유의 어색한 태도로 콜벳의 잠재력을 이렇게 설명했다.

3개월 후인 1953년 12월 16일 둔토프는 대담해졌고, 자신의 인생이 결정날 선언문을 작성한다. 쉐보레 경영진이 받아 볼 그 보고서의 제목은 다음과 같았다. 「젊은이, 개조차 운전자, 쉐보레 관련 생각들(Thoughts Pertaining to Youth, Hot Rodders and Chevrolet)」. 언어가 부자연스럽고 형식적이었지만 둔토프가 하고자 하는 말이 오해될 여지는 전혀 없었다.

"차량을 개조해 고속으로 주행하는 풍조가 각광받으면서 제반 관련 분야에 대한 관심도 고조되고 있다. 경주와 엔진 개조를 소개하는 잡지가 5~6종이나 되며, 전국적으로 엄청난 부수가 발행 중이다. 이것은 징후이다. 6년 전이라면 감히 상상도 할 수 없는 일이었다."[17] 하지만 문제가 도사리고 있다고, 둔토프는 상관들에게 알렸다. 이들 잡지가 경쟁사인 포드의 자동차만 다룬다는 것이었다. 쉐보레는 차량 개조에 열을 올리는 젊은이들에게 건네줄 차가 없었다. "대다수의 차량 개조자들이 먹고 자고, 포드 개조에 열을 올리는 것은 놀라운 일이 아니다. …… 차량 개조자들이나 차량 개조에 열광하는 사람들이 운송 수단을 산다고 할 때, 그들은 당연히 포드를 산다. 나이를 먹고 수입이 늘어나면 그들이 똥차를 졸업하고 중고차로 옮아갔다가 시장에 나오는 포드 새 차로 갈아탄다고 보는 게 합리적이다. 이들 젊은이가 쉐보레를 진지하게 고려하도록 만들어야 함을 우리는 왜 모른다는 말인가?"[18]

둔토프는 향후 50년 동안 미국의 마케팅을 지배하게 될 기본 개념을 제시했다. 젊은이들에게 물건을 판다는 것이 바로 그것이다. 젊은이들을 대상으로 하는 마케팅(youth marketing)의 지도 원리는 발달 형성기의 고객을 잡으라는 것이었다. 성공만 하면, 바라건대 그들을 영원히 붙들어 두는 것도 가능할 터였다. 젊은이들을 염두하고 제품을 만들면 해당 브랜드에 나이 든 고객들도 몰릴 것이라는 판단은 당연한 귀결이었다.

둔토프의 논리는 조리가 정연하고 명료했다. 시종일관 자신만의 언어로 표현된 것은 아니지만 말이다. 콜이 그 보고서에 마음이 움직였고, 둔토프를 통학 버스 유배지에서 불러들였다. 둔토프는 연료 분사 장치(fuel injection system) 개발에 투입되었다. 기존의 기화기, 곧 카뷰레터를 대체하는 연료 분사 장치는 내연 기관의 연소실에 가솔린을 정량 직분사하는 방식으로 차량의 성능을 높인다는 목적하에 기능이 개발되었다. 엄격히 이야기해 그것은 콜벳 관련 일이 아니었지만 충분히 가까웠다.

둔토프가 문제의 보고서를 쓴 달에 쉐보레가 콜벳 판매를 시작했다. 콜벳은 속도와 민첩함을 제고한 전함에서 따온 이름이었다. 딱 300대 제작된 1953년식은 외장이 일명 '폴로 화이트(Polo White)'로 전부 하얀색이었고, 지붕은 검정색, 내부는 빨강색으로 장식되었다. 쉐보레는 일반 딜러를 동원하지 않고, 영화 배우인 디나 쇼와 존 웨인(John Wayne, 1907~1979년) 같은 유명 인사와 VIP에게 차를 인도하는 방식을 취했다. 1954년 대중의 호응 속에 수요에 불이 당겨지기를 바랐던 것이다. 다음 해면 콜벳 생산이 3,600대 이상으로 증대될 예정이었다. 차체는 원래 시제품에만 적용할 예정이었으나 양산차 전부에 유리 섬유 플라스틱을 채택했다. 예상보다 가격이 저렴할 뿐만 아니라 내구성이 좋은 것으로 드러났기 때문이다. 제너럴 모터스가 간을 본 시기 역시 일을 벌이기에 유리해 보였다.

번영과 히스테리가 합이 맞는 자연스러운 짝은 아니다. 그러나 1954년에는 그 둘이 공존했다. 미국에서 빨갱이 공포(Red Scare)가 절정을 이루었다. 아이젠하워 대통령이 그해에 '도미노 이론(domino theory)'이라는 말을 처음 썼다. 연달아 공산주의 진영으로 떨어지는 국가들이 걱정스럽다며 한 말이다. 실제든 거짓이든 국가 안보를 위협하는 내부 세력이 대규모로 존재하는 듯했다.

6월 중순 미시간 주 플린트의 쉐보레 조립 공장에서 그 공포가 실현되었다. (콜벳이 제작되던 현장이다.) 노동자들이 살쾡이 파업(Wild Cat Strike)을 벌였는데, 공산주의자로 의심되는 놈들과 함께 일할 수 없다며 동료 직원 1명을 폭행했다. 그들은 27세의 제임스 자리크니(James Zarichny)를 해고하고, "모스크바로 보내" 버리라고 요구했다. 자리크니는 군인 출신이었는데도, 베아트리스 처칠(Beatrice Churchill)이라는 여자의 신고로 하원의 반미 행위 특별 조사 위원회(House Committee on Un-American Activities)에 불려가, 공산주의자라는 딱지가 붙어 있었다. 《디트로이트 타임스(Detroit Times)》는 처칠 부인이 "플린트 시의 대모이자 FBI 망원"이라고 확인했다.[19]

하지만 그런 공포 속에서도 미국 국민은 전대미문의 규모로 아이를 낳고 돈을 벌었다. 국가가 새롭게 번영 중임을 어디에서나 확인할 수 있었다. 1954년 4월 26일자 《타임(Time)》의 특집 기사 제목은 「자동차 경주자 브리그스 커닝햄: 활력과 끈기의 스포츠 (Road Racer Briggs Cunningham: Horsepower, Endurance, Sportsmanship)」였다. 브리그스 스위프트 커닝햄(Briggs Swift Cunningham, 1907~2003년)은 미국의 백만장자 출신으로, 유럽의 자동차 경주 무대에서 활약 중이었다.

《타임》의 그 기사는 스포츠카에 대한 관심이 대서양을 건너 미국에 상륙한 것이 어느 정도는 커닝햄 덕택이라고 썼다. 잡지는 페라리(Ferrari), MG, 재규어 따위가 유럽 대륙에서 경주를 지배한다고 썼다. "스포츠카가 정립되는 데 가장 큰 기여를 한 것은 유럽 인들이다. 확실히 디트로이트도 사태 변화에 주목하고 있다. 쉐보레 콜벳과 포드 썬더버드가 정통 유럽 차만큼 스포티하지는 않다. 그래도 미국의 도로 상황과, 성장 잠재력이 충분한 미국 시장의 취향과 재정 형편에 부응한 시도인 것은 틀림없다."[20]《타임》은 차량 개조 하위 문화에 아부하는 구질구질한 잡지가 아니라 동부에 똬리를 튼 확고한 기성 체제의 대변지였다. 바로 그들이 새로운 풍조와 동향을 적시, 정당화한 것이다.

이제 진실을 이야기해야 할 때가 되었다. 콜벳은 미국인들이 느끼기에도 결코 스포티하지 못했다. 최초의 콜벳은 당황스러웠다. 콜벳에 얹힌 쉐보레의 '블루 플레임 식스(Blue Flame Six)'는 이름만 멀끔했지, 전혀 힘을 못 쓰는 6기통 엔진에 불과했다. 콜벳이 채택한 '파워글라이드(Powerglide)' 2단 자동 변속기는 주행 성능을 깎아 먹었다. 운전 애호가라면 정확하게 제어되는 수동 변속기를 선호한다. 정지 상태에서 시속 60마일(96.6킬로미터)까지 가속하는 데 걸린 시간 11초는 당대 세단보다 별로 빠른 것도 아닌 데다, 요즘 출고되는 대다수의 가족용 차보다 더 느리다.

콜벳에는 외부 문손잡이가 없었다. 승객이든 운전자든 문을 열려면 안으로 손을 집어넣어야 했다. 물론 창문이 없었기 때문에 방해물은 없는 셈이었지만 말이다. 콜벳은 전부 컨버터블로 나왔다. 진짜 창문이 없고, 스냅-인 방식(snap-in)으로 붙였다 떼는 플라스틱 소재의 '사이드 커튼(side curtain)'뿐이었다. 이런 단점이 있었지만 1954년식 콜벳의 가격으로 3,254달러가 책정되었다. 이는 얼의 예상보다 훨씬 비쌌고, 쉐비의 가장 비싼 패밀리 세단(family sedan)의 2배 가격이었다. 히터와 라디오(당시에는 AM 라디오뿐이었다.)는 선택 사양으로 추가 비용을 물어야 했다. 콜벳의 실제 가격은 3,500달러를 한참 넘어갔다.

설상가상으로 컨버터블인데 지붕이 잘 안 맞아 비가 오면 물이 샜다. 제너럴 모터스 이사들을 포함해 일부 콜벳 소유자는 바닥에 구멍을 뚫어서 물을 빼야 했다. 가을이 되었지만 그해 제작된 콜벳의 3분의 1 정도인 1,000대 이상이 여전히 주인을 기다리고 있었다. 1954년식 콜벳은 쉐보레 딜러들의 주차장에서 어미 잃은 강아지처럼 서 있었다. 쉐보레 경영진은 콜벳을 단종하는 쪽으로 기울었다. 제너럴 모터스 최고위층도 콜벳 단종을 승인했다.

콜벳은 이제 죽었다는 소문이 회사에 떠돌았다. 그 이야기가 둔토프의 귀에 들어갔음은 물론이다. 그가 제너럴 모터스에 입사한 것은 콜벳 때문이었다. 뉴욕을 떠나, 촌구석 디트로이트로 가야 했지만 문제가 안 되었다. 둔토프가 1954년 10월 15일 콜과 올리에게 보낸 또다른 보고서는 그답지 않게 상관들에게 경의를 표하며 시작된다.

"이 보고서는 두서가 없을 것입니다. …… 저는 그 이야기를 들었지만, 제 생각을 밝히고자 합니다. 요점을 분명히 하기 위해서, 단도직입적으로 말하겠습니다. 에두르는 말투로 예의를 차리지 않겠다는 이야기입니다. ……"[21] 둔토프는 콜벳을 죽이는 것이 근시안적인 행정이라고 역설했다.

보고서의 내용을 더 보도록 하자. "콜벳이 어떻게 생겼는지 보십시오. 이 차는 지금 이륙 중입니다. 콜벳을 단종시키면 역효과가 만만치 않을 겁니다. 내부적으로는 물론이고 외부적으로도요. 실패를 인정하는 꼴밖에 안 됩니다. 조직원들은 외향적이고 적극적인 사고 방식이 실패했다고 느낄 겁니다. 외부 시선은 시장성 있는 상품 개발을 포기했다고 볼 겁니다. 감상주의에나 빠져서 하는 말이라고 내칠 수도 있겠지요. 하지만 봅시다. 콜벳을 죽이면 매출이 타격을 입을 겁니다."

둔토프는 포드가 맵시 있는 2인승 자가용을 곧 출시할 것이라는 으스스한 이야기를 꺼냈다. "포드가 썬더버드를 가지고 곧 이 시장에 진출합니다. 콜벳과 동급이죠. 우리가 패잔병처럼 물러난 자리에서 포드가 성공을 거두면 타격이 큽니다. 포드는 광고와 홍보를 공격적으로 전개하죠. 그들이 이 사실을 유리하게 이용해 먹으리라는 것은 불문가지입니다. 지금 제 이야기는 썬더버드 판매고가 아니라, 놈들의 지위는 격상되는데 우리 차들은 전반적으로 가치가 하락하게 되는 상황을 말하는 것입니다. 우리가 문을 열었는데 떠나 버리면 놈들이 마음대로 주무르게 됩니다. '포드가 우수한 기술력과 판매고로 쉐보레의 자랑거리이자 기쁨을 시장에서 퇴출시켰다.' 아마도 너무 나간 터무니없는 생각이겠죠. 하지만 제가 어떻게 반응해야 할지는 확실히 말씀 드릴 수 있습니다. 지금 우리는 맨 주먹으로 싸우는 중입니다. 저라면 시작이 어떻더라도 승부를 봅니다. 포드가 진입하는데 쉐보레는 퇴각하는 상황이라니요? 그것은 좋은 기회이기는커녕 무덤입니다!"

"놈들이 우리에게 상처를 입힌다고요? 그렇다면 우리도 그들을 무찌르면 됩니다! 우리는 1년을 앞섰고, 포드가 앞으로 배워야 할 교훈들을 이미 배웠습니다. 그럴 만한 가치가 있었을까요? 그 점은 제가 단언할 만한 위치에 있지 않습니다. 하지만 이 사실만은 첨언하고 싶군요. 안목 있는 소비자들의 시장 규모는 작고 그런 시장을 염두에 둔 자동차의 경우에 단순히 판매량만을 생각한다면 효율적인 투자란 있을 수 없는 법입니다. 전체 풍경에 미치는 효과에 따라서 낭비일 수도 있는 노력과 활동의 가치를 평가해야 한다는 것이죠."[22] 그가 볼 때 콜벳은 실제 판매고가 중요한 것이 아니었다. 멕아리 없는 차라는 쉐보레의 이미지를 바꿀 수만 있다면 제너럴 모터스에 콜벳이 엄청나게 중요한 존재라고 주장한 것이다.

그것은 매우 건방진 보고서였다. 러시아 혁명과 나치를 탈출해 살아남은 사람이라고 할지라도 말이다. 하지만 시기에서 행운이 따랐다. 둔토프는 그해 초에 다시 르망 대회에 출전했다. 이번에는 경영진의 승인 아래 움직였고, 포르셰(Porsche)를 몰았다. 동급에서 우승을 차지한 둔토프는 명성이 확고해졌다. 포드가 1954년 상반기 6개월 동안 판매량에서 쉐비를 눌렀다는 사실이 거기 보태졌다. 포드 놈들이 썬더버드로 기세를 높일 것을 생각하면, 살 떨리는 현실이었다.

무엇보다도 쉐보레가 막 개발한 신형 V8 엔진을 1955년식 모델들에 얹어야 했다. (콜 자신이 개발한 물건이었다.) 둔토프는 이 엔진이야말로 콜벳을 예쁘장한 장난감에서 미국 취향이 가미된 본격적인 유럽식 스포츠카로 변신시킬 절호의 기회라고 생각했다. 유럽은 길이 좁은 데다 구불구불했다. 당연히 유럽 사람들은 민첩함과 더불어 정확한 조종성을 최고로 쳤다. 길이 곧고 넓은 미국인들은 강력한 힘을 원했다.

둔토프는 욕심쟁이였다. 그는 둘 다를 원했다.

둔토프의 열정적 보고서 덕분에 콜벳은 처형을 면했다. 그렇다고 미래까지 낙관적인 것은 아니었다. 숙적 썬더버드가 1955년에 1만 4190대를 팔면서 기염을 토했다. 포드는 썬더버드를 스포츠카라고 부르지 않았다. 그들의 홍보에 따르면, 썬더버드는 '개인용 고급차(personal luxury car)'였다. 쉐보레는 적치된 미판매분을 털어 내는 중이었고, 그해 제작된 콜벳은 700대에 불과했다. 아무튼 지붕 새는 것을 고쳤고, 콜이 개발한 신형 V8 엔진이 탑재되었다. (썬더버드 엔진만큼 강력하면서도 더 가벼웠다.) 3단에 불과했지만 수동 변속기도 장착되었다.

둔토프가 참여한 1956년식 모델에는 개선된 현가 장치(suspension system)가 보태졌고, 이제 콜벳은 더 빠른 속도로 커브를 돌 수 있었다. 그가 도입한 신형 캠샤프트(camshaft) 덕택에 마력도 향상되었다. 엔진 밸브의 개폐를 약간 바로잡아 조정함으로써, 유입되는 혼합기가 더욱 빵빵해진 것이다. 이 개선 사항은 '둔토프 캠샤프트(Duntov camshaft)'로 불리게 된다. 1956년 1월 둔토프가 신문의 헤드라인을 장식했다. 플로리다 주 동북부 데이토나 비치의 모래밭에서 1주일 일정으로 경주가 진행되었는데, 콜벳을 몰고서 시속 150.583마일(시속 약 242킬로미터)을 기록했던 것이다. 콜벳은 그해 3,400대 넘게 팔렸으니, 판매량이 무려 5배 뛴 셈이었다.

진정한 도약은 1957년에 이루어졌다. 둔토프가 개발한 신형 연료 분사 장치인 '퓨얼리(fuelie)'가 장착되면서 콜벳은 엔진 출력을 283마력으로 끌어올렸다. 2년 전보다 거의 100마력이 늘어난 셈이었다. 콜벳은 선택 사양으로 4단 수동 기어도 달았다. 주머니가 두둑한 구매자라면 RPO 684라는 성능 강화 패키지도 살 수 있었다.

RPO는 '정례 생산 옵션(Regular Production Option)'이라는 말이고, 684 패키지에는 향상된 현가 장치, 강화된 충격 흡수 장치, 정밀 조향 장치, 강력한 브레이크가 들어갔다. 기실 이것들이야말로 개조차 운전자들이 열광하는 대상이었다. 둔토프는 3월에 특수형 콜벳을 급히 제작해 플로리다의 세브링(Sebring, 하일랜즈 카운티에 있는 도시로, 12시간 레이스가 유명하다. ─ 옮긴이)으로 가져갔다. 세계에서 가장 빠른 차들을 쳐부수겠다는 그의 의지는 결연하기만 했다. 마세라티 팀(Maserati team)이 우승했지만 콜벳이 속수무책 그냥 당하기만 한 것은 아니었다. 이탈리아도 콜벳의 분전에 상당히 놀랐다. 《스포츠 일러스트레이티드》가 쏟아 낸 찬사를 보자. "씨앗을 뿌렸고, 이제 장대한 서사시가 펼쳐질 것이다. 다른 무엇도 아닌 디트로이트제 스포츠카가 경주로에서나 볼 수 있는 속도를 쉽게 낸다. 콜벳은 세계 챔피언십의 주요 경쟁자 가운데 하나로 부상할 것이다."[23] 둔토프는 의기양양했고, 르망 대회에 콜벳을 출전시키는 계획에 착수했다.

하지만 장대할 뻔하던 서사시가 별안간 끝나 버렸다. 디트로이트의 자동차 회사들이 1957년 6월에 경주 참가를 중단하기로 했던 것이다. 의회의 비판자들은 경주가 젊은이들에게 악영향을 미친다며 탐탁치 않게 여겼다. 제너럴 모터스, 포드, 크라이슬러는 규제 강화가 두려웠고, 그들을 달래야 했다. 둔토프는 정신이 멍할 지경이었고, 이렇게 내뱉었다. "그 자들이 콜벳을 죽이려고 하는군."[24] 둔토프에게 경주 참가는 콜벳의 이미지를 때 빼고 광내는 것 이상이었다. 쉐보레 전체의 이미지를 드높인다고 보았던 것이다. 혜택이 또 있었다. 엔지니어들은 혹독한 상황에서 주요 부품을 테스트할 수 있었고, 이를 바탕으로 시판 차량을 개선하는 것이 가능했다. 쉐보레가 공식으로 경주 팀을 후원할 수는 없었지만, 그렇다고 팀이 다른 조직의 후원을 받아 콜벳을 모는 것까지 차단할 수는 없는 노릇이었다. 실제로 둔토프와 동료들이 경주 팀을 조심스레 지원했는데, 제너럴 모터스 경영진은 그게 해가 되지는 않으리라는 점을 몰랐던 것 같다.

고양이와 쥐처럼 고급 간부들과 쫓고 쫓기는 싸움이 수년 간 전개된 것은 이 때문이다. 둔토프는 치밀하고 기발하게 자신의 활동을 숨겼다. 그는 플로리다에 유령 회사를 세우고, 콜벳 엔진 주문을 넣었다. 차를 몰 선수는 사람들이 잘 모르는 뉴저지의 경주장에서 몰래 만났다. 주요 경주 대회는 출장을 핑계 대고 갔다. 물론 이 모든 것을 우연의 일치로 가장했다.

커닝햄이 1960년 르망에서 콜벳 3대를 몰았다. 그때 둔토프가 '고문' 자격으로 동행했다. (우승은 못 했어도 이름을 알리는 데는 성공했다.) 1963년 12월 둔토프와 동료 몇 명은 나소(Nassau)에서 "휴가를 즐겼다." 나소에서는 매년 12월 스피드 위크(Speed Week) 경주가 열린다. 거기서 특수 제작된, 하지만 소유권자는 개인일 뿐인 그들의 콜벳 그랜드 스포츠(Corvette Grand Sport)가 "공교롭게도 우연히" 경주에 참가했다. "경영진에게 알리는 것은 좋지 않아." 둔토프는 동료들에게 이렇게 말하고는 했다. 그러나 제너럴 모터스는 소문도 강력하게 만들어 내는 회사였다. 콜이 제너럴 모터스 본부 14층의 최고 경영자실에 뻔질나게 불려갔고, 그는 거기서 둔토프의 일자리를 지키기 위해 무던히 애를 써야 했다.

둔토프는 다른 전선에서도 싸웠다. 포드가 1958년 썬더버드에 뒷좌석을 붙였다. 4인승 차로 바꿔 버린 것이다. 판매가 급증했고, 썬더버드는 4만 8000대 이상 팔렸다. 1962년 포드는 썬더버드를 7만 2000대 이상 팔아 치웠는데, 콜벳은 불과 1만 4000대에서 정체 상태였다. 쉐보레도 콜벳에 뒷좌석을 달라는 압력에 시달렸다. 하지만 둔토프가 볼 때 4인승 콜벳은 배낭을 메고 뛰는 단거리 주차처럼 볼품 없고, 그래서 어색한 물건이었다. 제너럴 모터스 회장 존 고든(John F. Gordon)이 4인승으로 제작된 콜벳 시제품의 뒷좌석에 탔다가, 주위의 도움으로 빠져 나오고서야 전환 계획이 취소되었다. 좌석이 너무 작았고, 4인승 콜벳은 폐기되었다.

둔토프는 미첼과도 싸웠다. 미첼이라면 얼의 뒤를 이어 1959년부터 제너럴 모터스의 수석 디자이너로 활약한 인물이다. 미첼은 재능도 뛰어났지만 짓궂은 유머 감각으로 유명했고, 성격 또한 호전적이었다. 여자를 쫓고, 폭음을 일삼으며, 편협한 부류였다는 사실도 보태야 할 것이다. 그는 마음에 안 드는 디자인을 "농어(jewfish)" 같다고 조롱했는데, 바로 그것 때문에 둔토프가 미첼을 싫어했다.[25] (유태인(jew)과 생선(fish)을 이용한 말장난 — 옮긴이) 미첼은 고상한 취향이 뭐라고 생각하느냐는 질문을 받고서 이렇게 대답하기도 했다. "검정 타이를 한 사내 둘이 있어요. 한 녀석은 주머니에 빨간 손수건을 꽂고 있군요. 그런데 옆에 있는 다른 놈은 바지 지퍼가 열렸고, 물건이 비어져 나왔네요. 한 놈은 막돼먹고 상스럽지만, 다른 놈은 우아하겠죠."[26]

하루는 뉴욕에서 폭음을 한 미첼이 센트럴 파크 인근의 마차를 훔쳐 몰고, 호텔 로비로 돌진하기도 했다. 말이 문에 끼는 바람에 그 시도는 좌절되었다.[27] 미첼과 둔토프는 둘 다 자부심이 대단했다. 《카 앤드 드라이버(Car and Driver)》가 1962년 기사에 이렇게까지 썼지만 둘의 관계는 개선되지 않았다. "콜벳 하면 조라 아르쿠스-둔토프다. 둘은 떼려야 뗄 수 없는 관계다."[28]

둔토프와 미첼의 최대 결전은 1963년식 콜벳 스팅 레이(Sting Ray)를 놓고 터져 나왔다. 스팅 레이는 콜벳 역사상 가장 성공한 모델이다. 최초로 도입된 뒷바퀴의 독립 현가 장치는 둔토프가 만들었다. 곡선미가 돋보이는 새로운 스타일은 미첼이 직접 지휘해 만든 디자인이었다. 그런데 왜? 두 사람은 뒷창을 놓고 대판 싸웠다. 미첼은 중앙에 세로로 금속 막대를 집어넣어 창을 나누자고 했다. 그렇게 하면 단연 돋보일 것이라는 미첼의 주장에, 둔토프는 운전자의 시야가 문제 된다며 반발했다.

미첼이 이겼다. 하지만 불과 1년간이었다. 1964년식에서는 분리 창이 없어졌다. 그저 만드는 데 비용이 더 많이 들었기 때문이다. 이런 조치에 따른 희소성 때문에 1963년식 콜벳은 콜벳 시리즈 최고의 수집 대상이 되고 가격이 무려 15만 달러가 넘는다. 둘은 학교 운동장에서 티격태격하는 아이들 같았다. 미첼은 조라를 "조로 새끼(Zorro)"라고 불렀다. 둔토프도 가만있지 않았다. 그에게는 미첼이 "낯짝이 벌건 개코원숭이 자식"이었다.[29] 아무튼 분리 뒷 창 전쟁은 소극에 불과했고, 콜벳은 그냥 자동차에서 시대의 총아로 변신해 갔다.

썬더버드가 뒷좌석을 다는 바람에 콜벳은 성인이 된 베이비붐 세대가 탈 수 있는 미국 유일의 스포츠카가 되었다. 콜벳은 캐딜락이 아니라 쉐보레라는 점에서 모두의 로망이었다. 콜벳은 싸지 않았지만 유럽에서 넘어온

유서 깊은 스포츠카와 비교하면 가격이 절반도 안 되었다. 텔레비전에서 「66번 도로」가 방영된 것도 호재였다. 콜벳이 보통 사람도 타는 자동차라는 이미지가 강화된 것이다.

「66번 도로」는 할리우드의 최신 유행과 잭 케루악을 버무렸다. 영웅들이 여행을 통해 정체성과 삶의 의미, 그리고 가끔은 싼 맥주를 찾는 이야기라니! 「66번 도로」는 현지 올 로케이션으로 촬영되었고, 텔레비전 시리즈물로는 첫 번째 시도였다. 물론 로케이션 무대가 시카고와 로스앤젤레스를 잇는 실제의 66번 고속도로에서 멀 때도 있었지만 말이다. 《텔레비전 쿼털리(Television Quarterly)》의 한 평론가는 이렇게 썼다. "매력적인 젊은 배우들이 연기한 버즈(Buzz)와 토드(Tod)는 헤밍웨이의 닉 애덤스(Nick Adams, 헤밍웨이의 단편 소설 「킬러스(The Killers)」와 「인 아워 타임(In Our Time)」의 주인공. 작가 자신이 모델이라고 한다. — 옮긴이)만큼이나 대단한 미국의 신화로 자리 잡을 것이다." 주인공들은 "헤밍웨이 때보다 더 복잡한 1960년대 삶의 조건을 탐색한다."[30]

드라마는 과장되었지만, 살아가면서 하는 선택이 흑백의 양자 택일 이상으로 미묘한 사안임을 보여 줬다. 물론 매 회의 구성이 비슷하기는 했다. 버즈와 토드가 콜벳을 타고 마을로 들어가 뭔가에 얽힌다. — 연애 사건, 동네의 불의, 불행한 인물의 딜레마 따위에 말이다. — 싸우거나 대화로 상황을 타개하거나 모면한 그들은 다시금 길을 떠난다. 「코르도바 위기(Trap at Cordova)」 편이 전형적이다. 뉴멕시코의 한 작은 마을에서 통행세를 구실로 토드가 붙잡힌다. 사건의 전말은 동네 사람들이 나름 고귀한 목적하에 토드를 옭아매려 한 것으로 밝혀진다. 마을 학교에 교사가 없었고, 토드가 1년 동안 가르쳐야 한다는 선고를 받는 것이다. 토드는 도망친다. 물론 그는 모든 어린이가 교육을 받아야 한다고 역설한다.[31]

1964년은 「66번 도로」가 방송된 마지막 해였다. 콜벳이 그해에 다시 한 번 문화적으로 도약했다. 대중 가수 잰 앤드 딘(Jan and Dean)이 「데드 맨스 커브(Dead Man's Curve)」를 취입했다. 콜벳과 재규어 XKE가 로스앤젤레스에서 경주를 벌인다는 내용의 노래이다.

하루는 밤늦게 스팅 레이를 타고 가고 있었지.

XKE 1대가 오른쪽에 서더라고.

물론 노래는 재규어가 데드 맨스 커브(Dead Man's Curve, 사람이 죽어 나간 커브길 — 옮긴이)에서 치명적인 사고를 당한다고 노래하면서 끝난다. 데드 맨스 커브는 선셋 대로(Sunset Boulevard)의 실제 구간이다. 2년 후 그 길에서 멀지 않은 곳에서 잰 앤드 딘의 윌리엄 잰 베리(William Jan Berry, 1941~2004년)가 그의 스팅 레이를 타고 가다가 실제 사고로 부상을 입었다는 사실이 참으로 얄궂다. 그는 신체 일부가 마비된 채 여생을 보내야 했다. 하지만 그 비극마저 콜벳의 진가를 높이는 데 이바지했다.

콜벳은 또 다른 '정례 생산 옵션(RPO)' L88이 출고되면서 명성이 더욱더 확고해졌다. 둔토프 사단의 욕심은 끝이 없었고, 이 초고성능 패키지에는 500마력이 넘는 괴물 같은 엔진이 장착되었다. 쉐보레는 L88 콜벳을 1967년부터 1969년까지 제작 생산한다. 갑자기 밀려와 솟아오르는 듯한 날카로운 첫소리의 엔진은 시대 분위기를 반영했다. 시끌시끌 들떴던 그 시대는 반항적이었으며 통제가 안 되었다. 생산된 L88은 216대에 불과했다. 그러나 40년이 지난 오늘날까지도 콜벳 행사에 가 보면 "L88"이라고만 적힌 티셔츠를 입고 돌아다니는 노인들을 볼 수 있을 정도다.

1969년에는 기본형 콜벳조차 350마력 엔진이 달렸다. 나아가 원하는 구매자들은 엔진을 업그레이드하는 것도 가능했다. 그렇게 얹힌 427세제 곱인치(약 7,000세제곱센티미터) V8 엔진은 출력이 435마력이었다. 콜벳은 전성기를 구가했다. "다른 차 따위는 신경 쓰지 마세요. 어떤 차도 콜벳을 능가하지 못합니다." 당시의 한 광고는 이렇게 자랑했다.

둔토프 역시 전성기를 맞이했다. 그는 점심을 먹으러 나가면 마티니를 2잔씩 걸치고는 했다. 오찬의 일부는 디자이너들을 다독이거나 화합하는 자리였다. 사무실로 돌아오면 뒤에서 비서한테 몰래 다가가, 두 손으로 가슴을 감싸며 이렇게 말했다. "누구게?"[32] 둔토프는 사람을 잡아끄는 데가 있었고, 기자들한테는 훌륭한 기삿거리였다. 그가 참여한 언론 발표회는 이런 식이었다. 둔토프가 다음 연식 콜벳을 직접 운전하고 나타나 담배를 쥔 손을 흔들었고, 차에서 내려 모여든 기자들의 질문에 당당히 답했다.

콜벳 관련 소식이 새나가면 용의자는 항상 둔토프였다. 대개는 그렇게 생각할 만한 이유도 충분했다. 그는 항상 이렇게 말하고는 했다. "정보 유출도 설계와 디자인의 일부입니다." 유명한 조라 어록(Zora-ism)의 다른 말들도 보자. "잠깐 생각 좀 해 보고." "그 차에는 427을 넣어. 그러면 갈 거야."[33]

둔토프가 1967년 12월 《핫 로드》의 표지를 장식했다. GM이 새로 개발한 4종의 육중한 엔진 사이에서 활짝 웃는 모습은 마치 휘하의 전차를 자랑하는 장군의 풍모였다. 제너럴 모터스가 1968년 그에게 새 직함을 주었다. 15년간 맡아 온 사실상의 역할에 꼭 맞는 그 직함은 다름 아닌 콜벳 부문 수석 엔지니어(Corvette Chief Engineer)였다. 《스포츠 일러스트레이티드》가 이 남자와 그의 차를 소개한 1972년 기사의 제목은 「조라의 차(The Marque of Zora)」였다. 그 기사의 일부를 적어 놓는다. "그는 쉐보레 부문 전체의 선도 프로젝트를 맡으라는 지시를 받았다. 하지만 둔토프는 말을 듣지 않았고, 콜벳을 야금야금 자기 것으로 만들어 갔다. 라스푸틴(Rasputin, 1869~1916년, 제정 러시아 시절 시베리아 출신의 괴승. 황후를 미혹시켜 정치를 농단한 것으로 유명하다. ─옮긴이)이었다 할지라도 감탄했을 방식으로 말이다."[34]

둔토프가 항상 목적을 달성한 것은 아니었다. 그의 꿈은 운전석 뒤에 엔진을 장착한 콜벳을 만드는 것이었다. 업계 용어로 이것을 '미드엔진(midengine, 엔진을 앞뒤 차축 사이에 집어넣고, 대체로 후륜 구동 방식을 택한다. ─옮긴이)'이라고 한다. 둔토프는 콜벳을 미드엔진으로 설계해, 균형과 주행 역학을 향상시키려고 했다. 하지만 아무리 탄원하고 일을 꾸며도, 회사는 단 한번도 제대로 둔토프의 계획을 지원해 주지 않았다.

1970년대 중반이 되었고, 둔토프도 이제 은퇴할 나이였다. 그때 콜벳도 최악의 시절을 보냈다. 대기 오염 방지법(Clean Air Act)이 1970년에 제정되었고, 저연 및 무연 휘발유가 도입되었다. 제너럴 모터스를 포함해 업계의 자동차 공학자들은 납을 뺀 연료를 태우면서도 고출력을 내는 엔진을 어떻게 만드는지 아직 몰랐다. 1973년에는 석유 파동까지 일어나서 연료 효율성이 최우선 고려 사항으로 부상했다. 1974년에는 시속 55마일 이하 속도 제한 조치가 전국적으로 발효되었다. 둔토프는 그 사태가 혐오스럽다고 이야기했다.

콜벳의 엔진 출력은 여성들의 치마 길이와 비슷했다. 미국의 경제와 심리 상태를 가늠할 수 있(게 해 주)는 믿을 만한 지표임이 드러난 것이다. 1969년부터 1975년까지 미국은 베트남 전쟁과 워터게이트 사건을 겪었다. 시련이었다. 이 시기에 콜벳은 무기력했다. 기본 탑재 엔진의 출력이 350마력에서 165마력으로 줄었다. 최초의 콜벳에 들어간 엔진을 기억하는가? 그렇다. 블루 플레임 식스 수준을 겨우 맞춘 것으로, 요즘 출고되는 소형차(compact car)의 4기통 엔진과 다를 바 없다.

딱 알맞게도 둔토프는 1974년 말 퇴직했는데, 제너럴 모터스 임원 정년에 맞게 65세였다. 그는 20년 동안 몰던 회사 소유 콜벳들을 반납하고, 1974년식 은청색 콜벳을 구입해 운전석 문짝에 ZAD를 새겨 넣었다. 둔토프의 뒤를 이은 데이비드 매클렐런(David McLellan)은 콜벳의 민망한 출력을 그럴싸하게 포장했다. "콜벳 운전자는 고속 주행이 아니라 섬세하게 제어되는 기계를 원합니다."[35] 둔토프라면 감히 생각도 못 했을 말이었다.

둔토프는 제너럴 모터스를 퇴사하기는 했지만 콜벳을 결코 외면할 수 없었다. 제너럴 모터스 임원들은 사무실을 찾아와, 미드엔진 콜벳을 만들라고 닦달하는 둔토프가 귀찮기만 했다. 그는 그들을 납득시키지 못했다. 둔토프는 콜벳 행사의 단골손님이었다. 크고 작은 대회와 기념식 따위에 불려다녔고, 기자들도 계속해서 그의 생각을 물었다.

1980년 제2차 석유 파동의 여파 속에서 한 기자가 둔토프에게 떠도는 소문의 진위를 물었다. 신형 콜벳에 무려 25년 만에 처음으로 6기통 엔진이 실린다는 것이 과연 사실이냐고 말이다. 둔토프는 노골적으로 불편한 심기를 드러내며, "그 건에 대해 이야기하고 싶지 않다."라고 대답했다.[36] (소문은 사실이 아니었다.) 그는 자가용 비행기를 몰기 시작했고, 자신의 콜벳을 타고 디트로이트 일대의 고속도로를 바삐 돌아다녔다. 주변 차량보다 훨씬 빠른 속도였음은 물론이다. 혼다 사(Honda)의 오토바이도 1대 샀는데, 70대의 고령이었음에도 그로스 포인트 자택의 진입로에서 윌리(wheelie, 앞바퀴를 들고 뒷바퀴로만 타는 묘기 — 옮긴이)를 하는 모습이 목격되기도 했다.

콜벳은 1970년대의 상처를 털고 일어섰다. 쉐보레는 1980년대 이후로 콜벳의 엔진 출력을 복구했고, 성능도 1960년대 이상으로 강화했다. 쉐보레 부문을 총괄한 짐 퍼킨스(Jim Perkins)가 1989년 콜벳 시승회에 기자들을 초청했다. 프랑스 알프스 산맥이 구간에 끼어 있었으니 꽤 큰 규모의 시승회였다. 한 마을에서 벌어졌다는 에피소드가 인상적이다. 차를 좋아하는 젊은 커플이 동네 성직자에게 부탁해, 시승회 현장의 콜벳을 타고 결혼식을 올렸다고 한다.

콜벳과 관련해서 뭉게뭉게 피어오른 갖은 열정에도 불구하고, 콜벳은 많이 팔린 차가 아니었다. 좋았던 해라도 판매고가 3만 대를 넘었을 뿐으로, 이는 전체 미국 시장의 0.2퍼센트에 불과했다. 둔토프 역시 그 정도를 내다보았다. 아무튼 콜벳은 제너럴 모터스의 비용 절감 활동에서 자유로운 적이 없었다.

1991년에 제너럴 모터스는 재무 상태가 형편없었고, 최고 경영진은 콜벳을 죽이기로 한다. 퍼킨스는 기겁했지만, 전임자 둔토프와 마찬가지로 상관들 말을 듣지 않았다. 그는 다른 다양한 프로젝트에서 200만 달러를 전용해, 콜벳을 유지한다. 결국 분식 회계가 들통났다. 내부 감사관들이 퍼킨스를 다그쳤고, 최고 경영진도 그를 질책했다. 그즈음 어느 국면에서 퍼킨스가 물러나겠다고 했다.[37] 운이 좋았는지 콜벳도, 퍼킨스도 둘 다 살아남았다. 둔토프가 항상 그랬던 것처럼 말이다.

1992년 6월에 둔토프가 켄터키 주 볼링 그린(Bowling Green)의 콜벳 조립 공장을 방문했다. 100만 번째 콜벳에 탑승해 조립 라인을 떠나는 행사가 있었다. 몇 달 후에는 불도저도 몰았다. 조립 공장 근처에 세워질 콜벳 박물관(National Corvette Museum) 기공식에 낡은 경주용 운전자복과 노란 헬멧을 착용하고서였다. 이윽고 1994년 노동절(Labor Day, 미국과 캐나다의 경우 9월 첫째 월요일 ─ 옮긴이) 주말 콜벳 박물관이 개관했다. 12만 명의 콜벳 팬이 둔토프에게 따뜻한 환영의 박수를 보냈다.

1996년 3월 그가 훨씬 작은 행사장에 모습을 드러냈다. 디트로이트 교외의 한 쉐보레 영업장에서 열린 콜벳의 밤(Corvette Night) 행사였다. 이것이 그가 참여한 마지막 콜벳 관련 에피소드다. 86세의 둔토프는 6주 후에 암 합병증으로 사망한다. 칼럼니스트 조지 프레더릭 윌(George Frederick Will, 1941년~)은 이렇게 썼다. "둔토프의 죽음을 애도하지 않는 자, 미국인이 아니리!"**38**

둔토프의 마지막 여행은 그 목적지가 콜벳 박물관이었다. 그의 유해가 오늘날까지도 그곳에 안치되어 있다. 박물관에 가 보면 등신대의 석고상도 볼 수 있다. 생전에 그가 걸치던 양복을 입은 채로 말이다. 포플린 소재의 하얀 셔츠는 담청색 줄무늬이다. 그가 1953년에 작성한 보고서 원본, 그러니까 「젊은이, 개조차 운전자, 쉐보레 관련 생각들」이 옆에 놓여 있다.

콜벳 구매자는 사는 곳의 딜러들로부터가 아니라 박물관 현장에서 신차를 인도받을 수도 있다. 박물관의 특별 구역에 설치된 웹캠이 그 수령 행사를 촬영, 기록한다. 그 특수 구역을 '너서리(nursery)', 즉 육아실로 부르는 것은 말이 된다. 태어난 아기를 인도하는 것이나 다름없으니까 말이다. 콜벳 열광자들이 전국 각지에서 매년 여는 회합이 수십 건이다. 지역의 소규모 단합 대회부터 일리노이 주 블루밍턴(Bloomington)에서 매년 열리는 골드 콜벳 쇼에 이르기까지. 각종 콜벳 차량은 골드 콜벳쇼에서 블루밍턴 골드 서바이버(Bloomington Gold Survivor)로 선정되기 위해 치열한 경쟁을 펼친다. 블루밍턴 골드 서바이버라니? 이것은 새로 방영되는 리얼리티 쇼가 아니다. 복원이 거의 필요 없거나 전혀 필요 없을 정도로 유지 관리가 잘 된 차가 최종 승자가 되는 행사인 것이다. 경매도 병행되는데, 2006년에는 1964년식 핑크 콜벳 1대가 36만 7500달러에 낙찰되었다. 타이어 측면에 분홍색 테를 두른 그 차는 한 제너럴 모터스 임원의 아내를 위해 특수 제작되었다고 한다.

콜벳 덕택에 소규모 관련 산업이 생겨나기도 했다. 1972년 조지아 주의 한 우편물 집배원이 자기 집 지하실에 있는 등사 기계를 이용해 콜벳 관련 잡지를 만들기 시작했다. 그는 백만장자가 되었다. 올즈모빌을 타고 다니며 콜벳 스티커를 팔던 한 젊은이는 전망이 좋다고 판단했고, 미드 아메리카 모터웍스(Mid America Motorworks)라는 업체를 만들었다. 그 회사는 콜벳 부품부터 남녀용 한 벌씩으로 구성된 목욕용 가운까지 안 파는 게 없었다. 사업이 번창했음은 물론이다.

워싱턴의 캐피톨 힐 역사 지구(Capitol Hill Historic District)에 있는 대법원 청사에서, 우리는 여러 해 동안 1990년식 콜벳을 목격했다. 클래런스 토머스(Clarence Thomas, 1948년~) 대법관이 그 차의 소유주였기 때문이다. 번호판에는 알 수 없는 말이 적혀 있었다. "RES IPSA", 라틴 어로 '보면 안다.'라는 뜻의 법률 용어다.[39] 다른 콜벳 운전자라고 다를까? 그들은 침을 튀기며 콜벳이 얼마나 멋진 차인지를 역설한다. 신문사 편집장 셸비 코피 3세(Shelby Coffey Ⅲ, 1947년~)의 말을 들어 보자. "그런 종류의 속도와 힘을 한번 상상해 보십시오. 가능성과 잠재력이 무한하다는 생각이 자동으로 들어요." 그는 1991년에 아내가 결혼기념일 선물로 콜벳을 사 줬다고 한다. 코피는 2주 후에 태어나서 처음으로 속도위반 딱지를 뗐다. "뭐랄까, 이런 생각이 들었어요. 내가 생각했던 것보다 강력하구나 하는. 다수의 평범한 사람들이 저만치 뒤에 있다는."[40]

제너럴 모터스는 2008년 말에 신형 콜벳 ZR1을 출시했다. 엔진 출력이 638마력이었고, 제로백(정지 상태에서 시속 60마일(96.6킬로미터)로 가속하는 것 — 옮긴이)은 4초면 가능했다. 책정된 가격 10만 5000달러는 어느 기준으로 보더라도 상식적이지 않았다. 당시에 휘발유 가격이 갤런(약 3.8리터)당 4달러였음을 상기하면 정말이지 점입가경이었다. 그러나 ZR1은 몇 주 만에 매진되었다.

이런 열정을 보면 둔토프의 비전의 지속력을 알 수 있다. 물론 모든 인간이 평등하다는, 고귀한 것은 아니다. 아무려면 어떤가? 그 열정 속에서 인간의 행복 추구가 고속으로 증진되었다. 그렇다, '고속으로'라는 수식어를 넣어 줘야 한다. 콜벳이 다른 차들에 비해 오래 버틴 것은 행운이었다. 다른 차들도 우리가 세계의 중심이며, 세상 자체라는 관념에 취해 있던 1950년대 미국에서 나름의 가치를 대변하고 표상했다. 그러니 당연히 테일핀을 살펴보아야 한다.

03

1959년식 캐딜락

디트로이트 빅3
출동하다

페리 레인은 1950년대식 보헤미안의 공동체를 대표했다. 모두가 둘러앉아서 테일핀, 주택 단지, 유럽의 그리스도에 대해 고개를 가로저었다. 그래서 뭐? 그들은 배관이 망가져도 이미 삶의 기예를 터득한 사람들이었다.

토머스 케널리 '톰' 울프(Thomas Kennerly 'Tom' Wolfe Jr., 1931년~),

『뿅가는 쿨에이드 파티(*The Electric Kool-Aid Acid Test*)**』**

자동차 퍼레이드가 시내를 가로지른다. 사람들이 가장 큰 관심을 보이는 차는 작은 배처럼 길다. 그 엄청난 길이의 대미를 장식하는 것은 압도적인 테일핀이다. 날 수 없는 그 차의 후미에는 높고 커다란 판이 달려 있다. 구경꾼 수백 명이 운전자에게 손을 흔들며 찬의를 표한다. 운전자도 미소로 화답하며 손을 흔든다. 그는 1959년식 캐딜락 엘도라도 비아리츠(Cadillac Eldorado Biarritz) 컨버터블에 타고 있다.

20세기 중반 미국에서 볼 수 있던 광경이라고 여길지도 모르지만, 방금 묘사한 풍경은 21세기 초두에 목격한 사건이다. 1959년식 캐딜락이 출시되고 거의 50년이 지난 시점임을 상기해 보라. 사실 그 퍼레이드는 다른 특이점도 많았다. 구경꾼 대다수가 금발이었다. 길 안내 표지판에 적힌 도시 이름을 발음하려니 혀가 마비될 지경이었고 말이다. 시게르슬레프베스터(Sigerslevvester), 스베에스트룹(Svestrup)이라니. 그리고 또 뒤로 고성이 있었다. 월트 디즈니(Walt Disney, 1901~1966년)가 관광객을 홀리려고 플라스틱으로 세운 것이 아니라 실제 성이었다. 더구나 그 성은 극작가 윌리엄 셰익스피어(William Shakespeare, 1564~1616년) 덕분에 불멸의 지위를 얻은 곳이라고 한다.

덴마크의 헬싱외르(Helsingør)는 희곡 「햄릿(Hamlet)」의 산실로, 아메리카너 빌트라에프 쾨벤하븐(Amerikaner Biltraef Koebenhavn), 곧 코펜하겐 미국 자동차 클럽이 1950년대와 1960년대에 제작된 클래식 카 퍼레이드 행사 때 선택한 경로 위의 작은 마을(hamlet)이기도 하다. 코펜하겐 클럽은 덴마크 미국 자동차 클럽 연맹의 지부이다. 페기 수 클럽, 캘리포니아 드리머, 덴마크 캐딜락 클럽, 그 밖에 비슷한 이름의 지부 십수 개가 더 있다. 회원들이 보유한 차도 다양하다. 콜벳 스팅 레이와 초기 머스탱부터 1960년대에 생산된 고출력 머슬 카(muscle car, 미국에서 제작된 2도어 스포츠 쿠페로, 고속 주행을 목표로 강력한 엔진이 탑재되었다. 최초의 머슬 카는 1964년 출고된 폰티액 GTO다. — 옮긴이)들인 폰티액 GTO, 닷지 코로넷 수퍼 비(Dodge Coronet Super Bee), 올즈모빌 442(Oldsmobile 442)까지. 그러나 구경꾼들이 함박웃음과 더불어 가장 크게 환호하는 차는 따로 있다. 1950년대 말과 1960년대 초에 출고된 캐딜락이 바로 그 주인공이다. 테일핀과 파스텔 색조라니!

전후 미국의 번영이 최고조에 이르렀을 때 그 차가 제작되었다. 실용과 가식이 시소 타듯 투쟁했는데, 후자가 길을 지배했다. 돛을 단 듯한 지상의 요트 같은 차는 어디에도 없었다. 앞으로 그런 차를 다시 볼 수 없으리라는 것도 거의 분명하다.

1950년대와 1960년대에 제작된 미국산 자동차가 덴마크, 스웨덴, 노르웨이에서 최근 인기를 얻고 있다는 사실은 놀랍다. 중년의 미국인들에게 낯익은 차들이 스칸디나비아의 자동차 경주와 행사, 전문 잡지들에서 격찬을 받는 것이다. 노르웨이 미국 자동차 클럽(American Car Club of Norway)이 발행하는 잡지《앰카(AMCAR)》는, 예컨대 캐딜락 컨버터블을 타고 트론헤임(Trondheim)을 경유하는 데 요긴한 '방한 재킷' 따위를 판매하는 쇼핑몰을 운영한다. 당연히 지붕을 씌울 수 있는데도 말이다.

스칸디나비아까지 가서 미국 문화가 자동차에 의해 어떻게 규정되었는지를 조사한다는 게 시간 낭비처럼 보이기도 했다. 하지만 마거릿 미드(Margaret Mead, 1901~1978년)도 사모아에 갔다. 미국 10대들의 성 풍습과 비교해 통찰을 얻기 위해서였다. 사모아도 엄청나게 멀다. 미드는 중요한 발견을 해냈다. 스스로를 파악하는 가장 좋은 방법은 많은 경우 거울을 들여다보는 것이다. 비록 불편하고 내키지 않을 수도 있겠지만.

대다수의 미국인은 테일핀을 돌아보면서 어색하고 쑥스러워 발을 가만두지 못한다. 스스로들에게 이렇게 묻는 것이다. "도대체 우리가 무슨 생각을 하고 있었던 거지?" 팔로알토(Palo Alto, 샌프란시스코 동남쪽의 도시 — 옮긴이)의 페리 레인에 살던 최초의 히피들은 보헤미안의 전형이었다. 그들이 미국 문화의 열등함을 보여 주는 증거로 테일핀을 비웃은 지도 50년이 넘었다. 그러나 중년의 스칸디나비아 인 다수에게는 테일핀이 어린 시절에 미국이라고 하면 떠오르던 상징적 이미지이다. 미국은 크고, 활수하며, 윤택했다. 미국인들은 정말이지 본인이 원하는 대로 될 수 있었다. 비록 그 자유 때문에 허풍선이나 괴상한 존재로 전락했다 할지라도 말이다. 자기를 드러내는 것이 미국의 종교였다. 엘비스가 이것을 찬양했다. 오늘날에도 덴마크에서는 자동차 애호가들이 모일 때면 엘비스 프레슬리의 음악이 배경으로 깔리는 경우가 많다. 그들에게 1950년대의 미국이 갖는 정형화된 이미지는 예스럽고 조용한 덴마크와 대척점에 있는 것이다. 1950년대는 물론이고 지금도 덴마크의 지배적인 감성은 얀틀로벤(janteloven)이다. 덴마크 사람들은 뽐내기, 그러니까 다른 사람보다 더 잘나 보이려는 노력을 아주 싫어한다. 얀틀로벤은 강한 반감, 혐오를 뜻하는 덴마크 어다. 자랑과 과시는 어림없는 짓이다.

그런데 테일핀의 목적이 바로 자랑과 과시였다. 1948년에 처음 부착된 테일핀은 그 시작이 미약했다. 뭐랄까, 올챙이 꼬리 같았다. 그러던 테일핀이 점점 커졌다. 크라이슬러가 1957년 하늘로 솟은 거대한 테일핀으로 자사의 차를 꾸미고, 다음과 같은 광고 문구로 홍보했다. "맙소사, 1960년이에요!"[1] 특대형 테일핀이 안정 장치라는 주장까지 나왔다. 그들의 말에 따르면, 테일핀이 없는 보통 차보다 더 곧고 똑바로 주행할 수 있게 해 주는 '방향 안정기'라는 것이었다.

물론 자동차 업계는 거짓말이 엔진 출력만큼 널리고 널린 곳이다. 하지만 그래도 심했다. 방향 안정기라는 말은 터무니없는 언어도단이었다. 아무려면 어떤가. 하버드 경영 대학원은 그 말을 철석같이 믿었고, 대형 테일핀을 창시한 크라이슬러 임원에게 명예 학위를 수여했다. 캐딜락 부문 디자인 전문가들의 공포가 하늘을 찔렀다. 크라이슬러 때문에 망할지도 몰랐던 것이다. 비상 계획이 발동되었고, 그들도 더 크고 과시적인 테일핀을 달았다. 당시에 미국은 소련과 군비 및 우주 경쟁 중이었다. 바로 그때 디트로이트에서도 테일핀 경쟁이 벌어졌다.

미국은 20세기 중반에 번영을 구가했고, 이것을 가장 화려하게 상징하는 것들을 전쟁 수행 기구에서 빌려왔다. 얼이 제2차 세계 대전 때 디트로이트 북동쪽에 있는 셀프리지 공군 기지(Selfridge Air Base)를 방문했다. 록히드(Lockheed)가 제작한 P-38 라이트닝(P-38 Lightning) 전투기를 보기 위해서였다. 얼과 보좌진은 보안상의 이유로 기체에서 30피트(914.4센티미터) 바깥에 머물러야 했다. 하지만 그것만으로도 디자인을 살펴보는 데는 충분했다.

록히드 P-38은 가운데 조종석을 한가운데 두고, 엔진과 연료 탱크가 들어간 2개의 커다란 동체가 양 옆으로 배치된 구조였다. 각각의 동체는 후미가 연장되어, 비행기의 전체적인 모양새가 특이하게도 쌍동선 같았다. 연장된 후미는 다시금 연결되었고, 거기에는 위로 곧게 솟은 2개의 수직 안정판이 달렸다. 얼은 그 수직 안정판을 자동차에 달아도 좋겠다는 생각을 한다. 수수한 크기의 테일핀이 1948년식 캐딜락에서 첫선을 보였다. 실상 분명한 형태의 판이 아니라 혹처럼 튀어나온 요철에 불과했다.

테일핀이 당장에 공전의 히트를 한 것은 아니었다. 제너럴 모터스 임원들은 대중의 반응을 염려했고, 그럴 만한 이유도 있었다. "1948년 모델이 출시되자, 불만과 항의가 폭주했다."《포천(Fortune)》은 계속해서 이렇게 보도했다. "자포자기한 회사가 될 대로 되라는 식으로 뒤 범퍼에서 테일핀을 뗀 디자인을 급조했다는 소문이 끊임없이 떠돌았다. 그리고 그 소문이 사실이었다. 그런데 그 와중의 어느 시점부터 여론이 바뀌기 시작했다. 도로에 테일핀이 더 많이 보일수록 사람들은 생각을 고쳐먹었는지 마침내 그것을 좋아하게 되었다."[2] 얼의 판단이 옳은 것으로 드러났다. 그가 예상한 대로였다.

1947년이면 얼이 제너럴 모터스에 근속한 지도 20년째였다. 그 기간 내내 그가 디트로이트 유일의 디자인 이사였다는 사실은 정말이지 놀랍다. 포드는 항상 디자인을 무시했다. 포드 자동차도 디자인 부문을 강화하려고는 했다. 그런데 에드셀이 1943년 때 이른 죽음을 맞이하면서 유야무야 되었던 것이다. 노구의 헨리가 사망하기 1년 전인 1946년에야 손자이자 후계자인 헨리 포드 2세(Henry Ford II, 1917~1987년)가 디자이너를 구했다. 조지 윌리엄 워커(George William Walker, 1896~1993년)가 바로 그 주인공이다.

워커는 전직 미식축구 준프로 선수였다. 5피트 10인치(177.8센티미터) 키에 222파운드(약 100.7킬로그램) 무게였던 워커는 구두가 40켤레, 양복이 70벌이었다. 워커는 향수도 좋아해 파베르제 콜로뉴(Fabergé cologne)를 담뿍 뿌리고 다녔다. 동료들은 그가 방을 나가고 한참이 지났어도 현장에 있었음을 단박에 알았다. 한번은 플로리다로 휴가를 갔을 때였다. 워커가 기자한 사람에게 자신의 화려한 옷을 자세하게 설명해 줬다. "대단했죠. 거기서는 흰색 링컨 콘티넨틸(Lincoln Continental)을 탔어요. 뭘 입었냐 하면, 셔츠는 실크 100퍼센트에 자수가 들어간 순백의 카우보이 셔츠였고, 바지는 검정색 개버딘(gabardine, 능직의 일종 — 옮긴이)이었습니다. 옆자리에는 칠흑처럼 새까만 그레이트데인(Great Dane)이 한 마리 있었고요. 유럽에서 가져온 놈인데, 이름을 데이나 폰 크룹(Dana von Krupp)이라고 불렀습니다. 다 최고였죠."[3]

따라해 보려 하는 사람이 있다면 신의 가호를 빈다.

크라이슬러가 디트로이트의 빅3 가운데 마지막으로 디자인 부문을 신설했다. 디자인 책임자 버질 맥스 '엑스' 엑스너(Virgil Max 'Ex' Exner, 1909~1973년)는 얼마나 워커와 비교할 때 무척이나 평범했다. 경쟁사인 아메리칸 모터스(American Motors)의 한 디자이너는 이렇게 이야기했다. "정말 괜찮은 친굽니다. 자동차를 좋아하는 디자이너의 완벽한 전형이었죠."[4]

엑스너는 1909년 미시간 주 앤아버(Ann Arbor)에서 태어났다. 본명이 버질 앤더슨(Virgil Anderson)이었는데, 노르웨이 계 미국인 어머니는 미혼모로, 그를 부양할 수 없어 기계공인 조지 엑스너(George Exner)와 이바 엑스너(Iva Exner) 부부가 그를 입양했다. 그들은 미시간 주 뷰캐넌(Buchanan)에서 살았다. 뷰캐넌은 미시간 주 남서부의 작은 도시로, 시카고, 디트로이트와 가깝다. 버질 엑스너는 학창 시절부터 그림 그리기를 좋아했다. 재미 삼아 자동차를 스케치했고, 고등학교 때는 여러 간행물의 삽화나 도해도 맡았다. 버질이 그린 첫 번째 자동차는 포드의 모델 T였다. 하지만 그는 꼭 필요한 요소만 갖춘 모델 T의 겉모양이 마음에 들지 않았고, 자신이 그린 차의 후드에 듀센버그 엠블럼(emblem)을, 양 옆으로는 금색의 가는 줄무늬를 집어넣었다.

고등학교를 졸업한 엑스너는 인디애나 주 사우스벤드(South Bend)에 있는 노트르담 대학교에 입학했다. 등록한 학교는 뷰캐넌에서 불과 15마일(약 24.1킬로미터) 거리였고, 그는 미술과 디자인을 공부했다. 좀이 쑤셨던 엑스너는 2년을 다니고, 학교를 그만뒀다. 사우스벤드 소재의 애드버타이징 아티스트 스튜디오(Advertising Artists Inc.)가 그의 첫 직장이었다. 그는 주급 12달러를 받으며 심부름꾼으로 일했다. 지역에 스튜드베이커라는 자동차 회사가 있었고, 엑스너는 용케 그 회사의 판촉물 제작 업무를 맡았다. 하지만 그는 자동차를 디자인하고 싶었다.

마침 제너럴 모터스가 디자인 부서를 확대했고, 엑스너는 기회를 잡았다. 그의 작품이 얼의 눈에 띄었고, 얼은 '엑스'를 고용했다. (엑스너는 그렇게 불리기를 좋아했다.) 엑스너는 1934년 폰티액 디자인 스튜디오를 맡아 이끌게 되었다. 불과 25세였고 호리호리했음에도, 나이에 비해 이목을 잡아끄는 외모였다. 세계 최대의 자동차 회사와 함께 하는 그의 미래는 전도유망해 보였다.

4년 후 엑스너는 제너럴 모터스를 떠났다. 당대 최고의 명성을 자랑하는 산업 디자이너 레이먼드 로위(Raymond Loewy, 1893~1986년)가 엑스너를 빼간 것이다. 로위가 이끄는 뉴욕 소재 스튜디오는 인터내셔널 하베스터사(International Harvester)의 트랙터에서 럭키 스트라이크(Lucky Strike) 담배갑에 이르는 다종 다양한 상품을 디자인했다. 얼이 엑스너를 붙잡으려고 했다. 자기가 물러나면 제너럴 모터스의 차기 디자인 부문 수장이 될 가능성이 매우 높다고까지 말했다. 하지만 우리가 다 알듯이 그런 일은 이후로도 20~30년 동안 일어나지 않았다.

엑스너는 디트로이트를 떠났다. 롱아일랜드(Long Island)가 새로 꾸린 가정의 정착지였다. 그는 로위의 스튜디오에서 스튜드베이커 사 업무를 맡았다. 이번에는 판촉물이 아니라 자동차 디자인이었다. 업무상 뉴욕과 사우스벤드를 오가야 했다. 결국 로위가 1941년 사우스벤드에 사무실을 마련해 주었다. 우연인지 필연인지, 엑스너는 로위가 생각한 것보다 스튜드베이커라는 고객사와 더 가까워졌다.

스튜드베이커는 전후 시대의 신차를 야심적으로 기획했고, 1945년 5월 로위의 디자인을 기각하고 엑스너 것을 선택했다. 시기심이 많았던 로위가 격분했고, 당장에 사우스벤드행 기차를 잡아탔다. 스튜드베이커의 기술, 제작 담당이었던 로이 콜(Roy E. Cole, 제너럴 모터스의 에드 콜과는 아무 상관이 없다.)과의 회합에 쳐들어간 로위는 옆에 있던 엑스너에게 이렇게 말했다. "넌 해고야." 하지만 콜이 엑스너의 엄청난 팬이었고, 당장에 되받아쳤다. "엑스너 씨, 스튜드베이커 사가 당신을 채용하겠소." 인과응보였으니 로위는 쌤통이었고, 엑스너는 달콤하게 복수를 한 셈이었다.[5]

그러나 엑스너의 행운은 오래 지속되기에는 지나치게 좋았다. 로위는 엄청난 명성과 위신을 바탕으로 후에 《타임》의 표지를 장식한다.[6] 엑스너는 스튜드베이커에서 상당한 타격을 입었다. 로이 콜은 퇴직을 앞두고 있었고, 그가 그만두자 엑스너의 스튜드베이커 내에서의 입지도 불확실해진다. 결국 엑스너는 다른 직장을 알아보아야 했다.

포드가 그에게 디자인 부문을 총괄해 달라고 제안했다. 아니 엑스너만 그렇게 생각했을지도 모르겠다. 이어진 접촉 중에 받은 한 전화에서 그는 워커가 포드의 디자인 업무를 지휘할 것이라는 이야기를 듣는다. 엑스너는 결국 코프먼 서머 켈러(Kaufman Thuma Keller, 1885~1966년)와 만났다. 불그레한 혈색에 체격이 다부졌던 그 크라이슬러 회장은 수습 기사(技士) 출신이었다. 크라이슬러의 엔지니어들은 디자이너를 싫어했다. 이유가 전혀 없는 것도 아니었다. 유선형으로 뽑은 1934년식 에어플로(Airflow) 세단은 크라이슬러의 역사에서 가장 과감한 디자인이었다. 앞쪽 후드를 길게 늘이고, 후부를 없애 버린 이 에어플로가 쫄딱 망했던 것이다. (요즘 수집가들이 이 차에 군침을 흘린다는 사실은 모를 것이다.) 에어플로는 불과 3년 만에 생산이 중단되었다.

하지만 당시는 1949년이었고, 전후의 자동차 구매 붐 속에서도 크라이슬러는 고전을 면치 못하고 있었다. 켈러는 걱정이 이만저만 아니었다. 엑스너가 고용되었다. 연봉 2만 5000달러에, 크라이슬러의 첨단 디자인 스튜디오를 이끄는 직책이었다. 하지만 엑스너는 계속해서 상당한 속박을 받는다. 그가 미래의 디자인 컨셉을 자유롭게 실험해도, 어떤 차를 생산할지 결정하는 것은 엔지니어들이었다.

크라이슬러는 계속해서 시장 점유율을 잃어 갔다. 크라이슬러의 자동차는 '상자 3개를 이어 붙인(three-box)' 디자인으로 구식이라는 느낌이 물씬 났다. 후드 상자, 객실 상자, 트렁크 상자. 반면 포드와 제너럴 모터스의 차들은 둥글둥글한 데다가 크롬이 잔뜩 도금되어 있었다. 크라이슬러의 차들은 그것들과 비교할 때 수직으로 꼿꼿하게 솟은 모습으로, 초조한 느낌을 줬다. 캐딜락은 상당히 감연(敢然)했다. 1952년 말에 나온 캐딜락의 새 차들을 보면, 앞 범퍼에 크롬으로 도금된 원뿔이 달렸다. 짐작컨대 그 원뿔은 어뢰를 연상시키려 했을 것이다. 하지만 어디 그런가? 대다수의 사람들은 더 친근한 모양을 떠올렸다. 크롬 돌출부는 '다그마(Dagmar)'라는 별칭으로 불렸다. 당대에 풍만한 가슴으로 유명세를 더하던 금발의 신예 여배우가 있었던 것이다. 다그마는 텔레비전에서 맡은 배역 때문에 멍청한 여자로 통했다.

그 무렵 켈러가 엑스너에게 크라이슬러의 1955년식 모델들을 보여 주고, 디자인에 관한 의견을 물었다. 엑스너는 형편없으며 엉망이라고 대꾸했다.[7] 판매량에 크게 실망 중이던 켈러가 엑스너에게 회사 모델 전체를 다 손보아 달라고 제안했다. 플리머스(Plymouth), 닷지(Dodge), 데 소토(De Soto), 크라이슬러가 크라이슬러의 차종을 구성했다. 몇 가지 통고가 따랐다. 새 디자인이 신속하게 마무리되어야 했다. 1955년식 차라도 1954년 10월에 출고되어야 했기 때문이다. 불과 18개월 후에 생산을 개시해야 했다. 시간 계획이 촉박했고, 엑스너는 이미 사용 중이던 차대를 바탕으로 설계에 임해야 했다.

엑스너는 그 도전 과제를 받아들였다. 1953년 여름에 그는 새 직책을 부여받았다. 디렉터 오브 스타일링(director of styling), 곧 디자인 책임자였다. 크라이슬러로서도 이런 부서는 처음이었다. 엑스너는 44세였다. 돌아보면 정말이지 열악하고 보잘 것 없는 환경이었다. 그는 대학을 마치지 않았고, 미술 학위가 없었다. 하지만 때와 장소가 알맞았다. 엑스너가 크라이슬러 자동차들의 모양을 뜯어 고쳤다. 캐딜락은 패닉에 빠진다. 미국인들의 삶에 엑스너의 족적이 선명하게 새겨진다.

미국은 1950년대에 빨갱이 공포가 횡행했다. 불찬성과 이의가 남김없이 까발려졌다. 플린트 공장의 쉐보레 노동자를 기억하는가? 그 가없는 친구는 공산주의 동조자로 의심된다며 구타당했고, 관련해서 증언을 해야 했다. 그러나 당대를 지배한 것은 순응주의적 일상이었다. 1947년 조성된 롱아일랜드의 소도시 레빗타운(Levittown)을 필두로, 도시 외곽으로 멀리까지 광범위하게 퍼진 교외야말로 그런 분위기의 비옥한 토양이었다. 1955년 주간 고속도로(Interstate highway)가 처음 뚫린 이래 교외의 성장이 가속화되었다.

텔레비전 시트콤 3개, 곧 「오지와 해리엇의 모험(The Adventures of Ozzie and Harriet)」, 「리브 잇 투 비버(Leave It to Beaver)」, 「도나 리드 쇼(The Donna Reed Show)」가 각각 1952년과 1958년 사이에 첫선을 보였다. 그 드라마 프로그램들이 교외에 터전을 잡은 이상적인 가족을 찬양했음은 물론이다. 모두 평범한 화이트칼라 아버지(그런데 정말로 무슨 일을 하는지는 불분명했다.), 쿠키를 굽는 전업주부 엄마, 예의 바른 자녀들(숙제를 불평하긴 해도 시키는 대로 말을 잘 듣는다.)이 등장한다.

텔레비전에 나오는 부모들만 존경스러운 권위자가 아니었다. 정부 관리, 기업의 중역, 성직자가 모두 중요한 지위를 행사했고, 1960년대 말의 후배들은 좋았던 옛 시절을 부러워한다. 1954년 대히트한 영화 「이그제큐티브 스위트(Executive Suite)」는 '기업 임원 영웅'을 칭송한다. 《포천》이 어떻게 쓰고 있는지 보자. "온갖 장애를 극복하고 고위 경영자가 되었으니, 영웅이라 불러 마땅하지 않겠는가."[8] 윌리엄 홀든(William Holden, 1918~1981년)이 주인공 맥도널드 월링(MacDonald Walling)을 연기한다. 월링은 트레드웨이 코프(Tredway Corp.)라는 가구 회사의 디자인 담당이다. 트레드웨이 회장이 뜻밖의 죽음을 당하고, 월링이 최고 경영자가 되기 위해 분투하는 내용이다. 그는 트레드웨이가 고수해 온 가치를 회복하겠다고 맹세한다. 영화의 클라이맥스는 이사회에 출석한 월링이 열정과 이상을 쏟아 내는 장면이다.

《포천》은 1955년 1월 실제의 사업가 영웅이 1인칭 시점으로 작성한 기사도 실었다. RCA의 설립자이자 회장인 데이비드 사노프(David Sarnoff, 1891~1971년)가 그 주인공이다. 그는 미국이 신기술을 바탕으로 미증유의 번영을 구가할 것이라고 내다 보았다. "가정과 산업 시설에 소형 원자력 발전기가 설치돼, 몇 년이고 풍부한 전기를 공급해 줄 것이다."[9] 하지만 모든 가정에 원자로가 설치될 것이라는 전망은 모두가 닭고기를 먹을 수 있다는 이야기보다 설득력이 떨어졌다.

《타임》이 1956년 1월 제너럴 모터스의 최고 경영자인 커티스를 1955년 올해의 인물(Man of the Year)로 선정했다. 커티스는 세계 최대 제조업체의 수장이었다. "동렬의 다른 많은 이들도 재주와 대담성과 예지력을 바탕으로 미국 경제의 변경을 끊임없이 확장하고 있다. 커티스야말로 그중 으뜸이다."[10] 이 내용은 아마도 제너럴 모터스가 나눠 준 보도 자료에 들어 있었을 것이다. 하지만 회사의 홍보 담당자들도 그 내용을 쓰면서 얼굴이 화끈 달아오르지 않았을까?

제너럴 모터스는 4개월 후 60에이커(약 24만 제곱미터) 면적의 기술 연구소(Technical Center)를 신설했다. 디트로이트 북부의 그 연구소는 마치 대학 캠퍼스 같았다. 아이젠하워 대통령이 와서 연설을 했고, 인도네시아의 수카르노(Sukarno, 1901~1970년) 대통령이 초대되었다. 물론 미국의 번영을 자랑하기 위해서였다. 제너럴 모터스에서 연구 개발 부문을 이끌던 로런스

해프스태드(Lawrence R. Hafstad, 1904~1993년)도 연설을 했다. "우리 미국에는 새로운 특징이 있습니다. 미국이 발명했다고 해야 정확할 겁니다. 소비자의 구매력이 지속적으로 증가하고 있다는 것이 바로 그 특성입니다."[11]

대공황 후 불과 20년 만에 미래를 무한히 낙관하고 신뢰하는 분위기가 미국을 휩쓸었다. 권위에 대한 존경과 순응은 그런 행복한 확신의 자연스러운 동반자였다. 미국인은 자신들의 취향과 포부가 광고 전문가(advertising guru)들의 지배를 받아도 개의치 않았다. (구루는 원래 미친놈이라는 뜻으로 쓰였다.) 20세기 중반을 산 미국인 대다수는 뭐든 크면 클수록 좋다고 생각했다. 그리고 틀림없이 더 좋은 것들이 올 터였다.

1950년대는 보무가 당당했다. 《플레이보이》가 섹시한 다그마들의 사진을 널리 유포했다. 헤프너, 엘비스, 기타 당대의 문화 모반자들은 사회 정의나 가치의 유지 보전이 아니라 더 큰 당파를 옹호했다. 자유와 방종이 극기와 금욕을 대신했고, 디트로이트가 거기서 훨씬 많은 이윤 창출의 기회를 보았다는 것은 행복한 우연의 일치였다. 크고 호화로운 차는 간소하고 단순한 차보다 비쌌다. 문화계의 반란자들과 감색 양복을 걸친 기업 중역들이 제휴했다. 경계하고 조심하는 경우가 많았고, 기이했지만 그랬다. 자동차가 화려함을 뽐낼 완벽한 기회를 맞이했다.

크라이슬러의 시장 점유율이 1954년 13퍼센트까지 곤두박질친 가장 큰 이유는 따분한 디자인 때문이었다. 13퍼센트는 평년보다 5~6퍼센트 더 빠지는 실적이었다. 그해 여름에 소문이 나돌기 시작했다. 1955년식 모델들은 엑스너의 디자인으로 완전히 달라질 거래. 크라이슬러의 주가가 무려 5퍼센트나 상승했다. 《룩(Look)》은 이렇게 썼다. "엑스너는 요즘 자동차 업계에서 가장 뜨거운 인물이다."[12] 시장이 크라이슬러에 신뢰를 보냈고,

크라이슬러도 엑스너를 믿고 일을 맡겼지만 과연 보답을 받을지는 확실하지 않았다.

수석 엔지니어 콜이 개발한 제너럴 모터스의 1955년식 쉐보레는 만만찮은 경쟁자였다. 신형 쉐보레는 전년도식보다 모델에 따라 차고가 3~6인치(약 7.6~15.2센티미터) 낮았다. 새로 개발 투입된 265세제곱인치(약 4.34리터) V-8 엔진은 쉐보레 역사상 가장 강력했다. 암청색, 암녹색 등의 지루하고 따분하던 도장 색깔이 밝은 색상의 2색조로 바뀌었다. 암회색과 산호색의 조합은 아르데코(art deco) 스타일이었다.

포드의 맵시 있는 신형 썬더버드는 이렇다 할 공학적인 혁신이 없었다. 하지만 당시 디자인 담당 부사장이던 워커는 전혀 당황하지 않았다. 그의 도저한 단언을 들어 보자. "차는 예뻐야 팔린다." 여성이 사고 싶은 차를 개발하면 그 차는 남성들에게도 팔린다는 것이 워커의 요지였다.[13]

크라이슬러의 새 디자인은 그런 차들 속에서도 단연 군계일학이었다. 쓸 수 있는 돈이 거의 없고 시간은 더 없었음에도, 엑스너는 크라이슬러의 디자인을 환골탈태시켰다. 장식이 없고 평범하던 전면에 '프랑스식' 전조등이 달렸다. 튀어나온 모양이 마치 숱이 많은 눈썹 같았다. 상자 3개를 이어붙인 듯한 외관은 사라졌다. 신차들의 차체는 쐐기꼴이었다. 앞에서 뒤로 부드럽게 상승하며 치달렸고, 후미의 돌출형 테일핀에서 최고조에 이르는 모양새였던 것이다. 크라이슬러의 테일핀에 들어간 미등(taillight)은 수직 방향으로 쐐기꼴이었으며, 번쩍이는 크롬 테두리가 끼워졌다. 크라이슬러는 이 새로운 스타일을 '포워드 룩(Forward Look, 테일핀, 낮은 지붕선, 날렴함을 특징으로 하는 크라이슬러의 새로운 디자인 — 옮긴이)'이라고 칭했다.

로위가 과거 스튜드베이커에서 무시당한 것에 분노하고 있었음이 틀림없다. 그는 한때 자신이 뒤를 보아 주었던 엑스너의 작업을 공개적으로 비난했다.《애틀랜틱(*Atlantic*)》에 실린 그의 기고문을 보자. 미국 차들이 "바퀴 달린 주크박스"가 되어 가고 있다. "1955년 자동차들에 관해 말하자면 …… 아무것도 없다. 미국 국민이 낭비적이고, 잰 체하며, 몰취미의 민족이라는 인상을 떨치기 힘들다."[14] 이제 어쩔 테냐, 버질 엑스너!

실제로도 엑스너가 디자인한 차가 천박하다 싶을 만큼 가장 화려했다. 하지만 엑스너의 차는 최대의 판매고를 기록했다. 크라이슬러의 시장 점유율이 1955년 첫 5개월 동안 18퍼센트로 회복되었다. 재앙과도 같았던 전년도의 실지(失地)를 고스란히 되찾은 것이다. 1955년 첫 2개월 동안의 수익이 1954년에 벌어들인 전체 수익을 넘어섰다는 사실은 훨씬 인상적이다. 엑스너와 크라이슬러는 대담해졌고, 1956년 더 과감한 디자인을 선보였다. 테일핀이 훨씬 커졌다. 크라이슬러는 테일핀을 "전투기(Flight Sweep)" 스타일이라고 광고했다. "돌출형 전조등에서 활기차게 치솟은 테일핀까지, 매끈하고 산뜻한 선은 이렇게 말합니다. 출동!"[15] 과장적 수사가 테일핀만큼이나 살판난 세상이 펼쳐졌다.

아무튼 평론가들의 반응은 극찬 일색이었다.《모터 라이프(*Motor Life*)》는 이렇게 썼다. "1956년식 플리머스의 디자인은 새로 주조된 1달러 은화만큼이나 근사하다. 플리머스는 1952~1954년에 보수적인 디자인 탓에 있어도 없는, 안 보이는 차였다. 하지만 1956년식은 경쟁사 제품보다 1년, 아니 어쩌면 여러 해 앞서 있다. 그들이 테일핀으로 한 방 먹인 것이 분명하다."[16]

더 커진 테일핀이 크라이슬러가 1956년 단행한 유일한 성취는 아니었다. 크라이슬러는 푸시버튼형(push-button, 누름 단추형) 자동 변속기도 도입했다. 일명 파워플라이트(PowerFlite)였던 그것을 통해 "어떤 변덕스러운 상황도 완벽하게 차단할 수 있다."라는 것이 크라이슬러의 자랑이었다.[17] 푸시버튼형 자동차는 현대적이며, 첨단 기술을 구현한 듯했다. 우주 시대가 동트고 있었고, 거기에 딱 들어맞는 듯도 했다. 엑스너는 1956년 시카고에서 에스콰이어 매거진 패션 어워드(Esquire Magazine Fashion Award)를 수상했다. 그는 하늘을 달리고 있었고, 더 높은 하늘, 어쩌면 우주를 지향했다.

엑스너는 줄담배를 피워 대는 지독한 일 중독자로 커피와 술을 달고 살았다. 엑스너는 그의 디자인이 만들기 까다롭고, 비용도 많이 들어간다며 사사건건 트집을 잡는 설계 제작 및 제조 부문 이사들과 끊임없이 부딪쳤고, 그 스트레스가 엄청났다. 1956년 7월 24일 1957년식 모델들이 생산을 개시할 시점이었다. ― 엑스너가 심각한 심장 마비를 일으켰다. ― 엑스너는 급히 심장 절개 수술을 받았고, 회복 절차에 돌입했다.

안 좋은 소식이 연이어 그를 집어삼켰다. 실험용 차 노스먼(Norseman)이 대서양 바닥으로 가라앉아 버렸다. 이탈리아의 기아(Ghia)가 제작한 노스먼에는 당시로서 천문학적인 비용인 10만 달러가 들어갔다. 노스먼은 엑스너가 아끼며 추진하던 프로젝트였다. 노스먼이란 이름 자체가 엑스너의 노르웨이 출신 배경을 가리켰다. 엑스너는 뒷 창문을 전동식으로 할 것, 경량의 지붕은 극박 철골로 지지할 것 등등 이것저것 요구 사항이 많았고, 적송 날짜가 3주나 미뤄졌다. 이용 가능한 일급의 배편을 다시 예약해야 했다. 결국 노스먼은 안드레아 도리아 호(Andrea Doria)에 실렸다. 7월 26일 이탈리아의 그 호화 여객선이 낸터킷(Nantucket) 앞바다에서 스웨덴 선박과 충돌, 침몰했다. 승선자 1,700명 중 50명 가깝게 사망했다. 아마도 대서양 상에서 일어난 마지막 대형 조난 사고일 텐데, 엑스너의 노스먼도 그와 함께 영원히 역사의 각주로 묻힌다.

엑스너가 여전히 회복 중이던 그해 늦여름 척 조던이라는 젊은이 역시, 역사의 각주로 남을 여행을 했다. 노스먼의 불완료 대서양 횡단보다는 훨씬 짧았지만 말이다. 조던은 제너럴 모터스의 캐딜락 부문 디자이너였다. 그가 점심 시간에 마운드 로(Mound Road)를 따라 북쪽으로 드라이브를 했다. 마운드 로는 디트로이트 북동쪽의 교외 간선 도로이고, 조던은 디자인 스튜디오의 업무 스트레스를 날려 버리려고 점심시간에 자주 그런 드라이브를 했다. 그런데 그는 그날 다른 꿍꿍이가 있었다.

아직 베일에 싸여 있던 크라이슬러의 1957년식 모델들이 절찬리에 판매 중이던 지난 2년 동안의 디자인과 단절하고 완전히 새롭게 태어날 것이라는 소문이 돌고 있었다. 크라이슬러 공장을 지나던 조던에게 담장 뒤로 공터에 차량 몇 대가 주차돼 있는 게 눈에 들어왔다. 그는 들어가서 살펴보기로 했다. 차량 주위로 키가 큰 풀이 솟아 있어서 시야를 가렸지만, 그래도 조던은 보았다. 최악의 공포가 확인되는 순간이었다.

조던은 50년도 더 지났지만 이렇게 회고한다. "안 믿겼습니다. 아름다웠어요. 납작한 지붕에, 선은 길고 가늘었죠. 우리의 1957년 모델은 전혀 그렇지 못했습니다. 지붕은 두툼했고, 차체는 육중했으며, 범퍼가 땅에 끌렸고, 크롬 범벅이었죠. 할리 얼의 디자인이 그랬습니다. 얼은 억센 무법자였고, 내키는 대로 했으니까요."[18]

조던은 제너럴 모터스 기술 연구소로 복귀해, 부리나케 미첼의 사무실로 달려갔다. 충격이 컸던 조던은 말까지 더듬었다. "제가 뭘 보고 왔는지 아세요? 도저히 안 믿길 겁니다." 미첼과 조던은 동료 디자이너 데이비드 홀스를 끌고, 다시 마운드 로를 곧장 내달렸다. "풀 위로도 테일핀이 솟아오른 것이 선명하게 보였죠." 홀스는 당시를 이렇게 회고한다. "정말이지 믿을 수가 없었어요. 다 같이 이렇게 말했을 겁니다. '맙소사, 망했군.'"[19]

신형 크라이슬러들은 매끈하고 날렵했으며, 테일핀까지 높이 솟아 있었다. 제너럴 모터스가 1957년을 맞이해 출시 준비 중이던, 크롬으로 떡칠된 모델들과 달라도 그렇게 다를 수가 없었다. 경쟁사의 한 디자이너는 반농담조로 제너럴 모터스의 1957년식 모델들은 크롬을 전부 입힌 다음에 몇 군데만 골라 도장을 하는 게 더 쉬웠을 것이라고 말했다.[20]

미첼은 딜레마에 빠졌다. 디자인을 바꾸기에는 때가 너무 늦었던 것이다. 1958년식을 수정 변경하기에도 때가 늦었다는 사실은 더 큰 문제였다. 미첼은 다만 1959년 모델들의 예비 스케치를 폐기하고 다시 작업할 수 있을 뿐이었다. 하지만 그마저도 얼의 노여움을 살 터였다. 얼은 한가롭게 유럽 여행 중이었고, 퇴직을 불과 1년 정도 앞두고 있었다. 미첼이 얼의 뒤를 이을 것이라는 사실은 분명했다. 그는 뭔가를 해야 했지만, 대놓고 상사에게 도전할 수가 없었다.

명안이 떠올랐다. 기존 디자인을 폐기하고 상관을 거역하는 것이 아니라, 제너럴 모터스 전 모델의 대안 디자인을 작업하도록 지시한다는 복안이었다. 몇 주 후에 유럽에서 돌아와 스튜디오들을 순시하던 얼의 눈에 새롭고 부티 나는 디자인들이 들어왔다. 그가 1959년 모델로 준비를 지시한, 거북이처럼 땅딸막한 스케치들과 나란히였다.

얼은 잠자코 입을 다문 채 자기 방으로 들어갔다. 제너럴 모터스의 디자인을 30년째 호령하던 그였다. 미첼과 조던, 그리고 공모자들에게 얼의 침묵은 지옥과도 같았다. "미스터를"이 일벌백계의 차원에서 대안 스케치들을 갈가리 찢어 버릴까? 음모 가담자들을 전부 해고할까? 얼은 반란에 직면했음을 알았고, 아마도 두 가지 생각이 모두 뇌리를 스쳤을 것이다.

꼬박 사흘 후에 나타난 얼은 조용히 반란자들을 승인했다. 버르장머리 없는 애송이들이 놀라면서 안도했음은 물론이다. 그는 그들의 디자인을 찬성했고, 그들은 때를 만났다. 하지만 그렇다고 제너럴 모터스가 곤경에서 벗어난 것은 아니었다. 새 디자인이 시장에 풀리려면 2년을 기다려야 했던 것이다. 그 사이 캐딜락은 모양만 유선형인 차로 인식이 굳어지고 있었다. 1957년식 모델들의 테일핀은 추가로 아무렇게나 달아 놓은 듯했다. 묵직한 앞 범퍼와 그릴은 크롬으로 도금되었다. 어뢰 모양의 크롬 다그마는 첨두에 검정 고무를 입혔고, 그래서 순식간에 별명도 '젖꼭지'로 바뀌었다. 1957년식 크라이슬러들과의 그 확연한 대비라니!

1957년식 크라이슬러는 전단부가 전년도 모델들에 비해 3~5인치(약 7.6~12.7센티미터) 더 낮았다. 엑스너 휘하의 디자이너들은 그 변화를 쟁취하기 위해 엔지니어들과 격렬한 다툼까지 벌였다. 차량이 후미의 높다란 테일핀을 향해 쐐기꼴로 길게 확대되면서 차고(車高)가 서서히 높아졌다. 회사의 말을 들어 보자. "우리는 크롬 사용을 자제했고, …… 야하게 번쩍이는 차가 내키지 않는 분들에게 크라이슬러는 기품 있는 매력을 보장합니다."[21]

얼의 캐딜락은 크롬으로 떡칠이 되어 있었다. 크라이슬러의 그 이야기가 다그마와 젖꼭지와 기타의 장식물에 은근슬쩍 따귀를 때렸음은 물론이다. 그런 차들에서 우아한 절제미의 모범적인 예로 제시될 수 있는 것은 테일핀뿐이었다. 그런데 크라이슬러의 광고 부서가 잔뜩 흥분했고, 한 판촉물에서 이렇게 자랑했다. "알루미늄을 양극산화 처리한 스포톤(Sportone) 실버 장식의 …… 도도한 흐름이 우아한 방향 안정기(Directional Stabilizer)와 하나가 됩니다."[22]

과연 누가 그런 생각을 했던 것일까? 유년기와 사춘기를 거친 테일핀이 성인기에 접어들더니 오만하게도 "방향 안정기"로 둔갑했다. 그것은 마치 감옥을 울타리를 친 배타적 생활 공동체라고 우기는 것이나 다름없었다. 하지만 크라이슬러는 안면몰수하고 그렇게 했다. 엑스너는 회복 후에

3. 1959년식 캐딜락

한 연설에서 이렇게 말했다. "우리의 1957년식 모델들은 테일핀을 높이 올렸습니다. 정상 주행 속도에서 옆바람이 강하게 불어도 접지 안정성(road-holding stability, 노면 유지 성능)이 무려 20퍼센트 향상된 것입니다."[23] 크라이슬러 사의 복도에 바람이 많이 불었음에 틀림없다.

엑스너는 계속해서 더 많은 영광과 명예를 누렸다. 디트로이트의 노트르담 대학교 동창회가 1957년 4월 엑스너를 '올해의 인물'로 뽑았다. 졸업도 못 했는데 말이다. 산업 디자인 협회(Industrial Designers Institute)가 6월에 공로상을 주었다. 그는 시상식장에서 이렇게 연설했다. "테일핀은 운동하는 물체의 자연스러운 당대 상징물입니다. 자연의 피조물과 항공기를 보십시오. …… 유도 미사일과 로켓도 마찬가지입니다."[24] 엑스너는 1개월 후에 크라이슬러의 부사장으로 승진했다. 12월에는 하버드 경영 대학원이 그를 초청했다. 디자인 철학에 관한 생각을 들려 달라는 것이었다.

엑스너는 그 강연을 충분히 활용했고, 스타일과 안전은 물론 미국 문명의 진전에 관해서도 논했다. 차를 통해서도 분명히 알 수 있는 바, 엑스너는 미국 문명이 전진 중이라고 행복하게 피력했다. "우리 미국인의 삶의 방식은 자동차와 결합되었습니다. 자동차가 운송 수단 이상을 의미하게 된 것이죠. 자동차는 지위를 상징합니다. 이 특별한 상징물에 대해 생각해 봅시다. 이전의 낡은 스타일과 확연하게 구별될 만큼 새로울 때 그 지위 상징이 가장 두드러질 것입니다. 자동차가 매력을 발휘해 판매가 신장되려면 가장 중요한 것은 스타일이겠죠."[25]

테일핀이 인기를 끄는 것은 "미국 소비자들의 예술적 취향이 향상되었기" 때문이라며 덧붙였다. "미국의 온갖 제품에 우리 문명의 혼과 특징이 더욱 더 반영되리라는 것이 제 판단입니다."[26]

일부 비평가들에게는 엑스너의 흰소리가 미국 문명이 제정신이 아니며, 총체적으로 문제라는 증거였다. "문명"이 과연 적절한 지시어라면 말이다. 저널리스트 밴스 패커드(Vance Packard, 1914~1996년)가 1957년에『은밀한 설득자(*The Hidden Persuaders*)』를 출판했다. 엑스너와 공모자들의 유사 인물들이 등장해 매디슨 애비뉴(Madison Avenue, 미국의 광고업계를 가리킨다. ― 옮긴이)를 활동 무대로 삼아, 잘 속아 넘어가는 멍청한 대중을 조종한다. 하버드 경영 대학원의 교수들도 빠지지 않고 말이다. 패커드는 사방에 비판의 화살을 날린다. 그는 인기 있던 텔레비전 쇼「하우디 두디(Howdy Doody)」가 어린이들의 심리 상태를 망쳐 놓았다고 주장했다. 선더서드 추장(Chief Thunderthud)과 블러스터(Mr. Bluster) 같은 성인 등장인물이 지적 장애 수준의 얼간이로 나온다는 것이었다. (어른은 다 멍청하다는 믿음이 아이들에게 필요하다는 듯이 말이다.)

책에는 디트로이트의 내밀한 심리 상태를 사색한 내용도 나온다. "거기 사람들은 컨버터블이 정부를 상징한다고 본다. …… 사내들이 정부를 두고 싶다는 욕망을 충족하는 활동에 본격적으로 나서지는 않는다. 하지만 백일몽일지라도 상상만으로도 그것은 즐거운 일이다."[27] (그런데 이것이 비밀인가?) 패커드는 각종 제품의 마케팅 담당자들이 심리 통제 기술을 쓴다고 적었다. 미국 소비자들의 억압된 정서를 건드려, 그들의 필요를 자극한다는 것이었다.

『은밀한 설득자』는 베스트셀러가 되었고, 그것은 1년 후 나온『자동차의 오만(*The Insolent Chariots*)』도 마찬가지였다. 존 키츠(John Keats, 1921~2000년)가 패커드의 배턴을 이어받았다. 디트로이트가 만드는 차들은 "백일몽에 취해 있는 바보들"을 겨냥하고 있다는 것이 키츠가 내린 결론이었다. 그는 이런 말도 보태었다. "대다수의 제조사가 음경을 연상시키는 번드르르한 장식물을 후드에 다는 것은 단순한 우연이 아니다. 캐딜락 디자이너들은 범퍼에 '가슴'을 달았다고 이야기하고, 뷰익은 그 유명한 고리를 남근이 꿰뚫는다. 매디슨 애비뉴는 냅다 에드셀의 '질 모양' 디자인에 환호했다. ······"²⁸

'질 모양' 디자인이란 에드셀에 장착된 타원형의 엄청나게 큰 그릴을 가리켰다. 그 라디에이터 그릴은 말의 목사리와 양변기에 비유되더니, 아니나 다를까 결국 여성의 질과 연결되었다. 에드셀이 뒤에서 테일핀을 단 크라이슬러나 캐딜락을 들이받으면 그 결과는 고속도로에서 차들끼리 하는 섹스라는 우스갯소리도 있었다. 에드셀은 테일핀을 달지 않았고, 결국 실패작의 동의어로 이름을 떨친다.

이것은 에드셀 포드에게는 그리 공정한 사태가 아니었다. 포드 자동차 설립자의 외아들이자, 뒤를 이어 최고 경영자가 된 포드 2세의 아버지인 에드셀은 에드셀 모델이 출시된 1957년 9월 4일 당시, 작고한 지 이미 한참이었기 때문이다. 또 있다. 포드 2세는 퓰리처상을 수상한 시인 마리안 무어(Marianne Moore, 1997~1972년)에게 돈을 주고 작명을 맡겼다. 에드셀이란 이름이 아무리 따분하고 재미없었다 할지라도 무어가 제시한 다른 이름들보다는 훨씬 나았던 것이다. 그녀가 제안한 명칭, 가령 포드 실버 소드(Ford Silver Sword)나 바서티 스트로크(Varsity Stroke)는 다그마처럼 프로이트주의 냄새가 물씬 났다. 제안된 다른 후보들인 몽구스 시비크(Mongoose Civique)나 유토피안 터틀톱(Utopian Turtletop)도 이상하기는 마찬가지였다.

에드셀은 총 4개의 모델을 아우르는 브랜드였다. 대형의 사이테이션(Citation)과 커세어(Corsair), 소형의 페이서(Pacer)와 레인저(Ranger)가 그것들이다. 포드 보유자들에게 링컨처럼 비싸지 않은 브랜드를 제공한다는 것이 그들의 복안이었다. 요컨대 링컨으로 나아갈 수 있는 중간 단계라는 개

넘이었던 것이다. 쉐비 보유자들의 경우는 약 85퍼센트가 소득이 늘고 지위가 향상됨에 따라 제너럴 모터스의 고급 브랜드로 갈아탔다. 대개가 올즈모빌이나 뷰익이었고, 캐딜락으로 마침표를 찍기도 했을 것이다. 그런데 포드가 조사해 보았더니, 포드 보유자들은 약 4분의 1만이 링컨으로 유입되었다.

이것이 포드가 약 2억 5000만 달러를 투자해, 중간 단계 브랜드 에드셀을 출범시킨 이유였다. 에드셀은 라디에이터 그릴 외에도 운전대 한가운데(대개는 경적이 있다.)에 설치된 누름 단추식 자동 변속 제어기가 유명했다. 가격은 포드의 최고가 세단보다 약 300달러 더 비싼 2,500달러 전후에서 출발했다. 하지만 출범 시기가 좋지 않았다. 1개월 후 소련이 최초의 인공위성 스푸트니크(Sputnik)를 발사했다. 니키타 세르게예비치 흐루쇼프(Nikita Sergeevich Khrushchev, 1894~1971년)는 공산 진영이 퇴폐적으로 타락한 서방을 앞지른 사태라며 기염을 토했다. 전후의 미국은 활황 속에서 낙관주의가 팽배해 있었다. 가슴이 철렁하는 느낌이 한번쯤 필요했다.

10월 13일 일요일 정규 프로그램 「에드 설리번 쇼(Ed Sullivan Show)」가 대체되었다. 포드가 주도해, 프랭크 시나트라(Frank Sinatra, 1915~1998년)와 빙 크로스비(Bing Crosby, 1903~1977년)가 나오는 에드셀 관련 일요 스페셜이 편성된 것이다. 3주 후에는 《타임》이 에드셀의 디자이너인 워커를 표지에 실었다. 잡지는 이렇게 관측했다. "에드셀의 판매고가 현재까지는 워커의 바람에 부합하지 못하고 있다. 아무튼 몇 달 후면 에드셀이 레몬처럼 시큼한지, 레모네이드처럼 달콤한지 판가름 날 것이다."[29]

확실히 에드셀은 시큼한 레몬, 곧 실패작이었다. 전면 그릴이 앞서 이야기한 대로 우스꽝스러웠을 뿐만 아니라 제품의 완성도 자체가 조잡하고 질이 떨어졌다. 문제는 그것 말고도 또 있었다. 미국은 1958년에 경기 침체에 돌입했다. 캐딜락, 크라이슬러, 기타 고가의 고급 차종 판매가 부진했다. 에드셀과 관련된 모든 것, 곧 품질, 디자인, 가격, 시기가 죄다 부정적이었다. 포드는 출고 첫 해에 20만 대를 팔고자 했다. 그러나 결과는 3분의 1 정도로 참담했다. 2년간 헛된 노력이 계속되었고, 4억 달러의 손실을 보았다. 포드는 결국 1959년 11월 에드셀을 단종한다. 그 망할 차가 회사를 집어삼키기 전에 조치를 취해야 했다.

에드셀이 단말마의 고통에 시달릴 때 캐딜락도 고전을 면치 못했다. 1958년에 캐딜락 판매고가 17퍼센트 하락했다. 경기 침체가 일부 원인으로 작용했고, 얼의 디자인 역시 구식이었다. 《모터 라이프》가 그해 8월 이렇게 비난했다. "제너럴 모터스는 자차의 뒷부분을 어떻게 만들어야 할지, 구체적인 디자인 철학이 전무하다." 제너럴 모터스가 뒤처져 있다는 점을 퍽 어색하게 이야기하고 있다. "캐딜락은 10년째 테일핀을 작게 유지 중이다. 그리고 틀림없이 그 관례가 계속될 것이다. ……"[30] 그러나 벌어질 사태의 실상은 이와 달랐다.

1959년식 캐딜락이 마침내 선을 보였다. 캐딜락이 캐딜락임을 확인하는데 2번씩 볼 필요까지는 없었다. 하지만 사람들은 1959년식 캐딜락에서 눈을 떼지 못했다. 가장 긴 모델인 75시리즈(Series 75)는 전장이 21피트(약 6.4미터)가 넘었다. 제너럴 모터스가 50년 후 내놓은 허머 H2(Hummer H2)보다 3피트(약 91.4센티미터) 이상 긴 것이다. 1959년식 캐딜락은 차고도 몇 인치씩 더 낮았다. 승객이 천장에 머리를 부딪쳐서는 안 되었고, 제너럴 모터스는 앞좌석의 높이를 낮춰야 했다. 모든 캐딜락에는 출력이 300마력 보강된 V8 엔진이 탑재되었다. 엘도라도 브로엄(Eldorado Brougham)의 가격은 1만 4000달러 내외로, 오늘날의 화폐 가치로는 약 10만 달러다.

고무 첨두의 다그마는 사라졌지만 위아래 두 층으로 설치된 전조등과 동물의 게걸스러운 입처럼 생긴 전면 그릴의 거대한 크롬 도금은 여전했다. 길고 오목한 측면은 비행기 동체처럼 성형되었고, 뒤로 제트 엔진 배기관처럼 생긴 둥근 브레이크 등과 연결되었다. 하지만 가장 두드러진 특징은 엄청난 테일핀이었다. 너무 커서 로켓에서 막바로 떼어다 붙인 것 같았다. "탄환처럼 생긴 미등 2개가" 각각의 테일핀에 들어가 "변화를 주었다." 크라이슬러의 한 '경쟁 업체 평가' 보고서 내용이다.[31] 쌍둥이 미등은 이내 사람들 사이에서 '고환'으로 불렸고, 잠시였지만 비행 청소년들이 절도 품목으로 선호하던 휠캡(hubcap)을 대신했다.

1959년식 캐딜락의 테일핀이 비록 장대하기는 했지만 훨씬 더 커질 수도 있었음을 알아야 한다. 조던과 동료들이 점토 성형을 진행하다 물러섰던 것이다. 만들다 보니 차의 지붕선보다 더 높아져서였다.[32] 그들은 제도판으로 돌아가, 테일핀의 크기를 줄였다. 물론 약간만이었다. "캐딜락은 1959년식의 테일핀을 통해 장엄한 제국의 위용을 과시했다." 한 GM 임원의 말이다.[33] 후에 미첼 역시 당시를 의기양양하게 회상하며, 화려한 비유법으로 이렇게 증언했다. "그러니까 내 말은, 캐딜락에서 테일핀을 뗀다고 생각해 보세요. 사슴한테서 뿔을 잘라가는 거나 마찬가지라고요. 그러면 그게 엄청 비대한 토끼지, 사슴입니까?"[34]

제너럴 모터스는 실제와 비유의 측면 모두에서 다음을 분명하게 천명했다. 엑스너와 크라이슬러의 그 건방진 자식들에게 다시는 결코 당하지 않으리라. 캐딜락 판매고가 1959년에 급등했다. 전년도의 하락분이 순식간에 만회되었다. 제너럴 모터스의 다른 차종도 각각 독자적인 모양의 테일핀을 달았다. 쉐보레에는 수평의 "박쥐 날개 모양(bat-wing)" 테일핀이 달렸다. 뷰익은 각이 상당한 "델타-윙(delta-wing)" 테일핀이었다. 뉴욕 모터라마에서 선보인 '드림카' 파이어버드 3(Firebird III)은 꼬리, 양 옆, 트렁크 뚜껑까지 (꼬리)판이 무려 9개였다. 빛나던 크롬의 시대는 짧았다. 아무튼 그 시대에 군림한 것은 지느러미에서 진화한 판이었다.

얼이 1958년 하반기에 퇴직했다. 제너럴 모터스의 1959년식 모델들이 출고될 즈음이었다. 엑스너도 3년 후 퇴직한다. 건강 악화에 더해, 크라이슬러 디자인 부문의 내홍에 희생당한 것이었다. 그즈음에 테일핀은 퇴출 중이었다. 테일핀은 1959년 절정기를 맞은 후 작아지기 시작했고, 1964년 흔적 기관으로 전락했다가, 1965년에는 마침내 완전히 사라졌다.

그러나 테일핀은 없어지고 나서도 오랫동안, 1950년대 후반기에 미국인이 견지했던 기풍, 곧 천상천하 유아독존의 에토스를 상징했다. 텍사스의 백만장자 스탠리 마시 3세(Stanley Marsh III, 1938년~)가 1974년 테일핀이 디자인에 포함된 캐딜락 10대를, 고향 아마릴로(Amarillo) 외곽 40번 주간 고속도로와 66번 도로의 합류 지점 근처에 묻었다. 차량의 앞코를 밑으로, 테일핀은 하늘을 향하게 했다는 사실을 보태야겠다. 작품 「캐딜락 랜치(Cadillac Ranch)」는 테일핀이 미국인의 마음에 어떻게 각인되어 있는지 말없이 증언한다. 미국인만 그 영향을 받은 것도 아니었다. 덴마크의 캐딜락 클럽 회원인 라이프 콩스오(Leif Kongso)가 대표적이다.

테일핀의 시대가 가고 50년이 흘렀지만, 콩스오는 캐딜락 1대를 포함해, 1950~1960년대에 제작된 미국산 차 여러 대를 보유하고 있다. 그가 클럽 회합에서 한 말을 전한다. "사람들이 장보러 갈 때 무슨 차를 타는지는 관심 없습니다. BMW나 폭스바겐이 극동 지역에서 싸구려 플라스틱으로 제작한 신차도 제 관심사가 아닙니다. 나한테 그런 차는 장소 A에서 장소 B로 사람을 데려다주는 물건에 지나지 않아요. 내가 갖고 있는 공룡들은 과거의 성유물이에요. 이런 차는 결코 다시 나올 수 없죠. 우리 덴마크 사람들이 어렸을 때부터 항상 듣는 이야기가 있어요. 미국은 꿈이 실현되고, 모든 것이 가능한 나라라는 것이죠. 누구나 이런 꿈을 꿉니다. 지붕을 열고, 광활한 대지를 질주하는 거요. 멋진 음악이 흘러나와야겠고, 석양도 아름다워야죠. 내가 진짜, 진정한 차를 고른 이유예요. 대량 생산된 따분한 상자가 아니라요. 나는 시끄럽게 떠들면서 뽐내는 사람이 아닙니다. 그러니 우리한테 쏟아지는 그 모든 미소와 격려가 얼마나 고맙겠어요?"

콩스오가 테일핀 캐딜락을 사랑한다는 것은 잘 알겠다. 그렇다면 과연 그가 미국에서 살려고 할까? 그렇지 않으리라는 것이 분명하고, 그래서 사태가 참으로 묘하고 이상하다. "그렇게 거대한 나라에 익숙해지고, 선선히 받아들일 수 있을지 모르겠어요. 한 미국인 친구가 내게 이런 말을 했죠. 덴마크 술집에 가고 싶은데, 전에 봤던 누군가를 항상 만난다는 거예요. 고향 미국에서는 그런 일이 있을 수 없다는 거죠. 매번 새 얼굴이고, 그것도 엄청나게 많다고 해요."[35]

덴마크 사람들은 테일핀이 달린 캐딜락을 타고 주유하면서, 말하자면 미국을 흉내낸다. 아이들이 카우보이와 인디언 놀이를 하는 것마냥. 그들은 그렇게 미국의 흥미진진한 면을 맛볼 수 있다. 하지만 동시에 내키지 않는 비인간적인 면들은 회피하는 것이다. 따지고 보면 많은 미국인도 공유하는 애증의 태도 아닌가!

테일핀이 반동을 촉발했다는 사실이야말로 테일핀의 가장 얄궂은 사연이다. 1987년 영화 「캐딜락 공방전(Tin Men)」이 그 사정을 코믹하게 그렸다. 다니엘 마이클 '대니' 드비토(Daniel Michael 'Danny' DeVito, 1944년~)와 리처드 스티븐 드리퍼스(Richard Stephen Dreyfuss, 1947년~)가 나오는데, 둘은 알루미늄 건축 외장재를 파는 세일즈맨으로 경쟁 관계에 있다. 테일핀이 달린 각자의 캐딜락이 그 과정에서 파괴된다. 우리는 위용을 자랑하는 그 거대한 물건이 주차된 장면을 영화에서 볼 수 있다. 그런데 그 옆으로 딱정벌레처럼 생긴 심플한 소형차들이 보인다. 미국인 일부의 감수성이 변한 것이다.

04

폭스바겐 비틀과 마이크로버스

히틀러에서 히피로의
머나먼 여정

당신들은 뷰익을 타고 고속도로를 달린다. 그러고는 마나님과 보이 스카우트 대원 복장을 한 자식들에게 이렇게 말한다. "괴물들이 폭스바겐 버스에 타고 있다." 적어도 내 눈에는 그렇게 보인다.

《카 앤드 드라이버》 1970년 6월호에 실린 풍자문 [1]

폭스바겐 비틀이 재미있는 것은, 미국인들은 차 이름이 귀엽다고 생각한 반면 독일인들은 그 이름을 몹시 싫어했다는 점이다. 폭스바겐은 1970년대 초까지도 '비틀(Beetle)'이라는 이름을 사용하려 하지 않았다. 그 독일 회사는 이 차를 그냥 '폭스바겐 세단(Volkswagen Sedan)'이라고 불렀다. 독일인은 유머 따윈 모른다는 명제를 입증이라도 하겠다는 듯이 말이다. 뭐, 크라프트 두르히 프로이데 바겐(Kraft durch Freude Wagen, 기술과 힘으로 기쁨을 주는 차)이라는 오랫동안 잊고 지낸 원래 이름보다 낫기는 했다.

'노동의 즐거움 차(Strength through Joy Car, 위력적이고 즐거운 차)'라는 뜻의

4. 폭스바겐 비틀과 마이크로버스

그 명칭은 나치 독일의 국가주의 노동 운동에서 유래했다. 신차를 생산하게 될 공장의 정초식이 1938년 5월 26일 팔레슬레벤(Fallersleben)에서 열렸다. 차 이름이 선포되었을 때 많은 청중이 놀라며 움찔했다. 하지만 이상하다며 대놓고 투덜거린 사람은 한 사람도 없었다. 히틀러가 발표를 했기 때문이다. 영국의 한 자동차 잡지는 "거추장스러운 이름"이라고 콧방귀를 뀌며, "KdF로 줄여서 쓰겠다."라고 했다.[2] 그나마 나았다.

히틀러는 보통 사람도 탈 수 있는 실용적인 차를 원했다. 전 국민에게 자동차를 제공한다는 복안이었던 셈이다. 포드가 30년 전에 미국에서 모델 T로 한 일이 바로 이것이다. 총통의 정부는 그 계획과 관련해 다 늙은 미국 산업가의 조언을 청취하기 위해 디트로이트로 대표단을 파견했다. 포드는 상당히 적극적으로 도왔다. 1세대 독일계 미국인 몇 명이 신차 개발을 돕기 위해 디트로이트에서 독일로 돌아갔다. 이후의 사태 전개에서 짐작할 수 있듯이 결코 잘한 결정은 아니었다.

7년 후인 1945년 3월에는 러시아 군대가 진격 중이었다. 총통은 베를린에서 60마일(약 96.6킬로미터) 밖에 그어진 동부 전선을 시찰했다. 눈에 덜 띄어야 해서 그는 메르세데스벤츠(Mercedes-Benz) 리무진을 두고 KdF를 탔다. 어둠이 깔리기 전에 복귀한 그는 지체 없이 지하 벙커로 들어갔다. 그렇게 히틀러는 폭스바겐 비틀을 타고 와해되던 제국을 마지막으로 순행했다.

KdF는 자기 이름을 지어 준 사람보다 성공 가도를 달렸다. 이 차는 엄청난 인기를 끌었다. 1995년 8월 샌프란시스코 북부 서레너티 놀스(Serenity Knolls) 재활 센터에서 잠든 채 53세로 세상을 떠난 미국인 음악가의 팬들은 그 차를 특히 더 좋아했다. 1995년이라면 히틀러의 마지막 승차 이후로 반세기가 지난 해다. 밴드 그레이트풀 데드(Grateful Dead)의 리더

제롬 존 '제리' 가르시아(Jerome John 'Jerry' Garcia, 1942~1995년)는 1960년대에 약물로 혼미한 장발의 미국인들에게 예언자였다. 미국의 히피들은 히틀러와 공통점이 전혀 없었다. 그들이 헌신한 평화, 개인의 만족과 희열 같은 가치는 나치의 군국주의 및 상무(尙武) 정신과 상극이었다.

그래서 히틀러의 차가 그들의 차가 되었다는 사실이 더 놀랍다. 히피들이 특히 좋아한 것은 폭스바겐의 마이크로버스(Microbus)였다. 종전 직후 개발된 비틀의 파생 상품 마이크로버스는 속박 없이 자유롭게 떠도는 히피들의 삶의 방식과 완벽하게 어울렸다. 가르시아가 죽고 몇 주 후 폭스바겐은《롤링 스톤(Rolling Stone)》과 다른 잡지들에 전면 광고를 하나 게재했다. 연필로 대충 그린 마이크로버스 1대가 전조등 하나에서 눈물 한 방울을 떨구는 그런 모습이다. 그림 설명은 아주 간단했다. "제리 가르시아 1942~1995."[3]

KdF는 기이한 여행을 했다. 히틀러가 추진한 산업 정책의 대표작으로 출발해 미국 히피 문화의 아이콘으로 만개했으니, 그 모든 자동차들이 밟은 기이한 여정 가운데서도 가장 기이했다. 비틀과 마이크로버스가 미국에서 처음 주목을 받은 것은 1950년대 중반이었다. 특정한 내적 경향의 미국인들은 디트로이트가 내놓는 호사스러운 테일핀이 마뜩치 않았고, 그 두 차가 확실한 대안이었다. 1959년식 캐딜락은 비틀보다 5피트(152.4센티미터) 이상 길었다.

1960년대와 1970년대에 비틀과 마이크로버스의 대항문화적인 매력이 굳건해졌다. 폭스바겐은 독특한 광고로 디트로이트의 화려함과 현란함을 거역했다. 디트로이트는 그들의 위트와 자기 비하를 도무지 이해할 수 없었다. 미국의 폭스바겐 지사에서 일한 노동자들이 자유 정신으로 충만한 고객들과 별로 같지 않았다는 점은 역설적이다. 그들은『회색 플란넬 양복을 입은 남자(*The Man in the Gray Flannel Suit*)』의 주인공 톰 래스(Tom Rath)와 상당히 비슷했다. 슬론 윌슨(Sloan Wilson, 1920~2003년)이 1955년 발표한 그 소설은 기업의 규율에 순응해야 하는 현실을 구속복에 비유하며, 자신의 정체성을 탐색하는 한 남자에 관한 이야기이다.

폭스바겐의 기업 문화는 틀에 박혔고, 보수적이었다. 그러나 광고 덕에, 앞서 나간다는 불경함의 이미지가 이런 점을 가렸다. 히틀러라면 학을 뗐을 자유로운 사고 방식의 이단자들이 거기에 열광했음은 물론이다. 그러나 곤충처럼 생긴 작은 차와 상자 모양의 그 친구를 좋아한 것은 지식인과 히피만이 아니었다.

미국의 메리놀 외방 선교회(Maryknoll Fathers and Brothers)가 1962년 볼리비아로 선교사를 파견했다. 그중 한 사람이 봉직하기로 되어 있는 티티카카 호수 지역 오지 마을로 비틀을 몰고 갔다. 인디오들이 엔진을 살펴보려고 후드를 열었다. 당연히 없었고, 그들은 깜짝 놀랐다. 비틀은 엔진이 뒤에 있다는 사실을 몰랐던 것이다. 영험한 주술사가 왔다는 소문이 단박에 퍼졌다.[4]

후에 가면 캘리포니아의 새너제이(San Jose) 일대에 살던 똑똑한 멍청이들이 비틀과 마이크로버스를 추종한다. 그 젊은 기술 애호가들은 폭스바겐의 설계와 디자인에서 가식 없는 우아함을 발견했고, 이것을 사랑한다. 그들은 미국의 주류 기업 문화를 배격했고, 컴퓨터의 가능성에 꽂혀 있었다. 스티브 잡스라는 몽상가 청년이 창업 자금을 마련하려고 갖고 있던 마이크로버스를 팔았다. 잡스와 동업자가 차고에서 개발한 개인용 컴퓨터도 비틀과 마이크로버스처럼 한 시대를 상징했다. 성경 말씀이 거의 맞았다. 온유한 자들(the meek)이 땅을 차지했고, 괴짜들(the geek)도 마찬가지였으니 말이다.

사실을 말하자면, 비틀 스토리는 아돌프 히틀러가 아니라 다른 남자에게서 시작된다. 그도 히틀러처럼 오스트리아의 작은 마을에서 자랐다. 1875년 9월 3일 마페르스도르프(Maffersdorf)에서 태어난 페르디난트 포르셰(Ferdinand Porsche, 1875~1951년)는 10대 때부터 공학에 소질을 보였다. 직접 나서 부모님 집에 전기를 인입(引入)했던 것이다. 그는 이런 재능을 바탕으로 여러 자동차 회사에서 일했다. 오스트리아의 아우스트로-다임러(Austro-Daimler)와 슈타이어(Steyr), 독일의 다임러-벤츠(Daimler-Benz)가 포르셰가 거쳐간 곳들이다. 그가 개발한 가솔린-전기 혼합차 시제품은 시대를 100년이나 앞선 것이었다. 아쉽게도 너무 복잡하고 비싼 것이 흠이었지만.

포르셰는 다임러-벤츠에서 수석 엔지니어로 근무했고, 1925년 한 자동차 경주에서 아직 신예 정치인이던 히틀러를 만났다. 히틀러는 포르셰의 명성을 익히 들어 알고 있었다. 하지만 포르셰는 천재인 만큼이나 성격이 고집불통이었고, 연이어 고용주들과 결별했다. 포르셰는 56세이던 1931년 마침내 자기 사업을 시작한다. 이름하여 포르셰-콘스트룩치온스뷔로(Porsche-Konstruktionsbüro). 메르세데스벤츠의 본산인 슈투트가르트(Stuttgart)에 터를 잡은 작은 제작소는 경주용 차를 전문적으로 설계했다.

포르셰는 그해 9월에 직원들을 모아 놓고, 프로젝트 12라는 새 계획을 발표했다. 막 출범한 회사였으니, 다른 11개 프로젝트가 있을 리 만무했다. 요컨대 그는 프로젝트 12라는 명칭으로 자기 회사에 다른 업무도 많다는 인상을 심어 주고자 했다. 경주차와는 다른 무엇인가를 설계한다는 것이 프로젝트 12의 내용이었다. 독일 사람이면 누구나 구매해 탈 수 있는 소형차 개발이 목표였던 것이다.

그런 발상을 추진하던 사람이 포르셰만은 아니었다. 독일의 한 자동차 잡지 편집장 요제프 간츠(Josef Ganz, 1898~1967년)가 1931년에 마이캐퍼(Maikaefer), 그러니까 '5월 딱정벌레'라는 이름의 소형차 개발 계획을 제출했다. 중요한 차이점도 있었지만 비틀의 최종 설계안과 기계적으로 상당히 유사했다. 마이캐퍼는 엔진이 후미가 아니라 운전석 뒤 아래쪽에 탑재되었다. 스타일은 무개 로드스터였고, 좌석도 2개뿐이었다. 따라서 가족이 타고 다닐 실용적인 수단은 아니었다. 그러나 마이캐퍼의 진짜 문제는 창안자인 간츠가 유태인이라는 점이었다. 그는 1930년대 중반에 쫓기듯이 독일을 빠져나온다.[5]

독일은 당시 세계적인 경제 대공황에 휘청거렸고, 임금을 주기 위해 돈을 빌리던 포르셰는 일거리가 더 필요했다. 그는 소형차 설계 계약을 맺지는 않았지만, 공학적 준비를 완료한 상태에서 그 설계안을 기성 회사에 팔기로 마음먹었다. 하지만 일이 의도한 대로 잘 풀리지 않았고, 1933년 1월쯤 되자 포르셰도 필사적이 되었다.

1933년 1월은 히틀러가 독일 수상이 된 달이다. 히틀러는 집무를 시작하고 2주가 채 안 된 시점인 1933년 2월 11일에 연례 베를린 자동차 쇼(Berlin Automobile Show)에서 관례에 따라 개막 연설을 하면서 평소 착용하던 나치 유니폼인 갈색 셔츠를 마다하고 훨씬 안정된 느낌의 모닝코트를 입고 나타났다. 히틀러는 독일 경제를 부흥시키는 조치를 즉각적으로 단호하게 취하겠다고 약속했다. 독일의 모든 가정에 자가용을 공급하겠다는 약속도 했다. 수상쩍은 화재로 제국 의회 의사당이 불탄 그달 말에 독일 의회가 히틀러에게 독재 권력을 부여했다.

포르셰가 히틀러의 권력 장악과 그 신속한 공고화 과정을 어떻게 생각했는지는 불분명하다. 아무튼 그는 기회를 보았다. 포르셰가 1934년 1월 17일에 독일 내각의 운송부 장관에게 장문의 국민차 제안서를 제출한다.

사본이 추가로 총통에게도 우송되었다. 포르셰가 어떻게 쓰고 있는지 보자. "제가 생각하는 국민차는 기존 차를 작게 줄이겠다는 말이 아닙니다. 기성의 차를 국민차로 만들 요량이라면 근본적으로 새로운 사고가 요망됩니다."[6]

포르셰는 모양을 둥글게 만들어 공기 저항을 줄이고, 후방 탑재 공랭식 엔진을 도입하겠다고 했다. 대부분의 차가 전방 장착 수랭식 엔진이었으니, 정반대의 혁신이었다. 포르셰의 설계안은 기성 차들이 필요로 하는 것들을 없애 버렸고, 그렇게 무게와 공간을 아꼈다. 그의 구상이 실현되면 전방의 엔진과 뒷바퀴를 연결하는 무거운 구동축과 엔진 냉각수 및 관련 장치가 필요 없어진다.

엔진을 뒤에 두면 하중이 구동 바퀴에 실려, 빗속이나 눈 위에서 견인력이 커진다. 포르셰의 구상과 설계는 사실상 비틀의 최종안과 거의 똑같았다. 히틀러가 1934년 3월 초에 어김없이 베를린 자동차 쇼를 개최했다. 이번에는 나치 제복을 입고 나타난 그가 이렇게 밝혔다. "자동차를 대량 생산해 오토바이 가격 정도로 내리겠다. …… 우리는 진정한 독일 국민의 차, 폭스바겐(volkswagen, 독일어로 '국민차' — 옮긴이)을 만들어야 한다."[7] "국민차"는 브랜드 이름이 아니라 프로젝트명이었지만, 이렇게 히틀러에 의해 처음으로 대중에게 소개되어 회자되기 시작했다.

독일 자동차 제조사 연합(German Automobile Manufacturers Association)이 6월 22일에 포르셰와 국민차 계약을 체결했다. 포르셰는 성미가 고약했고, 독일 자동차 업계는 그 심술궂은 '교수'가 내키지 않았지만, 히틀러가 국민차를 원한다는 것을 알았고, 포르셰에게 개발을 맡기기로 했다. 포르셰-콘스트룩치온스뷔로가 국민차 계약을 맺으면서 불과 18개월 만에 번영을 구가하기 시작했다. 독일 자체도 마찬가지였다.

제3제국(Third Reich)의 이후 연간은 파란만장했다. 포르셰가 국민차 계약을 따내고 불과 8일 후인 1934년 6월 30일에 히틀러가 장검의 밤 사건 (Night of the Long Knives, 나치의 돌격대 참모장 에른스트 룀과 간부들이 학살되었다. ─ 옮긴이)으로 정적을 제거했다. 독일 군대는 다음 3년 동안 서부의 자르 강 유역으로 진격해 들어갔고, 라인란트(Rhineland)를 재점령했으며, 체코슬로바키아의 독일어 사용 지역을 장악했다. 히틀러의 정권이 독일 내 유태인에게 점점 더 가혹하게 나왔다. 일부는 그 추악한 미래를 감지하고, 탈출한다. 아돌프 로젠베르거(Adolf Rosenberger, 1900~1967년)도 그 가운데 한 사람이었다. 포르셰의 동업자였던 그는 회사 지분 15퍼센트를 처분하고 파리로 떠났고, 미국에 정착했다.

나치는 무소불위의 권력을 휘둘렀고, 그 무자비한 효율성은 포르셰가 진행하던 국민차 계획의 혼란상 및 지연과 또렷하게 대비되었다. 포르셰는 설계안을 계속 만지작거렸다. 한 동료는 "여자가 집 짓는 것 같다."라고 비아냥거렸다.[8] 도로 주행 시험에서 크랭크 축이 계속 망가졌고, 브레이크도 연이어 고장 났다. 엔진도 문제였다. 히틀러는 차 가격이 1,000제국 마르크(reichmark, 약 400달러) 이하여야 한다고 못을 박았다. 이것은 그 시절 생산되던 독일 차보다 30퍼센트 싼 가격이었다. 엔진을 저렴하게 제작해야만 했다. 웬만큼 강력하고, 믿을 만해야 한다는 조건이 붙었음은 물론이다. 난관이 많았고, 첫 번째 시제품 차량이 전달된 것은 무려 1936년 10월이었다. 애초 계획보다 18개월 지연된 것이다.

히틀러는 화를 내지 않았다. 더 사악한 계획에 몰두하고 있었기 때문이다. 그래도 가끔씩 공개 천명하는 자리에서 국민차 계획이 언급되기는 했다. 1937년 2월에 베를린 자동차 쇼가 열렸고, 히틀러가 포르셰의 결과물을 칭찬했다. 그는 13개월 후 오스트리아를 합병했고, 빈(Wien)을 개선 방문하는 여정에서 신차를 홍보했다. 그가 이렇게 연설하자, 빈의 군중이 환호했다. "독일제 국민차는 꿈을 실현시킵니다. 열심히 일하지만 보수는 형편없는 오스트리아 국민도 그 꿈의 대열에 합류할 수 있게 되었습니다."[9]

독일 사람들은 신용으로 차를 사는 법을 몰랐고, 익숙하지 않았다. 정부가 예약 할부제를 시행했고, 노동자들은 그렇게 차를 샀다. 4년 동안 매주 5제국 마르크(2달러)를 납입한 노동자는, 1938년 당시 여전히 건설 중이던 팔레슬레벤 공장으로 직접 가, 집으로 차를 몰고 올 수 있었다. 독일인 33만 6668명이 이 계획에 등록, 서명한다.[10]

생산이 개시되기 한참 전인 그 연간에 KdF 자동차는 독일은 물론이고 해외에서도 히틀러 최대의 치적으로 홍보되었다. 1938년 7월 3일 일요일 자《뉴욕 타임스(New York Times)》헤드라인을 보자. "독일 차는 대중의 것: 가격이 400달러로 책정된 '기쁨 주는 힘 있는' 차가 1940년에 첫 선을 보일 예정이다." 팔레슬레벤에서 정초식이 있은 지 수 주 후의 일이었다. 기사는 계속해서 이렇게 설명한다.

사통팔달의 매끈한 자동차 도로는 머잖아 총통에 의해 수천 수만 대의 비틀로 도배되다시피 할 것이다. 밝게 빛나는 그 앙증맞은 딱정벌레들이 발트 해, 스위스, 폴란드, 프랑스를 종횡하며 윙윙거릴 것이다. 아빠, 엄마, 그리고 아이도 최대 3명까지 탈 수 있다. 그들은 사상 처음으로 조국의 풍광을 그들만의 차창으로 내다볼 것이다. 새 차는 벌써 '베이비 히틀러(Baby Hitler)'라는 별명이 생겼다. …… 제3제국에서 사태가 전개되는 속도를 감안하건대, 시민들은 머지않아 비틀을 보유하게 될 것이다.[11]

하지만 제3제국 국민은 차를 갖지 못했다.《뉴욕 타임스》편집자들은 이후의 사태 전개 때문에 그토록 알랑거리는 기사를 썼다는 사실이 뜨끔했을 것이다. 그나마 딱 하나 다행인 것이 있었다. 독일 국민차를 설명하기 위해 "비틀"이라는 단어를 사용한 최초의 인쇄물이라는 점이 그것이다.

비틀 수천 대가 히틀러의 고속도로를 메우리라는《뉴욕 타임스》의 예상은 이후의 사태 전개 속에서 빗나갔다. 히틀러가 1939년 초 체코슬로바키아를 장악했다. 9월 1일에는 폴란드를 침공했다. 이틀 후 영국과 프랑스가 전쟁을 선포했다. KdF는 생산이 중단되었다.

미국의 한 공학 저널이 1944년 노획된 차량을 기술적으로 분석하는 장문의 기사를 실었다. "애초 국민차였는데, 군사 목적에 전용되었다."라는 내용을 읽을 수 있다.[12] 독일 사람들은 그것을 퀴벨바겐(Kübelwagen)이라고 불렀다. 미군 병사들에게는 독일 놈들의 지프차로 통한 물건이다. 퀴벨바겐은 4륜구동이 아니었다. 반면 미군의 지프는 4륜구동 방식을 채택했고, 어디든 갈 수 있었다. 거듭 말하지만 퀴벨바겐은 2륜구동식 차량이었다. 하지만 엔진이 후방, 더 정확히 구동 바퀴 바로 위에 탑재되었고, 퀴벨바겐은 기동 능력 및 이동성에서 미제 지프와 거의 대등했다.

독일군은 더 까다로운 험로용으로 슈빔바겐(Schwimmwagen)을 사용했다. '헤엄치는 자동차'라는 뜻으로, KdF를 수륙 양용으로 개편한 것이었다. 퀴벨바겐과 슈빔바겐 모두 팔레슬레벤에 있는 공장에서 제작되었다. 팔레슬레벤 공장은 군용 야전 난로, 전차 부품, 막판에 가서는 V-1 로켓 부품까지 만들었다. KdF 공장도 전시 생산 체제로 전환되었다. 디트로이트 공장들이 그랬던 것처럼 말이다. 하지만 독일군은 미국의 여성 근로자들(Rosie the Riveter)과 달리 노예 노동력을 동원해 공장을 가동했다.

1944년 봄과 여름에 이루어진 연합군의 폭격으로 팔레슬레벤 공장은 막대한 피해를 입었다. 노동자 수십 명이 사망했다. 폭격기 1대가 KdF 공장에 전기를 공급하던 인근 발전소의 터빈을 겨냥해 폭탄을 투하했다. 아쉽게도 폭탄이 터지지 않았고, 전기는 이상없이 공급되었다. 문제의 폭탄은 역사상 가장 치명적인 불발탄 가운데 하나로 기록될 터였다.

히틀러가 KdF를 타고 마지막으로 전선을 순시하고서 얼마 안 된 시점인 1945년 4월 10일 미군 제102보병 사단이 팔레슬레벤을 점령했다. 도시민 대다수가 각자의 집에 틀어박혀 나올 생각을 못 했다. 그들은 굶주렸으며 겁에 질렸고, 제발 소련군이 들이닥치지 않기만을 바랐다. 다행히 소련군이 아니었다. 몇 주 후 미군이 빠지고 영국군이 투입되었다. 아이반 허스트(Ivan Hirst, 1916~2000년)는 29세의 영국군 소령이었다. 그는 1940년의 그 암울했던 봄에 됭케르크(Dunkirk)의 해안에서 철수해야만 했던 기억이 여전히 선명했다. 허스트는 5년 후 영국 공병대(Royal Electrical and Mechanical Engineers)의 전차 수리 부대를 지휘 중이었다.

폭격으로 만신창이가 된 KdF 공장의 기계류는 해체되어 소련으로 적송될 예정이었다. 전쟁 배상금의 일부였다. 지붕에 휑하니 구멍은 나 있었지만 공장에는 여전히 전기가 들어왔다. 그 망할 불발탄 때문이었다. 대부분의 기계 또한 멀쩡했다. 허스트는 영국군 전차와 트럭을 수리해야 했고, 그 기계를 순순히 넘겨서는 안 되겠다고 판단했다. 그는 나무 판자와 캔버스 천을 가져와 구멍 난 공장 지붕을 때웠다.

출고되지 못한 채 방치된 KdF 몇 대가 허스트의 눈에 띄었다. 그는 그중 1대를 영국 군대 색깔로 도장해 몰고 다니기 시작했다. 허스트는 곤충처럼 생긴 그 작은 차가 마음에 들었다. 영국군은 9월에 그의 제안을 받아들여, 점령군과 장교들이 사용할 물량으로 2만 대를 주문했다. 하지만 주문과 실제 제작은 완전히 다른 사안이었다. 부품을 확보하는 게 가장 큰 문제였다. 공장 노동자들은 독일인이었고, 부품을 빼돌렸다. 그런 식으로 언제나 위기일발이었던 공장이 그해 말까지 생산한 차량 대수는 1,785대였다.

전후라는 사정을 감안하면 그것만도 놀라운 업적이었다. 하지만 2만 대를 주문한 영국군에게 1,785대는 새발의 피였다. 1946년이 시작되었고, 영국군은 1개월에 1,000대까지 생산량을 늘리지 않으면 기계를 전부 뜯어 러시아로 보내 버리겠다고 협박했다. 팔레슬레벤 공장은 그해 3월 폭스바겐을 1,003대 제작했다.

하지만 공장의 미래는 여전히 불투명했다. 허스트는 이 앙증맞은 차가 내구성이 탁월하고 확실해서 믿을 수 있으며, 경제적이라는 사실에 높은 점수를 줬다. 그가 영국의 유력한 자동차 거물 윌리엄 루티스(William Edward Rootes, 1894~1964년) 경에게 공장을 인수하라고 타진한 이유이다. 그러나 루티스의 대답은 이러했다. "젊은 친구, 자네는 이런 곳에서 자동차를 만들 수 있다고 생각하나? 지독한 바보로군."[13] 영국군의 기술 평가 역시 좋지 않았다. "이 차량은 자동차라면 갖춰야 할 기본 기술을 충족하지 못한다."

하지만 허스트는 단념하지 않았다. 영국이 이 차를 안 만들겠다면 독일 사람을 찾으면 된다. 그는 이렇게 생각했다. 당연히 적임자는 포르셰였다. 프랑스 군대가 그를 투옥 중이었고, 히틀러와의 연루 사실 때문에 그는 배제되어야 했다. 하인츠 하인리히 노르트호프(Heinz Heinrich Nordhoff, 1899~1968년)가 그다음 후보자였다. 전쟁 발발 몇 년 전에 제너럴 모터스에 인수된 독일 자동차 제조업체 오펠(Opel)의 사장이 노르트호프였다.

노르트호프는 나치에 부역하지 않았지만, 전쟁 때 군용 트럭을 제작하던 베를린 인근의 오펠 공장을 관리, 운영했다. 그는 종전 후 오펠로 복귀하고자 했지만 오펠 본사가 미군 관할 하에 있었고 미군은 독일 내의 자기 관리 구역에서 그가 경영자로 일하는 것을 막았다.

허스트는 선택지가 바닥났다. 아무도 KdF 공장을 주목하지 않았고, 미래 또한 불투명했다. 지붕이 구멍투성이로, 폭우 때면 지하의 엔진 조립부가 침수되기 일쑤였다. 노동자들은 차가운 날씨에 유압액이 얼어붙는 것을 막기 위해 드럼통을 뜯어 불을 붙여야 했다. 독일은 전후였고 사정이 필사적이었는데도, 유자격자가 도무지 나타나지 않았다.

노르트호프는 아내와 두 딸을 데리고 베를린을 떠나, 촌구석 팔레슬레벤으로 간다는 것이 도무지 내키지 않았다. 이미지를 세탁하려고 인근 고성을 좇아 볼프스부르크(Wolfsburg)로 개명했어도 사정은 마찬가지였다. 하지만 노르트호프 역시 전쟁을 겪으면서 모든 걸 잃고 말았다. 그는 굶주렸고, 일이 없었으며, 절망적이었다.

허스트를 필두로 영국 장교들이 회유했고, 결국 그는 1948년 1월 1일 공장의 관리 직책을 받아들인다. 그의 50번째 생일을 하루 앞둔 시점이었다. 노르트호프는 베를린에 가족을 남겨 두었다. 적당한 주거를 찾을 때까지는 고생을 시키고 싶지 않았던 것이다. 현지에 도착한 그는 집무실 옆 빈방에 야전 침대를 두었다. 그 방이 이후 6개월 동안 그의 집이었다. 밤이면 먹이를 찾아 종종걸음을 치는 쥐 소리에 잠이 깨기 일쑤였다. 노르트호프는 여러 해 후 당시를 이렇게 회상한다. "가난도 나름대로 의미가 있다. 영혼이 맑아지는 것이다."[14]

노르트호프는 허튼 짓을 용납하지 않았다. 오합지졸로 전락한 노동자들은 다음과 같은 말을 들었다. 공장 운영이 비능률적이고, 우리가 만드는 차는 조잡하다. 가장 중요한 것은 신속하게 품질을 높이는 것이다. 그렇게 제작된 초기 차량의 일부는 더 많은 차를 생산하기 위한 부품을 조달하기 위해 물물 교환으로 넘겨졌다. 물자가 태부족이었다. 노르트호프는 엔지니어들에게 포르셰의 설계안을 연구하도록 지시하며 엔진을 더 조용하게, 승차감을 더 안락하게, 브레이크를 더 효율적으로 만들도록 명령했다. 동시에 그는 직원들에게 매일 추가 배식을 하고 가능해지자마자 노동자 사택도 지었다. 먹을 것과 쉼터를 찾기에 급급하던 어중이떠중이 노동자들이 노르트호프의 조치에 호응해 주었다.

공장 관리자로서 노르트호프의 재임 기간이 순식간에 끝나 버릴 뻔하기도 했다. 그는 2월과 3월에 포드 자동차 회장이던 포드 2세와 만났다. 영국 당국의 명령에 따른 것이었다. 그들은 골칫덩이 공장을 포드에 공짜로 넘겨 버리려고 했다. 두 번째 만남에서 헨리 포드 2세는 어니스트 브리치(Ernest R. Breech)에게 의견을 물었다. 포드의 부사장으로 노련한 경영자였던 브리치가 이렇게 말했다. "영국이 우리한테 주겠다는 이 공장은 가망이 없습니다."[15] 미국도 영국처럼 그렇게 기회를 날려 버렸다.

오래지 않아 노르트호프와 그의 누더기 공장에 행운이 찾아왔다. 1948년 6월 20일 독일 정부가 화폐 개혁을 단행했다. 전쟁으로 가치가 하락한 제국 마르크를 도이체 마르크(deutsche mark)라는 새 통화로 대체한 것이다. 독일인들은 10대 1의 교환 비율로 갖고 있던 돈을 바꿔야 했다. 통화 환산율이 내핍을 강요하기는 했지만, 화폐 경제가 신속하게 건전해졌고, 독일은 새롭게 부흥할 발판을 마련했다. 우선 배급이 끝났다.

자동차 수요가 뛰었다. 독일 사람들은 인플레이션을 두려워했고, 내구소비재 구매에 매달렸다. 하지만 새 정부는 확고하고 꾸준했으며, 인플레이션은 일어나지 않았다. 노르트호프는 공장 지하실에 쌓여 있던 재고를 전부 팔아 치웠다. 그의 증산 계획이 날개를 달았음은 물론이다.

허스트가 1949년 볼프스부르크를 떠났다. 노르트호프와 노동자들이 감사의 표시로 폭스바겐을 전달했지만 그는 거절했다. (대신 그는 축적 모형을 하나 들고 갔다.)[16] 영국은 폭스바겐베르크(Volkswagenwerk)로 개명된 그 공장의 통제권을 독일 정부에 넘겼다. 사실 그 부동산의 합법적 소유권자가 누군인지 불분명했고, 독일 정부는 소유권을 주장하지도 않았다. 노르트호프는 주인도, 주주도, 이사회도 없는 기업을 운영했다. 서독의 법정이 일련의 사정을 명쾌하게 정리하는 데 수십 년이 걸린다.

아무튼, 폭스바겐베르크는 그해에 비틀을 4만 6154대 생산했다. 2년 전 제작대수의 5배였으니, 허스트의 통찰과 노르트호프의 감각이 승리를 거둔 것이다. 이 가운데 2대가 미국에서 등록되었다. 비틀은 미미하나마 그렇게 교두보를 마련한다. 다음 해에 미국으로 선적된 폭스바겐은 157대로 늘었다.

157대 중에는 빵 상자 모양의 '마이크로버스' 모델이 몇 대 끼어 있었다. 마이크로버스가 구상된 것은 전쟁 후였다. 폭스바겐의 최초 국외 판매업자였던 네덜란드 사람 벤 폰(Ben Pon, 1904~1968년)이 1947년 공책 용지에 그 개념을 스케치했다. 노르트호프는 벤 폰의 아이디어가 마음에 들었다. 마이크로버스가 사용한 기계적 토대는 비틀과 동일했다. 마이크로버스를 뚝딱 만들 수 있었던 이유다. 노르트호프는 1950년에 마이크로버스 생산을 개시했다.

포르셰가 그해에 볼프스부르크 공장을 방문했다. 아들이 포르셰라는 성을 사용하기는 했지만 따로 스포츠카 회사를 시작한 상황이기도 했다. 아버지 포르셰는 방문을 마친 다음 날인 11월 19일 뇌졸중으로 쓰러졌다. 그는 6주 후인 1951년 1월 30일 사망했다.

비틀 스토리가 여기서 끝난다 할지라도 그 과정은 참으로 놀랍다. 비틀을 발명한 것은 포르셰였다. 히틀러가 포르셰의 안을 채택했다. 허스트가 비틀을 살려냈다. 노르트호프가 논평한 대로, "얄궂은 농담을 한마디 하자면, 역사는 종종 창조의 유혹에 빠져든다."[17] 이윽고 비틀은 노르트호프 덕에 시대의 우상이 된다.

노르트호프는 전후의 초기에 난관이 무척 많았다. 그중에서도 가장 아쉬웠던 것은 현대적인 생산 설비였다. 당시에는 제작 기계류를 구입할 만한 곳으로 미국이 최고였다. 노르트호프는 달러가 필요했고, 달러를 벌 수 있는 가장 확실한 방법은 미국에 차를 파는 것이었다. 폭스바겐 세단(이 회사는 자차를 이렇게 불렀다.)이 1950년 7월 16일 공식 판매에 들어갔다. 59번가와 파크 애비뉴(Park Avenue)가 만나는 뉴욕 호프먼 모터카(Hoffman Motor Car) 전시실에서였다. 독일계 미국인 딜러 맥시밀리언 호프먼(Maximilian E. Hoffman, 1904~1981년)이 오후 5시 일정의 칵테일파티에 우수 고객을 초청해 축하 행사를 열었다. "저렴한 가격의 그 유명한 서독 차 '폭스바겐'의 미국 프리미어였다."[18]

《포퓰러 사이언스(Popular Science)》가 직후에 "아늑하고 편안한" 폭스바겐을 칭찬했다. 기사 제목이 「히틀러의 플리버: 미국 판매 개시」였다.[19] 물론 이것은 폭스바겐이 원하는 제목일 수 없었다. 폭스바겐에는 25마력 엔진이 얹혔다. 이것은 존 디어(John Deere)에서 요즘 판매하는 트랙터식 잔디 깎는 기계와 같은 출력이다. 폭스바겐은 정지 상태에서 시속 60마일(약 96.6 킬로미터)로 가속하는 데 37초가 넘게 걸렸다. 치타보다도 느린 셈이다.

이 국민차는 호프먼에게는 너무 서민적이었다. 그는 재규어, 라곤다(Lagonda), 들라이에(Delahaye), 시트로엥(Citroën)과 같은 고급 수입차를 부자 고객한테 팔았다. 폭스바겐은 그의 사업 및 고객과 맞지 않았다. 폭스바겐은 1954년 호프먼과 결별한다. 1년 후 폭스바겐의 미국 자회사가 세워졌다. 뉴욕에 본부를 둔 그 회사가 이 꾀바른 소형차를 판매하겠다는 딜러들을 모집했다.

한편 독일에서는 전후의 호황과 더불어 폭스바겐 판매가 치솟았다. 노르트호프가 1954년 2월 15일《타임》의 표지를 장식했다. 배를 곯으며 필사적으로 매달리던 것이 불과 8년 전이었다. 「독일: 부흥의 기적」.《타임》이 뽑은 제목이다. 기사의 중심 항목은 폭스바겐이었다. 폭스바겐이 독일 경제의 기적을 창출했던 것이다. 노르트호프는《타임》과의 인터뷰에서 당해 연도에 미국에서 4,000대를 판매하는 것이 목표라고 밝혔다. 전년도 판매치의 4배를 목표로 제시한 것이다. 폭스바겐은 6,343대를 팔아치운다. 목표를 50퍼센트 이상 상회하는 대수였다.

그러나 폭스바겐에게는 여전히 상당한 난관이 도사리고 있었다. 그 모든 장점에도, 미국인들은 폭스바겐이 이상하다고 생각했다. 곤충 같은 생김새와 작은 엔진이 다가 아니었다. (폭스바겐은 엔진 출력을 고작 30마력으로 증대했다.) 도무지 있어야 할 곳에 있는 것이 하나도 없었다. 엔진이 뒤에 있었다. 트렁크가 앞이었다. 엔진이 공랭식이었고, 냉각수와 냉각 시스템이 없었다. 차가 멈추자 후드를 열어 본 미국인 운전자가 하는 다음과 같은 말은 유명한 우스개이다. "더 이상은 갈 수 없어. 엔진이 없어졌다고." 또 다른 폭스바겐 운전자가 곤경에 처한 사람에게 말을 건다. "걱정 말아요. 당신은 운 좋은 거라고요. 내 트렁크에 있는 여분 엔진을 드리죠."

이런 농담이 무수했다. 당나귀가 폭스바겐에게 말을 건넨다. "야, 너 뭐야?"

"나, 차다. 너는?"

"네가 차면 나는 말이다."

1950년대의 미국은 별난 취미에 몰두했다. 훌라후프를 기억하는가? 아메리카너구리의 털가죽으로 만든 쿤스킨 캡(coonskin cap)은? 만두 속을 채우듯 비틀에 최대한 구겨져 타는 것도 그런 유행의 하나였다. 1958년 오리건 주의 한 고등학교에서는 비틀 한 대에 최고 33명의 학생이 우겨져 타는 진기록을 세웠다. 물론 지붕 위에도 올라갔다. 어린이들이 '슬러그 버그(Slug Bug)' 놀이를 한 것을 보면 비틀이 점점 대중화되었음을 알 수 있다. 지나가는 폭스바겐을 맨 처음 발견한 아이는 주위의 다른 친구를 때릴 수 있다는 규칙이 적용된 놀이였다. (이기는 아이야 재미있었겠지만 지는 아이는 아니었으리라.) 히틀러가 옹호한 차가 미국인의 눈에 '예뻐' 보이기 시작했다는 사실은 놀랍다.

미국의 그런 상황 인식에 독일은 미쳐 버릴 지경이었다. '비틀'과 '버그(Bug)'라는 단어는 폭스바겐 공식 용어집에서 금칙어였다. 회사의 공식 발표문에서 비틀은 계속 "제1종 세단(Type 1 sedan)"이었다. 마이크로버스는 "제2종 스테이션 왜건(Type 2 station wagon)"이었다. 그런 상황이 1971년까지 유지된다. 미국인들이 비하와 모욕의 의도를 담았을지도 모른다. 하지만 시간이 흐르면서 "예쁘고 귀엽다."라는 인식이 대세를 이루었다. 비틀과 마이크로버스 모두 구전 홍보의 도움을 크게 받았다. 유럽에서 복무한 군인들의 입소문이 주효했다. 그들은 독일에 머무르면서 퀴벨바겐과 비틀을 직접 보았고, 깊은 인상을 받았다.

홀먼 젠킨스(Holman Jenkins Sr.)도 그중 한 사람이었다. 1944년 가을 프랑스에 상륙한 그는 다음 해 봄에 미국 육군 제3군 소속으로 독일로 진격해 들어갔다. 10년 후 그는 펜실베이니아 대학교에서 박사 학위 공부를 하고 있었다. 정치학 교수로서의 인생을 시작할 참이었고, 가족도 꾸릴 예정이었다. "당시에는 독일적인 것이면 적대감이 상당했죠. 하지만 난 그 차가 좋았어요." 젠킨스가 여러 해가 지나 회고했다.[20]

과시적 테일핀이 싫은 교수라면 비틀이 제격이었다. 교수 월급으로 가족을 부양해야 하는 경우라면 더욱. 1958년식 비틀은 불과 1,545달러였다. 포드 페어레인(Fairlane)이 2,428달러였다. 젠킨스 씨네는 1950년대 중반부터 1960년대 중반까지 한 차종으로 계속 버텼다. 연이어 비틀 3대를 보유한 것인데, 세 자녀가 뒷좌석을 뚫고 일어설 때까지 사태가 지속된 것이다.

1950년대 전반기 5년 동안 미국에서 가장 많이 팔린 수입차는 르노(Renault)였다. 하지만 폭스바겐이 곧 르노를 집어삼켰다. 제2차 세계 대전 때 독일군이 프랑스 군대를 궤멸한 것과 상황이 비슷했다. 그 비결 역시 병참(logistics, 또는 '물류 관리' — 옮긴이)으로 똑같았다. 르노는 수리가 필요할 경우 프랑스에서 부품이 올 때까지 수주를 기다려야 했다. 하지만 노르트호프는 달랐다. 폭스바겐의 미국 딜러들에게 부품을 갖추어 놓도록 시킨 것이다. 미국의 비틀 보유자들은 당장에 수리가 가능했다. 폭스바겐의 미국 판매고가 확 치솟았다. 보자. 1955년 3만 1000대, 1957년 8만 대, 1959년 15만 대 이상. 폭스바겐의 1959년 총 생산량의 약 4분의 1이 미국에서 팔렸다. 폭스바겐 아메리카(Volkswagen of America)가 1959년 말 다시 한 번 대담한 행동에 나섰다. 그 조치로 비틀과 마이크로버스가 다음 10년 동안 그저 그런 성공작에서 문화 현상으로 도약한다. 독일에서 건너온 으스스한 느낌의 자동차 회사가 미국식 사업 관행의 가장 퇴영적인 측면, 곧 광고를 껴안은 것이다.

카를 호르스트 한(Carl Horst Hahn, 1926년~)은 폭스바겐 아메리카를 지휘하던 약관의 독일인으로, 후에 본사 최고 경영자가 된다. 그가 자연스럽게 광고를 떠올린 것은 아니었다. 미국 판매 대수가 신기록을 수립했고, 수요가 공급을 초과하는 상황이 발생했다. 아울러 1959년이면 경관이 서서히 바뀌기 시작하던 즈음이다. 제너럴 모터스, 포드, 크라이슬러 모두 비틀의 성공에 주목했다. 아메리칸 모터스가 만든 소형차 램블러(Rambler)가 쏠쏠하게 나간다는 사실도 흥미로웠다. 3사 모두 소형차 제작에 뛰어들었다. 포드의 팰컨(Falcon), 크라이슬러의 플리머스 밸리언트(Plymouth Valiant), 제너럴 모터스의 쉐보레 콜베어(Chevrolet Corvair)가 그것들이다. 콜베어는 비틀과 똑같이 공랭식 엔진을 뒤에 장착한다. 한은 그런 상황에서 광고를 결정했다. 디트로이트의 습격으로부터 비틀을 지켜야 했다.

십수 개의 광고 대행사가 프리젠테이션을 했고, 한과 동료들은 뉴욕을 거점으로 활동하는 10년 된 작은 회사를 낙점했다. 도일 데인 앤드 번바흐(Doyle, Dane and Bernbach, DDB)였다. DDB가 마침내 고객을 물어왔지만, 경영자 가운데 한 사람은 이렇게 장탄식했다. "유태인 동네에 가서 나치 차를 팔게 생겼군."[21] DDB에게 닥친 과제가 그것만도 아니었다. 엔진이 뒤에 있는 그 별난 소형차의 장점을 어떻게 선전해 판매로 연결할지도 떠올려야 했다. 결국 볼프스부르크 공장을 직접 방문하기로 했다. 환상적인 유럽 시찰이 아니었음을 알아야 한다. 볼프스부르크는 북독일 평원의 따분한 오지였고, 대도시의 화려한 불빛과도 한참 멀었다.

대행사 설립자 중의 한 명인 윌리엄 번바흐(William Bernbach, 1911~1982년)가 시찰단을 이끌었다. 그들은 엔지니어, 공장장, 심지어 조립 라인의 노동자들과도 면담했다. 복잡한 비틀의 제원에 관해 특강도 들었다. 세목들에 집중하는 노동자들은 과연 게르만 인다웠다. 엔지니어들은 번드르함보다는 침착하게 실용성에 주안점을 두었다. 그들은 깊은 인상을 받았다. 재미없는 것까지 장점으로 비쳤다. "그래, 비틀은 정직한 차다." 번바흐는 이렇게 적었다. "판촉 활동에서 무얼 강조해야 할지 알 수 있었다."[22]

"정직한 차." 정말이지 새로운 무엇이었다. 디트로이트가 주도한 광고에는 화려한 여성, 근육질의 레이서, 이국적으로 굽이치는 길이 나왔다. 번바흐는 자기네들이 디트로이트 방식으로 디트로이트와 싸워서는 승산이 없다고 판단했다. 폭스바겐 광고가 재치 있는 자기 비하로 채워지는 이유다. 뭐랄까, 웃기게 생긴 자동차에 딱 어울리는 광고였다. 한 광고의 경우 비틀의 정면 사진과 함께 이런 문구가 적혔다. "미워도 다시 한 번.(Ugly is only skin-deep.)" 번바흐는 정서가 아니라 논리를 동원하기도 했다. 광고는 이성이 아니라 감성을 자극해야 성공한다는 기존의 금언을 거스르는 도발적인 조치였다. 1959년 중반 《라이프(Life)》에 실린 광고에는 이렇게 묻고 답하는 내용이 나온다. 질문: "엔진을 뒤에 단 이유는?" 대답: "탁월한 성능을 보장합니다. 견인력도 좋아지고요. 레귤러 가솔린(regular gasoline) 1갤런(약 3.8리터)이면 32마일(약 51.5킬로미터)을 갈 수 있습니다."[23]

DDB는 이내 훨씬 대담한 광고를 들고 나왔다. "존스 씨네는 몇 년식 차예요?" 광고는 안락하고 부유한 교외 주택 앞에 비틀이 놓여 있는 광경을 보여 주면서 이렇게 묻는다. 물론 그 대답은 아무도 모른다는 것이었다. 왜? "존스 씨네는 폭스바겐을 몰아요. 폭스바겐은 연식과 상관없이 다 똑같거든요. 폭스바겐은 유행을 타지 않습니다."[24]

DDB는 '존스 씨네를 따라 하고자 하는' 미국인들의 욕망을 정확히 겨냥했다. '존스 씨네 따라 하기'는 1913년부터 1939년까지 연재된 한 신문 만화로 인해 대중화된 용어다. "뒤지면 안 된다."라는 압력 때문에 디트로이트는 매년, 그것도 전 모델의 디자인을 바꿔댔다. 그 뒤는 소비 행태로 미국 경제 전체가 굴러갔다는 사실은 말할 것도 없다. 요컨대 폭스바겐 구매자들은 기존의 지위 추구형 이웃과는 다르다는 것이었다. 아니, 그냥 다른 정도가 아니라 잘났다는 이야기였다. 그것은 전복적인 메시지였다. 영국의 광고 역사가 클라이브 챌리스(Clive Challis)가 어떻게 쓰고 있는지 보자. "그 광고와 더불어 거부와 반역이라는 더 큰 차원의 사회 분위기 변화가 개시되었다. 점점 더 많은 소비자가 기업 국가 미국이 좋다고 하는 것을 더 이상 받아들이지 않으려고 했다."[25] 1950년대 후반에 그런 사람들이 이미 나름의 목소리를 내고 있었다. 밴스 패커드와 존 키츠만 활약한 게 아니었다. 비트 작가 케루악이 1957년『길 위에서』를 출간했다. 순응주의적 중간 계급에서 탈락한 본인의 자아 찾기 여정을 기술한 그 소설은 단박에 히트했다.

예의범절을 중히 여기는 엄격한 독일 기업이 반물질주의와 반순응주의를 내건 구매 권유로 성공했다는 사실은 얄궂은 역설이다. 폭스바겐 광고 캠페인을 이끈 DDB의 미술 책임자의 이력도 얄궂기는 마찬가지였다. 1세대 독일계 미국인인 헬무트 크론(Helmut Krone, 1925~1996년)은 회사의 볼프스부르크 시찰 여행 때 따로 시간을 내 한번도 본 적이 없는 친척들을 만나러 갔다. 크론은 뉴욕의 노동 계급 가정에서 자랐고, 자신이 어떤 유산을 물려받았는지를 점점 더 깨달았다. "독일 가정에서 아들이 있다고 해 봐요. 그의 말은 옳다고 증명될 때까지는 언제나 틀린 겁니다." 그는 자신의 유년 시절을 이렇게 회고한다. "사람들은 그런 풍토 속에서 일종의 불안을 느끼죠. 뻔뻔스러운 대담함의 정반대라고나 할까요."[26]

크론의 광고들에는 면을 가득 채운 채 시선을 사로잡는 사진들이 실렸다. 흥미로운 표제와 지적인 문구가 동반되었음은 물론이다. 크론은 첫 번째 비틀 광고를 내보낸 후인 1959년 8월에 휴가를 갔다. 그는 자신의 작업이 과연 적절했는지 회의하면서 초조한 상태였다. 2주 후 업무에 복귀한 그는 깜짝 놀랐다. 광고가 격찬을 받았고, 그는 스타가 되어 있었다.

크론은 겁을 상실할 만큼 대담해졌고, 또 다른 광고를 선보였다. 이번에도 비틀 사진이 실렸는데, 그 아래 동반된 한 단어 표제가 "레몬(Lemon)"
이었다. 차라리 "똥 덩어리(Shit)"가 나왔을 것이다. 자동차 회사 경영자들
은 정중한 자리에서 '레몬'이라는 단어는 절대 써서는 안 되는 것으로 보
았다. 하물며 광고에서야. 그러나 크론의 광고는 폭스바겐의 품질 검사원
3,389명이 하는 작업을 설명하는 내용이었다. 요컨대 레몬을 찾아내 그런
차가 고객에게 인도되는 것을 미연에 방지하는 것이 그들의 일이었던 것이
다. 광고의 설명을 들어보자. "우리는 레몬을 가려냅니다. 고객 여러분이
자두(plum, 가장 좋은 부분, 사물의 정수라는 뜻이 있다. ─ 옮긴이)를 만끽할 수 있는
이유죠." 앤디 워홀(Andy Warhol, 1928~1987년)이 그 광고를 변형한 회화를
제작했다.

크론의 다음 광고도 무례하고 건방졌다. "작은 것을 생각하라.(Think
small.)" 미국인들은 크게 생각해야 했다. 자동차도, 집도, 은행 잔고도, 다
른 모든 것도 말이다. 작게 생각하라는 것은 이단적이었다. 하지만 크론
은 그 표제를 건전한 상식으로 설명했다. "작은 주차 공간에 차를 대야 할
때" 작은 것은 미덕이자 장점이었다. "보험을 갱신해도 쌀 때, 수리비가 얼
마 안 나왔을 때는 어떻습니까? …… 차분하게 다시 생각해 보십시오."[27]

DDB의 텔레비전 광고들도 신랄함, 풍자, 유머가 돋보였다. 비틀의 뛰어
난 견인력을 장점으로 내세운 1963년의 한 광고가 대표적이다. 광고를 보
면, 비틀 1대가 폭설 속에서 주행 중이다. 이윽고 비틀이 거대한 기계가 안
에 있는 창고 앞에 멈춘다. 우리는 성우의 읊조림을 들을 수 있다. "제설원
이 제설차까지 가는 방법은?"(이 광고는 1999년 칸 국제 광고제에서 '20세기 최고의
텔레비전 광고'로 선정된다.)

1966년 제작된 폭스바겐의 한 광고는 몇 가지 금기를 깨 버렸다. 자사
제품을 조롱하고, 흑인을 등장시켰던 것이다. 월턴 노먼 '월트' 체임벌린

(Wilton Norman 'Wilt' Chamberlain, 1936~1999년)이 그 광고에서 비틀에 탑승하려고 안간힘을 쓴다. 신장 7피트 1인치(215.9센티미터)의 농구 선수가 그러는 광경이라니! 표제를 보자. "안 된다고들 했다. 도저히." 신장이 6피트 7인치(약 200.7센티미터) 이하면 누구라도 비틀에 편안하게 탑승할 수 있다는 게 이어지는 광고의 설명이다. 크론은 1년 후 시선을 사로잡는 사진 1장을 내놓았다. 이번에는 비틀이 물에 반쯤 잠겨 떠 있는 사진이었다. 표제는? "폭스바겐은 탁월한 구조 덕택에 물이 안 들어옵니다." 이런 광고가 몇 년 후 전혀 예상치 못한 결과를 낳는다.

몇몇 폭스바겐 소유자가 중고 비틀을 팔겠다고 광고하면서 회사의 불경한 재치를 흉내냈던 것이다. 한 3행 광고에는 이렇게 적혀 있었다. "가족은 느는데, 차는 그대로네요. 자식 녀석 둘을 팔거나 폭스바겐을 팔아야 해요. 926.26달러면 됩니다." 다른 3행 광고도 보자. "1962년식 폭스바겐 팝니다. 발랄하고, 정중하며, 용감하고, 친절하고, 세심하고, 말을 잘 듣죠. 믿을 수 있는 놈입니다."[28]

DDB에 편지를 써서 다음 번 광고 아이디어를 제안한 비틀 소유자도 꽤 있었다. 한 사람이 오자크 산지(The Ozarks, 미주리 주, 아칸소 주, 오클라호마 주의 3개 주에 걸친 지역. 벽촌이라는 뉘앙스를 풍긴다. — 옮긴이)의 통나무집에 사는 힌슬리(Hinsley) 부부 이야기를 써 보냈다. 부부가 데리고 살던 노새가 죽자 중고 비틀을 샀다는 사연이었다. 크론의 뒤를 이어 DDB의 미술 책임자를 역임했고, 후에 그 대행사를 이끈 밥 쿠퍼먼(Bob Kuperman)이 당장에 오자크로 달려가, 부부에게 광고에 출연해 달라고 부탁했다. 부부는 거절했다. 쿠퍼먼이 그들의 땅을 차지하려고 온 사기꾼이라고 판단했던 것이다.[29] 아무튼 쿠퍼먼은 그들을 최종적으로 설득할 수 있었다. 광고가 만들어졌다. 중고 비틀과 오두막 앞의 부부라니! 사진에는 작업복을 입은 힌슬리 씨가 건초용 쇠스랑을 든 모습이며, 옆에 아내가 앉아 있다. "노새가 죽고 나서 부부가 한 일(It was the only thing to do after the mule died.)"이 그 광고의 표제였다.[30]

폭스바겐의 대(對)언론 발표도 그들의 광고처럼 디트로이트의 과장적 행태를 무시하고, 도전했다. 1962년식 모델을 소개 안내하는 보도 자료에는 이렇게 나온다. "폭스바겐은 전과 똑같이 익숙한 형태로 갑니다."[31] 연료계가 추가되었다는 것이 그해의 가장 큰 변화이자 소식이었다. 그 전까지 운전자들은 짐작으로 대충 때려 맞췄다. 뭐, 레버가 하나 있어서 엔진이 털털거리면 소량의 비축유를 지원해 주긴 했지만.

폭스바겐 아메리카는 같은 해에 《작은 세상(Small World)》이라는 계간 소식지를 창간했다. 거기에는 비틀 보유자들의 진기한 모험담이 실렸다. 거기 실린 마이애미의 젊은 여성의 사연은 이렇다. 차 안에 열쇠를 두고 내린 여성이 장을 보고 주차장으로 돌아와 별 생각 없이 차에 타고 현장을 떠난다. 얼마 후 그녀는 자기가 남의 차를 몰고 있음을 깨닫는다. 그런데 그 비틀의 주인 역시 남의 차를 타고서 이동했다는 웃지 못할 이야기였다.[32]

폭스바겐은 판촉을 위해 이런 수도 썼다. 비틀에서 태어난 신생아 채권(Bonds for Babies Born in Beetles)이라는 것이 1964년에 출시되었다. 폭스바겐은 비틀을 타고 병원으로 가다가 도중에 아기를 분만했다는 소식을 접하고, 그렇게 태어난 신생아들에게 미국 정부가 발행하는 25달러 저축 채권을 부상 개념으로 지급하기 시작했다. 회사 이야기에 따르면, 신생아들이 다음을 증명했다는 것이었다. 비틀에는 언제나 한 사람 더 탈 공간이 있음을 말이다. 1969년이면 125명의 '비틀 베이비'가 그 채권을 받는다.[33]

폭스바겐 아메리카는 일터로서 그렇게 근사한 곳이 아니었다. 광고에서 떠오르는 우상 파괴적인 회사가 결코 아니었던 것이다. 일부 근로자들은 직원에 두 계급이 있다고 느꼈다. 독일인과 기타. 승진에서 독일인한테 밀리며 물 먹은 한 미국인 직원은 동료 미국인에게 이렇게 말했다. "둘 다 그 일을 하겠다며 손을 들었지. 하지만 내가 깜빡한 게 있었어. '지크 하일(Sieg Heil, 나치가 외쳤던 축복의 구호. '승리를 위하여!' ─ 옮긴이)을 빼먹은 거야."[34] 하지만 대중은 회사 내의 그런 긴장과 갈등을 몰랐다.

한은 처음에 DDB에 비틀 광고만 줬다. 마이크로버스 광고는 다른 회사가 수주했다. 하지만 DDB의 광고에 대한 반응이 폭발적이었고, 그는 마이크로버스 업무도 이내 DDB에 넘긴다. 결과는 연타석 대박이었다. 사전 조사를 해 보니, 여자들이 마이크로버스에 관심이 없는 것으로 나왔다. DDB는 1963년 다음과 같은 표제의 광고를 내놓았다. "당신의 아내는 마이크로버스에 맞춤합니까?(Do you have the right kind of wife for it?)" 불과 몇 년 후였다면 페미니스트들의 분노가 빗발쳤을 것이다. 하지만 광고의 본문은 당시로서는 놀라우리만치 여성주의적이었다. "아이를 병원으로 데려가 다리를 꿰매면서도 일이 끝날 때까지는 업무 중인 당신에게 알리지 않을 수 있습니까? 당신의 아내가 원자 폭탄을 걱정합니까? 식기 세트가 12명분뿐인데도 저녁 만찬에 13명을 초대합니까? 당신이 웃으면서 직장을 그만둘 수 있을 만큼 아내가 믿을 만합니까? 정말로 그렇습니까?"[35] 광고의 메시지는 마이크로버스를 좋아하는 여성이라면 강인하고 독립적일 것이라는 말이었다.

마이크로버스가 널찍하다는 점을 장점으로 내세운 광고도 있었다. 한쪽 옆문이 개방된 마이크로버스가 나오고, 갈색 종이로 포장된 T자 형의 대형 꾸러미가 선루프를 뚫고 튀어나온 광경을 우리는 볼 수 있다. 광고는 이렇게 묻고 답한다. "꾸러미 안에는? 스키 8조, 디킨스 전집, 냉동 시금치

98파운드, 스티븐 그로버 클리블랜드(Stephen Grover Cleveland, 1837~1908년, 미국의 22, 24대 대통령 — 옮긴이)가 사용한 장식장 하나, 할리우드 하이 체육관 운동복 80벌, 갑옷 1벌, 사모트라케의 니케(Winged Victory of Samothrace)의 실물대 복제품.'

많은 미국인은 어쩌면 "사모트라케의 니케"가 디즈니랜드의 최신 놀이 기구라고 생각했을 것이다. 하지만 바로 그것이 노림수였다. 폭스바겐과 DDB는 더 많이 알고, 그런 지식을 자랑스럽게 여기는 구매자들을 겨냥했다. 이 건에서 그들이 몰랐던 것은 광고의 꾸러미가 실상 빈 상자였다는 것이다. 그 광고는 폭스바겐 소유자들이 대다수의 미국인보다 더 똑똑한 것을 칭찬하며 갈채를 보냈다. 폭스바겐 소유자들은 더 부유했고, 교양도 풍부했다.

배우 폴 뉴먼(Paul Newman, 1925년~)은 자신의 첫 번째 비틀을 1953년 구입했고, 결국 5대나 보유했다.[36] 영국의 마거릿 로즈 공주(Princess Margaret Rose, 1930~2002년)도 1대를 가졌고, 그것은 비틀(Beatle, 'a' 비틀이라는 사실을 유의하라.) 존 레넌(John Lennon, 1940~1980년)도 마찬가지였다. 앨범 「애비 로드(Abbey Road)」의 재킷에서 레넌의 흰색 비틀을 볼 수 있다. (그가 보유한 롤스로이스나 페라리가 아니었다.) 폭스바겐이 비틀을 가난뱅이들한테는 최고의 차라며 판촉했다면(사실은 그런데) 앞에 언급한 사람 중 누가 그 차를 샀겠는가? 사실 가난한 사람들은 비틀을 아주 싫어했다. 그들이 볼 때, 비틀을 타고 다니는 짓은 가난하다고 대놓고 광고하는 짓이었다. 그들은 구매할 수만 있다면 디트로이트제 강철로 만든 큼직한 차를 원했다. 빈자들은 가난해 보이고 싶지 않았고, 부자들은 부유해 보이고 싶지 않았다.

돈 많은 부자들의 비틀 소유는 허세였다. 《플레이보이》 1964년 7월호 기사 「자동차로 고상 떨기 완벽 가이드」를 보자. 비틀을 제대로 가지려면,

"자식이 적어도 셋은 돼야 하고, 『위니-더-푸(Winnie-the-Pooh)』의 캐릭터로 이름을 지어 줘야 하며, …… 말할 때 프로이트적 용어들을 자주 쓰는게 좋다. 《뉴요커》를 읽고, 잡지 앞부분에 나오는 영화를 전부 확인하고 보는 것도 필수다. 《타임》은 읽기는 하되, 싫어하라. …… 스티븐슨(Stevenson, 미국 정치인 애들레이 유잉 스티븐슨(Adlai Ewing Stevenson, 1900~1965년)을 가리킨다. 아이젠하워와 대통령 선거에서 맞서 2번 다 패배했다. — 옮긴이)이 처음 출마했을 때는 지지했지만 두 번째는 아니었다고 주위 사람들에게 밝히는 것도 중요하다. ……"[37]

그 기사는 "진정한" 마이크로버스 소유 방법도 제시한다. "음식은 '그럽(grub)'이라고 부르라. 잠은 '춥게' 자도록. 오페라 좌에는 블루데님 셔츠를 입고 가야 한다. 섹스는 침낭에서. 수염은 무성하게. 이발소에 (갔어도) 간 티가 나는 헤어스타일은 절대 안 됨. 몸의 자연스러운 체취를 즐겨라, 특히 자신의 냄새는. …… 마이크로버스를 끌고 민간에 불하된 군용 물자 판매점(surplus store)을 찾거나 평화 대행진에 참여하는 것도 좋다. 마이크로버스를 몰고 블루밍데일 백화점(Bloomingdale's)에 가는 것, 절대 안 될 일이다."[38]

마이크로버스 운전자 다수는 실상 히피가 아니었다. 교외에 거주하는 사커맘(soccer mom, 아이들 교육에 극성을 부리는 엄마 — 옮긴이)의 초기 버전이었던 것이다. 하지만 그녀들은 주목을 받지 않았다. 히피들의 구루 켄 엘턴 키지(Ken Elton Kesey, 1935~2001년)와 추종자 무리인 즐거운 장난꾸러기들(Merry Pranksters)이 LSD에 취해 미국 전역을 돌다가 1964년 여름 뉴욕을 습격했는데도 그녀들이 과연 눈길을 끌 수 있었을까? 그들의 환각 버스는 마이크로버스가 아니었다. 그들은 인터내셔널 하베스터(International Harvester) 사의 1939년식 스쿨 버스를 개조해 '퍼더(Further)'라고 이름 붙

◄ 헨리 포드가 1908년 모델 T를 개발한 작업실이 디트로이트의 한 가로에 있는 바로 이 건물이었다. 오늘날 피켓 로 주변 동네는 쇠락한 도시의 풍경을 보여 줄 뿐이다. 그래도 포드의 그 옛날 공장 건물에는 세탁소가 입주해 영업 중이다. 한쪽으로는 모델 T 박물관이 소규모로 꾸려져 있다. 존스톨

▲ 피켓 로 포드 공장 건물 길 건너 맞은편에 자리하고 있는 신앙 충일 교회 건물 존스톨

▲ 피켓 로 공장이 곧 생산 한계에 부닥쳤고, 포드는 디트로이트 외곽에 신산업 단지를 발주한다. 하일랜드 파크 공장의 1913년 광경이다. 바로 그해에 헨리 포드가 컨베이어 시스템이라는 이동식 일관 작업대를 도입했다. 1914년 초에는 일당 5달러라는 혁명적인 봉급 체계가 뒤따랐다. 미국에서 중산층이 탄생한 것이다. <u>디트로이트 공립 도서관</u>

▲ 1912년식 모델 T 픽업. 한 세기 후 출고된, 화려하기 이를 데 없는 F-150 킹 랜치와는 현격하게 대비된다. 1912년에는 차대와 화물 적재함을 별도 구매해, 영업 사원이나 고객이 직접 조립했다. 거대한 레고 장난감이었다고나 할까. <u>포드 자동차 회사</u>

▲ 헨리 포드와 아들 에드셀. 뒤로 보이는 차는 1921년식 모델 T이다. 포드가 미국 자동차 시장의 60퍼센트를 장악했다. 하지만 헨리는 혁신을 거부하며 안주했고, 제너럴 모터스가 기회를 잡았다. 자동차가 물리적 이동 수단일 뿐만 아니라 사회적 이동 수단임을 헨리가 간과했던 것이다. 포드 자동차 회사

◀ 미시건 주 하일랜드 파크의 포드 생산 단지에 설비된 발전소의 위용 (1920년). 포드의 위세가 이해에 최고조를 기록했다. 포드 자동차 회사

▶ 제임스 커즌스는 영민하고 빈틈없는 재정 관리자로, 헨리 포드의 제국 건설을 도왔다. 일당 5달러를 발안한 것이 헨리 포드가 아니라 커즌스였다고 보는 역사가도 일부 있다. 진실 여부는 그렇다치고, 포드와 커즌스는 결국 갈라선다. 사실 포드는 최측근 사업 파트너와 항상 그런 식이었다. 디트로이트 공립 도서관

▲ 앨프리드 슬론 주니어는 1920년대부터 1950년대까지 제너럴 모터스를 이끈 최고 경영자다. 그는 GM의 사시(社是)를 이렇게 선언했다. "모든 계층이 살 수 있는, 갖은 용도의 차량"을 만들 것이다. GM의 각종 브랜드가 위계적 체계를 갖춘 소인이다. 그래서일까? 자동차는 미국 사회에서 첫손에 꼽히는 지위 상징물로 부상했다. 제너럴 모터스 문화 유산 센터

▲ 1927년식 라살로, 전설적인 인물 할리 얼이 디자인한 첫 차다. 낮고 날렵한 선들이 당시의 거개 차종과 뚜렷하게 대비되었다. 뭉툭한 상자 모양이었으니, 말 다했다. 라살은 미국 최초의 '여피' 차였다. 제너럴 모터스 문화 유산 센터

◀ 할리 얼은 GM의 디자인 스튜디오를 무려 30년간 이끌었다. 1950년대에는 그가 안출한 테일핀이 미국의 도로를 점령했다. 제너럴 모터스 문화 유산 센터

▲ 할리 얼과 콘셉트 카 르세이버(1951). 후미의 판과 원뿔형으로 돌출한 전방의 (방열) 그릴에 주목할 필요가 있다. 두 디자인 모두 캐딜락 차종의 표준 사양으로 채택되었으며, 가슴이 풍만한 당대의 텔레비전 스타 때문에 '다그마'라는 별칭으로도 불렸다. 제너럴 모터스 문화 유산 센터

▲ 최초의 쉐보레 콜벳이 공개된 것은 1953년 1월로, 그 무대는 뉴욕에 있는 GM의 모터라마 쇼 행사장이었다. 당시는 실험용 모델이어서 EX-122로 소개되었다. 《스포츠 일러스트레이티드》는 몇 년 후 콜벳을 이렇게 평했다. "색소 결핍증에 걸려 희멀건한 복어처럼 생겼다. 그릴에 달아 놓은 그 멍청한 이빨하고는!" 제너럴 모터스 문화 유산 센터

▶ 1974년 은퇴 무렵의 조라 아르쿠스-둔토프. 러시아 출신의 이 엔지니어는 콜벳을 총애했고, GM의 사장들이 단종을 지시했을 때조차 번번이 살려 내는 놀라운 투지를 보였다. 콜벳이 미국의 아이콘으로 자리 잡는 데는 조라의 역할이 컸던 셈이다. 제너럴 모터스 문화 유산 센터

▼ 1963년식 콜벳. 사진은 블랙 하드톱과 레드 컨버터블로 검정과 빨강이 전통적으로 가장 인기 있는 두 색상이었다. 콜리어 컬렉션

▲ 1963년식 콜벳 스팅레이. 뒷창이 둘로 쪼개져 있는 게 인상적이다. 사실 이것 때문에 둔토프와, 얼의 뒤를 이은 수석 디자이너 빌 미첼이 싸웠다. 미첼이 이 창 디자인을 마음에 들어 했는데, 둔토프는 시야가 방해받는다고 보았다. 분리 창 디자인 제품은 딱 1년간만 생산되었다. 제너럴 모터스 문화 유산 센터

◀ 1950년대 중반 크라이슬러에서 디자인 부서를 이끈 버질 엑스너. 그가 테일핀을 더 높이 세우면서, 디트로이트에서 결국 전쟁이 나고 말았다. 1950년대 후반을 살았던 미국 사람들은 "하지 못할 일은 없다."라는 정신 상태 속에서 열광과 활기 따위의 기풍을 과시했다. 테일핀만큼 당시의 시대상을 잘 보여 주는 물건도 없을 것이다. 디트로이트 공립 도서관

▲ 엑스너가 크라이슬러에서 디자인한 첫 차종들인 1955년식 모델이 대박을 쳤다. 사진의 차는 1955년식 플리머스 벨베데레 스포츠 쿠페로, 그때까지만 해도 미국에서 가장 테일핀이 큰 차였다. 하지만 곧 더 큰 차들이 출시된다. <u>크라이슬러 역사 컬렉션</u>

▲ 1957년 디트로이트 모터 쇼의 닷지 전시관. 엑스너의 활약으로 크라이슬러 차들의 테일핀이 1955년부터 계속 커졌다. 하지만 성공도 잠시, 업계의 공룡 제너럴 모터스가 반격에 나선다. <u>디트로이트 공립도서관</u>

▲ 1970년대의 척 조던. 1959년식 캐딜락을 디자인하고 약 15년 후의 모습이다. 테일핀이 가장 컸던 게 1959년식 캐딜락 차종이었다는 사실을 잊어서는 안 된다. 조던은 결국 GM의 디자인 부문을 총괄하게 된다. 제너럴 모터스 문화 유산 센터

▲ 1959년식 캐딜락 시리즈 62 컨버터블은 '테일핀 왕국'의 전형이었다. 미국인들은 당시 우주 개발에 열광했는데, 그 분위기가 자동차 분야에서 표출된 극점이기도 했다. 테일핀은 1959년 이후 크기가 줄어들기 시작했고, 1965년에는 영원히 사라졌다. 제너럴 모터스 문화 유산 센터

▲ 1959년식 캐딜락 엘도라도는 만화 캐릭터 조지 젯슨이 좋아할 만한 차였다. 측면 패널은 꼭 제트기의 동체를 닮았다는 생각이 든다. 테일핀 뒤쪽으로 2개씩 장착된 빨간색 미등은 별명이 '쌍방울'이었다. 제너럴 모터스 문화 유산 센터

▶ 국민차 비틀을 개발한 페르디난트 포르셰. 사진 속의 모습은 만년인 1940년대 후반일 것이다. 아돌프 히틀러가 권좌에 오르기 전 포르셰를 만났고, 그의 '교수님' 사랑 덕택에 포르셰는 독일 '국민의 차'를 개발하는 과제를 떠맡을 수 있었다. 폭스바겐 아카이브)

▶ 그레이트풀 데드의 제리 가르시아가 사망한 1995년 폭스바겐이 《롤링 스톤》과 다른 잡지들에 게재한 광고. 비틀은 히틀러 집권기 독일에서 태어났다. 하지만 비틀과, 같은 계열의 마이크로 버스는 1960년대 미국 히피들의 대항 문화를 상징했다. 폭스바겐 아카이브

Jerry Garcia. 1942-1995.

▶ '레몬'은 폭스바겐이 1960년대 초반에 시도한 가장 감연한 비틀 광고 중의 하나였다. 아래 적힌 내용을 소개하면, 한 회사의 품질 검수관이 비틀에 퇴짜를 놨고, 그래서 사소한 결함을 고칠 수 있었다는 얘기가 나온다. 도일, 데인 번바흐(현재는 DDB 월드와이드(DDB Worldwide)로 개명) 대행사가 제작한 폭스바겐 광고는 자기를 깎아내리는 식의 유머로 기존의 관례를 거역했다. 미국에서 히틀러의 차가 귀염둥이 이미지로 환골탈태할 수 있었던 이유다. 폭스바겐 아카이브

Lemon.

▶ 도일 데인 번바흐가 1970년대 초에 제작한 이 엉뚱한 비틀 광고를 보라. 아메리칸 고딕 양식이 환기되고 있다. 광고 출연자는 미주리 주 오자크 산지에 사는 실제의 부부였다. 폭스바겐 아카이브

▶ 1963년도 폭스바겐 마이크로버스 광고의 이 표제를 보라. 몇 년 후였다면 페미니스트들의 분노와 노여움을 샀을 것이다. 그렇기는 해도, 아래 내용에 적힌 여성은 독립적인 지성의 소유자다. 적어도 당시 맥락에서 보자면 말이다. 폭스바겐 아카이브

▶ 하인츠 노르트호프. 폭스바겐과 비틀을 구한 남자. 사진은 회사의 부활이 진행 중이던 1940 년대 말경의 모습. 노르트호프는 현대식 생산 설비를 갖추기 위해 미국 달러화가 필요했고, 폭스바겐이 1950년 비틀을 미국에 수출하기 시작한 것도 이런 연유에서다. 폭스바겐 아카이브

◀ 에드 콜이 1959년 10월 《타임》 표지를 장식했다. 엔진을 뒤에 올린 혁명적인 차량 콜베어가 데뷔한 해였음을 상기하라. 당시 그는 쉐보레 부문을 총괄했고, 후에 제너럴 모터스까지 이끌게 된다. 콜은 콜베어의 안정성에 문제가 있다는 상품 판단 내용을 무시했고, 결국 랠프 네이더라는 무명의 변호사가 1965년 이 차를 신랄하게 비판하는 저서를 발표한다. 『서 있어도, 달려도 언제나 위험한』이 바로 그 책이었다. 《타임》의 허가를 받고 게재

▶ 콜은 콜베어 프로젝트를 애지중지했다. 1960년 차량과 함께. 콜베어는 갤런 당 29마일을 달렸는데, 당시로서는 놀라운 성능이었다. 하지만 문제가 있었다. 코너링 시 뒤집어시는 경향이 있었던 것이다. 제너럴 모터스 문화 유산 센터

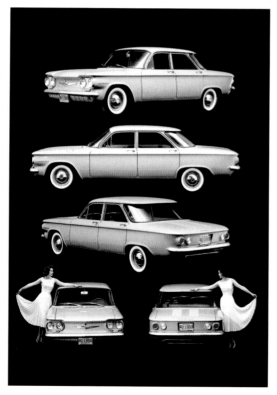

◀ GM의 콜베어 자료 사진(1960년).
제너럴 모터스 문화 유산 센터

◀ 에드 콜이 《타임》의 표지를 장식하고서 정확히 10년 하고도 2개월 후, 그의 호적수 랠프 네이더가 역시 《타임》의 표지를 차지했다, 바로 1969년 12월. 오른쪽 하단의 콜베어가 보이는가? 망각 속으로 사라지는 중인 콜베어. GM은 그해 콜베어를 단종했다. 《타임》의 허락 하에 게재

▶ 해럴드 '핼' 스펄리치는 포드 머스탱과, 크라이슬러 미니밴을 개발하는 데서 중요한 역할을 수행했다. 사진은 1970년대 후반의 모습. 머스탱은 미국 베이비부머 세대의 마음을 사로잡았다. 마침 그들이 운전을 시작하던 참이었다. 세월이 흘러 이번에는 미니밴이 베이비부머들을 유혹했다. 베이비부머들도 가정을 이루고 아이를 기르던 참이었던 것이다. 크라이슬러 역사 컬렉션

인 차를 타고 다녔다.

키지의 무리들이 다음과 같은 사실을 깨닫는 데는 그리 오랜 시간이 걸리지 않았다. 어라, 스쿨버스를 개조하기보다 폭스바겐 마이크로버스를 구해 돌아다니는 것이 더 싸고 쓸모 있겠는데! 폭스바겐 버스가 비록 공인된 것은 아니더라도, 그렇게 히피들의 이동 수단으로 등극했다.《카 앤드 드라이버》의 풍자 기사를 통해 이것을 확인할 수 있다. 후에 레온 트로츠키 파 사회주의자 숙청 위원회(Leon Trotsky Socialist Purge Committee)의 공동 의장으로 밝혀지는, 톰 핀(Tom Finn)이라는 가공의 히피가 마이크로버스를 어떻게 논평하는지 보자.

"내가 완전히 맛이 갔음을 인정한다. 하지만 뒤에 타고 있는 연놈들만큼은 아니다. 시크(Shiek)와 모나(Mona)는 떡을 치고 있고, 머피(Murph)는 천궁도를 해석하느라 바쁘다. ……" 새로 페인트를 칠해야 하지만 핀은 그러고 싶지 않다. "소살리토(Sausalito)의 모든 주부가 그렇게 도색된 버스를 타고 다니는데 그런 짓을 뭐 하러 하나? 스텐실로 난리를 쳐 놓으면 당장에 즐거운 장난꾸러기라도 되나?"**39**

1960년대에는 잡지에 폭스바겐이 나오는 만화나 만평이 무시로 실렸다.《뉴요커》에 나왔던 것을 하나 예로 들어 보자. 턱시도를 입은 남편과 이브닝 드레스를 걸친 아내가 저녁 만찬의 좌석을 배치 중이다. 아내가 말한다. "아주 재미있을 거예요. 캐딜락과 링컨 컨티넨털 사이에 폭스바겐을 배치하려고요."**40**

폭스바겐은 1960년대 말에 광고 활동과 판매가 그 절정에 이르렀다. 1969년에 최고 수익을 거둔 영화는 「러브 버그(The Love Bug)」였다. 그 디즈니 영화에는 허비(Herbie)라고 하는, 사람이나 다름없는 비틀이 나온다. 볼장 다 본 경주차 운전자인 주인이 허비의 도움으로 우승을 거두며 재기에 성공한다는 줄거리이다. 폭스바겐 경영진은 디즈니와 협력하는 것을 저어했다. 하지만 영화가 히트하자 놀란 입을 다물지 못했다. 허비가 나오는 속편이 셋, 그리고 짧은 텔레비전 시리즈도 제작되었다.

미국의 우주 비행사 세 사람이 달에 착륙했다. 그 역사적인 사건이 벌어진 후인 1969년 7월 DDB가 차도 없고, 문구도 없는 폭스바겐 광고를 내놓았다. 광고에는 볼품없는 달 착륙선, 폭스바겐 로고, 그리고 표제뿐이었다. "볼품없죠. 하지만 이걸로 달에 갔습니다."[41] DDB는 다시금 규칙을 깨 버렸다. 그것은 광고이자 예술이었다.

《뉴스위크(Newsweek)》가 3개월 후 폭스바겐이 주최한 한 언론 초청 설명회를 보도했다. 버몬트에서 열린 그 비틀 관련 행사는 디트로이트가 잘하는 짓을 패러디했다. 엔진 출력을 과시하며 대대적 과장 광고를 일삼는 디트로이트의 관행이 일명 '절약 주행' 이벤트로 조롱당했다. 기자들은 위스키 잔만큼의 가솔린만 지급 받았다. 폭스바겐 아메리카의 홍보 책임자 아서 레일턴(Arthur R. Railton, 1915~2011년)이 1970년에는 비틀의 스타일이 크게 바뀔 거라고 호언했다. "후방의 엔진실 뚜껑에 통풍구 3~4개를 달았습니다." 그가 정색하고 전기 드릴을 꺼내더니, 대뜸 전년도 모델의 트렁크 뚜껑에 구멍을 냈다. "구식 폭스바겐" 소유자라도 "자신의 차를 1970년식과 똑같이 만들 수 있습니다." 레일턴은 폭스바겐이 비틀의 엔진 출력을 53마력에서 57마력으로 늘렸다고 밝히면서 이렇게 토로했다. (디트로이트의 머슬 카보다 여전히 약 300마력이 떨어졌다.) "이놈의 엔진 출력 전쟁이 언제까지 계속될지 솔직히 저도 잘 모르겠습니다."[42] 모인 기자들은 웃지 않을 수 없었다.

폭스바겐 아메리카의 1960년대는 중단 없는 성공의 10년 세월이었다. 노르트호프가 1962년 미국을 방문했다. 뉴저지 미국 본사를 축성하고, 딜러들과도 만났다. 다음 방문 일정은 디트로이트였다. 그는 그 도시의 경제인 모임 앞에서 연설했다.

노르트호프는 오랜 활동 기간 내내 역사적 배경을 의식하지 않을 수 없었고, 사업가일 뿐만 아니라 철학자였다. 그는 디트로이트에서 자유에 관해 이야기했다. "철의 장막은 비극적인 분단선입니다. 저는 그로부터 지척인 5마일(약 8킬로미터) 거리에서 삽니다. 자유에 관해 생각하지 않을 수 없는 것이죠. 집에 있으면 동풍이 불어옵니다. 맨 먼저 나는 냄새는 노예제의 묵직한 공기인 것입니다."[43] 노르트호프는 미국 자동차 산업 경영자들의 공식 만찬에도 초대받았다. 다음 날은 포드 2세와 점심도 먹었다. 14년 전에 깔딱깔딱하던 폭스바겐 공장을 인수할 수 있었지만, 기회를 걷어차 버린 인물과 말이다.

비틀과 마이크로버스는 일련의 과정을 거치면서 문화적으로 신성시되는 상징물인 토템이 되었다. 두 차종은 다르게 살고 싶던 미국인들에게 기능적 측면과 상징적 측면 모두에서 완벽한 차량이었다. 그 '다르게' 산다는 것이 새로운 형태의 순응이었음에도 불구하고 말이다. 폭스바겐은 대항문화를 표상하는 자동차였다. 회사의 광고와 더불어 뜻밖의 행운도 작용했다.

차를 수리해 유지하는 방법을 소개하는 책도 그 가운데 하나였다. 『폭스바겐 유지, 관리 기술: 바보도 따라할 수 있는 사용 설명서(*How to Keep Your Volkswagen Alive: A Manual of Step by Step Procedures for the Compleat Idiot*)』는 간곡하게 타이르는 일부터 시작한다. "당신은 빵 살 돈으로 이 책을 샀다. 그러니 부디 읽어라!" 폭스바겐을 사랑하던 샌타페이의 한 기계공이 그 책을 썼고, 물병자리 시대(Age of Aquarius, 1960년대에 시작해서 2,000년간 지속된다는 새로운 자유, 평화, 우애의 시대 — 옮긴이)의 철학으로 무장한 범인(凡人)들은 갖은 기술적 세부 사항을 배울 수 있었다. 책의 간곡한 당부를 일부만 읽어 보자. "감각 기관을 총동원해 차를 느끼도록 하자. 차가 무엇을 원하는지, 어떻게 작동하는지 알아야 더욱 애정을 갖고 운행할 수 있다."[44] 제너럴 모터스 매장에 비치된 유지, 관리 설명서는 절대로 그렇게 읽히지 않았다. 『폭스바겐 유지, 관리 기술』은 10년 동안 발행되었고, 무려 22쇄를 찍었다.

폭스바겐은 그 창대한 10년을 마무리할 즈음 엄청난 손실을 마주했다. 노르트호프가 1968년 4월 12일 향년 69세를 일기로 사망했다. 폭스바겐을 성장시키고, 전성기를 이끌던 그가 그렇게 사라진 것이다. 노르트호프가 폭스바겐이라는 배의 키를 잡았던 때는 전후의 암담한 시기였다. 회사와 독일인은 물론이고, 전 세계인에게도 확실한 것이라고는 아무것도 없던 시절이었다. 그런 폭스바겐이 노르트호프의 지휘 아래 제너럴 모터스와 포드에 이어 세계 3위의 자동차 회사로 탈바꿈했다. 폭스바겐은 독일의 부흥과 재건을 상징했다. 각국 정부와 전 세계의 수많은 대학이 그를 칭송했고, 충분히 그럴 만했다.

노르트호프는 자신의 가장 위대한 업적은 35년 전 포르셰가 처음 구상한 안을 버리고 비틀의 기본 설계를 바꾸라는 압력에 끝끝내 저항한 것이라고 말했다. 노르트호프의 후계자들은 노르트호프만큼 그렇게 견인불발(堅忍不拔)하지 못했다. 사실 그럴 수도 없었고. 1970년대는 폭스바겐, 또는 이 회사의 차에 그리 우호적이지 않았다.

폭스바겐 광고는 불경한 재치로 유명했다. 하지만 1973년 가을 광고는 지나쳤다. 예의 물에 반쯤 잠긴 채 떠 있는 비틀이 나온다. 표제는 이러했다. "테드 케네디(Ted Kennedy, 케네디 대통령의 막내 동생인 에드워드 무어 '테드' 케네디(Edward Moore 'Ted' Kennedy, 1932~2009년) — 옮긴이)가 폭스바겐을 몰았으면 지금쯤 대통령을 하고 있을 텐데." 그 광고는 메리 조 코페크니(Mary Jo Kopechne, 1940~1969년)를 실명으로 언급했다. 코페크니라면, 1969년에 채퍼퀴딕(Chappaquiddick)에서 케네디 상원의원이 몰던 차에 동승했다가 익사한 젊은 여성이다.

사람들은 분노했고, 전화와 항의 편지가 빗발쳤다. 충성스러운 고객들이 다시는 폭스바겐을 구매하지 않겠다고 밝혔다. 폭스바겐은 사면초가, 고립무원의 처지에 놓였다. 정작 문제는 그 광고를 폭스바겐이나 DDB가 만들지 않았다는 것이었다. 심지어 그것은 광고조차 아니었다. 《내셔널 램푼(*National Lampoon*)》 잡지의 패러디 퍼포먼스였던 것이다. 그 패러디 물이 광고로 오인된 것은 폭스바겐이 1967년에 내보낸 광고를 여전히 기억하고 있었기 때문이다. 비틀이 물에 반쯤 잠겨 떠 있는 그것 말이다. 폭스바겐은 3000만 달러 소송을 제기했고, 《내셔널 램푼》은 사과문을 발표했다. 하지만 그 난리법석은 의미심장했다. 폭스바겐은 1970년대에 여러 곤경에 처한다.

《내셔널 램푼》이 말 많은 그 '광고'를 게재했을 즈음 폭스바겐은 비틀에서 퇴각 중이었다. 후방 탑재 공랭식 엔진은 확실히 낡은 느낌이었다. 1971년 슈퍼 비틀(Super Beetle)이 이미 도입되었다. 현가 장치가 개선되었고, 정규 비틀보다 적재 공간도 더 넓었다. 하지만 비틀 판매고는 이후 3년 동안 하락했다.

비틀은 여전히 용맹했지만, 전개되는 사태 역시 그 작은 차를 가만두지 않았다. 1970년 대기 오염 방지법이 제정되었고, 배기가스를 대폭 줄여야 했다. 공랭식 엔진한테는 그 과제가 상당히 어려운 데다 비용까지 많이 들었다. 1973년에는 아랍 지역에서 석유 금수 조치가 내려졌고, 더 많은 미국인이 독일이 아닌 또 다른 패전국 일본에서 수입된 소형차를 구매하기 시작했다. 일본의 모터사이클 제조업체 혼다가 1972년 후반기에 처음으로 미국 시장에 진출했다. 경승용차(subcompact) 시빅(Civic)을 갖고서 말이다. 시빅은 수냉식 엔진을 탑재했다. 엔진실이 앞이었고, 그것도 가로 방향으로 얹혔다.

전륜 구동 방식의 시빅은 눈 위에서도 비틀만큼의 견인력을 자랑했고, 내부 공간 역시 무척 넓었다. 시빅은 비틀보다 전장이 20인치(50.8센티미터) 이상 짧았고, 중량 역시 100파운드(약 45.4킬로그램) 더 가벼웠다. 기동성, 연료 효율, 조종성, 가속 능력이 더 낫다는 이야기였다. 시빅을 필두로 일본산 소형차들이 비틀의 모든 특장점을 무결점의 방식으로 제공했다. 비틀은 소음이 많이 났고, 가속 능력이 떨어졌으며, 히터가 무지하게 약했다. "발목에서 쥐가 숨을 헐떡이는 것" 같다는 우스개가 있을 정도였다. 40년이 흘렀고, 포르셰의 영원할 것 같던 설계도 구식이 되고 말았다.

폭스바겐이 1974년 초 대셔(Dasher)를 출시했다. 수냉식 엔진을 앞에 장착한 최초의 차였다. 하지만 가격이 거의 4,000달러에 육박했다. 4,000달러면 시빅보다 35퍼센트 비싼 가격이다. 폭스바겐은 대셔가 비틀을 대체하는 것이 아니라 보완하는 제품이라고 밝혔다. 하지만 그 말을 믿는 사람은 아무도 없었다.

워싱턴 소재 스미스소니언 국립 역사 박물관(Smithsonian's National Museum of American History)이 1976년 비틀을 전시하기로 결정했다. 비틀 하드톱이 미국에서 판매된 마지막 해가 1976년이기도 했다. 폭스바겐은 미국에서 1979년까지 비틀 컨버터블을 판매한다. 마이크로버스의 경우 이후로도 10년 동안 미국에서 계속 버티다, 자사의 유로밴(EuroVan)으로 대체된다. 경제적이면서도 믿을 수 있는 차라는 폭스바겐의 유산도 차츰 희미해졌다. 폭스바겐은 부자 고객을 대상으로 고가의 차를 파는 쪽으로 이동했지만 매출 기록표는 하락세를 면치 못했다.

그러나 비틀과 마이크로버스는 미국 이외 지역에서 계속 생산되어 팔렸다. 공랭식 엔진을 후방에 장착한 비틀이 2003년 멕시코의 푸에블라(Puebla)에서 마지막으로 생산되었다. 그것으로 끝이었다. 이 방식의 비틀이 총 2150만 대 이상 팔린 셈이었다. 포드의 모델 T가 1500만 대였으니, 비틀은 역사상 가장 많이 팔린 차다.

비틀을 살려 낸 영국 장교 허스트는 전역 후에 공직을 수행했고, 2000년에 84세를 일기로 사망했다. 그는 죽기 전에 폭스바겐이 1998년 출고한 뉴 비틀(New Beetle)을 몰았다. 뉴 비틀은 수냉식 엔진이 앞에 얹혔고, 기계적으로도 전륜 구동 방식이었다. 하지만 원래 비틀의 곤충 생김새는 그대로 유지했다.

베이비 붐 세대는 이제 머리가 희끗희끗해진 채 과거를 아쉬워했다. 뉴 비틀이 그들의 노스텔지어를 건드렸음은 물론이다. 갖고 있는 신형 고급 BMW의 등록 번호를 모르는 사람은 많아도, 고등학생 시절과 대학교 때 몰던 빈약하기 그지없던 비틀의 번호판을 못 외우는 사람이 있을까? 윌리엄 '빌' 캠벨(William 'Bill' Campbell, 1940년~)은 1960년대 중반 컬럼비아 대학교 학생이었고, 녹색 비틀을 몰았다. 당시 그는 미식 축구장에 가기 위해 고속도로를 타면서 옆바람과 싸워야만 했다. 빌은 후에 인투이트(Intuit, 미국의 소프트웨어 회사 — 옮긴이)의 회장이 된다.

1986년 만우절 날 선 마이크로시스템스(Sun Microsystems)에서는 이런 일도 벌어졌다. 자기 방으로 들어간 부사장 에릭 슈미트(Eric Schmidt, 1955년~)는 화들짝 놀랐다. 사무실이 텅 비었고, 비틀만 1대 덩그러니 놓여 있었던 것이다. 물론 직원들이 밤 사이에 집기를 모조리 뺀 것이었다. 차는 방에 어떻게 집어넣었을까? 부하들은 비틀 부품을 반입해 현장에서 조립했다. 슈미트가 대경실색하는 광경을 담은 동영상이 나중에 유튜브에 올라왔다. 그 장난은 후세를 위해 보존되어야 했다. 슈미트는 후에 구글 (Google)의 최고 경영자가 된다. 구글은 유튜브를 사 버렸다.

비틀은 많은 유산을 남겼다. 디트로이트가 받은 영향도 그 가운데 하나다. 비틀이 성공을 거두자, 쉐보레가 1959년 후반에 경쟁 차를 출시했다. 공랭식 엔진을 후방에 탑재한 차였다. 쉐보레 총괄 경영자였던 콜은 이렇게 말했다. "폭스바겐은 이 나라에서 2년 안에 사업을 접을 것이다."[45] 콜의 예언은 완전히 틀린 것으로 판명되었다. 쉐보레 콜베어의 다른 많은 것도 마찬가지였듯이 말이다.

05

쉐보레 콜베어

소비자의 반란

확실하게 끝내 버려!

1959년 10월 5일 《타임》의 표지를 한 남자가 장식했다. 활짝 웃음과 밝은 눈동자에서 승리감이랄까, 환희를 읽을 수 있었다. 그가 바로 에드 콜이다. 콜은 호레이쇼 앨저(Horatio Alger, 1832~1899년)처럼 살았고, 이미 쉐보레의 최고 경영자였다. 쉐보레라면 세계 최대의 자동차 부문이었으니, 과연 자수 성가형 입신 출세자가 맞았다. 관련 기사를 보자. "모델 T 이후로 이렇게 엄청나고 압도적인 변화가 자동차 산업에 휘몰아친 적은 없다. 금주에 혁신적 설계의 콜베어가 디트로이트를 떠나 7,200개의 쉐보레 전시장에 투입되었다. …… 미국에서 대량 생산된 모델 가운데 이렇게 대규모로 전개된 차종은 일찍이 없었다. 알루미늄 소재로 제작된 엔진은 공랭식이며, 후방에 탑재된다. 쉐보레 부문 총괄 사장 에드워드 콜은 이제 50세로,

소탈하면서도 뛰어난 인물이다. 그에게 신차 콜베어는 15년간 구상해 온 꿈의 실현이다. 콜의 다음과 같은 발언은 의기양양하기만 하다. '콜베어는 최고입니다. 뭐라도 더 좋은 것이 생각난다면, …… 난 미쳐 버릴 거예요.'[2]

그의 이 발언을 능가하는 아이러니가 또 있을까? 콜베어는 몇 년이 채 안 되어 제너럴 모터스의 면전에서 폭발, 분해되어 버린다. 제너럴 모터스가 쉐보레의 모기업으로, 당시에 세계 최대이자 가장 수익을 많이 내던 기업이라는 점을 상기해야겠다. 콜베어 와해의 파문은 실로 엄청났다. 미국의 법 체제가 바뀌었고, 정부와 기업의 관계도 새롭게 규정되었다. 콜베어 사태의 전말은 콜이 표현한 자신감 및 확신과는 닮은 구석이 거의 없었다.

콜베어는 제너럴 모터스가 비틀에 대응해 만든 물건이었다. 물론 기계 공학적 요소가 비슷했지만 덩치는 더 컸다. 디트로이트는 독일산의 그 이상하게 생겨먹은 작은 차가 뭐가 매력적인지 도무지 이해할 수 없었다. 제너럴 모터스의 임원들은 비틀 구매자들을 괴짜, 빨갱이, 싸구려 저질, 아니면 그 셋 모두일 것이라고 짐작했다. 진정한 미국인은 크롬 도금의 6인승 세단이나 대형 스테이션 왜건을 구매했다. 그들은 디트로이트가 매년 바꾸는 디자인에 뒤지지 않으려고 그런 차들을 빈번하게 구매하기까지 했다. 그들은 이웃집 스미스 씨나 존스 씨 가족들에 꿀리고 싶지 않았다. 그러나 1950년대 후반이 되자 비틀의 인기가 기세를 더해 갔고, 사태를 무시, 외면하는 것이 점점 더 어려워졌다. 당시까지만 해도 디트로이트의 시장 조사 활동은 유치하기만 했다. 비록 그러기는 했어도 비틀 구매자 다수가 부유하고 교양 있는 시민이라는 사실이 밝혀졌다. 요컨대 그들은 더 큰 차를 살 수도 있었지만 사지 않기로 한 것이었다.

1958년의 '아이젠하워 경기 후퇴'가 한몫했다. 그 속에서 에드셀이 폭삭 망하고, '콤팩트 카(compact car)' 판매가 급증했다. 콤팩트 카는 아메리칸 모터스(AMC) 회장 조지 윌켄 롬니(George Wilcken Romney, 1907~1995년)가 만든 말이다. AMC의 램블러가 그해에 판매 면에서 업계 3위 차로 등극했다. 그 앞에는 쉐보레와 포드뿐이었고, 오랫동안 견실하게 판매되던 폰티액, 올즈모빌, 뷰익, 플리머스, 닷지를 모두 앞지른 것이다. 빅3 사장단은 충격을 먹었다. 콜만 빼고.

그는 이런 날이 올 것을 알고 있었다. 심지어 경기가 후퇴하지 않았어도 그러리라고 판단했다. 미국에서 자동차를 2대 보유한 가정은 아직 소수였다. 하지만 점점 보편화되어 가고 있었다. 그런 가족은 특대 사이즈 차량을 2대씩이나 필요로 하지 않았다. 가족이 다 탈 수 있는 큰 차는 1대면 족했다. 아버지는 더 날렵하고 경제적인 소형차를 이용해 출퇴근하는 것이 이상적인 그림이었다. 그것이 탁월한 조합일 터였다.

경기가 후퇴하기 전인 1957년에도 콜은 이런 논리를 들이대며 제너럴 모터스 회장인 레드 커티스에게 자신이 애지중지하던 주력 프로젝트를 설득했다. 커티스는 설득한다고 해서 마구 넘어가는 사람이 아니었지만, 그렇다고 콜도 순순히 물러서지는 않았다. 콜은 여러 해째 콜베어 프로젝트를 은밀히 진행 중이었다. 비밀리에 차량을 개발하고, 그 비용은 다른 예산으로 은폐한 것인데, 회사의 승인이 없었음은 두말 하면 잔소리다. 콜은 콜베어를 믿었고, 위험을 기피하는 고급 간부들의 경우 기정사실로 들이대지 않으면 꿈쩍도 하지 않으리라고 생각했다.

콜베어는 공랭식 엔진을 채택했고, 그에 따라 물 펌프, 방열기, 부동액이 필요 없어졌다. 사실 이 모든 것에는 비용이 들었고, 더구나 재래식 차들은 그것 때문에 더 무거웠다. 후방 탑재 엔진이 구동 바퀴 바로 위의 변속 장치와 결합되었기 때문에 전방의 엔진과 변속 장치를 후방의 구동 바퀴와 연결하는 전래의 구동축이 전혀 필요 없었다. 이것과 함께 추가로 비용과 무게가 절감되었고, 구동축에 할애되었어야 할 바닥 공간이 절약되었고, 결국 추가로 실내가 넓어졌다. 콜의 신차는 1갤런(약 3.8리터)당 약 30마일(약 42.3킬로미터)을 주파했다. 다른 대부분의 차가 겨우 그 절반을 달리던 시절에 말이다. 콜베어는 무게가 적당했고, 장착된 80마력 엔진으로 시속 88마일(약 141.6킬로미터)이라는 최고 속도를 내고 유지할 수 있었다. 시속 88마일은 미국의 법정 제한 속도보다 빠른 속도였다. 콜베어는 비틀과 달리 6명까지 능히 탑승할 수 있었다.

요컨대 콜베어는 미국인들의 비틀이었다. 가족이 다 탈 수 있을 만큼 컸고, 주류 구매자들이 반할 만큼 세련되었던 것이다. 콜베어의 별명은 '미국의 폴크스 왜건(America's folks wagon)'이었다. 좀 복잡한 다른 별명 '윌로 런에서 제작된 경이적인 공랭식 차(Waterless Wonder from Willow Run)'는 미시간 주 입실란티(Ypsilanti) 교외의 윌로 런 생산 공장에서 유래했다.

언론은 콜베어의 경이로움에 입을 다물지 못했다. 디트로이트가 그렇게 대담한 짓을 해내리라고 기대한 사람은 아무도 없었다.《스포츠카 일러스트레이티드(Sports Car Illustrated)》가 어떻게 썼는지 보라. 콜베어는 "주류 자동차 제조업체의 공급 역사상 …… 가장 혁명적인 차량이다."³《트루: 맨스 매거진(True: The Man's Magazine)》은 이렇게 썼다. "디트로이트의 최대 자동차 회사가 30년 동안 재래식 차만 팔더니 대담한 도박을 시작했다."⁴ 사람들은 미제 차가 디자인에만 주력하고 기술 공학은 외면한다며 배격했다. 요컨대 혁신이 없다는 것이었다. 그런 인식을 감안하면, 콜베어는 정말이지 적극적인 대응이었다. 콜베어는 여러 면에서 반세기 후의 미국에 필요한 혁명적인 차였다. 옴짝달싹 못 하는 도로와 원유가 1배럴(158.9리터)당 100달러씩이나 하는 시대이니, 적어도 개념상으로는 말이다. 하지만 콜베어는 결국 망했고, 그 사실 때문에도 정말이지 비극적이다.

쉐보레 콜베어도 포드의 모델 T처럼 미시간 출신의 한 농촌 청년이 품은 단호한 미래상에서 태어났다. 콜은 1909년 9월 17일 그랜드래피즈(Grand Rapids) 서쪽의 작은 마을 마른(Marne)에서 태어났다. 네덜란드 개혁 교회의 칼뱅주의가 그랜드래피즈와 주변 지역의 주류 정서였다.

부모가 낙농업을 했기 때문에, 콜은 어렸을 때 소젖을 짜고, 매일 아침 우유를 배달했다. 그 경험 때문에 자신이 빨리 걷게 되었다고 그는 후에 술회한다. 배달이 진행될수록 짐이 가벼워졌으니 말이다. 그는 다섯 살 때 가족 소유의 1908년식 뷰익에 기어 올라가 시동을 걸었고, 나무를 들이 받았다. 콜은 16세 때 하자가 생긴 차 2대를 재조립했고, 당시로서는 매우 드문 2대 소유자 대열에 합류했다. 그 가운데 1대가 4기통 색슨(Saxon)이었는데, 콜은 색슨의 엔진을 아주 사납게 개조했고, 오타와 카운티에서 그의 차를 추월할 수 있는 차량은 없었다.

콜은 고등학생 시절 변호사가 되고자 했다. 자신이 후에 한 변호사와 수년간 싸우게 되리라는 것을 그는 아직 몰랐다. 그러나 콜은 그랜드래피즈 커뮤니티 칼리지에 입학했고, 계속해서 플린트 소재의 제너럴 모터스 인스티튜트(General Motors Institute, GMI)에 진학한다. GMI는 회사가 세운 대학으로, 공학에 중점을 두었고, 학생들이 일과 공부를 병행하며 스스로를 부양할 수 있도록 학사 운영을 했다. 청년 콜은 캐딜락 부문에서 일했고, 재능을 인정 받아 1933년 상근 기술직을 꿰찬다.

캐딜락은 콜의 패기를 믿었다. 물론 상관들이 여러 차례 고민에 빠지기도 했지만. 한번은 콜이 공식 드래그 레이스에서 V12 엔진이 얹힌 신형 캐딜락 컨버터블을 눌러 버렸다. 이때 그는 구식 쉐보레를 타고 나타났는데, 물론 기화기 3개를 달아 엔진 출력을 대폭 강화했다.[5] 아무튼 콜은 1930년대에 캐딜락의 엔진을 훨씬 정숙하게 다듬었고, 엔진 냉각 시스템도 더 효율화했다.

　후자의 업적은 미국 육군도 주목했다. 배기공을 단조롭게 만들 수밖에 없었고, 엔진이 과열되면 전차들은 고장나기 일쑤였다. 콜은 제2차 세계 대전 직전에 상관들의 명령에 따라 M5 전차의 엔진을 더 믿음직스럽게 개량했다. 그는 90일 기한을 지켰고, 캐딜락 부문은 대규모 전차 생산 계약을 따낼 수 있었다.

　전쟁이 끝났고, 콜은 엔진을 뒤에 얹은 캐딜락을 실험적으로 개발했다. 저돌적 사업가 프레스턴 토머스 터커(Preston Thomas Tucker, 1903~1956년)가 엔진이 후방에 탑재된 대형 자동차를 개발했고, 그것은 이 차를 저지하려는 제너럴 모터스의 수세적 대응이었다. 콜의 일명 '캐디백(Cadiback)'은 생김새가 이상했다. 엔진의 하중을 버티기 위해 뒷바퀴에 특대형 트럭 타이어를 끼웠던 것이다. 하지만 구동 바퀴 위에 엔진의 무게가 실리자 견인력이 향상되었고, 콜은 미시간의 엄동설한과 당당히 맞설 수 있었다. 이웃들의 차는 빙판길에서 미끄럼을 타다가 도랑에 처박혔다. 콜은 후륜 구동차의 매력에 흠뻑 빠져들었다.

　터커의 모험은 실패했다. 제작된 차가 쓸 만하지 못했던 탓이다. 제너럴 모터스도 콜의 프로젝트를 접었다. 전후의 호경기 속에 캐딜락은 만드는 족족 팔려 나갔고, 제너럴 모터스는 프로젝트를 실험한답시고 자금을 낭비할 필요가 없었다. 물론 캐딜락은 정규 탑재 엔진을 엄청나게 개선하고 있기도 했다. 콜이 그 과정을 관장했다.

　신형 '고압축률' V8 엔진 개발을 콜이 주도했다. 이 엔진은 구형보다 25퍼센트 더 가벼우면서도 출력이 셌으며, 연료 효율까지 개선되었다. 캐딜락 임원들은 엔진을 뒤에 얹은 차는 새까맣게 잊고 있었다. 콜을 제외하면 말이다. 콜은 클리블랜드에서 증설되던 캐딜락 생산 공장을 관리하면서 엔진을 뒤에 장착한 소형차를 어떻게 만들지 궁리했다.

그러던 1952년 4월 콜이 디트로이트로 호출되었다. 제너럴 모터스의 최대 브랜드 쉐보레가 오래된 차와 구식 엔진으로 고전을 면치 못하고 있었다. 불과 3년 사이에 판매량이 무려 40퍼센트나 급락했던 것이다. 회장인 일명 '엔진 찰리' 윌슨('Engine Charlie' Wilson, 후에 다음과 같은 의회 증언으로 유명세를 떨치는 바로 그 찰스 어윈 윌슨(Charles Erwin Wilson, 1890~1961년)이다. "미국에 좋으면 제너럴 모터스에도 좋고, 그 역도 성립합니다.")이 쉐비 총괄 토머스 키팅(Thomas Keating)에게 부문의 난경을 타개하기 위해 필요한 것은 무엇이든 이야기해 보라고 말했다. 키팅이 콜을 달라고 대꾸했다. 콜에게 상관 책상에 클리블랜드 사무실 열쇠를 던져두고, 당장에 디트로이트로 튀어오라는 지시가 내려졌다. 마른 출신의 41세 촌뜨기가 그렇게 쉐보레 부문 수석 엔지니어가 되었다.[6]

콜은 851명 규모의 기술 인력을 3배로 증원했고, 그 부서가 입주해 있는 건물의 에스컬레이터 운행 속도를 무려 30퍼센트 높였다. 엔지니어들은 그 에스컬레이터를 "콜의 고속도로"라고 불렀다. 콜의 진두지휘 아래 쉐비의 기술 부서가 더 가볍고 강력한 V8 엔진을 재설계해 냈다. 쉐비의 판매고가 1년이 채 안 되어 회복세로 돌아섰다.

쉐보레는 1955년 벨 에어를 개조해 출시했고, 상승세가 한층 탄력을 받았다. 콜은 벨 에어가 "흥미로운 물건(intrigue)"이라고 말했다. (그는 '성적 매력(sex appeal)'이라는 말을 중화해서 "흥미롭다."라고 했다.) 벨 에어는 선이 미끈하게 빠졌고, 전면 그릴이 이를 드러내고 웃는 모양새였으며, 콜이 개발한 '소형 블록' V8 엔진이 얹혔다. 소형 블록 V8 엔진은 캐딜락에 들어가던 육중한 V8보다 작으면서도 162마력을 냈는데, 당시로서는 상당한 출력이었다. "벨 에어가 토해 내는 엔진 소리를 느껴 보아요.(Try this for sighs.)" 쉐비의 광고는 선정적이기까지 하다. 쉐비가 콜벳에 처음으로 V8 엔진을 집어넣은 해가 1955년이었음도 부기해 둔다.

콜은 키팅조차 모르게 엔지니어 몇 명을 불러 모아, 새로운 소형차 아이디어를 시험하는 비밀 팀을 꾸렸다. 그들은 전방 탑재 전륜 구동차와 후방 탑재 전륜 구동차를 실험했다. 기존의 전방 탑재 후륜 구동 방식까지 시험해 보았다. 하지만 콜은 '캐디백'을 잊지 못했고, 후방 탑재의 후륜 구동 방식을 꿈꾸었다. 1956년 봄 시제품이 시험되었다. 포르셰 차체를 씌워 위장하는 꼼수가 동원되었다. 차가 굉음을 울리며 쉐비의 기술 본부 주변을 시속 80마일(약 128.7킬로미터)의 속도로 질주했다. 그곳은 제한 속도가 시속 25마일(약 40킬로미터)이었다. 부하들은 콜이 사고라도 날까 봐 제대로 쳐다보지도 못했다. 그가 끼익 하는 브레이크 파열음과 함께 그들 앞에 멈춰 섰다. 그러고는 불쑥 내민 말, "바로 이거야."[7]

7월에 콜이 키팅의 뒤를 이어 쉐보레 부문을 총괄하게 되었다. 46세였으니, 그 직책을 거머쥔 최저 연령이었다. 콜은 에스컬레이터 운행 속도를 높였고, 그 자신도 맹렬한 속도를 고집했다. 한 기자의 논평이 무척 인상적이다. "콜이 제너럴 모터스의 복도를 활보하는 광경을 보노라면 조지 스미스 패튼(George Smith Patton, 1885~1945년)이 남부 독일을 찢어 놓은 역사가 떠오른다. …… 속기사들은 기자 간담회에서 그가 사전 준비 없이 즉흥적으로 내뱉은 말을 받아 적어야 하고, 말을 놓치기 일쑤다. …… 그는 낚시나 하면서 좀 쉬겠다고 한다. 하지만 함께 일하는 사람들은 이렇게 쑥덕거린다. '사장님이 드리운 낚시의 미늘을 낚아챌 만큼 빠른 물고기가 과연 있을까?'"[8]

제너럴 모터스에는 콜을 감시할 만큼 민활한 상관도 없었다. 아직 이름도 없던 콜베어 작업은 여전히 비밀에 부쳐졌다. 콜의 명령으로 그 비밀

프로젝트가 증속 구동했는데도 말이다. 1957년 봄 콜이 상세 공정 도면을 완성했고, 시제차가 제작되었다. 물론 그는 최고 경영자인 커티스에게도, 회사 내부에서 막강한 권한을 행사하던 기술 정책 위원회(Engineering Policy Committee)에도 그 사실을 알리지 않았다. 무모하지 않았다 해도, 과감한 결정이었다. 콜은 자신의 차가 눈앞에서 굴러가야 중역들이 생각을 고쳐먹을 것이라고 믿었다. 늦여름에 콜은 마음을 단단히 먹고, 그간 몰래 벌여 온 공작을 커티스에게 이실직고했다.

레드 커티스가 폭발하지는 않았다. 하지만 콜은 2시간 동안 잘근잘근 씹혔다. 그 차를 팔 수 있는 시장이 존재할까? 제너럴 모터스가 적당한 가격에 알루미늄을 충분히 확보해 경량의 엔진을 제작할 수 있을까? 콜은 이 두 질문 모두에 그렇다고 답했다. 엔진이 혁신적으로 설계되어, 트렁크로 사용되는 뒤쪽 공간에 쉽게 들어간다는 설명이 보태졌다. "피스톤과 실린더도 옛날 엔진에서와 달리, 수직으로 똑바로 서 있는 것이 아니라, 엔진 양쪽으로 3개씩 마치 '팬케이크' 모양으로 납작하게 자리할 겁니다."

그 신차가 수익이 많이 나는 자사의 대형차 매출을 감소시키지는 않을까? "우리가 안 만들면 타사가 만들 겁니다, 레드."[9] 시험 주행이 즉석에서 이루어졌고, 커티스는 크게 감동했다. 심지어 그의 머리에서는 쉐보레, 폰티액, 올즈모빌, 뷰익, 캐딜락에 더해 GM의 여섯 번째 부문을 만들자는 생각까지 떠올랐다. 하지만 콜은 그 차가 쉐비에 포함되어야 한다고 생각했다.

프로젝트 예산이 기술 정책 위원회의 검토 과정에서 1억 5000만 달러로 치솟았다. 콜이 애초 제청한 8500만 달러는 그답지 않은 짠돌이 액수였다. 1957년 12월 제너럴 모터스 이사회가 콜의 차를 승인했다. 1달 후에는 이사들 앞에서 콜이 직접 시제차를 타고 시험 주행을 해보였다. 《트루》

는 이렇게 전한다. 그가 "고속 횡경사를 따라 차를 몰았고, 이윽고 제동 장치를 밟아 중역들 앞에 멈추었다. …… 두 가지가 선명한 사실로 부각되었다. 쉐보레가 콜베어라는 엄청난 신차를 갖게 되었다는 게 하나요, 에드 콜이라는 대단한 지도자를 모시고 있다는 것이 그 두 번째다."[10]

공랭식 엔진이라면 제너럴 모터스도 이미 경험이 있었다. 좋은 경험은 아니었지만 말이다. 전기 시동기를 발명한 제너럴 모터스의 찰스 프랭클린 케터링(Charles Franklin Kettering, 1876~1958년)이 1922년 비슷한 엔진을 개발하고, '구리 냉각(copper-cooled)' 엔진이라고 명명했다. 방열기 없이 열을 발산하기 위해 구리 소재의 얇은 판을 달았기 때문이다. 케터링이 포드를 추월하겠다며 이 엔진을 밀어붙였다. 하지만 최고 경영자인 슬론이 엔진의 신뢰성에 의문을 제기하고는 죽여 버렸다. 슬론은 1956년에 GM 회장직에서 물러난다. 제너럴 모터스가 콜베어를 수용하기 불과 1년 전이었다.

콜베어 개발이 착착 진행되면서 (이번에야말로 회사의 공식 허가 속에서) 서로 엇갈리는 두 사안이 부상했다. 전용 타이어가 필요했는데, 제너럴 모터스는 절대 비밀과 최고 보안을 원했다. 뒤엣것을 훼손하지 않고서 앞엣것을 개발하기가 쉽지 않았다. 콜베어는 독특한 설계로 차량의 중량이 전방에 40퍼센트뿐이었고, 후방이 60퍼센트였으므로 통상의 타이어로는 안정성을 충분히 확보할 수 없었다. 비틀의 경우는 차체가 아주 작아서 이게 문제가 안 되었다. 콜베어는 더 길고, 낮고, 무거웠다.

쉐보레가 미국 고무 회사(U.S. Rubber Company, 이후의 유니로열(Uniroyal))에 별도의 후방 중량을 감당할 수 있는 특수 타이어를 개발해 달라고 주문했다. 그 과정에서 쉐비의 엔지니어들은 이유를 숨기려고 갖은 수를 썼다. 미국 고무는 그 특이한 타이어가 홀든(Holden)에서 개발 중인 신차에 들어갈 것이라는 이야기를 들었다. 홀든은 제너럴 모터스의 오스트레일리아 자회사였다. 이 거짓말은 시간이 흐르면서 계략의 수준까지 정교해진다. 쉐보레의 구매 담당은 특정 부품이 '홀든행 포장'이라고 표기된 조달 서류까지 만들었다. 물론 오스트레일리아로 가는 일은 없었다. 쉐비의 한 임원은 집무실을 방문한 기자가 들을 수 있도록 가짜로 전화를 걸어 홀든의 후방 탑재 차량에 관해 논의하는 쇼를 벌였다. 연기가 먹혔던지, 그 기자는 국내에서 후방 탑재 차량이 개발되고 있다는 소문은 사실이 아니라고 확인해 주고 다녔다.

그 와중에 미국 고무는 후방의 추가 중량을 더 잘 지탱한다는 목표하에 새로운 고무 화합물을 사용한 타이어를 설계했다. 개발된 타이어는 훨씬 큰 차에 끼우는 타이어처럼 테두리 지름이 컸다. 회사의 설계 명세에 기입된 내용을 보면 뒷바퀴에 끼우는 그 타이어는 제곱인치 당(per square inch, psi) 26파운드(약 11.8킬로그램)의 공기압으로 부풀려야 했다. 반면 앞바퀴에 끼우는 타이어는 불과 15psi였다. 뒤쪽 타이어의 공기압을 그렇게 높여야 콜베어의 후부 안정성이 커지고, 곡선 주로를 달릴 때 차가 획 돌면서 길을 벗어나는 것을 막을 수 있었다. 그런데 여기서 결정적으로 중요한 점이 있다. 문제의 설계 명세서가 운전자들에게 지속적으로 타이어의 공기압을 점검하라고도 요구했던 것이다. 부리나케 출근하거나 자녀의 리틀야구 경기장으로 달려가는데 시간을 내서 타이어의 공기압을 점검한다? 그런 사람은 거의 없을 터였고, 이것이 문제가 되는 것이다.

쉐비의 홍보부가 콜베어 출시를 몇 달 앞둔 1959년 여름 모리스 올리(Maurice Olley, 1889~1972년)의 발표에 자동차 기자 30명 정도를 초청했다. 둔토프를 몹시 괴롭혔던 그 고지식한 엔지니어는 막 퇴직한 상태였지만, 기자들이 그를 존경한다는 이유로 중책이 맡겨졌다.

하지만 발표를 둘러싼 상황이 애매하고 어설펐다. 쉐보레는 콜베어라는 신차를 개발 중임을 인정했지만 후방 탑재 엔진에 관한 소문은 여전히 확인해 주지 않았다. 제너럴 모터스가 후방 탑재 엔진 차를 개발할 것이라는 말은 빼고, 그 설계의 여러 장점을 칭찬하는 것이 올리의 임무였던 것이다! 올리가 발표를 시작했다. "열과 소음이 수반되는 기계류는 모두 후방에 두지요." 엔진을 뒤에 얹는 설계를 하면 견인력과 조종성이 향상됩니다. 구동 바퀴에 더 많은 무게가 실리니까요. 올리는 이렇게 말하고, 충성스러운 사람답게 질문을 봉쇄했다. "저는 쉐보레 사람들이 무얼 계획하고 있는지 정말 모릅니다."[11]

그 점심 회합에 참석한 기자들은 며칠 후 우편으로 이상한 봉투를 받았다. 발신인 표시가 없었던 것이다. 안에는 1953년 자동차 공학 협회에 발표된 기술 보고서가 한 편 들어 있었다. 엔진을 뒤에 얹은 차의 안전에 의문을 표시하는 내용이었다. 기술 보고서에는 이렇게 적혀 있었다. "나는 후방 탑재 엔진 자동차가 형편없는 물건이라고 항상 생각해 왔다. 뒷바퀴에 많은 하중이 실린 차는 적정한 속도에서조차 안전하게 운행하는 것이 불가능해 보인다."[12] 기술 보고서 작성자는 다름 아닌 올리였다.

그 책동은 언론을 주무르는 기업 행태의 고전적인 사례였다. 매스컴을 상대로 한 정보 조작, 곧 스핀 컨트롤(spin control)이라는 말은 아직 만들어지지도 않은 상태였지만 말이다. 기자들은 웃어 넘겼지만 익명 우편물의 출처가 포드 아니면 크라이슬러의 홍보 담당자일 것으로 보았다. 두 회사 모두 콤팩트 카 출시를 준비하고 있었다. 각각 포드 팰컨(Falcon)과 플리머스 밸리언트(Plymouth Valiant)였다. 두 차 모두 엔진은 앞에 얹고, 구동 바퀴는 뒤에 있는 전례의 전방 탑재 후륜 구동 설계안이 적용되었다. 경쟁사 쉐보레의 차가 흠이 잡혀 타격을 받으면 두 회사 모두 이익일 터였다. 더구나 엄청 재미있고 고소하기까지 한 일 아닌가! 하지만 쉐비는 비밀 유지에 집착했고, 제대로 대응하지 않았다. 물론 쉐비의 침묵도 오래가지는 않았다. 불과 몇 달 후 1960년식 모델들이 공개되었기 때문이다. 쉐보레의 판촉 기구가 맹렬한 활동에 돌입했다.

"도시는 균열되었고, 한계에 이르고 말았습니다. 교통은 마비 상태고, 주차 공간 역시 구하기 힘듭니다. 교외가 확장되는 것을 보노라면 들불이 타오르는 것 같습니다. 사람들은 일터에서 점점 더 멀어지고 있고, 그들은 혼잡한 거리를 수 마일씩 더 운전해야 합니다."[13] 이 구절이 토요타의 프리우스(Prius) 광고일 것 같은가? 아니다. 50년도 더 전인 1959년 9월 27일 일요일 전국의 주요 일간지에 쉐보레가 게재한 2쪽짜리 광고의 내용 일부이다. 광고에서 자랑한 차량은, "자사는 물론 타사가 그간 제작해 온 그 어떤 차와도 다릅니다. 콜베어는 혁명입니다. 엔진을 뒤에 얹은 콤팩트 카죠."[14]

콜베어는 후방 엔진 설계를 강조해야 했고, 전방 그릴에 가짜로라도 공기 흡입구를 만들지 않았다. 전조등 사이의 납작한 금속판에는 쉐보레의 그 유명한 보타이 배지(bow tie badge, 금색으로 빛나는 납작한 십자가 모양 배지 — 옮긴이)가 붙었다. 깔끔하고 간소한 선들이 디트로이트의 통상적 디자인과는 완전 딴판이었다. 물론 널찍한 공간을 돋보이게 할 필요는 있었고, 해서 일명 '벨트 라인(belt line)'을 높였다. 쉐보레는 요란한 디자인이 아니라 공학적 혁신을 팔겠다는 자세였다.

"콜베어는 '6인승' 소형차입니다." (비틀과 대조하겠답시고 굳이 이 말을 할 필요가 있었을까?) "정말이지 놀라운 성능을 자랑합니다. …… 엔진을 뒤에 얹어 여러 이점이 생겼죠. 견인력이 우수해졌고, …… 바닥도 평평합니다. 뒤에 들어간 엔진은 초경량에, 아주 짤막해졌습니다. 완전히 새로운 콜베어 엔진. 재료는 알루미늄이고, 공랭식이죠. 기존 엔진보다 무게도 약 40퍼센트 더 가벼워졌습니다. …… 콜베어는 환상적인 승차감을 약속합니다."[15] 엔진을 뺀 앞쪽은 가벼울 수밖에 없었고, 쉐보레는 콜베어가 동력 조향 장치(power steering) 없이도 운전하기 쉽다고 자랑했다.

신문 광고의 뒤를 이어 언론 보도 자료, 광고 전단, 판매 안내 책자가 전격적으로 나왔다. 한 소책자의 내용을 보자. 코네티컷 주 라임 록(Lime Rock)의 오프로드 시험 주행로. "콜베어는 깎아지른 절벽을 올랐고, 깊은 배수로를 통과했다. 휠캡까지 진흙이 차올랐지만 묵묵히 임무를 완수하며 개울을 건넜다. …… 엔진을 앞에 얹은 소형차가 헤쳐 나갈 것으로는 도저히 기대할 수 없는 지형들이다." 이것은 팰컨과 밸리언트를 직접 겨냥해 후려친 따귀이자, 난처해진 올리를 대신해 가하는 복수였다. 소책자는 이렇게 자랑했다. "콜베어는 엔진을 뒤에 얹었고, 탁월한 주행 안정성이야말로 다시 한 번 갈채를 받을 만하다."[16] 한 광고 전단에는 "폴로 경기용 말보다 더 확실한" 콜베어라는 문구가 적혀 있었다.[17] 두 주장 모두 이후에 거창하게 거들먹거린 이야기였음이 드러난다.

쉐보레가 홍보 자료를 융단 폭격하듯 쏟아부었고, 엄청난 언론 보도가 양산되었다. 콜베어는 콜과 함께 《타임》의 표지를 장식한 것 외에도 《모터 트렌드》가 주는 '올해의 차'상을 받았다. 《메캐닉스 일러스트레이티드》는 콜베어를 "정말 기쁜 차"라고 선언했다. 대다수 기사가 유보 조항을 약간 달기는 했지만 콜베어를 칭찬했다. 《타임》은 콜베어의 화물칸 크기가 작다고 비판했다. 팰컨과 밸리언트의 경우 거의 25세제곱피트(약 0.7세제곱미터)인데, 15.6세제곱피트(약 0.44세제곱미터)에 불과하다는 것이었다. 다른 간행물들은 가격 문제를 지적했다. 콜베어의 기본 가격 1,860달러가 쉐비의 대형차 비스케인(Biscayne)보다 196달러밖에 더 안 싸며, 수입 소형차보다는 약 250달러 더 비싸다는 것이었다. 당시에는 이게 큰 차이점으로 비쳤다.

하지만 처음부터 콜베어가 과연 안정적인 차인지에 대한 염려가 많았다. 쉐비가 안정성을 콜베어의 주요 특징으로 내세웠음에도 말이다. 《새터데이 이브닝 포스트(Saturday Evening Post)》가 어떻게 쓰고 있는지 보자. "전방 탑재 방식의 옹호자들은 단언한다. 엔진을 뒤에 두면 중량 배분이 악화된다고 말이다. 주행 중에 차가 돌면서 길에서 이탈하는 힘도 생긴다. 크랙더 휩(crack the whip)이라는 얼음판 놀이가 있다. 앞 사람을 붙잡고 한 줄로 늘어서 얼음판을 지쳐나갈 때 선두가 갑자기 방향을 바꿔 뒷사람들이 비틀거리거나 붙잡고 있던 손을 놓치게 하는 장난을 어렸을 때 다들 해 보았을 것이다. 꼬리쪽에 있는 사람한테 마치 채찍이 휘둘러지듯이 가해지는 힘과 비슷하다고 보면 된다."[18] 생생한 심상을 떠올리며 사태를 파악하는 데 공학 학위 따위는 필요 없었다.

자동차 잡지들은 더 기술적인 용어를 썼다. 콜베어에 '오버스티어링(oversteer)' 경향이 있다는 것이었다. 운전자의 의도 이상으로 차가 많이 꺾인다는 이야기이다. 《스포츠카 일러스트레이티드》는 "맨 먼저 해야 할 일 중 하나"로 자동차 앞쪽에 중량 배분을 새로 해 균형을 잡아 주는 횡요 방지대(anti-roll bar, 자동차가 모퉁이를 돌 때 지나친 쏠림을 막아 주는 현가 장치 속 금속 막대 — 옮긴이)를 집어넣으라고 지적했다.[19] 횡요 방지대는 비쌀 필요도 없었다. 묵직한 금속 막대를 차 앞쪽 하단에 볼트로 고정해 붙이기만 하면 되었으니까 말이다. 그것이 일종의 중량 분산 안정 장치였음은 두말하면 잔소리다. 사실 폭스바겐도 비틀에 그것을 하나 달았다. 제너럴 모터스도 시제차 콜베어에는 횡요 방지대를 붙였다. 하지만 양산에 들어갔을 때는 불필요하다고 판단해 빼 버렸다.[20]

한편 크라이슬러의 내부 기술 보고서는 앞바퀴와 뒷바퀴의 권장 타이어압이 다른 것을 지적했다. 그것 때문에도 "콜베어의 운행 안정성이 염려된다."[21] 《스포츠카 일러스트레이티드》의 논평은 냉정했다. "콜베어 소유자들이 권장 타이어압에 유의하며 시종일관 신경 쓸 것 같지는 않다."[22]

콜은 이런 비판 일체에 귀를 닫았다. "비평가들은 우리 차에 대해 아무것도 모릅니다." 그가 한 기자에게 이렇게 쏘아붙였다. "콜베어는 수백만 마일의 시험을 통과했어요."[23] 콜은 한 업계 회합에서 포드 2세에게 한판 붙어 보자고 호기를 부렸다. 이게 디트로이트 방식이었다. "헨리, 당신이 뭘 갖고 나와도 안 될 겁니다."[24] "악마 행크(Hank the Deuce, 디트로이트 사람들은 헨리를 그렇게 불렀다.)"는 그 도발에 응하지 않았다.

쉐보레의 보병들이 콜베어 방어 행동에 돌입했다. 출시 6개월 후인 1960년 4월 쉐비가 총 주행 거리 2,061마일(약 3,316.9킬로미터)의 모빌가스 이코노미 런(Mobilgas Economy Run)에 콜베어를 출전시켰다. 콜베어는 로스앤젤레스를 출발해 사막을 건너고 산맥을 넘었으며, 바람 찬 대지를 가로질러 마침내 미니애폴리스에 도착했다. 1갤런(약 3.8리터)당 27.03마일(약 43.5킬로미터)이라는 기록은 무척 인상적이었다.

계속해서 그 차는 방향을 서쪽으로 틀었고, 파이크스 피크(Pikes Peak, 콜로라도 주 중부 로키 산맥의 산. 고도는 4,300미터이다. — 옮긴이)의 눈길을 기어 올라갔다. 초봄에, 그것도 스노타이어(snow tire)나 타이어체인(tire chain)도 없이 1만 4110피트(약 4,300미터) 높이의 정상에 도달한 것이었다. 쉐비의 홍보 담당자들이 그 두 위업을 과장해서 선전했다. 공들여 제작한 판매 안내용 소책자는 콜베어의 연료 효율성과 견인력을 강조했다. (경로 표시 지도에서 위치타(Wichita)와 디모인의 위치가 뒤바뀐 것이 유일한 흠이었다.)[25]

파이크스 피크 등정이 충분한 증거가 못 된다고 생각했던 모양이다. 쉐비는 계속해서 콜베어 3대를 6,000마일(약 9,656.1킬로미터) 여행에 내보냈다.

그들은 시카고에서 파나마의 파나마시티(Panama City)에 이르는 그 여정을 "아메리카 작전(Operation Americas)"이라 명명했다. 다시 한 번 때깔 좋은 판매 안내용 소책자가 나왔다. (이번에는 지도도 틀리지 않았다.) 콜베어는 "생각할 수 있는 모든 종류의 길을 밟았습니다. 깊이 팬 오솔길, 돌투성이의 험로, 흙먼지가 뿌옇게 피어오르는 길, 아찔한 굽이, 폭우로 질척거리는 길."[26] 생각나는 길이 더 이상은 없었을 것이다.

책자에는 경향 각지의 콜베어 구매자들이 만족한다며 보내온 편지도 수록되었다. 배턴루지(Baton Rouge)의 주부, 미네소타의 치과 의사, 캘리포니아 주 스톡턴(Stockton)의 보험 판매원 등등. 콜과 부하들은 콜베어가 안전하고 믿을 수 있는 차임을 입증해 보이고 싶었다.

쉐보레의 엔지니어 3명이 자동차 공학 협회에 상세한 기술 보고서 하나를 제출했다. 올리가 7년 전에 후방 탑재 자동차를 비판했던, 바로 그 조직이다. "콜베어는 무게 중심과 스윙 차축 후방 현가 장치(swing-axle rear suspension)가 낮아, 회전 안정성이 탁월하다. 우리는 철저한 시험을 거쳤고, 따로 안정 장치를 넣지 않기로 했다."[27]

하지만 그 보고서에 실린 무미건조한 표에 흥미로운 사실을 드러내는 수치가 있었다. 콜베어의 뒤 현가 장치 목표 중량이 148파운드(약 67.1킬로그램)였는데도 실중량은 175파운드(약 79.4킬로그램)라고 나오는 것이다. 엔진 역시 일부 부품이 원래는 알루미늄으로 만들려 했으나 철로 제작되어, 366파운드(약 166킬로그램)로 늘어나고 말았다. 목표 중량인 288파운드(약 130.6킬로그램)를 크게 웃돌았던 것이다.[28] 콜베어는 마치 다이어트를 위해 애쓰는 사람 같았다. 뒤에 105파운드(약 47.6킬로그램)의 추가 중량이 뒤룩뒤룩 찐 것이었다. 애초 의도한 차량의 중량 배분치는 전방 40퍼센트, 후방 60퍼센트였지만, 실 배분치를 보면 38퍼센트 대 62퍼센트였다.[29] 당시에는 그 차이가 사소해 보였다. 하지만 결코 그렇지 않았다.

쉐보레는 1960년에 콜베어를 25만 대 팔았다. 꽤 괜찮았다. 하지만 포드가 팔아치운 팰컨 45만 7000대보다는 훨씬 적었다. 콜베어는 처음에 두 버전, 곧 기본형 세단과 더 상위의 버전으로 나왔다. 쉐비가 머잖아 콜베어 판매를 촉진할 새로운 추진력을 찾아냈다.

1960년 2월 시카고 자동차 쇼(Chicago Auto Show)가 열렸고, 쉐비가 몬차(Monza) 쿠페라는 스포츠 버전 시제차를 전시했다. 몬차 쿠페는 문이 넷에서 둘로 줄었다. 표준형 버킷 좌석(bucket seat)이 들어갔고, 바닥에서 솟은 4단 수동 변속기를 채택했으며, 엔진은 95마력(표준형 콜베어는 80마력)이었다. 대중의 반응이 열광적이었고, 몬자는 불과 3달 후에 양산에 들어갔다.

1960년 10월 디트로이트에서 1961년식 모델들이 선을 보였다. 쉐비가 콜베어의 버전을 늘렸음은 물론이다. 몬차 세단(Monza sedan), 레이크우드 스테이션 왜건(Lakewood station wagon), 상업용 밴 코번(Corvan), 픽업 트럭 램프사이드(Rampside), 그린브라이어 스포츠 왜건(Greenbrier sports wagon) 등등. 그린브라이어 스포츠 왜건은 지붕 위에 텐트를 실을 수 있었고, '캠퍼 유닛(camper unit)'을 달면 차량이 마이크로버스처럼 이동식 미니 주택으로 탈바꿈하기도 했다.

콜베어는 이렇게 후방 엔진 차종을 여럿 거느리면서 브랜드 안의 브랜드가 되었다. 쉐비가 제작한 판매 안내용 소책자는 콜베어 시리즈의 각종 차량을 마치 제물 낚시의 미끼 카달로그처럼 보여 줬다. 고기가 과연 그 미끼들을 좋아하는지는 모르겠지만, 대중은 콜베어의 라인업을 마음에 들어 했다. 콜베어 판매고가 32퍼센트 상승해, 32만 9632대를 기록했다(자가용, 트럭, 밴 포함). 쉐비는 1962년 콜베어 몬차 스파이더(Corvair Monza Spyder)를 쿠페와 컨버터블 형식으로 추가했다. 거기에는 150마력의 터보

차저 엔진이 없었다. 콜베어는 기세가 등등했다.

1962년 1월 12일 오전 1시 30분경 로스앤젤레스. 유명 텔레비전 희극인 어니 코박스(Ernie Kovacs, 1919~1962년)가 콜베어의 신형 스테이션 왜건을 몰고 집으로 향했다. 영화감독 빌리 와일더(Billy Wilder, 1906~2002년)의 자택에서 파티를 마친 후였다. 코박스는 가수인 아내 에디 애덤스(Edie Adams, 1927~2008년)를 뒤따라갔다. 아내는 부부 소유의 롤스로이스를 타고 집으로 가고 있었다. (파티장에는 코박스가 롤스로이스를 몰고 왔고 에덤스는 콜베어를 운전했는데, 집으로 갈 때는 차를 바꿨다.) 코박스가 산타 모니카 대로(Santa Monica Boulevard)로 접어들기 위해 좌회전을 시도했다. 콜베어 왜건이 빗길에 미끄러지며 옆으로 벗어나 인도의 철제 전신주를 들이받았다. 갈비뼈가 부러지면서 대동맥이 파열되었고, 코박스는 42세로 사망했다. 조용히, 그러나 꾸준히 늘어날 콜베어 사고 목록에서 가장 유명한 희생자이리라.

《카 앤드 드라이버》가 2년 후에 콜베어를 "최고의 콤팩트 세단(Best Compact Sedan)"으로 선정했다.[30] 하지만 진짜 뉴스는 콜베어 내부에 생긴 변화였다. 쉐보레가 앞쪽에 횡요 방지 안정 장치를 심었다. 이것은 4년 전에《스포츠카 일러스트레이티드》가 권고한 바다. 현가 장치에도 변화가 있었다. 급선회 시 바깥쪽 뒷바퀴가 차체로 먹히는 경향을 줄여야 했다. 콜베어는 이 2가지 변화로 조종 효율과 안정성이 향상되었다.

정상적이라면 이런 개선 조치를 쉐보레 홍보팀이 잠자코 가만있겠는가? 그런데 이번에는 소리 소문이 없었다. 쉐비가 발행한 엄청 간단한 보도 자료에는 이렇게 적혀 있다. "콜베어 모델 전부에서 현가 장치 설계가 새로워졌고, 조종성이 향상되었습니다."[31] 신형 현가 장치와 횡요 방지 안정 막대가 중대 조치라면, 1960~1963년식 콜베어 모델들이 불안정하다는 사실을 인정하는 꼴이 될 수도 있었던 것이다.

국지적이나마 전국에서 콜베어 소송이 일어나고 있었는데, 기름을 부을 필요가 전혀 없었다. 1965년식 콜베어는 현가 장치를 더욱 개선하고, 브레이크도 더 큰 것을 채택하며, 애초의 깔끔한 상자형 디자인을 버리고 굴곡이 많은 스타일이 된다. 판매가 급락했어도, 쉐보레는 콜베어의 미래를 낙관했다. 하지만 그 외에도 여러 사건이 발생하고, 쉐비의 낙관은 결국 근거를 상실하고 만다.

1965년 초 워싱턴의 한 변호사가 특이한 우회로를 밟기 시작했다. 31세의 그는 노동부의 유급 직장을 버리고, 상원 행정 조직 소위원회(U.S. Senate Subcommittee on Executive Reorganization)의 무급 고문을 자원했다. 코네티컷 주의 민주당 연방 상원의원 에이브러햄 알렉산더 리비코프(Abraham Alexander Ribicoff, 1910~1998년)가 그 소위원회의 의장이었다. 역시 코네티컷 출신인 젊은 변호사가 바로 랠프 네이더다.

네이더는 내스라 네이더(Nathra Nader, 1893~1991년)와 로즈 네이더(Rose Nader, 1906~2006년) 사이에서 1934년에 태어났다. 두 사람은 레바논 이민자였다. 랠프 네이더는 코네티컷 북서부의 윈스테드(Winsted)에서 자랐다. 아버지 내스라 네이더는 그곳에서 하일랜드 암스(Highland Arms)라는 식당을 운영했다. 식당은 음식만 나오는 것이 아니라 지역 현안이나 사회 정의와 관련해 의견도 듣고 교류할 수 있는 활수(滑手)한 사랑방 같은 곳이었다. 네이더 가족의 저녁식사 자리도 언제나 토론의 광장이었고, 네 자녀의 막내였던 랠프는 그 경험을 통해 의견을 교환하면서 응수하기도 하는 웅변술을 터득했다.

조숙했던 그는 다른 아이들이 하디 보이스(Hardy Boys, 통속적 미스테리물 — 옮긴이)를 읽을 때 무미건조하고 장황한 『연방 의회 의사록

(*Congressional Record*)』에 빠져들었다. 그는 야구를 사랑했고, 양키스(Yankees)와 보스턴 레드 삭스(Boston Red Sox)로 분열된 도시에서 둘 모두를 좋아한다고 공공연히 밝혔다. 그는 고등학생들의 사교나 데이트에는 관심이 없었던 듯하다. 아무튼 학업 성적은 매우 우수했다.

네이더는 1955년 파이 베타 카파 회원 자격을 얻으며 프린스턴 대학교를 졸업했다. 하버드 법학 대학원(Harvard Law School)에 진학한 그는 난생처음으로 공부를 등한시했다. 수업의 세부 내용이 지루하기 짝이 없었던 것이다. 아무튼 그는 3학년이자 마지막 학년에 다음과 같은 제목의 보고서를 작성했다. 「부주의한 자동차 설계와 법률(Negligent Automobile Design and the Law)」. 네이더는 그 주제에 꽂혔다.

짧게 군 복무를 마친 네이더는 코네티컷과 매사추세츠에서 4년 동안 변호사 일을 했다. 그는 1965년 워싱턴으로 옮겨와 노동부에서 일하면서도 《뉴 리퍼블릭(*New Republic*)》과 기타 잡지에 가끔씩 자동차 안전에 관한 기사를 썼다. 제너럴 모터스 소속이면서도 회사에 불만을 품은 한 노동자가 그에게 편지를 보냈고, 네이더는 콜베어에 주목했다.

네이더는 그즈음 각종 차량의 여러 결점을 책으로 쓰겠다는 생각을 하고 있었다. 리비코프 의원실 직원들이 마침 그를 찾았다. 자동차 안전은 수많은 정부 기구 소관으로 분산되어 있었고, 리비코프의 행정 조직 소위원회가 그 사안을 주도했다. 네이더는 기쁜 마음으로 조력을 제공했다. 돈도 안 받으면서 말이다. 그는 생활비가 거의 없었다. 어느 정도였냐 하면, 차가 없었고, 1개월에 80달러만 내면 되는 워싱턴의 싸구려 셋방에 살았다. 텔레비전조차 없었는데, 그가 그 물건 덕택에 이내 유명해지는 것을 생각하면 웃기기까지 하다.

네이더는 구상 중인 책을 내 줄 출판사를 찾아다닐 필요가 없었다.

한 출판업자가 그를 찾아왔기 때문이다. 뉴욕에서 활동 중이던 3년차 출판사 그로스먼(Grossman)의 수장 리처드 그로스먼(Richard L. Grossman, 1921~2014년)이 자동차 안전에 관한 책을 내고자 했다.《뉴 리퍼블릭》의 한 편집자가 네이더라면 그 주제를 믿고 맡길 수 있을 거라고 귀띔해 주었다. 1965년 11월에 네이더의 책『자동차: 서 있어도, 달려도 언제나 위험한 (Unsafe at Any Speed)』이 출간되었다. 그 신생 출판사의 16번째 책이었다. 책 의 서문은 이렇게 시작된다. "지난 50년 동안 미국인 수백만 명이 자동차 때문에 죽거나 다쳤고, 헤아릴 수 없는 슬픔과 상실감에 시달렸다."[32] 모 델 T를 통해 자유를 만끽한 농부들에게는 그 지적이 새로운 뉴스였을지 도 모르겠다. 아무튼 네이더의 책은 자동차 회사들에 대한 전면적인 고발 장이었다. 그가 보아 온 바, 그들은 자동차를 이용하는 대중의 안전을 철 저하게 무시했던 것이다.

콜베어는 1장에서만 다룬다. 하지만 그것으로도 충분했다. 네이더는 캘리포니아 주 샌타바버라(Santa Barbara)의 로즈 피에리니(Rose Pierini) 여사 가 당한 사고를 소개했다. 1961년 9월 그녀의 콜베어가 시속 약 35마일(약 56.3킬로미터)로 달리다 전복되었다. 피에리니 부인은 왼팔을 잘라내야 했다. 네이더의 이야기는 이렇게 계속된다. 3년 후, "제너럴 모터스는 피에리니 여사에게 7만 달러를 지급하기로 했다. 재판을 지속했으면 산업계가 금세 기에 자행한 가장 무책임한 행동 가운데 하나가 공문서 형태로 3일에 걸 쳐 노출될 참이었던 것이다."[33]

네이더는 자동차 액세서리 제조업체들의 발빠른 사업 활동을 소개한 다. 안정 막대를 포함해 다양한 키트가 팔렸던 것이다. 이것들은 모두 후 미가 돌면서 튀어나가는 경향을 바로잡아 주는 장치들이었다. 그는 다음 의 사실도 지적한다. 제너럴 모터스가 1961년부터 '안정 증대' 옵션을 선택해 사갈 수 있게 했으면서도, 그 사실을 광고하지는 않았음을 말이다. 자동차 잡지들의 행태도 네이더에 의해 폭로되었다. 콜베어가 처음 출고되었을 때, 그들은 후방 탑재 설계를 놓고 기술자들이 옥신각신하고 있음을 소개했다. 그러나 네이더가 볼 때, 제너럴 모터스의 광고 비용이 집행되면서 그들은 비판을 거두었다.

네이더는 집요했다. 제너럴 모터스는 "운전자들에게 타이어압의 변동과 차이를 시종일관 꼼꼼하게 점검하도록 요구했다." 요컨대 콜베어의 안정성 책임을 운전자에게 지우는 것이다. "이것이 제정신인 사람들의 건전한 기술 관행인가?"[34] 네이더는 1964년 모델의 경우 현가 장치가 개선되었음을 적시했다. "제너럴 모터스가 중대 조치를 취하는 데 4년이 걸렸다. 그렇다면 그전에 생산된 콜베어 112만 4076대는?"[35]

1장의 몇 군데는 그의 설명을 도통 이해할 수가 없다. 예컨대 그는 이렇게 썼다. 콜베어 초기 모델은 "뒷바퀴가 컨트롤 암(control arm)에 고정되었다. 이 컨트롤 암이 차량 중앙쯤에 있는 내부 암(arm) 끝의 축을 중심으로 경첩처럼 회전한다."[36] 하지만 대부분의 내용에서 네이더의 논증은 명료하고 압도적이었다. "콜베어 사태는 실수가 아니라 비극이다. 이 비극은 비용을 절감하기 위해 원칙과 절차를 무시한 데 따른 것이다. 자동차 산업계에서는 항상 이런 일이 벌어진다. 콜베어의 경우 큼직한 사태로 비화한 것이고."[37]

네이더는 책이 출간되기 전에 이미 제너럴 모터스 소속 변호사들이 주시하고 있었다. 제너럴 모터스는 1965년 가을쯤에 콜베어 관련으로 전국에서 106건의 제조 책임 법률 소송을 상대 중이었다. 네이더라는 이름이 여러 소송에서 전문가 증언으로 자꾸 나왔다. 미국 재판 변호사 협회(American Trial Lawyers Association) 소식지에는 네이더가 콜베어 소송 때 찾아갈 만한 인물로 소개되었다. (협회원들은 제너럴 모터스 고소인들을 변호했다.) 사실 네이더는 《네이션(*Nation*)》에 콜베어 관련 기사를 이미 썼다. 「수익 vs. 기술 공학: 콜베어 이야기(Profit vs. Engineering: The Corvair Story)」는 사실상 책의 1장을 요약했다고 할 수 있었다.[38]

제너럴 모터스의 법무 자문 위원 앨로이시어스 파워(Aloysius F. Power)가 직원들에게 네이더에 대해 더 알아보라고 지시한 것은 전혀 놀랍지 않았다. 초장이었고, 그것은 있을 수 있으며 이해할 수 있는 요구였다. 그런데 그 뒷조사가 걷잡을 수 없을 지경으로 통제 불능 상태에 빠지고 만다. 그 정황이 사상 유례가 없는 콜베어 사태와 결부되었다.

제너럴 모터스의 네이더 조사 활동이 이후 지대한 영향을 미침에도 불구하고 그 시작은 상당히 웃겼다. 처음 고용된 조사원이 윈스테드로 갔고, 네이더가 하일랜드 암스라고 하는 동네 식당에 자주 출입했음을 "알아냈다." 네이더의 아버지가 그 식당을 운영한다는 사실을 몰랐던 것이다. 제너럴 모터스의 대리인들이 그런저런 시시하고 쓸데없는 정보에 성이 찰 리가 없었다. 그들이 볼 때는, 네이더가 맡아 하는 일에서 엄청난 재정적 이해관계를 갖고 있어야만 했다. 3류 탐정 이상이 필요했던 그들은 리처드 대너(Richard Danner)를 찾았다. 대너는 워싱턴의 법률 회사 올보드 앤 올보드(Alvord & Alvord) 소속의 변호사였다. 대너에게는 빈센트 질렌(Vincent W. Gillen, 1910~1999년)이라는 수하가 있었다. FBI 요원이었던 질렌은 뉴욕에서 사립 탐정 사무소를 운영했다. 의뢰를 받은 질렌이 보스턴과 워싱턴의 연줄을 동원해 현장 조사를 맡겼다.

이것은 단박에 이루어진 사무적 지휘 계통이 아니었다. 그러나 현장 조사 요원들에게 질렌이 내린 명령만큼은 오해의 여지가 없었다. 그가 작성한 메모를 보자. "'그 놈이 도대체 왜 움직이는지' 알아낼 것. …… 안전에 정말 관심이 있기는 한 건가? 지지자들이 있는지? 정치 성향. 배우자 관계. 친구. 여자, 남자 등등. 음주 습관. 마약. 직장. 그놈에 관한 것은 뭐든 다."**39** 1966년 1월 말쯤에는 질렌의 탐정들이 온 데 사방에서 네이더에 관해 캐고 있었다. 워싱턴, 뉴욕의 출판계, 윈스테드, 네이더가 잠깐 가르쳤던 하트퍼드 대학교를 쑤시고 다닌 것이다. 사람들이 왜 그러냐고 되물으면, 그들은 자신들의 고객이 그 전도 유망한 젊은이를 민감한 직책에 임명하는 안을 저울질 중이라고 핑계를 댔다.

그게 사실이었다면 장차의 고용주는 네이더가 똑똑하고, 책임을 다하며, 교회에 나가고, 세심하고, 부지런히 일하고, 누가 봐도 알 수 있는 악덕이나 비행 따위는 전혀 모르는 사람이라는 것을 알았을 것이다. 하지만 사설 탐정들은 쉽게 포기하지 않았다. 네이더의 조상이 레바논 인이었으므로, 의태주의 전력 가능성을 조사했고, 꾸준히 만나는 남자나 여자가 있는지도 캤다. 하지만 아무것도 안 나왔다. 네이더의 일상 활동도 감시했지만 역시 헛수고였다.

탐정들은 뭐라도 찾아내기 위해 점점 더 필사적으로 되어 갔다. 네이더가 리비코프 위원회에서 증언할 준비를 하고 있던 2월에 수상쩍은 사건들이 발생했다. 네이더에게 이상한 전화가 걸려오기 시작했다. 자정을 한참 넘긴 시간에 전화벨이 울리는가 하면, 화물이나 비행기표를 문의 조회하는 내용이었으니 가짜라는 것이 명백했다. 2월 20일 저녁 네이더는 집 근처 편의점에서 잡지를 훑어보고 있었다. 매력적인 젊은 여자가 다가와, 자기 집으로 가서 "국제 관계"에 대해 토론하자고 요구했다. 그로부터 얼마 안 된 시점, 이번에는 워싱턴의 세이프웨이(Safeway) 수퍼마켓에서 또 다른 여자가 네이더에게 접근했다. 그녀는 무거운 구매 물품을 자기 집까지 운반해 줄 수 있는지 물었다. 네이더가 일련의 사건을 제임스 리지웨이(James Ridgeway, 1936년~)에게 알렸다. 《뉴 리퍼블릭》의 젊은 기자 리지웨이가 「사설 탐정」이라는 제목의 기사를 작성했다. 3월 12일자로 발행된 그 잡지는 3월 4일 가판으로 풀렸다.

월터 루거버(Walter Rugaber)가 그 기사를 읽었다. 《뉴욕 타임스》의 루거버가 확인 절차에 돌입했고, 리지웨이의 취재 내용을 더 자세히 서술하는 기사를 썼다. 루거버의 기사는 3월 6일 《뉴욕 타임스》 제2섹션 1면에 실렸다. 제목은 다음과 같다. 「자동차의 안전 기준을 지적해 온 비평가, 미행과 추행을 당했다고 증언」.

기업인 대다수는 《네이션》과 《뉴 리퍼블릭》을 자유주의 성향의 한심한 군소지라며 업신여겼다. 도대체가 그런 잡지의 정체를 들어보기라도 했다면 말이다. 하지만 《뉴욕 타임스》는 전국적 명성의 주요 일간지였다. 요컨대 쉽게 무시하고 넘어갈 수가 없었던 것이다. 포드는 자기들은 네이더 조사 활동과 무관하다는 성명을 발표했다. 《뉴욕 타임스》의 기사가 나가고 이틀 후인 3월 8일에 제너럴 모터스의 회장 제임스 로시(James M. Roche, 1906~2004년)가 홍보 부서에 비슷한 성명을 준비하라고 지시했다. 하지만 그날 늦게 관련 회사가 실은 제너럴 모터스임을 보고 받았다. 애석한 일이 아닐 수 없었다. 3월 9일 밤 제너럴 모터스는 포드와는 완전히 다른 성명을 발표하지 않을 수 없었다. "콜베어 설계 소송에서 랠프 네이더의 활동이 소송 당사자를 위한 것인지, 대리인을 대신한 것인지 확인할 필요가 있었고, 법무 자문 부서에서 명망 있는 법률 회사를 통해 통상적인 조사 활동을 의뢰했습니다. …… 조사 활동은 네이더 씨의 자격 여부, 배경, 전문 지식, 대리인들과의 연관성으로 국한되었습니다. 최근의 언론 보도는 추행 또는 겁박이라고 주장하지만 그런 일은 전혀 없었습니다."[40]

지옥문이 열렸다. 로시는 다음 날 전보를 1통 받았다. 리비코프 소위원회가 "3월 22일 네이더-제너럴 모터스 안건(Nader-GM matter) 청문회를 열게 될 것"이라는 내용이었다. "귀하가 증인으로 참가해 줄 것을 정중히 요청합니다."[41] 로시는 거절할 명분이 없었다. 청문회는 새로운 사실들이 속속 드러나면서 한 편의 드라마로 탈바꿈했다. 유머와 자만이 버무려진 드라마! 제너럴 모터스의 법무 자문 위원 파워가 추행의 정의를 놓고 청문회 위원들과 설전을 벌였다. 하지만 결국 자신이 네이더였다면 희롱당했다는 느낌을 받았을지도 모르겠다고 인정했다. 증인석의 질렌은 부하들이 네이더의 개인 생활을 캔 것이 "랠프에게 공정을 기하기 위해서"였다고 주장했다. 연방 상원의원 로버트 프랜시스 케네디(Robert Francis Kennedy, 1925~1968년)가 위원으로 참여했고, 버럭 화를 냈다. "랠프에게 공정을 기한다는 것이 도대체 무슨 말이요? 그가 동성애자가 아니고, 의태주의자가 아니라는 걸 끝끝내 입증이라도 하겠다는 거요?"[42]

그 청문회는 제너럴 모터스에 몹시 굴욕적이었다. 로시는 GM이 네이더를 침묵시키거나 평판을 떨어뜨리려는 시도를 전혀 하지 않았다고 강변하면서도, 소위원회에 이렇게 말하지 않을 수 없었다. "지금 이 자리에서 고개 숙여 사죄합니다." 네이더는 그 자리에 없어서 제너럴 모터스 회장의 사과를 들을 수 없었다. 네이더는 자가용이 없었고, 택시가 잘 안 잡혀 청문회장에 늦게 도착했던 것이다. 그가 도착해 던진 농담이 압권이다. "당장에라도 쉐비를 1대 뽑고 싶었다니까요."[43]

리비코프 청문회로 파문이 일었다. 6년 전 콜베어에 칭찬을 퍼부었던《타임》이 이런 제목의 기사를 게재했다. 「자동차를 더 안전하게 만들 수 있고, 그렇게 해야만 하는 이유」.[44] 책방의 서가에서 먼지를 뒤집어쓰고 있던 『자동차: 서 있어도, 달려도 언제나 위험한』이 별안간 베스트셀러 목록에 올라갔다. 네이더가 유명인이 된 것은 물론이다. 그가 하는 말은 뭐든 뉴스로 보도되었다. 후방 탑재 설계라며 폭스바겐 비틀을 공격한 것까지도 말이다. (폭스바겐은 그의 비판을 성공적으로 반박한다.) 32세의 실업자 변호사는 영국 의회에서 연설을 해 달라는 초청을 받았다. 네이더는 계속해서 스톡홀름으로 날아가 스웨덴 의회에서도 연설했다.

청문회가 끝나고 8개월 후인 1966년 11월 네이더는 사생활 침해를 이유로 제너럴 모터스를 고소했다. 제너럴 모터스에 따르면 2600만 달러, 네이더에 따르면 1200만 달러를 배상하라고 했다. GM과 네이더는 도저히 액수 합의에 이를 수 없었다.

제너럴 모터스는 존 피츠제럴드 케네디의 보좌관을 역임하고 뉴욕에서 활동 중이던 시어도어 챌킨 소렌슨(Theodore Chalkin Sorensen, 1928~2010년)과, 소렌슨의 동업자 가운데 한 사람인 연방 판사 출신자를 고용했다. 그 소송은 상급 법원을 거치면서 꼬일 대로 꼬였고, 콜베어 논란은 미국의 공무 방식에 심대한 영향을 미치게 된다. 의회가 1966년 교통 및 자동차 안전법(National Traffic and Motor Vehicle Safety Act)을 통과시켰고, 린든 베인스 존슨(Lyndon Baines Johnson, 1908~1973) 대통령이 서명했다. 자동차 회사들은 이제 차량의 공개 리콜을 실시해야 했다. 자동차 회사만 그런 규제를 받은 것이 아니었다.

미국 의회가 1967년 정육업자들에게 더 엄격한 보건 기준을 부과하고, 정부의 상시 감독 체제를 확립하는 법률을 통과시켰다. 그다음 해에는 천연가스 배관 안전법(Natural Gas Pipeline Safety Act), 의료용 엑스선을 규제하는 방사선 보건 안전 규제법(Radiation Control for Health and Safety Act), 도매 가금류법(Wholesale Poultry Products Act)이 통과되었다. 공화당의 리처드 밀하우스 닉슨(Richard Milhaus Nixon, 1913~1994년)이 대통령이 된 1969년 이후에도 네이더의 성전(聖戰)은 진군을 거듭했고, 석탄 광산 보건 안전법(Federal Coal Mine Health and Safety Act)이 결실을 맺었다. 이 모든 것에서 언론은 네이더를 신뢰했다. 네이더는 심지어 핫도그와 이유식까지 겨냥했고, 재료와 성분의 변화를 이끌어 냈다.

콜베어는 리비코프 청문회의 폭로로 판매량이 1966년 56퍼센트 감소해, 불과 10만 4000대로 추락했다. 1967년에는 다시 75퍼센트가 깎여, 2만 7000대로 폭락했다. 하지만 콜베어를 탄생시킨 군건한 의지의 엔지니어는 상황이 더 나았다. 콜은 네이더를 좋아하지 않았지만 회사의 스파이 행위에 격분했다. 1967년 10월 30일 그가 제너럴 모터스의 사장 겸 최고 운영 책임자(Chief Operating Officer)가 되었다. 유일하게 더 높은 직책은 회장 겸 최고 경영자(Chief Executive Officer)였다. 그 자리는 로시 차지였다.

1969년 12월 12일은 콜과 그의 콜베어가 《타임》의 표지를 장식한 지 정확히 10년 하고도 2개월 1주일 후였다. 이번에는 네이더가 그 잡지의 표지를 장식했다. 「소비자의 반란」이라는 표제를 달고서였다. 그의 초상 사진이 아르데코 풍으로 변형되었고, 아래쪽으로는 콜베어의 후미도 보였다. 요컨대 역사의 뒤안길로 사라져 간다는 의미였다. 콜베어는 그 7개월 전을 끝으로 생산이 중단된 상황이었다. 콜베어는 그 10년 동안 자가용, 트럭, 밴을 포함해 총 178만 6243대가 생산되었다. 《타임》의 기사 내용 일부를 적어놓는다. "35세의 네이더를 많은 미국인이 일종의 민중 영웅으로 인식하고 있다. 구태(舊態)에 맞선 건설적인 항의 운동을 상징하는 인물로 보는 것이다."[45] 건설적이든 다른 무엇이든 1960년대 말에는 항의 행동이 일반화되고 있었다. 홀든이 그의 히트 영화 「이그제큐티브 스위트」에서 영웅적 사업가를 연기하며 미국의 이상주의를 대변하던 시절은 가고 없었다.

테일핀이 풍미했던 1950년대에 미국인들은 정부 관리, 성직자, 교육자, 기업 임원들을 대체로 믿고 신뢰했다. 하지만 베트남 전쟁이 계속되었고, 도시에서는 폭동이 일어났으며, 캠퍼스의 소요는 불안하기만 했다. 거기에 쉐비의 콜베어가 가세했다. 권위에 대한 불신이 새로운 대세로 자리를 잡았다.

네이더는 그 불신을 자원 삼아 활동을 개척했다. 네이더스 레이더스 (Nader's Raiders, 네이더 특공대 — 옮긴이)가 바로 그것이다. 100명 이상의 법률, 공학, 의학 분야 대학원생이 네이더가 조직한 비영리 단체들에 가담해, 최소 임금만 받고 정부 기관 및 기업의 활동을 조사, 감시했다. 네이더스 레이더스의 활발한 활동 덕에 유력한 비정부 기구들의 시대가 앞당겨졌다.

신속 입법 연구 센터(Center for Study of Responsive Law), 자동차 안전 센터 (Center for Auto Safety), 공익 연구 단체(Public Interest Research Groups) 네트워크가 네이더의 신진 NGO 제국을 구성했다. 제너럴 모터스와 네이더의 사생활 침해 소송이 일단락된 1970년 8월부터 그 조직들은 재정적으로 탄탄해졌다. 제너럴 모터스가 네이더에게 42만 5000달러를 배상했다. 그가 원했던 액수의 일부에 지나지 않았지만, 2012년 가치로 환산하면 250만 달러 정도다. 팬 가운데 한 사람은 크게 실망했던 모양이다. 그는 《월 스트리트 저널》에 제너럴 모터스와 화해한 네이더는 "비열한 배신자"라고 규탄했다. 물론 네이더는 그런 비난에 굴할 성격이 아니었다.[46]

네이더는 그 우발적 소득을 퍼스트 내셔널 시티 뱅크(First National City Bank)에 예치하고, 제너럴 모터스 및 기타 기업과 단체를 조사 감시하는 활동에 쓰겠다고 선언했다. (퍼스트 내셔널 시티 뱅크도 그가 감시하는 조직이었다.) 몇 달 후 네이더 특공대에 의해 법무부 변호사들이 독점 금지를 이유로 제너럴 모터스와 포드의 트러스트를 깨야 한다고 권고했다가 각하되었다는 사실이 발각되었다. 그 폭로로 파문이 일었지만, 사태는 이내 유야무야되었다. 머지않은 장래에 일본의 자동차 회사들이 디트로이트를 상대로 법무부가 포기한 일을 한다.

그 모든 드라마가 마무리된 후, 연방 정부가 콜베어에는 책임이 없음을 최종적으로 공식 확인했다. 정부 조사 위원회가 1972년 7월에 발표한 보고서의 결론 부분을 보자. "1960~1963년식 콜베어의 조종성 및 안정성과, 그 차량의 비정상적 통제 불능 및 전복 가능성 사이에는 인과 관계가 없다."[47] 제너럴 모터스는 야무진 어조로 그 보고서가 "우리의 입장이 사실임을 확인해 줬다."라고 발표했다. 네이더는 격분했고, 그 보고서가 눈가림이라며 반발했다. 사실은 이유가 없지 않았다. 법정에서 콜베어를 방어한 GM 측의 일부 변호사도 회사의 주장을 되풀이하면서 양심의 가책을 느꼈으니 말이다. 하지만 공식 결과는 네이더가 쉐비 콜베어와의 전투에서 패했다는 것이었다.

그즈음 콜이 네이더 지지자라면 누구나 반길 대의를 옹호하고 있었으니, 역사가 참으로 얄궂다. 콜이 자동차에 촉매 변환 장치(catalytic converter)를 집어넣는 과제를 이끌고 있었던 것이다. 목표는 스모그를 발생시키는 화학 물질을 최대한 제거하는 것이었다.

결국 자동차는 무연 휘발유를 사용해야 했다. 그런데 정유사들은 수십 년 동안 제너럴 모터스가 개발해 특허까지 받은 공정을 사용해, 자사의 가솔린에 납을 첨가해 왔다. 옥탄가를 높이고, 엔진이 꽝하고 터지는 소리인 일명 '노킹(knocking)' 현상을 줄이는 것이 유연 휘발유의 목적이었다. 정유사들이 유연 휘발유 방어 활동을 맹렬하게 개시했다. 포드, 크라이슬러, 심지어는 GM의 대다수 임원까지 반대하고 나섰다. 닉슨의 백악관이 몇 년 더 유연 휘발유를 사용하자고 비밀리에 제안했다.

하지만 콜은 요지부동이었다. 콜베어를 방어하던 때가 생각나는 대목이다. 그는 제너럴 모터스의 동료들과 백악관 모두에 저항했다. 포드의 한 임원은 몇 십 년 후 당시를 이렇게 회고했다. "관철하겠다는 의지가 대단했어요."[48] 1970년대 중반부터 디트로이트의 자동차들에 촉매 변환 장치가 설치되었다. 하지만 사람들은 콜을 '청정 대기의 아버지'가 아니라 '콜베어의 아버지'로 기억한다.

콜베어 이야기는, 콜의 천재로 탄생했지만 그의 자만심 때문에 실패했다는 점에서, 그리스적인 고전 비극이었다. 1974년 10월 위대한 두 주인공이 맞장 토론을 벌였다. 콜은 GM을 막 퇴사한 상태로, 이제 회사 참모의 말을 듣지 않아도 되었다. 회사는 대중 앞에서 네이더와 다투는 것을 전면 금지했다. 방송인 필립 존 '필' 도나휴(Phillip John 'Phil' Donahue, 1935년~)가 이 이벤트를 전하기 위해 시카고에서 디트로이트로 왔다.

네이더가 콜베어를 공격했고, 콜은 자기 차를 변호했다. 네이더가 공장의 작업 환경이 "비인간적"이라고 비난하자, 화가 난 콜이 "비인간적이지 않다."라고 맞받아쳤다. 어느 순간인가 네이더가 자기는 연간 생활비가 5,000달러뿐이라며 비웃었다. "콜 씨는 수백만 달러를 쓰시죠." 그러나 네이더는 토론이 끝나고 무대 뒤에서 콜에게 화해의 악수를 건네며 찬사를 보냈다. "휘발유에서 납을 없앤 장본인이시죠." 그의 재담은 이렇게 계속된다. "이제 제너럴 모터스에서 납을 없애시는 건 어떨까요?"[49]

네이더는 콜베어 전투에서는 졌지만 여러 면을 고려할 때 전쟁에서는 승리했다. 그가 승리하면서 미국의 소비자 운동이 출범했다. 그가 승리하면서 미국의 규제 정책 및 관리 감독 풍토가 혁명적으로 바뀌었다. 그러나 뭐니 뭐니 해도 가장 지속적인 유산은 콜베어가 미국의 법 제도에 미친 충격이었다. 미국의 법조계와 사업계는 제조물 책임 소송(product-liability lawsuit)이라는 것을 수십 년 동안 모르고 살아왔다. 고소인은 조금이라도 배상을 받으려면, 제조상의 결함으로 제조물에 흠이 생겼고, 다시금 그것 때문에 위해가 발생했음을 당사자가 입증해야 했다. 불완전함과 결함이 무엇인지를 편협하게 정의했던 것이다. 콜베어가 그 사태를 바꾸어 버렸다.

법원들이 1960년대 중반부터 내재적 설계 결함을 증거로 채택했다. 콜베어의 묵직한 후부 같은 것을 말이다. 그와 함께 원고들이 승소할 여지가 대폭 늘어났다. 미국 법률가 협회(American Law Institute)가 각 주에 이런 방침에 따라 불법적 내용을 개정하라고 권고했다. 협회의 선언 내용을 보자. "소비 제품에 의해 야기된 우발적 사고의 경우, 그 부담은 제품 판매자들이 져야 한다. 그 부담을 생산 비용으로 처리해야 하고, 제조물 책임 보험에 가입할 수도 있을 것이다. 이것이 공익 질서가 요구하는 바다."[50]

콜베어 덕분에 법률 소송이 제조업체가 위험한 제품을 만드는 것을 중단시키는 징계 절차로 확립되었다. 위해 수집 활동이 점점 더 수월해졌고, 그에 따라 법률 소송도 점점 더 흔해졌다. 이런 현상을 노스웨스턴 대학교의 법학 교수 마셜 샤포(Marshall Shapo, 1936년~)가 "두 문화의 충돌"로 진단했다. "정의와 심판의 문화가 그 하나요, 시장의 문화가 나머지 하나일 것이다."[51]

1970년대에는 또 다른 소형차! 포드의 핀토(Ford Pinto)가 콜베어의 자리를 꿰찼다. 핀토가 트럭에 받혔는데 탑승했던 인디애나 소녀 3명이 불에 타 죽고 말았다. 포드는 후부 충돌 시 연료 탱크가 폭발하기 쉽게 만든 것이 범죄나 다름없는 과실이라며 기소를 당했다. 무죄를 선고 받기는 했다. 포드는 그래도 핀토 사고의 책임을 지고 수백만 달러의 벌금을 물어야 했다. 기업 이미지가 수년 간 엉망이 되었음은 물론이다.

콜베어 사태에서 초기 동력을 확보한 제조물 책임법은 진화를 거듭했고, 자동차가 아니라 하고 많은 것 중에서 커피를 통해 궁극적 절정에 도달했다. 콜베어가 처음 출고되고 35년이 흐른 1994년에 뉴멕시코의 한 배심원단은 어떤 81세 노파의 주장을 청취하고 있었다. 맥도날드의 드라이브스루 매장에서 구매한 커피에 입안을 홀랑 데었다고 할머니는 호소했다. 커피의 온도는 정확히 180도였다. 그런데 맥도날드가 최적의 맛을 위해 지정해 놓은 그 온도가 다른 식당 커피보다 20도 더 뜨겁다는 것이 문제였다.

위해를 입은 여성은 1주일 동안 입원했고, 3도 화상 치료와 함께 피부 이식 수술을 받았다. 그녀 말고도 맥도날드에서 커피 화상을 입은 고객이 700명 더 있는 것으로 드러났다. 처음에는 의혹의 시선을 던지던 배심원단이 태도를 바꿨고, 여자는 290만 달러를 받게 되었다. 그녀가 제기한 소송이 어떤 가치가 있었을까? 모르겠다. 아무튼 그녀는 길을 잘못 든 법률 제도를 상징하는 전형으로 부상했다. 여론은 맥도날드 편이었다. 항소심에서 배심원단의 지급 판정액이 감액되었다. 후속 재판은 보상금 액수를 밝히지 않는 것으로 하고 종료되었다.

맥도날드 재판이 있고 1년 후, 필립 하워드(Philip K. Howard, 1948년~)가 『죽어 버린 상식(The Death of Common Sense)』이라는 책을 발표했다. 그 책은 사익을 좇기만 하는 하찮은 법률 소송을 맹렬히 고발했고, 베스트셀러가 되었다. 미국의 '사법 문화'가 '시장 문화'로 급격히 기울었다. 하지만 그 진자가 콜베어 이전 시기로는 결코 복귀하지 못할 터였다. 20세기 후반의 유망 산업 가운데 하나인 소송전은 콜베어 때문에 닻을 올렸다. 뉴저지의 콜베어 수집가 로버트 말로(Robert Marlow)가 1996년에 쓴 내용을 보자. "미국인들은 모델 T를 타고 길 위로 나섰다. 그렇다면 콜베어는? 우리는 콜베어를 타고 변호사들의 손아귀에 들어갔다."[52] 말로와 더불어 차를 모으는 동료 수집가 몇 명도, 정성스럽게 복원한 자동차들의 번호판을 통해 그들의 생각을 드러냈다. "RALPH WHO(랠프 누구? — 옮긴이)", "F RALPH(랠프, 엿먹어라. — 옮긴이)", "NADIR('최악의 순간, 바닥' — 옮긴이)".[53]

66세의 네이더가 2000년 대선에 출마했을 때 그들이 네이더를 찍었을 것 같지는 않다. 아무튼 네이더는 플로리다 주에서 9만 5000표를 얻었고, 조지 부시(George W. Bush, 1946년~)는 그보다 1,800표를 더 얻었다. 부시는 일반 투표에서는 앨버트 아널드 고어(Albert Arnold Gore, 1948년~)에게 졌지만, 선거인단에서는 우위를 점했다. 연방 대법원이 플로리다에서 그가 거둔 간발의 승리를 타당하다고 인정하면서였다.

네이더가 출마하지 않았더라면 그의 득표 대부분이 고어 차지였을 것이다. 콜베어가 없었다면 네이더는 대선 따위와는 상관이 없었을 것이다. 콜의 그 결함투성이 차가 뻗어 버리고 나서 30년이 지났는데도, 여전히 미국인의 삶을 규정했다. 콜베어의 유산이 부시를 미국 대통령으로 당선시켰다고 말해도 무방하다.

06

포드 머스탱

아이아코카와
신세대 미국인

케네디 시대는 정말 흥미진진했죠. 우리는 인구 통계 자료에 탐닉했어요. 바야
흐로 청춘의 시대였던 겁니다.

해럴드 '핼' 스펄리치(Harold K. 'Hal' Sperlich, 1930년~),

포드의 머스탱 프로젝트 이사[1]

머스탱 보유자 연령의 중앙값은 31세이다. 포드 자동차 구매자의 연령 중앙값
은 42세이다.

1966년 3월 2일 발행된 포드의 보도 자료

포드는 에드셀 때문에 죽다 살아났다. 에드셀은 구상과 개발 과정에서 시
장 조사가 거의 이루어지지 않았다. 포드는 에드셀이 좋은 아이디어라고
생각하고, 그냥 만들었다. 그러고는 좋아하는 사람이 거의 없음을 뼈저리
게 확인했다. 에드셀은 1959년에 단종되었다. 포드는 결코 다시는 그런 실

수를 되풀이하지 않겠노라고 다짐했다. 1960년대 초가 되었고, 포드의 시장 조사 부서에는 20명이 근무했다.

리도 앤서니 '리' 아이아코카(Lido Anthony 'Lee' Iacocca, 1924년~)는 포드에서 벼락출세한 약관의 맹렬 이사였다. 그의 자랑을 들어 보자. "우리의 전문가들은 소비자의 맥박 변화까지 모든 걸 점검, 확인합니다. 청년들이 주도하는 문화가 미증유의 사태로 형성 중임을 우리는 간파했습니다."[2] 포드의 시장 조사 부서가 그 진기한 현상을 자세히 보고했다. 컴퓨터가 다운될 정도로 엄청난 통계가 제시되었다.

인구 통계학자들은 15~19세의 미국인 수가 1960년대에 41퍼센트 증가할 거라고 추정했다. 20~24세 인구는 훨씬 많이, 무려 54퍼센트 늘어날 것이라는 예상도 보태졌다. 연간 소득이 1만 달러 이상인 가구수가 1960년부터 1975년 사이에 156퍼센트 증가한다. 5,000~1만 달러 소득 가구는 같은 기간 27퍼센트 늘어난다.[3]

미국의 '단위 세대(housing unit)' 가운데 21퍼센트만이 자동차를 2대 이상 보유했다. (단위 세대는 포드의 보고서들에 나오는 용어다.) 하지만 역시 보고서에 따르면 그 비율이 급증할 터였다. 여성 운전자 수가 1956년부터 1964년 사이에 53퍼센트 증가했다. 동년에 남성 운전자 수 증가율은 6퍼센트에 불과했다. 대학생 수가 1960년대에 2배 증가했고, 다시 1970년대에는 25퍼센트 증가했다. 대학 졸업자가 성인 인구의 19퍼센트에 불과했지만 그들이 신차 판매량의 46퍼센트를 사 주었다.[4]

청년층이 증가 중이라는 사실은 꼭 인구학자가 아니어도 단박에 알 수 있었다. 1961년의 한 광고 모토를 보자. "생각이 젊은 사람들은 펩시(Pepsi) 입니다.(Now it's Pepsi: for those who think young.)" 이 표어가 청량음료와 두뇌 활동의 영감을 은연중에 결부시키는 것을 알 수 있다.《TV 가이드》는 신세대의 춤을 자세히 설명했다. "두 발을 권투 선수 자세로 합니다. 수건으로 등을 문지르듯이 엉덩이를 좌우로 흔드세요. 이제 담뱃불을 끄듯이 두 발을 연방 비틀어 돌리는 거죠."[5] 그렇게 트위스트(Twist)가 탄생했다.

주의 조그마한 대학들이 자격 요건을 완비한 종합 대학으로 확장 개편되어, 전후의 베이비 붐 세대를 수용했다. 일리노이 주 중앙의 노멀(Normal)에 자리잡은 교육 대학도 그 가운데 하나였다. 노멀이란 이름이 붙은 것은 교육 대학을 전통적으로 '노멀 스쿨'이라고 했기 때문이다. 그 단과 대학이 1964년 일리노이 주립 대학교로 개명되었다. (도시 이름은 바뀌지 않았다.)

그해 5월에 존슨 대통령이 디트로이트의 뒷마당이나 다름없는 앤아버의 미시간 대학교를 방문해 기념비적인 연설을 했다. "오늘 와 보니, 여러분의 캠퍼스는 평온하고 좋군요. 혼란스러운 수도와는 참으로 대조적입니다. 저는 조국의 미래에 대해 말하고자 합니다. …… 위대한 사회(Great Society)는 풍요와 자유 속에서만 가능합니다."[6] 그의 연설은 몇 년 후를 생각하면 참으로 얄궂다. 캠퍼스가 평온은 고사하고 소요 사태의 무대로 바뀌었던 것이다.

존슨이 위대한 사회를 선포하기 꼭 1개월 전에 포드가 신차 머스탱(Mustang)을 출고했다. 자사의 조사 부서가 주도면밀하게 확인한 청년층 시장을 겨냥한 조치였다. 머스탱은 비운의 에드셀과는 달랐다. 교통 신호등을 무시하고 달리는 스포츠카처럼 머스탱의 판매에 가속이 붙었다. 뉴욕에서는 한 식당이 창문에 다음과 같이 써 붙일 정도였다. "머스탱처럼 팔리는 핫케이크를 맛보세요."[7]

머스탱은 시대와 완벽하게 조응했다. 머스탱은 영국산 소형 로드스터에 영감을 받은 스포츠 스타일이었다. 가격도 보통 수준으로 비싸지 않았다. 기본형이 2,500달러가 안 되었다. 하지만 업그레이드 버전을 살 수 있었는데, 포드는 거기서 큰 수익을 냈다. 머스탱은 소형이었지만 4인 가족이 모두 탈 수 있을 만큼 충분히 컸다. 그러나 머스탱은 스타일이 신선하고 젊기는 했어도 전혀 새로운 차는 아니었다. 머스탱의 엔진과 기계적 토대는 오래된 포드 펠컨의 것이었다. 포드에서 시장 조사 부서를 이끈 대학 교수 출신의 시모어 마샤크(Seymour Marshak)는 포드가 미운 오리새끼를 백조로 탈바꿈시켰다는 말을 했는데, 과연 생생한 비유였다.

머스탱이 걷잡을 수 없는 히트 상품으로 자리를 잡은 후 그가《디트로이트 프리 프레스(Detroit Free Press)》와의 면담에서 토한 기염은 자랑스럽기만 하다. "여자가 1명 있어요. 쪽진 머리에 뿔테 안경을 꼈고, 신발의 굽도 낮지요. 가슴도 밋밋해요. 사람들이 뒤에서 웅성거립니다. 학교 도서관 사서인가 보다. 같은 여자가 이번에는 머리를 쓸어 올리고, 안경 대신 콘택트렌즈, 하이힐을 착용한단 말이죠. 머리끝부터 발끝까지 외모를 변신하는 거예요. 두둥! 섹시녀로 거듭난 겁니다. 머스탱이란 차 1대로 그렇게 할 수 있는 거죠."[8]

마샤크가 10년이나 20년 후에 이렇게 말했다면 당장에 인력 개발부로 끌려가 윤리적 민감성 훈련 프로그램을 이수해야 했을 것이다. 당장에 해고되지 않으려면 말이다. 하지만 당시는 1964년이었다. 여성 해방은 이루어지지 않았고, 베트남 전쟁은 늪에 빠지지 않았으며, 도심의 빈민가가 폭발하기 전이었다. 미국인들의 머스탱 사랑은 절대적이었다. 포드 머스탱이 당대 젊은이들의 에토스를 정확하게 담아냈던 것이다.

존 피츠제럴드 케네디가 1960년 11월 43세의 나이로 대통령에 당선되었다. 역대 가장 젊었고, 최초의 가톨릭 교도였다. 같은 달에 또 다른 남자 아이아코카가 포드 자동차 회사의 주력 상품군을 다루는 포드 부문(Ford

Division)의 수장으로 임명되었다. 아이아코카는 36세에 불과했고, 그 직책을 맡은 역대 최연소자였다.

스펄리치는 1960년에 31세였고, 아이아코카를 선배로 모셨다. 그가 반세기 후에 당시를 이렇게 회고한다. "아이아코카가 포드 부문을 담당하면서 활기가 넘쳤죠." 스펄리치도 그해 처음으로 관리 이사가 되었다. 그가 지휘한 '특별 연구'가 머스탱 제작에서 중요하게 활용되었다. "그러니까 이런 거였죠. 케네디와 아이아코카가 있었어요. 게다가 청년층 시장이 엄청났던 겁니다."⁹

케네디 집권기는 1963년 11월 22일에 비극적으로 종막을 고했다. 하지만 청년들이 전면으로 부상 중이라는 인식은 확고했다. 1964년 2월 비틀스(Beatles)가 「에드 설리번 쇼」에 출연했다. 여자들은 목이 쉴 때까지 괴성을 질러 댔고, 남자들은 머리를 기르기 시작했다. 다그치며 불만을 토로하던 부모의 목 역시 쉬었음은 물론이다. 2주 후 캐시어스 마셀러스 클레이(Cassius Marcellus Clay)가 소니 리스턴(Sonny Liston, 1917~1970년)을 때려눕히고, 복싱 세계 헤비급 타이틀을 거머쥐었다. 뻔뻔하고 건방진 청년의 승리가 센세이션을 불러일으켰다. 그 직후에 그는 자신이 무슬림이며, 이름을 무하마드 알리(Muhammad Ali, 1942년~)로 바꾸었다고 선언한다. 더 큰 돌풍이 일었음은 물론이다.

아일랜드계 가톨릭 교도인 케네디가 정계의 윤리적 종교적 장벽을 깨뜨렸듯이, 이탈리아계 가톨릭 교도인 아이아코카도 기업 사회 미국에서 똑같은 역할을 맡아 수행했다. 아이아코카의 이름 리도(Lido)는 부모가 신혼여행을 다녀온 이탈리아 해변에서 따온 것이었다. 1964년에는 많은 사람이 그의 성 때문에 애를 먹었고, 《타임》이 나서서 이렇게 설명해 주어야 할 정도였다. "아이-아-코-카로 발음해야 합니다."¹⁰

아이아코카는 펜실베이니아 앨런타운(Allentown)에서 태어났다. 그의 이민자 부모가 살던 곳이었다. 아이아코카는 근처 리하이 대학교에서 산업 공학을 전공했고, 프린스턴으로 가서 기계 공학 석사 학위를 취득했다. 포드에 입사한 그는 판매 부서로 갔다. 엔지니어들의 경우 반소매를 입고 계산자를 휴대해야 했는데, 차라리 판매 부서가 주목받기에 더 좋은 곳이라는 판단을 했던 것이다.

아이아코카는 10년 동안 포드의 필라델피아 지부에서 판매 책임자보로 올라섰으니 상당히 성공하기는 했으나, 여전히 무명에 가까웠다. 아이아코카는 굴하지 않았고, 포드의 1956년식 모델 판매와 관련해 새로운 아이디어를 제안했다. 요컨대 1개월에 56달러씩 분할 납입하는 할부 판매였다. 그의 "56년식은 56달러로" 판촉 구호가 대박을 쳤고, 필라델피아 지부가 포드의 전국 매출 기록표에서 선두를 차지했다. 이를 기화로 아이아코카의 출세가 시작되었다. 그는 유리와 강철로 지은 포드의 신사옥으로 자리를 옮겼다. 디트로이트 외곽 디어본의 그 포드 본사는 일명 '유리의 집(Glass House)'으로 통했다.

아이아코카는 대박을 친 또 다른 벼락 출세자 로버트 스트레인지 맥나마라(Robert Strange McNamara, 1916년~) 밑으로 들어갔다. 10인의 금융 '신동' 가운데 하나였던 맥나마라가 1946년에 공군을 뒤로 하고 포드에 합류했다. 그와 동료 계산원들이 제2차 세계 대전 때 펜타곤의 한물간 조달 체계를 정비했다. 전차, 비행기, 총포 생산이 대폭 늘었고, 미국과 동맹국이 승리하는 발판을 마련한 것이었다.

신동이라 불리는 젊은 수재들이 디어본에 당도했다. 당시 포드의 금융 처리 방식은 매우 원시적이었다. 어음 서류의 무게를 달아, 파운드당 달러에 기초해서 수표를 써 주는 방식으로 어음을 지급했던 것이다. 맥나마라와 동료들은 펜타곤에서 성공한 방식을 적용했다. 포드는 현대적인 금융 비용 관리 기법과 경영 정보 시스템으로 살아날 수 있었다.

맥나마라는 겉치레를 모르는 소박한 사람이었다. 그는 무테 안경을 꼈고, 가운데 가르마를 탔으며, 미국 자동차 왕국의 황태자들이 선호하던 디트로이트의 신흥 부촌 북서부 교외를 외면했다. 맥나마라의 거주지는 더 금욕적이고 학구적인 환경의 앤아버였다.

포드에서 맥나마라 하면 떠오르는 제품은 소형차 팰컨이었다. 1960년 출고된 팰컨은 조롱조로 일명 '플레인 맥(Plain Mac)'이라고 불렸다. 팰컨은 맥도날드 햄버거랑 똑같았다. 포드의 관리자들은 "싸구려에, 개성이 하나도 없다."라면서 맥나마라를 비웃었다. 그들이 팰컨을 이야기한 것인지, 아니면 맥나마라 자신을 의도한 것인지는 불분명하다. 대체로 둘 모두였을 것이다.

하지만 저렴하고 믿을 수 있던 팰컨은 히트 상품이었다. 포드는 팰컨 출고 첫해에 41만 7174대를 팔았는데, 그때까지 나온 신차로서는 최고 기록이었다. 맥나마라는 팰컨 성공으로 1960년 11월 9일에 포드 자동차 사장으로 부임했다. 케네디가 대통령에 당선된 다음 날이었다. 맥나마라의 뒤를 이어 포드 부문 수장이 된 사람이 바로 아이아코카다.

맥나마라와 아이아코카는 동양의 음양처럼 완전 정반대였다. 아이아코카는 직설적이고 화려한 달변가였고, 《뉴스위크》는 그를 이렇게 소개했다. "거칠게 치달리는 피스톤처럼 직설적이다."[11] 아이아코카는 다년간의 선임 시절 동안 부하들을 통솔하는 데 아무 어려움을 못 느꼈다고 술회하기도 했다. "불현듯 융자금을 상환해야 하는 현실을 깨달은 남자가 있었던 겁니다."[12]

우연이었지만 회사 광고 바로 옆에 비판적 기사가 실린 적이 있었다. 당황한 홍보부 직원이 그 사실을 아이아코카에게 보고했다. 그가 단박에 말을 끊었다. "지금 우리가 엿 먹었다는 이야기야?"[13] 그는 끊임없이 흥미진진한 이야기를 떠벌였고,《월 스트리트 저널》은 아이아코카를 이렇게 명명했다. "자동차의 도시에서 가장 유명한 떠벌이(Motor City's most famous motor mouth)."[14] 기자들은 그의 길고 장황한 독백을 중단시키는 방법은 늘상 피워대는 시가를 뻐끔거리며 빨 때 새로운 질문을 던지는 것뿐임을 깨달았다.

분석적 금융맨과 한시도 입을 가만두지 못하는 세일즈맨이 서로 친밀한 관계를 유지했다는 사실은 무척 놀랍다. 아이아코카는 상관의 숫자 묘기에 넋을 잃었다. 맥나마라는 후배의 아이디어 관철 능력에 찬탄을 금치 못했다. 포드는 관료주의가 대단한 조직이었다. 한번은 맥나마라가 아이아코카에게 제안하는 내용을 직접 제시하지 말고, 서면으로 제출해 보라고 명령한 적도 있었다. 후배의 대인 호소력이 너무 설득적이라고 판단한 것이었다.[15] 두 남자는 새로운 역할을 맡았고, 환상적인 팀이 되거나 아니면 재앙으로 비화했을 수도 있다. 물론 어느 일도 일어나지는 않았다.

맥나마라와 아이아코카가 진급한 직후, 대통령 당선자 케네디가 맥나마라에게 국방 장관직을 제안했다. 맥나마라는 포드 부문 사장으로 재직한 후 몇 주 만에 펜타곤으로 돌아간다. 아이아코카가 즉시 후임으로 포드 부문을 이끌기에는 너무 젊다는 판단이 지배적이었다. 그가 실망했음은 물론이다. 하지만 느닷없이 자유가 생긴 것도 사실이었다. 융통성이라고는 찾아볼 수 없는 맥나마라가 갖고서 한없이 꼼지락거렸을 아이디어를 일껏 추구할 수 있었던 것이다.

대학 캠퍼스에서 열리는 포크 뮤직 공연에 대한 포드의 후원 활동도 그런 아이디어 가운데 하나였다. 포드의 이 후원은 ABC의 텔레비전 시리즈

「후트내니(Hootenanny)」로까지 이어졌다. 아이아코카 자신은 피터 '피트' 시거(Peter 'Pete' Seeger, 1919~2014년)나 조앤 바에즈(Joan Baez, 1941년~)보다는 프랭크 시나트라(Frank Sinatra, 1915~1998년)를 더 좋아했지만, 아이들은 다른 음악을 듣는다고 판단했던 것이다. 아이아코카는 포드가 이 후원 활동으로 젊은이들 사이에서 이미지를 결정적으로 개선할 수 있을 것으로 보았다. 포드의 시장 조사원들이 작성한 보고서는 그 판단을 건조하게 제시하고 있다. "젊은이들은 자동차, 의류, 기타 많은 상품에서 트렌드를 선도한다. 부모가 어떤 차를 살지 결정하는 과정에서 그들이 미치는 영향력도 엄청나다."[16]

아이아코카는 포드 자동차의 이미지를 드높이기 위해 자동차 경주단 후원도 재개했다. 빅3가 몇 년 전 자동차 경주에서 '자발적으로' 철수한 것은 정부의 판촉 활동 규제를 미연에 방지하려는 조치였다. 하지만 아이아코카는 겁먹지 않았다. "야구와 미식축구를 합한 것보다 자동차 경주를 보는 사람이 더 많다."[17] 그는 포드가 나서서 페라리를 사 버리자는 구상까지 했다. 국가적 상징이 일개 미국 회사에 매각될지도 모른다는 생각은 이탈리아 인들에게 여러 모로 충격적이었다. 비록 최고 경영자 가운데 한 사람이 이탈리아계 미국인이라도 말이다. 아이아코카의 구상은 실현되지 못했다. 그러나 아이아코카의 굵직하고 폭넓은 발안은 중단되지 않는다.

아이아코카의 지휘 아래 1961년 초 머스탱 프로젝트가 조용히 닻을 올렸다. 그가 포드 부문의 키를 잡은 직후였다. 팰컨의 첫해가 성공적이기는 했지만 '실질 본위의' 차들에 대한 대중의 관심이 시들해지고 있었다. 미국의 자동차 시장은 "1인용 접좌석(bucket seat)의 폭발"[18]을 목격하고 있었다. (포드의 마케팅 부서가 고안한 용어이다.) 그러나 포드의 대다수 차는 들통(bucket)처럼 흉했는데 좌석(seat)은 더 말해 무엇 하겠는가! 회사 중역들은 집에서조차 비난을 들었다. 도널드 넬슨 프리(Donald Nelson Frey, 1923~2010년)는 아이아코카의 제품 계획 담당자였다. 사춘기 직전의 자녀들이 포드의 차는 "따분하다."라고 말했고, 프리도 거기에 동의했다.[19]

프리는 중요한 재능을 휘하에 두고 통솔할 수 있는 아이아코카의 능력을 보여 주는 사례였다. 그는 야금학 박사 학위 소지자에다, 러시아 어와 프랑스 어를 할 줄 알았다. (프리는 나중에 포드를 떠나 벨 앤드 하웰(Bell & Howell)의 최고 경영자가 된다.) 그런 사례로는 스펄리치도 있었다. 스펄리치는 원기 왕성하고 예민한 사람이었다.

스펄리치는 사무실에서 밤을 샌 다음, 이른 아침 시간에 직원 회의를 소집할 때가 가끔 있었다. 상관들에게 그날 발표할 자료를 마지막으로 협의 조정하면서 화장실에 가서 씻고, 면도를 했던 것이다.[20] 아이아코카는 제품 개발에 임하는 스펄리치의 태도가 마치 백병전을 치르는 전투원 같다고 말하기도 했다.[21] 스펄리치는 아이아코카의 이야기를 찬사로 받아들였다.

스펄리치는 유럽 출장이 많았고, MGB나 트라이엄프 TR4(Triumph TR4), 선빔 알파인(Sunbeam Alpine) 같은 자그마한 2인승 로드스터를 좋아했다. 작고, 멋지며, 재미있지만, 터무니 없이 비현실적인 그 유럽산 차들 말이다. 미국에서 판매되는 자동차의 1퍼센트만이 2인승이었다. 맥나마라가 썬더버드에 뒷좌석을 집어넣으라고 명령한 것도 그때문이었다. 맥나마라의 그 조치로 썬더버드 판매가 크게 늘었다. 물론 스포츠카의 순수성을 염원하는 사람들은 부당한 조치라며 아우성을 쳤지만 말이다.

하지만 썬더버드의 가격은 3,500달러가 넘었다. 미제 차 대다수 가격의 거의 2배였다. 아이아코카는 스펄리치와 프리에게 자기가 원하는 것은 "가난한 사람들이 탈 수 있는 썬더버드"라고 밝혔다. 2,500달러 정도의 가격에 경량의 스포티한 4인승 자동차로, 회사도 수익을 내자는 것이 요점이었다.[22] 프리와 스펄리치는 완전히 새로운 차량을 개발하는 비용을 감당할 수는 없다고 판단했다. 공학적 바탕을 새로 마련하고 생산 설비를 또 구매하는 식이었다가는 개발 비용이 산으로 올라가, 아이아코카의 2,500달러 상한선을 맞출 수 없을 터였다.

아이아코카가 저렴한 썬더버드를 원했고, 프리와 스펄리치는 썬더버드의 차대와 기타 핵심 부품을 써서 신차를 재조립하는 방안을 연구했다. 그 안은 비현실적이라는 결론이 났다. 썬더버드는 차대가 무겁고, 비용도 고가였다. 요컨대 가볍고 싼 차를 만드는 데 그 차대를 가져다 쓸 수 없었다. 개발 과제가 해결 방안을 찾을 수 없는 난제가 되어 버렸다. 바로 그때 스펄리치한테 묘안이 떠올랐다. 로드스터 스타일의 차체를 살짝 변형해 뒷좌석을 집어넣고, 차대는 팰컨 것을 가져다 쓰자는 복안이었다. 팰컨의 차대는 경량인 데다가, 제작 비용이 저렴했다. 맥나마라의 검소한 차 개념에 딱 들어맞는 차대였다. 팰컨의 차대는 기계 공학적으로 신뢰할 수 있는 물건이었고, 비례 균형이 맞았다. 아니 적어도 상당히 근접했다.

스펄리치는 그 안을 궁리할수록 될 것이라는 확신이 들었다. 사실 신차가 아이아코카가 내린 목표 가격 칙령을 맞추려면 그 방법밖에 없었다. 프리와 스펄리치는 구조 공학 명세를 자세히 작성한 다음, 디자이너들에게 새롭고 스포티한 지붕을 얹어달라고 요청했다.

1962년 8월 16일 최고 경영자인 포드 2세, 아이아코카, 기타 임원들이 포드 디자인 연구소(Ford's Styling Center)의 수도원식 회랑 안마당에 모였다. 7개의 신차 디자인 진흙 모형을 살펴보는 자리였다. 각각의 디자인을 다 다른 팀이 했다. 그 중 6개조는 여러 달 동안 작업했고, 마지막 일곱 번째 팀은 난투 경연에, 말하자면 그냥 보험 성격으로, 그것도 2~3주 남겨 놓고 투입되었다.

일곱 번째 디자인 조의 우두머리가 조지프 오로스(Joseph E. Oros, 1916~2012년)다. 오로스는 제너럴 모터스의 얼 밑에서 디자인을 시작했고, 이후 포드로 옮겨 문짝 4개의 썬더버드를 탄생시켰다. 그의 디자인은 후드가 길었다. 팰컨의 승객 탑승 공간을 뒤로 9인치(약 22.9센티미터) 밀어 버리고, 앞바퀴를 앞으로 이동시키는 방식을 썼다.

뒷쪽 트렁크 덮개가 짧아지기는 했지만, 그래도 화물을 적재할 수 있는 공간이 여전히 충분했고 뒷좌석도 꽤 널찍했다. 문 2개가 길쭉했고, 길쭉하다는 시각적 인상까지 더해졌다. 실제로도 뒷좌석 승객은 손쉽고 편안하게 타고 내릴 수 있었다. 옆판(side panel)들은 멋진 직사각형으로, 전체적으로 알파벳 C를 뒤쪽으로 찌그러뜨린 '상자형 부삽' 모양이었다. 아이아코카에게는 오로스의 모형이 서 있는데도 움직이는 것처럼 보였다.[23] 포드 2세도 그것을 마음에 들어 했다. 다른 두 임원이 오로스의 디자인에 힘을 실어줬다. 품평 현장에 참석한 다른 이사들의 경우, 선제 행동에 나선 사람들에게 동의하지 않을 수 없는 분위기였다.

아이아코카의 동료 가운데 한 사람은 이렇게 빈정거렸다. 팰컨의 차대를 신차에 그대로 쓰다니, "할머니한테 뽕브라를 입히는 거나 다름없습니다."[24] 포드 덕택에 학교 도서관의 사서가 섹시녀(sexpot)로 거듭난다고 하는 이야기와, 사실 똑같은 말이었다. 아니 오히려 더 간명하다고 할까. 1960년대가 끝나기도 전에 맥나마라는 수천 명의 청년을 베트남에 보내 죽게 했다는 이유로 들입다 욕을 먹는다. 그러나 맥나마라의 팰컨이야말로 1960년대 미국의 청년 문화를 사로잡은 자동차의 토대였다. 젊은이들은 다른 어떤 차보다 머스탱에 관심을 보이며 상상력을 분출시켰다. 비틀도 상대가 안 되었다. 머스탱이 주류이자 대세였기 때문이다. 아이아코카가 머스탱의 아버지라면, 맥나마라는 머스탱의 할아버지인 것이다.

디자인을 어떻게 뽑을지가 신차의 커다란 장애물이었다. 하지만 그것이 다가 아니었다. 포드라는 조직에서 가장 막강하다고 할 제품 계획 위원회(Product Planning Committee)의 재정 '계획 검토' 절차가 남아 있었던 것이다. 포드 2세가 직접 위원회를 주관했다. 헨리는 디자인이 마음에 들었을 것이다. 하지만 재정 운용 계획상 견적이 안 나오면 신차는 죽을 수밖에 없었다.

디트로이트라는 곳에서 이루어지는 계획 검토 행위는 정신이 멍해질 만큼 지루해서 죽을 지경인 절차다. 당연히 수십 개의 세부 절차가 있을 것이다. 보자. 모든 부품의 상세한 비용 견적, 생산 설비 조건, 판매량 예측, 수익과 이윤, 전체 매출 등등. 지루하기 이를 데 없는 이런 계획 검토에 참가하는 것보다 더 안 좋은 것이 있으니, 다름 아닌 그것에 쓸 자료 준비다. 머스탱의 경우, 그 과제는 스펄리치 몫이었다.

스펄리치는 초기 투자 금액으로 5000만 달러를 제출했다. 포드가 에드셀 때 까먹은 금액의 10분의 1에 불과한 액수였다. 많은 부품을 팰컨에서 그대로 가져다 쓸 요량이었기 때문에 액수가 적었다. 보자. 차대, 기본형 6기통 엔진, 변속기, 심지어 히터까지 다 팰컨 부품이었다. 스펄리치는 여러 달 동안의 작업 끝에 이 모든 정보를 깔유리(glass slide) 위에 올려놓았다. 최고 경영층에 공식 보고를 할 때 쓰던 파워포인트(PowerPoint)의 선조 격에 해당한다.[25]

스펄리치는 하급 관리자에 불과했고, 회의 자체에는 참석을 못 했다. 그래도 영사실은 그의 차지였다. 스펄리치는 조용히 앉아서 온갖 자료와 통계와 예상 내용이 발표, 논의되는 과정을 지켜보았다. 회의 분위기가 무겁게 가라앉아 있었다. 머스탱이 출시 후 불러일으킬 환희와 행복을 내다보는 사람이 아무도 없었다. 20여 명의 검토 위원 가운데 나서서 의견을 표명하는 사람이 한 사람도 없었다. 포드 2세가 단안을 내려야 한다는 분위기였다.

발표가 끝났고, 포드 2세가 계획을 승인했다. 무미건조한 즉답이었다. 스펄리치는 영사실 밖에서 회의장을 나서는 포드 2세와 아이아코카를 마주쳤다. 망한 에드셀 생각을 지울 수 없었던 포드 2세가 아이아코카와 스펄리치와 프리에게 다짐을 받았다. "자네들 차야. 반드시 성공해야 하네."[26] 그의 말에는 초조함이 배어 있었다.

세 번째 고비가 남아 있었다. 이번에는 디자이너들이 엔지니어들과 다투었다. 최종 사양을 정하는 "인치의 전투(battles of the inch)"가 벌어졌다.[27]

디자이너들이 후드를 낮게 그리는 바람에 방열기 뚜껑이 안 맞았고, 옥신각신 끝에 엔지니어들이 새롭게, 오목한 뚜껑을 제작해야 했다. 포드의 시험 주행원들이 가속 페달의 각도 때문에 "발목이 피로하다."라는 점을 지적해 왔다. 엔지니어들은 가속 페달의 위치를 0.7인치(약 1.8센티미터) 앞으로 옮겼고, 앞좌석은 0.5인치(약 1.3센티미터) 뒤로 밀어, 페달 각도를 변경했다. 포드 2세는 뒷좌석의 다리를 뻗을 수 있는 여유 공간을 1인치(약 2.5센티미터) 더 늘리라고 주문했다. 아이아코카가 차를 그렇게 늘리면 스타일이 망가진다고 항의했지만 이긴 것은 포드 2세였다. 그리고 그 결과에 아무도 놀라지 않았다.[28]

하지만 신차의 이름이라는 민감한 주제와 관련해서 헨리는 더 고분고분하게 나왔다. 포드의 광고 대행사가 수백 개의 후보를 제출했다. 이탈리아의 자동차 수도 튜린(Turin)의 이탈리아식 표기인 토리노(Torino)도 그 가운데 하나였다. 신차가 유럽적이라는 점을 강조하려던 것이었다. 브롱코 (Bronco), 퓨마(Puma), 치타(Cheetah), 콜트(Colt)도 후보군이었다. 포드 2세는 썬더버드 2(Thunderbird II)를 선호했다. "하지만 관심을 보이는 사람이 아무도 없었다." 후에 그가 앵돌아져서 한 말이다.[29]

아이아코카는 옛날 이름을 재활용하는 것이 신차와 어울리지 않는다고 생각했다. 제2차 세계 대전의 전설적 전투기 P-51 머스탱(P-51 Mustang)을 기린다는 의미에서 머스탱이라는 명칭이 목록에 추가되었다. 젊은이들의 경우 전쟁에 대한 기억이 거의 없겠지만, 아이아코카는 아무튼 그 이름이 마음에 들었다. 포드의 광고 부서 임원 한 사람은 이렇게 적었다. "머스탱 하면 광활한 공간이 선사할 듯한 흥분이 느껴졌고, 대단히 미국적이기도 했다."[30] 포드는 그 전투기 이름을 쓰기로 했다. 그런데 정작 차의 로고는 조랑말(pony. 머스탱은 아메리카산의 작은 야생마를 가리키기도 한다. ─옮긴이)로 결정났다.

난리법석 가운데 사달이 일어났다. 스펄리치가 머스탱의 비용 일부를 잘못 계산했음이 드러났다. 제품 계획 위원회에 제출된 예상 수익을 못 맞출 터였다. 그것은 중대한 실수였다. 너무나 심각해서, 스펄리치는 아이아코카에게 이실직고도 못 했다. 스펄리치가 어떻게 하나 고민하는 가운데, 경영진이 머스탱의 초기 생산 계획을 확대하기로 했다. 그와 함께 예상 수익이 늘어났음은 물론이다. 난관에서 벗어난 스펄리치는 가슴을 쓸어내렸다.[31]

1964년 3월 중순 덜 심각했지만 더 널리 알려진 위기가 닥쳤다. 첫 번째 머스탱이 일관 작업대를 굴러나간 직후이자, 공식 데뷔를 1달 앞둔 시점이었다. 회장 포드 2세의 조카인 월터 불 포드 3세(Walter Buhl Ford III, 1943~2010년)가 어머니의 그로스포인트 집 차고에 세워진 새빨간 신형 머스탱을 발견했다. 20세 청년이 한번 타 보지 않고 버틸 재간이 있었을까? 과연 '불리(Buhlie, 불의 애칭 ─ 옮긴이)'는《타임》의 지적대로, "그로스 포인트 일대에서 난동에 가까운 소란을 피웠고", 디트로이트의 쉐라톤-캐딜락 호텔에 도착해 대리 주차를 시켰다. 마침《디트로이트 프리 프레스》의 한 편집자가 그곳을 지나갔다.[32]

그 편집자는 당장에 사진 기자를 호출해, 촬영을 지시했다. 극비로 추진 중이던 머스탱 프로젝트가 폭로되었고,《디트로이트 프리 프레스》는 특종을 챙겼다. 공개를 의도하지 않았지만, 그 사건으로 머스탱에 대한 대중의 관심이 고조되었다. 불리의 황당 실수가 포드가 용의주도하게 부린 곡예라는 억측까지 나왔다. 하지만 회사는 그런 쇼를 진짜로 전혀 기획하지 않았다고 부인했다.

1964년 4월 16일 밤. 포드가 머스탱을 광고하는 전파 공세를 개시했다. 텔레비전 네트워크 3개 전부의 9시 30분부터 10시 시간대(동부 시간 기준)을 모두 사버린 것이다. 포드는 신문 2,600개의 광고 지면도 샀다. '여성란(women's pages, 당시에는 그렇게 통했다.)'의 특별 광고도 예외가 아니었다. 머스탱이 티파니 디자인 상(Tiffany Design Award)을 받았다는 사실이 대대적으로 홍보되었다. 상업용 제품으로는 사상 최초로 그 상을 받았다는 점이 적시되었다. 머스탱의 공식 데뷔 행사는 다음 날인 4월 17일 뉴욕 세계 박람회(New York World's Fair) 행사장에서 이루어졌다.

《뉴스위크》는 "미국인들이 머스탱이라는 이름을 피하려면 귀 닫고, 눈 막고, 벙어리가 되어야만 할 것"이라고 진단했다.[33] 언론계의 숙적인《타임》은 머스탱을 "흥분한 조랑말"에 비유했다. "아침이 오고, 달리기에 앞서 춤을 추듯 격정적으로 몸을 푸는 조랑말."[34] 거의 동시에 그것도 비슷한 논조로 우호적인 표제 기사가 실리자 포드 홍보부는 쾌재를 불렀다. 물론 그들이 선수를 치기는 했다. 두 잡지의 편집자들이 포드의 꾀임에 넘어가 머스탱을 집중 소개한 것인데, 사실 서로는 일련의 정황을 모른 채였다.

모든 간행물이 다 머스탱을 칭찬만 한 것은 아니었다. 《카 앤드 드라이버》는 이렇게 적었다. "머스탱의 기본 엔진은 170세제곱인치(약 2.8리터) 팰컨 6기통이다. 이유식 그릇 정도로는 흥미로운 기계다." 해당 잡지는 계속해서 이렇게 쓰고 있다. "후드와 연결된 그릴을 보고 있자면 불현듯 우리네 어머니가 사용하는 냄비의 뚜껑이 떠오른다."[35] 하지만 대중은 그런 사실에 연연하지 않는 듯했다. 텍사스의 한 딜러는 머스탱을 딱 1대 배정 받았지만, 그 차를 15명이 사겠다고 몰려들었다. 그는 경매를 할 수밖에 없었고, 최고액 입찰자에게 차를 넘겼다. 머스탱을 손에 넣은 구매자는 중간에 절취당하는 불상사를 막기 위해 차 안에서 밤을 샜다.[36]

앨러배마의 한 스톡 카 경주장(stock car race, 일반 승용차를 개조해 여는 경주. NASCAR(미국 개조 자동차 경기 연맹)에서 주관한다. — 옮긴이)에 머스탱이 전시된 일이 있었다. 그 차를 한번이라도 보려고 무려 9,000명이 옹벽에 올라갔다. 경주 행사가 1시간가량 지연되었다. 시애틀에서 포드 대리점을 지나던 한 레미콘 차 기사의 이야기는 더 황당하다. 그는 머스탱을 멍하니 바라보다가 운전 부주의로 전시장을 받아 버렸다. 디트로이트에서는 어떤 남자가 인파로 북적이는 전시장의 출입구를 자기 차로 막고서, 안에 들어갔다. 요컨대 남들이 더 들어오는 것을 막아야 했다. 딜러가 문제의 남자를 찾아내 차를 빼도록 조치하는 데 30분이 걸렸다.[37]

포드가 제작한 첫 번째 머스탱이 팔린 곳은 미국이 아니라 캐나다의 뉴펀들랜드였다. 스탠리 터커(Stanley Tucker)는 항공사에 근무하는 조종사로, 주도 세인트존스(St. John's) 대리점에 딱 1대 배정된 머스탱을 구매할 수 있었다. 터커의 머스탱은 여러 주 동안 뉴펀들랜드 유일의 머스탱이라는 지위를 누렸다. 아이들은 그가 운전해 지나갈 때면 손을 흔들며 이렇게 외치고는 했다. "와, 머스탱이다!"[38]

미국에서도 그런 일이 비일비재했다. 아버지가 동네에서 처음으로 머스탱을 구매한 아이들은 수십 년이 흘러도 그 날을 결코 잊지 못했다. 아버지가 포드의 구매 부장이었던 존 히치콕(John Hitchcock)은 이렇게 회고한다. "33세 어머니가 분방한 여대생으로 바뀌었죠." 남편이 암녹색 머스탱 컨버터블을 선물했던 것이다.[39] 자넷 히치콕(Janette Hitchcock)은 결코 다시는 스테이션 왜건을 모는 일이 없었다. 포드의 목표는 자넷 같은 여성들이었다. 매력적인 젊은 주부가 몰고 온 머스탱에 식료품을 싣는 모습의 광고가 나갔다. 표제를 보자. "수퍼마켓의 연인(Sweetheart of the Supermarket Set)."[40]

폭스바겐 비틀의 많은 광고들이 유머를 동원했다면, 포드 머스탱의 광고는 그렇지 않았다. 적어도 의도적으로 그렇게 하지는 않았다. 「여자의 시선(The Woman's Angle)」이라는 제목의 한 판매 안내용 소책자에는 미용 체조가 8개 소개되었다. 엘리자베스 아덴(Elizabeth Arden)이 포드를 위해 개발한 것인데, 바쁜 여성들이 머스탱의 조수석에 탔을 때 해보면 좋을 것이라는 이야기였다. 그중의 하나를 보자. "두 손을 앞으로 뻗고, 벌렸다 모았다 반복합니다. 터는 느낌으로 힘차게 흔들어 주세요. 이제 손바닥을 아래로 향하게 해 두 손을 내린 다음 8자를 만드는 것입니다."[41] 아마도 그들은 대단히 진지했을 것이다.

한편으로 남성을 겨냥한 광고는 이지적이지 않고, 호르몬을 자극했다. 자신의 머스탱 앞에서 웃고 있는 남자가 나오는 한 광고는 이렇게 선언했다. "약한 남자도 강해지는 차, 무적의 스트롱 맨이 되어 보자.(A car to make weak men strong, strong men invincible.)" 다른 광고도 몇 개 소개한다. "데스먼드는 기르던 페르시아 고양이를 올가라는 부유한 상속녀에게 줘 버렸습니다."(머스탱을 구매했고, 강한 남자가 된 그에게 고양이 따위는 더 필요 없었다. — 옮긴이) "볼프강(Wolfgang)은 친한 친구들에게 하프시코드를 연주해 주곤 했습니다. …… 그러다가 머스탱을 샀죠. …… 그 순간 볼프강의 내면에서 늑대(wolf)가 깨어났습니다."[42] 그의 이름이 딕(Dick, '음경'을 뜻하는 속어 — 옮긴이)이 아니어서 얼마나 다행인지!

포드 임원들이 가장 놀랐던 점은 머스탱의 인기가 세대를 초월한다는 것이었다. 머스탱 구매자 연령의 중앙값은 31세였다. 그러나 6명 가운데 1명이 45~54세 구매자였다. 그들 다수가 잭 레디 시니어(Jack Ready Sr.) 같은 사람들이었다. 레디는 대공황기에 힘겨운 어린 시절을 보냈고, 제2차 세계 대전 때는 중폭격기의 측방 사수로서 독일 상공을 비행하는 위험한 작전을 수행했다. 1964년에 그는 45세였고, 코네티컷 주 웨스트포트(Westport)에서 학교장으로 재직 중이었다. 여전히 군대식 두발을 고집하고, 예의범절에 엄격한 재향 군인이었다는 사실을 보태야겠다. 아니나 다를까, 그는 수년째 디트로이트제 스테이션 왜건을 몰았다. 실용적이기는 하겠으나 육중한 덩치로 느릿느릿 움직이는 물건 말이다.

그런 레디였으니 머스탱이 시판된 직후 1대 사겠다고 했을 때 그의 가족들이 얼마나 놀랐겠는가! 그가 구매한 컨버터블은 흔히 브리티시 레이싱 그린(British racing green)으로 통하는 암녹색 계열로 도색되었고, 내부는 검정색이었으며, 지붕은 흰색, 최고 사양의 289세제곱인치(약 4.7리터) V8 엔진이 얹혔고, 바닥에서 솟은 자동 변속기가 장착된 머스탱이었다. 가족 가운데 이전에 그런 차를 본 사람은 아무도 없었다. 당시 12세였던 잭 레디 주니어(Jack Ready Jr.)는 이렇게 회고한다. "머스탱을 사시다니, 당신께서 해

오신 그 모든 활동과 완전히 상반되는 일이었죠. 완전히 마른하늘에 날벼락이었습니다."[43] 가족은 레디 시니어에게 애스컷 타이(ascot tie)를 선물했고, 그는 머스탱을 타고 돌아다니기 시작했다. 선물 받은 애스컷 타이를 매고, 지붕을 내렸음은 물론이다. 레디 주니어도 나이를 먹고, 데이트를 하러 머스탱을 몰고 나갈 때 특별한 기분을 느꼈다. 거의 50년이나 지났는데도 그는 머스탱의 구매 입증 서류 원본을 여전히 소지하고 있다.

나이가 훨씬 많은 구매자도 있었다. 밀워키의 준교외에 해당하는 위스콘신 주 오카너모왁의 밀드레드 그리피스(Mildred Griffith)는 머스탱을 구매하던 1964년 봄에 63세였고, 여러 번 할머니 소리를 들었다. (그녀의 밝은 노랑색 머스탱은 내부가 검정색이었고, 바닥에서 솟은 자동 변속기가 탑재되어 있었다.) 당시로서는 할머니 소리가 꼭 틀린 것도 아니었다. 게다가 잰 앤드 딘의 「패서디나의 노부인」이 가요 순위표에서 상승을 거듭 중이었다. 그 노래의 후렴 반복구는 이렇다. "달려요, 할머니, 달려요, 할머니, 달려요, 할머니, 달려요!(Go, granny, go, granny, go, granny, go!)"

연배에 비해 무척 젊었던 그리피스는 그 노래를 무척 즐겼던 듯하다. 그리피스는 기본형 엔진이 탑재된 머스탱을 몰았음에도 밀워키 지역 고속도로에서 남편의 캐딜락을 추월하기 일쑤였다. 손자들이 할머니의 운전을 무척 좋아했다고 한다. 네 살짜리 잭은 주차된 머스탱 운전석에 앉아 몇 시간이고 운전 흉내를 냈다. 할머니의 귀여움을 받던, 잭보다 나이 많은 일가친척 3명이 후에 차례로 그 차를 물려받았다.[44] 머스탱은 미국 사회의 새로운 풍경인 세대 간의 단절을 극복할 수 있었던 듯하다.

1960년대에 자동차 회사들은 거의 항상 새 모델을 가을에 출시했다. 디트로이트의 다음 해 시작은 가을이었던 것이다. 그런데 머스탱은 1964년 봄에 데뷔했고, 이것은 별표를 해 두어야 할 역사적인 사건이다. 로저 유진 매리스(Roger Eugene Maris, 1934~1985년)가 1961년 홈런 신기록을 수립한 것과 같다고나 할까! (매리스는 메이저리그에서 우익수 겸 타자로 12시즌 활약했다. 1961년 뉴욕 양키스 소속으로 61개의 홈런을 때려, 1927년 베이브 루스(Babe Ruth, 1895~1948년)가 작성한 60홈런 기록을 깬 것으로 유명하다. — 옮긴이) 포드는 머스탱을 1965년 모델로 지정했다. 하지만 사람들은 머스탱을 '1964년 전반기 모델'로 기억한다.

머스탱은 아이아코카가 원했던 것보다 약간 더 무겁고, 길었다. 그러나 2,368달러의 가격은 당시에 출고되던 신차의 평균 가격보다 한참 낮았다. 이것은 아이아코카가 훈령으로 정한 기본형의 최대 가격 2,500달러 밑이기도 했다. 기본 모델도 바닥에는 카펫을 깔았고, 좌석은 버킷 형이었다. 이런 특장점들을 당대의 절약형 차량에서는 기대할 수 없었다. 스펄리치는 사은품 형식의 그런 공짜 옵션을 "로빈 후드의 선물"이라고 했다. 예전에는 부유한 고급차 구매자들만 누리던 옵션이 중급 자동차 시장의 서민들에게도 제공되었다. 물론 업그레이드 옵션이 다 공짜는 아니었다.

머스탱은 '새로운 유형의 미국인들에게 제공된 신세대 포드'였다. 포드의 초기 텔레비전 광고는 이렇게 선언했다. "신세대 미국인은 우아한 유럽형 투어링 카(touring car, 이탈리아 어 그란 투리스모(gran turismo)에서 왔다. 고성능 유개 자동차를 가리킨다. 공학상의 정의는 목적과 용도를 염두에 두고 기능을 구현한다. — 옮긴이)를 원합니다. 하지만 지금까지는 그냥 운송 수단으로 만족할 수밖에 없었죠. …… 머스탱은 옵션이 매우 다양합니다. 소비자 여러분이 설계할 수 있도록 구상된 단 하나의 자동차인 것입니다."[45] 사실이 그러했다. 추가 비용을 내고 선택할 수 있는 장치 및 장비 사양이 아주 많았고, 바로 그 점이 머스탱이 누린 인기와 만들어 낸 수익의 핵심이었다. 머스탱의 기본형 6기통 팰컨 엔진은 출력이 101마력으로 시시하기 이를 데 없었다. 하지만 구매자들은 3종류의 8기통 엔진 가운데 하나로 출력을 업그레이드할 수 있었다. 116달러를 더 내면 164마력짜리 V8 엔진이 얹혔고, 181.70달러를 더 내면 210마력짜리 V8 엔진을 달 수 있었다. 마지막으로 289세제곱인치(약 4.7리터) 크기의 271마력 '고성능' V8 엔진은 별도 비용이 437.80달러였다. 여기에는 스포츠 핸들링 패키지(sports handling package)가 포함되었다.

머스탱의 변속 장치는 전부 바닥에서 솟은 기어 막대 변환 방식이었다. 표준 변속기는 3단 수동이었다. 여기서도 머스탱 구매자들은 선택한 엔진에 따라 자동 변속기 또는 4단 수동 변속기를 고를 수 있었다. 가격은 115.90달러에서 189.60달러 사이였다. 파워 브레이크(power brake)는 43.20 달러를 더 내야 했고, 동력 조향 장치인 파워 스티어링(power steering)은 86.30달러의 추가 비용이 들었으며, 에어컨은 283.20달러, 누름단추 식 AM 라디오는 58.50달러였다. 전부 약 40가지의 옵션을 통해 기능을 강화할 수 있었다. 무엇보다도 머스탱의 진정한 강점이자 매력은 그 옵션들이 팔렸다는 것이다.

머스탱은 호경기에 출시되었다. 머스탱이 데뷔하기 2달 전에 다우존스 산업 평균 지수(Dow Jones Industrial Average)가 사상 처음으로 800을 넘었다. 인터내셔널 텔레폰 앤드 텔레그래프(International Telephone & Telegraph) 의 해럴드 시드니 제닌(Harold Sydney Geneen, 1910~1997년)이나 링-템코-보트(Ling-Temco-Vought)의 제임스 '지미' 링(James 'Jimmy' J. Ling, 1922~2004년) 같은 재계의 거물들이 기업들을 인수 중이었다. 그렇게 거대 복합 기업들이 탄생했고, 1960년대의 호경기를 바탕으로 니프티 피프티(Nifty Fifty)라고 하는 50개의 인기 주식도 만들어졌다.

미국인들은 쓸 돈이 있었다. 머스탱 구매자들은 각종 옵션에 대당 평균 500달러 정도의 거금을 쏟아부었다. 기본형 머스탱 정가의 21퍼센트를 추가로 지출한 것인데, 오늘날로 치면 3만 달러짜리 차 1대에 6,000달러를 더 쓴 셈이다. '자동차 전문 출판물'을 자임한 《오토모빌 쿼털리》가 1964년 하반기에 머스탱을 이렇게 상찬했다."머스탱은 다용도 차량이다. 애가 둘 있는 젊은 부부에게는 가족용 차로서 손색이 없다. 자동식 지붕이 있든 없든 컨버터블도 살 수 있다. 하드톱(hardtop)은 물론이다. 튼튼한 액세서리를 보강한 경주용 차가 있다. 머스탱은 아침저녁 출퇴근 시간에 시내에서 운전하기도 좋지만, 주말에는 경주차의 위용을 뽐낼 만큼 기백이 넘친다. 독자 여러분께서 이런 정의를 수용한다면 머스탱은 스포츠카이기도 하다."[46]

포드는 출고 날짜부터 1964년 말까지 26만 3000대 이상의 머스탱을 팔아 치웠다. 다음 연도 판매량 52만 5000대는 회사의 가장 낙관적인 예측치를 훨씬 상회하는 대수였다. 머스탱 제작 공장은 보조를 맞출 수 없을 지경이었다. 포드는 즉시 제2조립 공장을 증설했고, 제3조립 공장을 세우는 것도 시간 문제일 뿐이었다. '포니 카(pony car)'가 이내 자동차 용어 사전에 등록되었다. 미국에서는 운전의 재미를 만끽할 수 있는 소형 스포츠카를 포니 카라고 부른다. 머스탱이 그 시발이었음은 물론이다.

1965년식 신차년도가 공식으로 시작된 1964년 가을 포드는 하드톱과 컨버터블 머스탱을 패스트백 버전(fastback, 지붕선의 뒤쪽 윤곽이 유선형으로 점점 가늘어져 차량의 꽁무니와 이어지는 스타일 — 옮긴이)으로 보강했다. 패스트백 머스탱은 뒷창 유리가 유선형으로 낮고 미끈했으며, 창살형 환기 구멍이 달렸고, 뒷좌석도 버킷형 시트를 살짝 흉내냈다. (사실 뒷좌석은 하나뿐이었지만, 버킷 시트가 2개 있는 것처럼 보였다.) 텍사스 출신의 캐럴 홀 셸비(Carroll Hall Shelby, 1923~2012년)는 경주차 운전 경력을 바탕으로 고성능 자동차 개발에 몰두했다. 그가 경주용으로 개조한 것이 바로 패스트백 머스탱이었다. 셸비는 차의 무게를 줄여야 했고, 뒷좌석을 떼어 버렸다. 현가 장치를 강화해 더 낮게 설치하는 조치를 취했고, 특대 타이어와 앞바퀴의 대형 디스크 브레이크도 바꿨다. 셸비는 특수 자동 기화기(four-barrel carburetor)를 설치했으며 엔진에 기타 조정도 가했다.

그렇게 탄생한 것이 머스탱 GT-350이다. 엔진 출력 306마력을 자랑한 GT-350은 정지 상태에서 시속 60마일(약 96.6킬로미터)로 가속하는 데 7초가 걸렸고, 가장 빠른 공장 출고 머스탱보다 30퍼센트 더 빨랐다. 책정된 가격 4,547달러는 기본형 머스탱보다 무려 2,000달러 이상 비쌌다. 그럼에도 셸비가 제작한 머스탱은 자동차 수집가들의 우상으로 등극한다. 미술 애호가들에게 피카소의 작품이 그러한 것처럼. 물론 GT-350은 피카소의 작품보다 더 시끄럽고, 빨랐지만 말이다.

포드는 1966년 머스탱을 54만 9436대 파는 기염을 토했다. 그해 2월에 머스탱 전체 생산량이 100만 대를 돌파했다. 머스탱 제1번 구매자인 캐나다 인 조종사 스탠리 터커를 기억하는가? 그가 2년이 채 안 되어 다시금 100만 1번째 머스탱을 구입했다. 터커의 새 머스탱은 컨버터블이었다. 뉴펀들랜드에서 여름을 나 본 사람은 다 알겠지만, 터커는 확실히 낙천가였다. 터커는 후에 자신이 구입한 첫 번째 머스탱을 포드에 돌려주며, 잘 보관해 달라고 당부한다.

포드는 머스탱 판매를 기화(奇貨)로, 새로운 시장 조사 통계를 다량 확보했다. 머스탱 구매자의 약 25퍼센트가 25세 미만이었다. 포드의 다른 차종 구매자 가운데 25세 미만 비율은 3퍼센트에 불과했다. 머스탱 구매자의 42퍼센트가 여성이었다. 포드 전체로 확대해 보면 여성은 31퍼센트에 불과했다. 포드의 한 보도 자료에는 이렇게 나온다. "무려 35퍼센트가 독신이다." 포드의 다른 차종 구매자 가운데 독신자 비율은 9퍼센트였다.[47]

이쯤 되자 가요계와 영화계가 나섰다. 머스탱의 대표곡은 윌슨 피켓 (Wilson Pickett, 1941~2006년)의 「머스탱 샐리(Mustang Sally)」였다. 이 노래는 1966년 최고 히트 가요 가운데 하나다. 피켓이 어떻게 노래했는지 보자.

신형 머스탱을 사 줬지,
1965년식, 아싸!

배우 스티브 맥퀸(Steve McQueen, 1930~1980년)이 1968년 영화 「불리트 (Bullitt)」에서 셸비가 개조한 패스트백 머스탱 GT를 타고 샌프란시스코의 가로를 위태롭게 질주한다. 닷지 차저 R/T 매그넘에 탄 청부 살인자 둘을 추적하는 과정에서 거의 죽을 뻔한 것이다. 차량 추격 장면은 영화 역사의 전설로 남았고, 머스탱이 그 신비한 매력을 한껏 뽐냈음은 물론이다.

1960년대 중반에 제작 생산된 머스탱의 다수가 보유자들과 그들의 자녀들에게 가보로 취급되었다. 1972년 조지 제퍼슨 '제프' 드와이어(George Jefferson 'Jeff' Dwire, 1923~1974년)라는 아칸소 사람이 1967년식 중고 머스탱 컨버터블을 샀다. 20년 후 그의 의붓아들로 아칸소 주지사였던 빌 클린턴 (Bill Clinton, 1946년~)이 미국 대통령 선거에 출마하지 않았다면 그의 구매 행위는 전혀 주목 받지 못했을 것이다. 1992년 8월 19일 친구 몇 명이 클린턴의 46세 생일을 맞이해 1960년대를 테마로 파티를 열어 주었다. 몇 달후 미국 최초의 베이비 붐 세대 출신 대통령이 되는 클린턴이 그 1967년식 머스탱을 타고 파티장에 도착했다. 클린턴은 2년 후 대통령 자격으로 노스캐롤라이나의 샤를로트 스피드웨이(Charlotte Speedway)에서 그 차를 몰았다. 머스탱 탄생 30주년 기념 행사에서였다.

「메리 타일러 무어 쇼(Mary Tyler Moore Show)」가 첫 방송된 것이 1970년

이었다. (1970~1977년 CBS에서 방송된 미국의 텔레비전 시트콤. 최초로 미혼의 독립적인 직
장인 여성이 주인공으로 출연했다는 점에서 놀랍다는 반응과 함께 격찬을 받았다. ― 옮긴이)
메리 리처즈(Mary Richards)가 흰색 머스탱을 타고 미니애폴리스와 세인트
폴(St. Paul) 간 고속도로를 달리는 장면이 나온다. 무어가 연기한 인물은
「딕 반 다이크 쇼(Dick Van Dyke Show)」에서 본인이 연기한 얼빠진 주부에서
한층 진화한 것이었다. 항상 자신감이 넘치는 것은 아니지만, 그래도 독립
적인 커리어 우먼(career woman)이다. 그녀가 보유한 머스탱이 그런 캐릭터
를 뒷받침해 주는 요소로 사용되었다.

포드의 1970년 머스탱 판매량은 15만 9000대 미만이었다. 1966년 판
매 대수의 3분의 1도 안 되었던 것이다. 사실을 말하자면, 1967년부터 판
매량이 지속적으로 하락했다. 이유는? 머스탱이 다른 차가 되어 가고 있
었기 때문이다. 1969년의 하드톱 모델은 중량이 2,838파운드(약 1.3톤)였다.
최초 머스탱보다 16퍼센트 더 무거워진 셈이었다. 차의 구동 및 주행 역학
이 바뀌지 않을 수 없었다. 옵션으로 선택할 수 있었던 대형 엔진을 집어
넣으려면 차대 무게를 늘려야 했다. 320마력의 그 야수는 배기량이 무려
390세제곱인치(약 6.4리터)였고, 이는 최초 머스탱에 집어넣을 수 있던 가장
큰 엔진보다 30퍼센트가 더 늘어난 것이었다. 무게가 늘어나고 외장이 확
대되면서, 작은 엔진이 장착된 머스탱은 느려 터진 바보처럼 느껴졌다. 머
스탱이 힘을 키울수록 사내들은 환호했다. 하지만 다른 모든 이들은 그 사
태를 반기지 않았다.

아이아코카는 후에 이렇게 쓴다. "머스탱은 출고 후 몇 년이 채 안 되어
날렵한 말(sleek horse)의 이미지를 벗어 버렸다. 뚱뚱한 돼지(fat pig)가 되어
버린 것이다."[48] 머스탱은 다용도, 다목적 차량이었다. 싸면서도 섹시한 외
관부터 진짜 고성능에 이르는 온갖 것을 제공했다. 머스탱의 그런 광범위

한 호소력이 사라지고 있었다.

머스탱이 통통 붙게 된 것은 경쟁 때문이었다. 포드는 1960년대 후반에 디트로이트의 빅3 사이에서 벌어진 마력 전쟁(horsepower war)에서 열세를 면치 못했다. 플리머스 바라쿠다(Plymouth Barracuda) 1967년식에는 280마력 엔진이 들어갔다. 불과 3년 전에는 180마력이던 차였다. 바라쿠다는 잘 나갔다. 머스탱의 성공에 무방비 상태로 당한 제너럴 모터스가 1966년 새로운 모델로 출사표를 던졌다. 쉐보레 카마로(Chevrolet Camaro)에 V8 엔진을 얹을 수 있었다는 사실은 더욱 불길했다. 머스탱이 추풍낙엽으로 전락할 판이었다.

제너럴 모터스는 폰티액 부문도 강화했다. 폰티액은 볼품없고 촌스럽다는 이미지 때문에 '섹시녀'라든가, 여성성이 느껴지는 말을 도무지 가져다 붙일 수 없는 차였다. 고출력의 신형 폰티액은 모두가 좋아할 만한 다재다능한 차가 아니었다. 애초에 머스탱과는 판이한 그림이다. 신형 폰티액은 1960년대 후반기와 딱 어울렸다. 음악, 영화, 시민권 운동, 대학 생활 등거의 모든 것이 거칠고 혹독해진 시절이었다. 새로운 폰티액은 웃지 않고 으르렁거리는 듯했다. 폰티액은 '포니 카'가 아니라 '머슬 카'였다. 도로에서 다른 무엇보다 더 빠르고, 더 크게 울부짖는 폰티액을 열광자들은 그렇게 불렀다. 폰티액은 폰티액을 탄생시킨 창조자만큼이나 뻔뻔스럽고 반항적이었다.

07

폰티액 GTO

들로리안의 염소

전능하신 하느님에 영광을 돌리고, 아버지를 기념해 이 차를 만들다. 삶을 추억할 기회조차 누리지 못한 고향의 동료 참전 용사들도 빼놓을 수 없겠다.

복원된 폰티액 GTO에 적혀 있는 내용

케인 카운티 쿠거스(Kane County Cougars)는 일리노이 주 제네바(Geneva)가 연고지인 마이너 리그 소속 야구단이다. 시합이 없는데도 쿠커스 경기장의 주차장이 만원이다. 크루징 타이거스(Cruisin' Tigers) 때문이다. 그들은 매년 인디언 궐기(Indian Uprising) 대회를 연다. 18세기에 오타와(Ottawa) 부족을 이끌었던 폰티액 추장이 떠오르는 행사인 것이다. 타이거와 인디언이라니, 혼란스러울지도 모르겠다. 하지만 크루징 타이거스 회원들에게는 전혀 그렇지 않다. 폰티액 추장이 폰티액 부문 차량들에 이름을 빌려주었고, 폰티액은 가장 유명한 모델 GTO 광고에 호랑이를 썼기 때문이다. 미국 GTO 협회(GTO Association of America) 중에서도 가장 큰 지부 가운데 하나가 크루징 타이거스 클럽이다.

인디언 궐기 행사는 21세기의 첫 10년이 끝을 향해 가고 있는 시점에 열렸지만 타이거스 회원들은 20세기 중반에 더 집중하는 모양새다. 바로 그 시절에 폰티액 GTO가 미국의 도로에서 거의 모든 차량을 압도했다. 콜벳보다 훨씬 싸면서도 콜벳에 육박하는 엔진 출력 덕에 가능했다. 시카고 교외의 8월 대기는 눅눅하지만, 향수는 진하기만 하다. 랜디 앤 더 레인보우스(Randy and the Rainbows)의 1963년 노래 「드니즈(Denise)」가 확성기를 타고 울려 퍼진다.

오, 드니즈, 슈비 두
당신이 좋아요, 드니즈, 슈비 두……

선을 보인 200대가량의 GTO 다수는 엔진과 지붕 위에 호랑이 봉제 인형이 똬리를 틀고 있고, 다른 차들도 후드 바깥으로 호랑이 꼬리가 달랑거린다(아마도 가짜겠지?). 이런 호랑이 치장은 GTO가 광고 캠페인을 전개하면서 호랑이를 출현시킨 데 따른 것이다. GTO의 초기 광고 하나는 이렇게 선언했다. "바퀴가 달렸다면 호랑이를 타는 것도 두렵지 않은 남자의 차."[1]

여기서 호랑이가 테마로 채택되어 유지되는데, 우스꽝스럽고 터무니없어지는 경우도 종종 있었다. 폰티액을 수주한 광고 대행사는 1966년 GTO의 운전석에 실제 호랑이를 앉혀 놓고 촬영을 하려 했다. 하지만 붉은 고기 40파운드(약 18.1킬로그램)로 유혹했어도, 놀란 동물은 흥분해서 광포하게 굴 뿐이었다. 호랑이는 계기판과 운전대를 물거나 씹어 버렸고, 시트에도 기다란 발톱자국을 냈다.[2] 애석하게도 정글의 왕은 도로의 제왕이 되기를 거부했다.

방식은 달랐지만 기억할 만한 잡지 광고가 하나 있다. 호랑이가 날염된 비키니를 걸친 여성이 GTO의 트렁크 위에 엎드린 모습의 사진이다. 호랑이 꼬리가 비키니 하의에 붙어 있었음은 물론이다.[3] 제너럴 모터스의 고위 경영진은 그 광고를 반기지 않았다. 호랑이를 테마로 한 GTO 광고는 이후 고분고분한 형태로 순치된다.

호랑이 광고는 짐 윙거스(Jim Wangers, 1926년~)의 작품이다. 그는 디트로이트의 젊은 광고 대행사 사장이었다. 그런데 바로 이곳 인디언 궐기 대회 현장에서도 윙거스가 크루징 타이거스 회원들과 어울리고 있다. 그의 호랑이 광고가 처음 등장하고 무려 40년이 넘게 흘렀는데도 말이다. 그는 추종자들의 아부성 칭찬을 느긋하게 즐겼다. 81세의 윙거스는 막 새 책을 발표한 상태였다. 『폰티액은 활력이다!(Pontiac PIZAZZ!)』라는 제목에서는 광고쟁이다운 교묘함이 읽힌다. 여기 모인 사람들은 그를 만나려고 길게 줄을 서 있다. 구루에게서 지혜의 말을 들으려면 당연하다. "내 책은 보셨나요?" 이 말이 윙거스의 진언인 듯했다.

일부 GTO 번호판은 메시지를 써 놓은 게시판 같다. "HE GONE", "GRRRR!", "KEITHS 68" 등등. 그러나 자랑하고픈 것은 번호판만이 아니다. 크루징 타이거스 회원 빌 노로트(Bill Nawrot)는 자신의 1972년식 GTO의 '사이드 스플리터(side splitters)'를 가리킨다. 사이드 스플리터는 뒤를 향한 통상의 배기관이 아니라 양 옆으로 비어져 나온 배기관이다. 노로트의 설명은 다정하기만 하다. "사이드 스플리터가 표준으로 적용된 해는 1972년뿐이에요." 58세의 그 전화 회사 직원은 1982년산 보르도 와인의 특별한 맛을 설명하는 소믈리에 같다.

1972년식 이외의 연도에 '사이드 스플리터'를 단 GTO를 사려면 별도로 비용을 지불해야 했다. 금속으로 제작되어 강력하고 튼튼한 브레이크

패키지와 '트라이-파워(Tri-Power)' 카뷰레터처럼 말이다. 뒤엣것을 좀 더 설명하면, 표준형인 4열(four-barrel) 자동 기화기가 아니라 2열(two-barrel) 기화기 3개가 엔진 위에 올라간 구조였다. 배럴이 많으면 당연히 엔진 출력이 높다. 폰티액이 더 많은 수익을 냈음은 두말 하면 잔소리였고. 폰티액은 이렇게 자랑했다. GTO의 선택 사양 목록은 "고객님의 팔만큼이나 길고, 머리카락 수만큼이나 다양합니다."⁴

크루징 타이거스 회원들은 GTO의 목이 쉰 듯한 신비로운 엔진음에 여전히 열광한다. 그들 대다수가 남자로, 50대 후반이거나 60대 초반이다. 일부는 배가 볼록 튀어나왔고, 하얗게 머리가 센 사람이 있는가 하면, 대머리도 보인다. 아무튼 그들이 보유한 구제(vintage) GTO는 효험이 대단한 영약 같다. 배도 안 나오고, 머리털도 풍성하며, 테스토스테론이 충만하던 과거를 생생하게 환기해 주는 묘약 말이다. 크루징 타이거스 회원들은 청춘의 샘을 발견하지 못했다. 하지만 그들에게는 못지않게 좋은 무엇인가가 있다. 젊음을 만끽할 수 있게 해 주는 샘 말이다.

자동차 도시 디트로이트를 빛낸 인물은 수없이 많다. GTO로 경력의 정점을 찍은 존 재커리 들로리안(John Zachary DeLorean, 1925년~)은 그중에서도 가장 카리스마적인 동시에 불가사의한 존재다. 그는 걸윙식(gull-winged, 갈매기 날개처럼 위쪽으로 열리는 문 — 옮긴이) 스포츠카, 양팔로 에스코트하던 신인 여배우들, 그리고 수치스러운 몰락으로 명성이 자자했다. 6피트 5인치(195.58센티미터) 키에 다부지고 잘 생긴 들로리안은 1960년대 후반 제너럴 모터스 사옥을 활보했다. 미국이라는 기업 중심 체제를 떠받치는 기둥과 같은 조직에서, 도저한 반항 정신으로 말이다.

GTO는 반란을 표상했고, 들로리안의 차였다. 폭스바겐을 타던 사람들의 반란을 이야기하는 것이 아니다. 물질 문명을 거부하고, 유미주의를 지

향하는 히피적 반란이 아니었다. GTO 운전자들은 남의 경각심을 제고하거나 의식을 깨치는 데 전혀 관심이 없었다. 그들은 그저 마구 화를 내며 항의하려 했을 뿐이다. GTO는 1964년 출시되었다. 머스탱과 같은 해이다. 하지만 두 차종은 격동의 1960년대를 관류하던 서로 다른 활기와 에너지를 표상했다. 1960년대 초반을 비틀스와 시민권과 머스탱이 주름잡았다면, 1960년대 후반은 롤링 스톤즈(Rolling Stones)와 인종 폭동과 GTO의 시대였다.

불과 몇 년 전만 하더라도 도저히 생각할 수 없던 사건들이 발생하기 시작했다. 1966년 4월 《타임》이 불온하게도 대 놓고 이렇게 물었다. 표지에는 "신은 죽었는가?"라고 적혀 있었다. 4개월 후 찰스 조지프 휘트먼(Charles Joseph Whitman, 1941~1966년)이라는 해병대 전역자가 오스틴 소재 텍사스 대학교(Texas University)의 종탑에 올라가, 고성능 소총으로 13명을 살해하고 31명에게 총상을 입혔으며, 경찰에 사살되었다. 그해에 롤링 스톤즈가 「나인틴스 너버스 브레이크다운(19th Nervous Breakdown)」을 발매했다. 이 곡은 시류에 적응하지 못하는 소외된 청춘을 노래한다.

1967년 샌프란시스코에서 사랑의 여름(Summer of Love, 10만 명이 샌프란시스코의 하이트애슈베리(Haight-Ashbury)로 모여들면서, 문화와 정치의 변동이 촉발되었다. 샌프란시스코가 히피 혁명으로 불리는 사회적 대격변의 중심지가 된 사건이다. ― 옮긴이) 행사가 열렸다. 하지만 디트로이트는 아니었다. 미국 육군 병력이 인종 폭동을 진압하기 위해 파견되었고, 43명이 사망했다. 디트로이트 상공으로 검은 연기가 피어올랐고, 고든 메러디스 라이트풋(Gordon Meredith Lightfoot, 1938년~)이 「7월의 비극(Black Day in July)」이라는 노래를 썼다. 워런 비티(Warren Beatty, 1937년~)와 페이 더너웨이(Faye Dunaway, 1941년~)가 출연한 「우리에게 내일은 없다(Bonnie and Clyde)」는 반란을 낭만적으로 그렸다. 1968년 마틴 루터 킹(Martin Luther King, 1929~1968년)과 로버트 케네디가 암살당한 사건은 미국 국민들에게 끔찍하기 이를 데 없는 소식이었다. 시카고에서 열린 민주당 전당 대회장 밖에서 경찰과 시위대가 충돌했다.

사회 분위기가 이랬으므로, 젊은이들이 터무니없이 과도한 성능의 자동차를 타고 도로에서 벌이는 방종이 악의 없는 장난이자 건전한 오락으로 비쳤다. 자동차 배기가스 규제가 존재하지 않았다. 곧 도입되지만 말이다. 휘발유가 쌌다. 곧 가격이 오르지만 말이다. 사람들은 규칙을 어기고, 규범을 거부하며, 한계를 돌파하고, 도를 넘는 행위를 마다하지 않고 있었다. 들로리안이 바로 그랬고, 그렇게 폰티액 GTO가 탄생했다.

들로리안도 아이아코카처럼 이민자의 후예였다. 들로리안의 아버지는 포드의 공장 노동자로, 술고래에 학대를 일삼았다. 결국 그는 아내를 버렸고, 슬하의 네 아들을 키운 사람은 어머니였다. 들로리안은 어렸을 때 음악에 탁월한 재능을 보였고, 장학금을 받고 디트로이트 교외의 로렌스 공과 대학(Lawrence Institute of Technology)에 입학해 공학을 전공했다. 그는 1950년에 학위를 마쳤고, 크라이슬러에 입사했다. 하지만 이내 더 나은 기회를 좇아 패커드 자동차(Packard Motor)로 옮겼다. 하지만 더 나은 기회는 나아보이기만 했을 뿐 실상은 그렇지 못했다. 1956년에 패커드는 재정 위기를 맞았다. 2년 전에 뒤뚱거리던 스튜드베이커와 합병한 것도 악재로 작용했다. 그해 8월 15일에 패커드는 폐업한다. 들로리안은 1달 후 제너럴 모터스의 폰티액 부문 엔지니어로 취직했다. 그는 31세였고, 낡오 기업 둘을 거쳐 세계 최대의 자동차 회사에 안착했다.

들로리안은 부단히 활동하는 창의적 인재였다. 그가 창안해 낸 혁신적 기술과 특허가 수십 개였다. 방향 지시등이 대표적이다. 운전자들은 그 덕에 모퉁이를 돌 때가 아니라 차선을 바꾸면서도 방향 지시등을 사용할 수 있게 되었다. 1961년에 들로리안이 폰티액의 수석 엔지니어로 승급했다. 불과 36세였고, 당시의 디트로이트를 생각한다면 이례적으로 젊었다. 그러나 폰티액에 필요했던 것이 바로 그런 젊은 리더십이었다.

폰티액은 수년째 '노땅'의 차라는 인식이 굳어졌다. 한때 스톡 카 경주를 수용해 성공을 구가하면서 따분하고 지루하다는 인상이 바뀌기도 했지만, 제너럴 모터스가 경주 후원을 금했던 것이다. 본부의 사장단은 경주를 후원하다가 무모한 운전을 조장하는 회사라는 꼬리표가 붙고, 나아가 정부의 규제를 받을까 봐 노심초사했다. 폰티액 부문은 그 조치로 극심한 타격을 입었다.

폰티액은 제너럴 모터스의 다른 부문, 그러니까 쉐보레, 올즈모빌, 뷰익, 캐딜락과 달리, 경주와 성능 위주의 이미지가 압도적이었다. 폰티액의 '와이드 트랙(Wide Track)' 광고는 낮은 차체의 도저한 외관을 강조했고, 사실 이는 성능 개선이기보다는 판매 증진 전략이었다. 경주 부재는 폰티액 경영진에게 심각한 고민거리였다. 쉐비나 포드가 아니라 폰티액을 선택하는 고객들은 경주와 성능 때문이었기 때문이다.

1960년대 초에 들로리안은 밀포드의 GM 성능 시험장에서 매주 토요일 오전 자동차 경주를 열었다. 폰티액의 엔지니어들은 디트로이트에서 40마일(약 64.4킬로미터) 떨어진 그곳으로 토요일마다 출근해야 했다. 엔지니어들은 뜨거운 커피를 몸에 들이부었고, 자동차에는 고품질의 휘발유를 주입했다. 기업 운영 자문가들은 수십 년 후에 이런 종류의 활동을 '조직 구성 훈련(team-building exercise)'이라 명명한다. 들로리안과 부하들이 이 말을 들었다면 기함했을 것이다. 그들은 빠른 차를 만들려고 했지, 속마음이나 적나라하게 드러내는 조직에는 관심이 없었다.

들로리안 휘하의 핵심 엔지니어들이 토요일마다 고속 주행 시험에 참여했다. 차대 전문가 윌리엄 카페지 '빌' 콜린스(William Cappedge 'Bill' Collins, 1937~2013년)와 엔진 권위자 러셀 지(Russell Gee)가 대표적이다. 1963년 봄의 어느 날 아침 이 그룹이 1964년식 폰티액 템페스트(Pontiac Tempest) 쿠페의 시제품을 화물 엘리베이터에 싣고 들어 올렸다. 콜린스와 지가 아래에서 차의 하부를 살펴봤다. 템페스트 엔진의 배기량은 326세제곱인치(약 5.3리터)로, 그 사이즈 자동차치고는 컸다. 그런데도 콜린스는 대형 차량 본빌(Bonneville) 모델에 들어가던 389세제곱인치(약 6.4리터) 엔진을 템페스트에 얹을 수도 있겠다는 생각을 했다. 엔진이 클수록 프런트엔드 스프링(front-end spring)이 묵직해질 수밖에 없다. 하지만 그는 템페스트의 엔진대가 이 무게를 충분히 수용할 수 있으리라고 보았다.[5]

소형차에 대형 엔진을 얹는다는 것이 독창적인 생각은 아니었다. 애팔래치아의 밀주업자들이 단속반원들을 따돌리기 위해 1930년대에 그랬다. 더 최근에는 캘리포니아 남부의 개조차 운전자들이 재미로 그렇게 하기도 했고. 자동차 회사들도 그 아이디어를 만지작거리며 시도하기도 했지만, 그리 진지하지는 않았다. 물론 쉐보레 콜벳은 예외였다. 하지만 콜벳은 튼튼한 스포츠카용 현가 장치를 갖춘 특가의 2인승 자동차였다. 요컨대 보통의 구매자가 사기에는 너무 비싸고 비현실적이었다.

1주일 후 열린 토요 오전 경주에서 콜린스와 지가 템페스트에 389세제곱인치(약 6.4리터) 엔진을 집어넣었다. 들로리안이 그걸 끌고 경주로로 나갔다. 당시의 느낌을 그는 후에 이렇게 밝혔다. 괴물 엔진을 얹은 경량의 자동차를 모는 느낌이라니, "전기에 감전되는 줄 알았다."[6] 들로리안과 부하들은 다음 몇 주에 걸쳐 개조를 거듭했다. 현가 장치를 손보고, 고성능 타이어를 갈아 끼웠으며, 기타의 조정도 가했다. 폰티액 부문 엔지니어들은 신이 났다. 회사가 경주를 금지했음에도, 고성능이라는 폰티액의 명성을 새롭게 해줄 자동차를 개발하고 있었던 것이다.

하지만 그 과정에 중요한 장애물이 도사리고 있었다. 제너럴 모터스는 차량 무게 10파운드(약 4.5킬로그램)당 엔진 배기량이 1세제곱인치(약 16.4밀리리터)를 초과하는 차는 못 만들도록 사규로 금지했다. 콜벳은 스포츠카용 현가 장치가 들어갔고, 이 안전 규정을 비켜갈 수 있었다. 그러나 템페스트는 무게가 3,400파운드(약 1.5톤)에 불과했고, 389세제곱인치(약 6.4리터) 엔진이면 배기량이 거의 50세제곱인치(약 0.8리터)를 초과하는 셈이었다. 어쩌면 템페스트에 집어넣을 수도 있겠지만, 제너럴 모터스의 안전 규정은 절대 맞출 수 없었다. 더구나 그 규정은 회사 내 최고 파워 집단인 기술 정책 위원회가 강제하는 사항이었다. 들로리안이 폰티액 부문을 이끄는 수석 엔지니어라 할지라도 그 내규를 무시할 수는 없었다.

아직 들로리안은 비행기를 타고 동에 번쩍 서에 번쩍 하면서 사치스럽게 상류 생활을 하는 전설적인 인물이 아니었다. 1960년대 초반에 촬영된 제너럴 모터스 행사 사진들을 보면, 그의 복장이 헐렁한 검정 양복에 검정 타이임을 알 수 있다. 제너럴 모터스 임원들은 소련 공산당 정치국원들처럼 옷이 똑같았다. 그러나 회사의 이런 보수성 속에서도 들로리안의 반항 정신이 이내 분출할 터였다.

들로리안은 기술 정책 위원회의 내규를 살펴보았고, 빠져나갈 구멍을 찾아냈다. 기술 정책 위원회는 신차의 사양만을 점검했다. 그들의 훈령은 기존 차량의 선택 사양 장비를 아우르지 않았다. 들로리안은 폰티액 템페스트의 최고급 버전으로, 추가 비용을 내면 389세제곱인치 엔진을 달아주자고 제안했다. 일명 템페스트 르망(Tempest LeMans)이라고 하는 것이었다. 들로리안은 기술 정책 위원회의 직권 영역을 정한 관료주의적 규정을 우회해, 무용지물로 만들어 버렸다. 그의 술책은 탁월한 신의 한 수였다.

하지만 들로리안의 이후 활약상과 비교하면 그건 그리 뻔뻔한 짓도 아니었다. 그에게는 신차의 옵션 패키지가 엄청난 고성능임을 알려 줄 수 있는 이름이 필요했다. 페라리보다 더 뛰어난 고성능 차량임을 광고해 줄 만한 브랜드 명이 절실했다. 마침 이탈리아의 그 자동차 회사가 250 GTO 모델을 한정 생산하고 있었다. 하지만 판매 대수가 아주 적었고, 페라리는 그 이름의 법적 권리를 독점하는 사안에 소홀했다. 들로리안은 다시 한 번 허점을 이용했고, 그의 차는 폰티액 템페스트 르망 GTO 패키지(Pontiac Tempest LeMans with the GTO package)로 결정 났다. 장황하지만 재미있고 매력적인 조어이기도 했다.

GTO는 "그란 투리스모 오몰로가토(Gran Turismo Omologato)의 머리글자이며, (영어로) 대략 옮겨 보면 언제든 출발이 가능한 그랜드 투어링 카(grand touring car)라는 의미"라고 폰티액의 홍보 담당자인 솔론 피니(Solon E. Phinney)는 설명했다.[7] 사실 문자 그대로는 경주 승인이 난 그랜드 투어링 카라는 의미이다. (이탈리아 어로 'Gran Turismo'. 유럽 대륙에서 국경을 넘어 장거리 여행을 하는 데 필요한 쾌적한 거주성과 내구성, 대형 트렁크 등의 짐 실을 공간을 갖추고 고속으로 장시간의 연속 주행이 가능한 스포츠카. 스포츠카보다 무게가 더 나가고, 고성능을 발휘하기 위해 대형 엔진이 들어간다. 모터스포츠의 차량 규칙에도 아예 GT가 따로 분류되어 있다. — 옮긴이)

《카 앤드 드라이버》는 그 도둑질 행위를 이렇게 보도했다. "스포티카(sporty car) 순수주의자들은 페라리의 이름을 훔쳐간 해적질에 몹시 불쾌해 하고 있다. 하지만 화가 났어도, 그들은 발을 동동 구르며 욕하는 것 말고는 달리 할 것이 없다."[8] 확실히 이기는 내기였다. 고속 주행을 일삼는 대다수 젊은이들은 그 논란에 별 관심이 없었다. GTO가 정말로 무슨 뜻인지 아는 사람도 많지 않았으니. 요컨대 그딴 것은 전혀 중요하지 않았다.

머지않아 미국의 젊은이들이 이 머리글자로 장난을 치는데, 별명이 '염소(Goat)'로 통하게 되었던 것이다.

들로리안은 폰티액 부문 판매 이사들의 반대에도 직면했다. 그들은 차 이름을 뭐라 짓든 딜러들이 전시장에 광속 주행을 도모하는 10대를 들이고 싶어 하지 않는다고 생각했다. 들로리안의 상사인 폰티액 부문 최고 관리자 엘리엇 '피트' 에스티스(Elliott M. 'Pete' Estes, 1916~1988년)가 다음과 같은 중재안으로 판매 쪽 사람들을 달랬다. 그냥 5,000대만 팔아 보라는 것이었다. 딜러들에게 넘겨진 차가 순식간에 동났다. 그들은 이 차가 팔기 쉽다는 사실을 깨달았고, 추가 주문을 해 왔다. 폰티액 판매원들은 놀라면서도 싱글벙글했다.

제너럴 모터스의 고위 관료들은 어떤 사술(邪術)이 동원되었는지 파악하고는 격분했다. 하지만 들로리안의 차는 이미 돌아올 수 없는 강을 건넌 상황이었다. 생산을 취소했다가는 딜러들이 반발할 터였고, 이것은 있을 수 없는 일이었다. 게다가 마력을 올린 고성능 템페스트는 수익이 짭짤했다. 폰티액은 GTO 옵션에 295달러를 매겼다. (기본가는 2,491달러였다.) 더구나 폰티액은 완전히 새로운 차가 아니었고, 제너럴 모터스는 공장의 기계와 설비를 교체하는 비용이 전혀 안 들었다.

놀라운 사태였다. 그 모든 계교가 1963년 봄과 가을 사이에 일사천리로 이루어졌고, 'GTO 옵션' 자동차는 1964년식 모델로 출고된다. 들로리안은 시험 주행에서든 사무실에서든 빠른 일처리를 즐겼다. 그 6개월 동안 그는 규칙을 어겼고, 권위를 도발했다. 들로리안은 이런 활동 방식 때문에 결국 몰락의 길을 걷는다. 아무튼 그의 차는 갖은 난관을 극복하고 시장에 풀렸다. 정규 자동차 경주 대회에서 폰티액을 철수시킨 제너럴 모터스 경영자들이 GTO를 묵인한 것은 참으로 얄궂은 일이었다. 결과적으로 경주로를 외면하고, 일반 도로에서의 폭주를 조장한 셈이었으니 말이다.

배기량 389세제곱인치(약 6.4리터)의 V8 엔진은 325마력의 괴물이었다. 표준형 템페스트의 6기통 엔진 출력은 140마력에 불과했다. 두 차의 차체가 동일했다는 사실을 상기해야 한다. 템페스트 르망 GTO는 양의 탈을 쓴 늑대였다. 뉴저지 주 켄들 파크(Kendall Park)의 폭주족 청년 켄 크로시(Ken Crocie)는 계약금 200달러를 납입하고 GTO를 손에 넣었다. 그는 보험료 청구서를 받고, 기뻐서 어쩔 줄 몰랐다. 소형차 10퍼센트 할인이라는 표준 약관을 적용받았던 것이다. 초기의 GTO 구매자 대다수가 그랬다.[9]

미국의 보험 회사들은 자기들이 보험을 파는 대상이 마력과 속도를 높인 개조차라는 사실을 몰랐다. GTO는 온순한 소형차가 아니었다. 그들이 상황 파악을 하는 데는 2~3년 정도 걸렸다. 폰티액이 GTO와 관련해 초기에 세간의 이목을 피하자는 방침을 채택한 것도 어느 정도 이유로 작용했다. 폰티액의 마케팅 전문가들은 회사 고위층이 용기를 잃고 발을 뺄지도 모르는 상황을 염려했다. GTO 광고는 자동차 열광자들이 애독하는 간행물로 국한되었다. 일단 쓸데없이 주목받는 것을 피하자는 것이었고, 거기라면 가외의 엔진 출력이 잠재 고객들의 흥미를 끌어모을 수 있었기 때문이다. 폰티액 부문의 1964년 제품 카탈로그에는 GTO 옵션이 나오지도 않았다. 딜러용 소책자에서만 이러한 낮은 어조의 제목을 볼 수 있었다. "르망 스포츠 쿠페와 컨버터블에 고성능 선택 사양 제공."[10]

그러나 이런 저자세는 오래 가지 않는다. 윙거스가 GTO를 판촉하고 싶어 죽을 지경이었고, 수를 냈다. (그는 천상 광고쟁이였다.) 《카 앤드 드라이버》의 편집자를 찾아간 그는 폰티액 GTO와 페라리 GTO를 경주로에 세워서 시합을 시켜 보자고 제안했다. 결과가 어떻게 나오든 페라리가 나오는 기사에 폰티액이 언급되는 것만으로도 틀림없는 신의 한 수라고 본 것이다. 편집자들도 제안을 흔쾌히 받았다. 그들은 1963년 말, 그러니까 크리스마스와 신년 첫 날 사이 1주일 동안 데이토나 인터내셔널 스피드웨이(Daytona International Speedway)를 빌렸고, 시험 주행을 실시했다.

윙거스가 템페스트 GTO 2대를 데이토나로 실어 보냈다. 하지만 그 가운데 1대가 부정 차량임을 잡지 관계자들은 몰랐다. 389세제곱인치(약 6.4리터) 엔진을 빼내고 더 크고 강력한 421세제곱인치(약 6.9리터) 엔진을 심은 것이다. 윙거스는 경주를 조작하려고 했다. 하지만 그런 시도조차 사실 필요가 없었다.

《카 앤드 드라이버》1964년 3월호 표지는 상당히 호들갑스러웠다. 템페스트 GTO와 페라리 GTO 비교 기사가 실렸음을 알렸던 것이다. 그러나 실제 기사를 보면, 시험 주행에 투입할 페라리를 구하지 못했다는 편집자들의 고백이 나온다. 그들은 페라리라면 어떠했을 것이라고 그냥 가정했다. 윙거스가 약을 먹인 GTO가 정지 상태에서 시속 60마일로 가속하는 데 목이 넘어 갈 뻔한 시간인 4.6초가 나오자, 잡지는 이렇게 판정했다. "드래그 레이스를 펼치면 폰티액이 페라리를 이길 것"이라고 편집자들은 썼다. "폰티액은 하느님이 보우하사, 당당한 사내의(hairy-chested) 길을 걸었다."[11] 폰티액이 체모에 대한 언급을 요청했을 것이다. 비교 내용 전반이 과장이었지만, 그런 것은 중요하지 않았다. 폰티액은 엄청난 홍보 효과를 누렸다. (그것은 잡지도 마찬가지였다.)

GTO는 거의 같은 시기에 홍보에 있어서 또 다른 탄력을 받았다. 하필이면 자동차에 환장하던 고등학생이 그 주인공이었다. 존 '버키' 윌킨(John 'Bucky' Wilkin, 1946년~)은 내슈빌(Nashville)에 살았고, 어머니 메리존 윌킨(Marijohn Wilkin, 1920~2006년)은 노래를 만드는 사람이었다. 그가 어느 날 오후 물리학 수업 시간에 운동의 법칙에 관한 노래를 끼적였다. 미끈하게 뽑혀 나온 폰티액의 운동에 관한 것이었을 테다. 어머니는 가사가 마음에 들었던지, 맺고 있던 음악 산업계와의 연줄을 활용해 녹음을 주선했다. 윌킨이 참여하고, 프리랜스 세션 맨들이 동원되었음은 물론이다. 음반이 발매되었고, 버키의 그룹은 로니 앤드 더 데이토나스(Ronny and the Daytonas)로 명명되었다.

많은 사람이 그 노래를 비치 보이스 것이라고, 또 제목을 「리틀 지티오(Little G.T.O.)」라고 생각했지만, 비치 보이스 것이 아니었음은 물론이고, 제목도 그냥 「지티오(G.T.O.)」였다. 사람들의 오해야 어쨌든, 「지티오」는 가요 인기 순위표에서 4등에 오르는 기염을 토했다. 외우기 쉬운 멜로디와 기발한 가사가 주효했다.

리틀 지티오, 진짜 예쁜 차
듀스가 셋, 4단 기어, 389엔진

"쓰리 듀시스(three deuces)"는 2열 기화기 3개를 가리켰고, 가외 비용 92달러가 들었다. 이 장치 덕에 휘발유-공기 혼합기가 '찐'해졌고, 표준형 325마력에서 348마력으로 엔진 출력이 증대되었다. 188달러를 더 내야 했던 "포-스피드"는 바닥에 설치된 4단 수동 변속기를 가리킨다. "389"는 물론 엔진이다. 노래 가사는 GTO의 태코미터(tachometer)도 찬양했다. 엔진의 분당 회전수를 표시해 보여 주는 바늘 달린 회전 속도계가 태코미터다.

이 노래가 완벽한 구입 권유처럼 들렸다면 상당 부분이 윙거스 때문이었다. 윌킨은 음반을 녹음하기 전에 폰티액에 전화를 걸어, 가사와 관련해 조언을 구했다. 그렇게 해서 연결된 윙거스가 가사를 몇 군데 고치자고 제안했다. "신형 폰티액을 선전해 주는 2분 20초짜리 광고 음악이 생긴 것이었다." 윙거스는 후에 이렇게 썼다.[12]

정말이지 마지막 소절은 이런 가사였다. "돈을 모아 GTO를 1대 살 거야(Gonna save all my money, and buy a GTO)" 폰티액을 사라고 노골적으로 부추기는 내용이다. 폰티액은 1964년 템페스트 GTO를 3만 2450대 팔았다. 애초 목표 5,000대를 크게 뛰어넘는 대수였다.

그것은 시작에 불과했다. 다음 해에 판매량이 2배 이상 신장했고, 무려 7만 5352대를 기록했다. 전조등 2개씩을 세로로 포개듯 쌓은 방식이 주효했고, 자동차 언론이 계속해서 수군대 주어서 판매에 탄력이 붙은 것이다. 《모터 트렌드》의 표제는 "GTO는 야수"라고 선언했다. 해당 잡지의 편집자들은 "GTO 급 자동차라면 추가 제동력이 필요하므로"[13] 튼튼한 브레이크를 주문하라고 권했다.

1965년 7월 40세의 들로리안이 에스티스의 뒤를 이어, 폰티액 부문 최고 관리자로 승진했다. GTO가 뜻밖의 성공을 거두었고, 그가 자연스럽게 선택되었다. 들로리안은 젊은이들이 무엇을 원하는지 잘 알았고, 차를 특별하게 만들 줄 아는 재주와 요령이 있었다. 그가 수장으로 취임하고 1달 후, 폰티액은 "공기 유입 키트(cold air induction kit)"를 출시했다. 딜러나 차량 보유자가 자가 설치할 수 있는 그 물건은 램 에어(Ram Air)라는 근사한 이름으로 팔렸다. 후드에 달려 GTO를 특색 있게 만들어 주던 공기 흡입구가 그 키트 덕에 장식품에서 기능적 장치로 거듭났다. 공기가 엔진에 추가로 유입되었고, GTO는 출력을 약간 더 낼 수 있었다.

폰티액이 1966년 모델 출고에 박차를 가하던 9월, 들로리안은 템페스트 르망의 GTO 옵션이라는 구차한 가식을 마침내 떨쳐 버리기로 결심했다. 그 차는 이제 공식적으로 명실상부한 GTO가 되었다. 폰티액은 남자에게 호랑이 복장을 입히고, '미스터리 타이거(Mystery Tiger)'라고 명명했다. 미스터리 타이거는 전국의 드래그 레이스 경주장에서 '지투 타이거(GeeTo Tiger)'라는 차를 몰았다. 1966년 GTO 판매량이 다시 한 번 신고점(新高點)을 기록했다. 약 10만 대가 팔린 것이다.

10만 대는 그해 머스탱 판매량의 20퍼센트 미만이었다. 하지만 그런 진단은 요점을 벗어난 것이다. GTO는 '슈퍼마켓의 연인'이 타는 차가 아니었다. GTO는 속도광을 위한 차였다. GTO 판매가 호조를 보이면서 폰티액의 이미지가 좋아졌다. 제너럴 모터스의 대표 차종 쉐보레와 경쟁사 포드에 뒤이어 미국 3위의 자동차라는 지위도 굳건해졌다.

"우리는 무엇보다도 쉐보레의 보호막을 벗어 던지고 성장 중이었다. 쉐비의 딜러들이 당황하고 안절부절못한 이유다." 들로리안은 후에 이렇게 자랑한다. 꼭 형을 이긴 동생이 기염을 토하는 듯한 말투다.[14] 그러나 들로리안은 자신의 성공을 계속해서 흐뭇해 할 형편이 못 되었다. 새로운 도전과 저항이 그를 기다리고 있었다. 이번에는 GM 본사의 중역들이었다. 1966년식 모델이 정해진 그해 늦여름 제너럴 모터스 이사회가 5번가와 59번가가 만나는 곳의 뉴욕 사무소에서 열렸다. 1층 로비 바로 옆에 큰 전시장이 있었고, 제너럴 모터스의 각 브랜드는 순번을 받아 차량을 전시했다. 그 달은 마침 폰티액의 차례였다. 회장인 로시가 바야흐로 정글로 단장한 전시장으로 걸어 들어왔다. 네이더에게 공개 사과한 바로 그 로시였다.

윙거스가 당시를 어떻게 묘사하고 있는지 보자. "호랑이 으르렁거리는 소리가 음향 효과로 들렸다. 드럼과 베이스를 주조로 한 정글 뮤직은 말할 것도 없었고. 호랑이 꼬리, 호랑이 양탄자, 호랑이 머리가 사방에 놓여 있었다. ……"[15] 로시는 마케팅 경력이 전혀 없는 금융가 출신으로, 보수적인 성격에 말수도 적었다. 이번에는 그가 으르렁거렸다. 충격을 받은 로시는 지휘 계통을 통해 들로리안에게 다음과 같이 명령했다. GTO의 호랑이 테마 광고를 당장 중단할 것. 그것이 전부가 아니었다. 제너럴 모터스 본사는 1967년식 GTO부터는 트라이-파워 기화기를 떼라고 폰티액에 지시했다. 콜베어 재난이 심각했고, 로시는 제너럴 모터스를 안정적으로 운영하고자 했다.

들로리안의 엔지니어들은 4열 기화기의 성능을 잽싸게 강화했다. 트라이-파워 때의 엔진 출력에 맞춰야 했다. 그러나 맞닥뜨린 상황이 난제임이 점점 더 명백해졌다. GTO의 인기는 이 자동차가 미국의 공공 도로에서 합법적으로 운행할 수 있는 차량 가운데서 가장 성능이 뛰어난 차라는 사실 때문이었다. 이미지가 딱 그랬다. 하지만 바짝 겁먹은 상관들을 진정시키려면, 들로리안은 GTO의 그런 이미지를 줄잡지 않을 수 없었다. 요컨대 더 부드럽게 접근해야 했다.

호랑이 테마가 금지되자, 다음번 광고 캠페인은 GTO라는 글자를 가지고 말장난을 했는데, 약간은 난독증 같다고 하지 않을 수 없다. GTO를 "그레이트 원(Great One)"이라고 불렀으니 말이다. 1967년식 모델의 판매 안내용 소책자를 보자. "초심자들이 그레이트 원에 영원히 헌신하겠다고 다짐하는 세간의 말들을 통해 GTO의 본질과 정수를 완연히 느끼실 수 있을 것입니다."[16] 폰티액은 눈을 확 잡아끄는 2쪽짜리 컬러 광고도 신문에 냈다. 거기 소개된 GTO의 추가 비용 옵션은 무척 인상적이다. 등받이가 뒤로 넘어가는 조수석, 나무 무늬 운전대, 구경꾼 용으로 (계기판이 아니라) 후드에 단 회전 속도계. 설명문은 이렇다. "그레이트 원이 왜 위대한지 이제 아셨죠?"[17]

그즈음이 되자 다른 자동차 회사들도 상황 파악을 마치고 대책을 수립

중이었다. 폰티액의 경쟁사들은 GTO의 성공에 대경실색했다. 포드와 닷지는 물론이고, 같은 GM의 쉐보레와 올즈모빌 부문까지 머슬 카 제작에 뛰어들었다.

1966년에 닷지가 자사 모델 둘, 곧 차저(Charger)와 코로넷(Coronet)에 425마력 엔진을 달 수 있게 하면서 본격적인 경쟁이 첫발을 뗐다. 실린더 8개의 연소실 끝이 반구형이어서 스트리트 헤미(Street Hemi)라는 이름이 붙은 엔진이 그 주인공이었다. 스트리트 헤미가 너무 야수 같아서, 닷지는 이 엔진을 얹은 차를 1966년에 468대밖에 못 팔았다. (물론 차저의 전체 판매 대수는 3만 7344대였다.) 그러나 닷지는 머슬 카 경쟁에서 GTO를 누르는 기염을 토했다. 한편 쉐보레는 (1967년식으로) 쉐벨 SS 396(Chevelle Super Sport 396)을 출시했다. 탑재된 고압축 엔진의 출력은 375마력으로, GTO의 360마력을 약간 웃돌았다. 머스탱도 '빅-블록(big-block)' V8을 선택 사양으로 제공해, 근육질이 되었다. 빅-블록 V8의 출력은 320마력이었다. 쉐비는 그렇게 변한 머스탱에 카마로로 응수했다. SS 396엔진을 집어넣을 수 있도록 한 카마로는 빠르고 날렵한 스포츠카 느낌이 물씬 났다. 그것은 전쟁이었다. 디트로이트 스타일의 전쟁 말이다.

머슬 카는 수익도 근육질이었다. 기능(튼튼한 현가 장치와 브레이크)에서 때깔(경주용 바퀴와 경주용 도색)에 이르는 각종 사양 때문에 기본형으로 출고되던 세단이나 쿠페보다 가격이 무려 1,000달러 이상 비쌌던 것이다. 플리머스 바라쿠다와 올즈모빌 442(Oldsmobile 442) 같은 다른 차종도 이 난투 현장에 뛰어들었다. 1968년에는 아메리칸 모터스조차 엔진 출력 315마력의 2인승 AMX 패스트백을 출시했다. 롬니가 10년 전에 콤팩트 카라는 말을 대중화시킨, 바로 그 회사는 미국 자동차 업계에서 지위가 매우 낮은 업체였는데도 말이다.

1960년대 말쯤 되면 머슬 카의 급증으로 도로 경주가 붐을 이룬다. 공공 도로 경주는 즉흥적인 경우가 잦았다. 이런 식이다. 무리 지어 몰려다니던 청년들이 경쟁 상대를 발견하면, 아는 체하는 눈짓을 교환하고, 정지 신호등 앞에 나란히 선다. 이윽고 신호가 바뀌면 부웅 하고 밤의 장막 속으로 돌진하는 것이다. 타이어가 꽥 하는 신경질적인 소리를 내고, 고무 타는 냄새가 나며, 배기관이 으르렁거리는 것은 물론이다. 도처에서 도로 경주가 벌어졌다.

　　일리노이 주 그린뷰(Greenview)는 주도 스프링필드 인근의 농촌 소읍으로, 인구가 1,000명이 채 안 된다. 카운티 보안관조차 순찰을 꺼리는 버려진 시골길이 그곳 아이들의 경주장이었다. 럿거스 대학교(Rutgers University)가 있는 뉴저지 주 뉴브런즈윅(New Brunswick)은 리빙스턴 애비뉴가 그 무대였다. 그곳의 교통 신호등이 심야 대혈투의 간편한 시발점 역할을 해 주었다.

　　시카고에서는 풀턴 스트리트와 클라이본 애비뉴가 길이 넓었다. 두 도로는 공업 단지로 연결되었고, 심야에는 차가 거의 안 다녔기 때문에, 젊은이들에게는 완벽한 드래그 레이스 경주장이었다. 젊은이들의 경주 행위가 도를 넘자, 시 소방 당국이 나섰다. 금요일과 토요일 밤에 대비해 두 길에 물을 뿌린 것인데, 그러면 노면이 젖어서 경주를 할 수 없었다.

　　아무렴 도로 경주의 시초이자 중심지는 디트로이트의 우드워드 애비뉴였다. 이 길은 시내에서 시작되어, 사선으로 곧게 도심을 가로지르고, 부유한 교외로 빠져나가, 폰티액 본부에서 끝났다. 양 방향으로 4차선이었는데, 일부 경주의 경우 전부 4대가 참가하기도 했기 때문에 아주 유용했다. 정지 신호등에서 출발했고, 끝나면 승리한 차가 다른 차들 앞에 섰다. 고정 경주자들은 피너츠(Peanuts), 치터(Cheater), 스트라이프스(Stripes)

같은 가명을 썼다. 돈이 걸리는 때가 있었는가 하면 여자들을 차지하기 위한 경쟁도 벌어졌다. 10대 때 우드워드에서 고정으로 경주를 일삼던 조지 포인터(George Poynter)는 수십 년 후 이렇게 회고했다. 우드워드에서 밤마다 경주가 벌어졌고, "친목 파티 같은 거였죠." 그는 보유하게 되는 총 4대의 GTO 가운데 첫 차를 1964년 베트남으로 파송되던 친구에게서 샀다. 첫 아내를 만난 것 역시 GTO를 타고 우드워드에서 놀던 중이었다.

우드워드 애비뉴에서 약간 벗어난 곳에 로열 폰티액(Royal Pontiac) 판매장이 있었다. 그곳은 GTO가 시속 110마일(약 177킬로미터)을 치도록 개조해 주는 전문 업소였다. 계속해서 포인터의 이야기를 들어 보자. "뒤에서 구린내를 느낄 수 있을 정도였죠." 어쩌면 앞에서 지린내를 느꼈을지도 모른다. 그로부터 몇 년이 흐른 1973년에 이런 광경이 「청춘 낙서(American Graffiti)」라는 제목의 영화로 제작되어, 불멸의 기억으로 간직된다.[18]

GTO 구매자 연령의 중앙값은 26세가 채 안 되었다. 이 수치는 전체 신차 구매자 연령의 중앙값 43세보다 한참 어린 나이였다.[19] 그렇다고 애들만 경주를 한 것은 또 아니었다. 일부 성인도 도로 경주에 매력을 느껴서, 가담했던 것이다. 1967년 근방의 꽤나 유명한 도로 경주꾼 한 사람이 GTO를 쳐부수겠다는 일념에, 차종을 플리머스 스트리트 헤미 GTX(Plymouth Street Hemi GTX)로 바꿨다는 소문이 윙거스의 귀에 들어왔다. 이런 도전을 회피할 수는 없는 일이었다. 윙거스는 미스터리 타이거를 데려왔고, 로열 폰티액 대리점에서 개조한 GTO를 운전시켰다.

윙거스는 후에 이렇게 썼다. "경주가 열린 날 밤 사람이 엄청나게 모였다. 차가 적어도 200대는 되었을 것이다. 헤미 GTX는 새까만 검정색 쿠페였는데, 사람들 한가운데 서 있었다. 우리는 흰 '고트(염소)'를 끌고 그 옆에 가 섰다." 경주 참가자와 구경꾼들이 디트로이트 동부 에드셀 포드 프리웨이의 특정 구간으로 이동했다. 출발 신호와 함께 GTO가 "문자 그대로 헤미를 한참 뒤에 두고 사라졌다. ……"[20] 제너럴 모터스 본사가 이런 종류의 '승리'에 눈살을 찌푸리며 흥을 깼으리라는 것은 충분히 짐작되는 일이었다. 그들은 그해 말에 더 엄격한 광고 제약을 시행했다. 공격적인 폭주를 암시하는 일체의 광고를 금지한 것이다. 하지만 들로리안과 윙거스는 굴하지 않았다.

그들이 내보낸 2쪽짜리 전면 컬러 광고에는 1968년식 암녹색 GTO가 나왔다. 젊은이 2명이 타고 있고, 우드워드 애비뉴의 한 도로 표지판 뒤에 정차해 있는 광경인 것이다. 어떤 말이 적혀 있는지도 보자. "폰티액의 그레이트 원! 나머지 이야기는 다 아시죠?"[21] 그 광고는 GTO가 쉐벨 SS, 올즈 44, 플리머스 바라쿠다 같은 경쟁 차종을 완패시킬 것임을 넌지시 내비쳤다. 제너럴 모터스 본사의 중역들이 이 광고를 죽였다.

폰티액이 몇 달 후 우드워드 애비뉴의 옥외 광고판을 임대했다. GTO가 그려졌고, 위에는 이렇게 씌어 있었다. "우드워드에게, 폰티액이 사랑을 담아." 해당 지역 공무원들은 문구가 수수할지는 몰라도 여전히 부지불식간에 도로 경주가 조장되고 있다며 항의했다. 다시금 본사의 도끼가 떨어졌다.

그즈음 들로리안은 광고 전략 말고도 다른 사안으로 회사 사람들을 경악시키고 있었다. 두발이 옷깃까지 내려왔고, 더블-브레스티드 양복 (double-breasted suit)을 입었으며, 최고 중의 최고는, 파란 셔츠를 입고 다녔다는 것이었다. 셔츠에 대한 제너럴 모터스의 관념은 포드가 자동차를 대하는 태도와 비슷했다. GM 직원은 하얀 색을 입기만 한다면 원하는 어떤 색을 입어도 상관없었다. 들로리안은 결코 히피(hippie)가 아니었지만, 힙 (hip)해지려고 애썼다. (사실 열심히 노력할 필요까지도 없었다.) 제너럴 모터스는 수도원이나 컨트리 클럽 같은 순응주의적 태도가 지배적인 회사였다. 하지만 많은 직원은 들로리안 밑에서 일하는 것이 신바람나는 경험이었고, 하멜른의 피리 부는 사나이라도 되는 양 그를 추종했다. 게다가 들로리안은 성과까지 냈다.

1968년에 GTO의 디자인이 새롭게 바뀌었다. 《모터 트렌드》가 굴곡이 많아진 새 GTO를 올해의 차로 선정했다. 앞 범퍼를 합성 고무로 만들고 차체와 같은 색으로 칠했는데, 전통적인 크롬 범퍼가 작은 속도 방지턱에조차 쉽게 훼손되었기 때문이다. 남자가 망치로 범퍼를 두드리는 광경을 찍은 텔레비전 광고가 뒤를 이었다. 범퍼는 아무 탈이 없었고, 이번에는 본부에서도 불만을 표하는 사람이 없었다.

GTO의 진짜 문제는 경쟁 격화였다. 플리머스가 1968년 새로운 머슬카를 출고했다. 와일리 코요테(Wile E. Coyote)를 항상 앞지르며 속여 넘기는 만화 캐릭터를 좇아 이름도 로드 러너(Road Runner)였다. 이 차는 경적마저 길달리기새의 상표나 다름없는 "빕, 빕" 소리를 흉내 냈다. 로드 러너는 GTO랑 거의 비슷한 383세제곱인치(약 6.3리터) V8 엔진을 갖췄다는 것만 빼면 술책으로 일관했다. 기본 단가 2,800달러는 GTO보다 수백 달러 쌌다. 자동차 잡지들이 로드 러너를 칭찬해 댔다. 로드 러너는 이름값을 하듯 판매량이 치솟았다.

폰티액은 정신병에 걸릴 것 같았다. 들로리안이 꾸린 대책 위원회가 로드 러너보다 가격을 낮출 방법을 제시했다. 앞좌석의 버킷 시트를 벤치 시트(bench seat)로 교체할 것, GTO의 표준 400을 떼어 내고 350세제곱인치(약 5.7리터) 엔진을 쓸 것 등이었다. 들로리안은 격분했다. "GTO는 400세제곱인치(약 6.6리터) 차라고!"[22]

폰티액은 정반대 방향으로 나아갔다. 새롭고, 더 비싼 GTO를 만든 것이다. 밝은 오렌지색은 야했다. 데칼코마니로 전사된 그림과 도안도 잘 어울렸다. 후미의 스포일러(spoiler, 고속으로 달릴 때 차가 들리지 않게 해 주는 장치 — 옮긴이)가 엄청 컸다. 달걀을 프라이해 먹을 수 있을 정도라고 언급한 자동차 비평가들까지 있었다. 들로리안 자신이 나서서 정한 그 신차의 이름은 저지(Judge)였다. 텔레비전 코미디 쇼 「래프-인(Laugh-In)」에서 항상 볼 수 있던 장면의 다음과 같은 웃기는 대사에서 차 이름이 유래했다. "정숙해 주세요, 정숙! 판사 님께서 들어오십니다.(Order in de court, order in de court. Here come de Judge.)" 폰티액의 광고는 이렇게 선언했다. "저지를 구매하세요."

그러나 소비자들은 저지를 살 수 없었다. 1969년 약 7만 3000대의 GTO가 팔렸는데, 그 가운데 저지는 6,800대를 약간 넘는 정도에 불과했다. 하지만 7만 3000대도 문제였다. 그해에 로드 러너는 8만 4000대 팔렸다. 폰티액의 광고는 이렇게 자랑했다. "그레이트 원(Great One)은 여전히 위대한 왕입니다." 하지만 판매 실적은 다른 이야기를 하고 있었다.

그런데 재미있는 것은, 들로리안이 이 과제 사안을 다룰 필요가 없었다는 것이다. 제너럴 모터스가 1969년 중반 44세의 들로리안을 승진시켜, 쉐보레를 맡기겠다고 발표했다. 쉐보레는 GM에서 가장 큰 사업 부문으로, 전통적으로 회사 전체를 통합하는 직책의 징검다리라는 인식이 강했다. 들로리안은 여러 해째 고전을 면치 못하던 쉐비의 상황을 돌려놓으라는 명령을 받았다. 기실 쉐비의 판매가 급감한 것은 그가 폰티액에서 거둔 성공에 적잖이 영향을 받았다.

저지에 들어간 전사(轉寫) 도안을 디자인한 미술가가 들로리안의 이임을 기념하기 위해, 컬러로 캐리커처를 제작했다. 그 그림에 들로리안의 폰티액 시대가 요약되어 있다. 뭐랄까, 최근 몇 년 미국이라는 나라의 전반이 들어가 있다고도 할 수 있었다. 적대적인 두 집단 사이에 저지가 놓여 있는 그림인 것이다. 그 두 집단은 히피와 기성 체제였다. 들로리안은 검정색 터틀넥을 입고, 구슬 장식을 한 모습이다. 주위의 히피들도 각종 꽃과 평화의 표지로 꾸몄으며, 수염 스타일이 다양하다. 기성 체제를 대표하는 것은 시무룩한 표정의 로시다. 줄무늬 양복을 걸친 그가 들로리안을 향해 혀를 쏙 내밀고 있다.[23] (브롱크스 치어(Bronx cheer). 노골적인 모욕, 멸시, 조소, 혐오 등을 드러내는 전통적인 몸짓이다. — 옮긴이)

들로리안은 히피적이며 유행에 밝았고, 반항적이었다. 게다가 그는 그런 이미지를 한껏 즐겼다. 들로리안은 아내 베티(Betty)와 15년의 결혼 생활을 청산했고, 1969년 늦여름에 쉐보레 신차의 기자 발표회를 열었다. 새 아내가 배석했다. 금발의 켈리 진 하먼(Kelly Jean Harmon, 1948년~)은 캘리포니아 출신으로, 미식축구의 전설 토머스 더들리 '톰' 하먼(Thomas Dudley 'Tom' Harmon, 1919~1990년)의 딸이었는데, 들로리안 나이의 절반이 안 되었다. 쉐비보다 들로리안 부인이 더 많은 관심을 받았다.

들로리안의 옷장이 세련된 이탈리아 양복, 나팔 바지(flared pants), 화려한 색상의 타이로 정비되었다. "그는 회의를 하면서 빗질을 했고, 옷도 걸레(floozy)처럼 입었다. 우리를 기득권 세력이라고도 불렀다." 디자인 부문을 이끌던 미첼의 비분강개다.[24] 피카소를 "이상한 놈"이라고 했던 미첼을 기억하리라.

들로리안은 역기도 들기 시작했다. 살을 빼는가 하면, 성형 수술까지 받아 턱선을 날카롭게 다듬었다. 성형 수술을 받으면서는 몇 주간 무단결근을 했다. 주변 사람들에게 교통사고 때 입은 부상을 교정, 복구하기 위한 수술이라고 둘러댔던 것이다. 그의 해명이라는 것이 통했을까? GM은 소문과 험담이 난무하는 조직이었고, 사람들은 숨죽이면서 낄낄거렸다. 요컨대, 들로리안은 여전히 하늘을 날고 있었다. 머슬 카 열기와, 기타 1960년대 후반의 갖은 광증이 잦아들고 있었는데도 말이다.

들로리안은 여러 해 후에 이렇게 썼다. "1970년대로 접어들면서 1960년대의 흥분이 눈 녹듯 사라졌다. 폰티액의 혁신적 리더십과 열광하는 청춘도 그와 함께 증발했다."[25] 결국 이런 말이었다. "내가 키잡이를 그만두자, 폰티액은 뇌사해 버렸다." 어느 정도는 사실이었다. 하지만 우리는 다른 측면도 보아야 한다.

자동차 보험 회사들이 사고 기록을 추적하는 데에 컴퓨터를 사용하기 시작했다. 그러고는 마침내 알아냈다. 머슬 카를 모는 젊은이들이, 요리사가 계란을 깨는 것처럼, 자차를 박살내고 있다는 사실을 말이다. 소형차 할인 혜택이 종료되었다. 고출력 차량에 추가 요금을 부과하기 시작한 것이다. 1969년에 일부 도시의 GTO 보유자들은 3,600달러짜리 차의 한 해 보험료로 1,000달러를 납입해야 했다. 들로리안이 GTO로 빚어 낸, 폰티액의 고성능이라는 페르소나가 세련된 첨단에서 한물간 것으로 바뀌고 있었다. 최악이었다.

1969년 8월 우드스탁 음악 축제가 열렸다. 1960년대의 최고이자 가장 좋은 부분이었다. 12월에는 롤링 스톤즈가 캘리포니아 북부의 올터몬트 스피드웨이(Altamont Speedway)에서 콘서트를 열었다. 군중은 제멋대로 굴었고, 흑인 청년 1명이 무대로 돌진했다. 안전 요원으로 있던 헬스 에인절스(Hells Angels)라는 동네 오토바이 폭주족이 그를 가로막았고 뒤이은 실랑이에서 그 청년이 칼에 찔려 사망했다.

그 비극적 사건이 1970년대를 예비했다. 그해 봄 베트남전 반대 시위가 대학 캠퍼스들에서 치명적인 방향으로 선회했다. 오하이오 주 방위군이 켄트 주립 대학교 학생 4명을 사살했다. 여름이 되자, 급진파 학생들이 매디슨 소재 위스콘신 대학교의 육군 수학 연구소(Army Mathematics Research Center)를 폭파해 버렸다. 이 과정에서 젊은 과학자 1명이 죽었다. 가을에는 록 스타 재니스 조플린(Janis Joplin, 1943~1970년)이 약물 과다 복용으로 사망했다. 조플린이 마지막도 아니었다.

GTO는 반란이 무해한 흥청망청일 때 반란을 표상했다. 그런데 젊은이들이 탄 차가 휙 돌면서 길을 벗어나는 광경과 나라 전체가 통제를 벗어난 듯한 풍경을 따로 떼어 내 받아들이기가 점점 더 어려워졌다. 폭주족 헬스 에인절스가 '안전' 요원을 하고, 주 방위군이 사람을 죽이고, 학생들이 건물을 폭파하다니, 모든 게 미쳐 돌아갔다. 반란으로부터 퇴각해야 한다는 조짐이 싹텄다.

1970년 봄에 비틀스가 결별하기 직전 「렛 잇 비(Let It Be)」를 발표했다. 앨범의 표제곡은 혼란 속의 위안을 찬양했다. 그해 말에 조지 해리슨(George Harrison, 1943~2001년)이 발표한 첫 번째 솔로 앨범 「다 지나가리라(All Things Must Pass)」에는 「마이 스위트 로드(My Sweet Lord)」가 실렸다. 그 명백한 복음 성가가 공전의 히트를 기록했다. 1971년에 가장 인기를 끈 영화들을 보자. 「프렌치 커넥션(The French Connection)」과 「더티 해리(Dirty Harry)」에서는 경찰이 영웅이다. 클린트 이스트우드(Clint Eastwood, 1930년~)가 연기한 형사 해리 캘러헌(Harry Callahan)은 1960년대의 방종을 경멸한다. "네 놈 속을 모를 것 같아?" 비평가들은 아니었어도, 대중은 「더티 해리」를 좋아했다.

GTO는 이런 문화적 반발 속에서도 살아남을 수 있었을지 모른다. 그러나 세속의 새로운 종교 환경주의가 떡 하니 버티고 있었고, GTO는 무엄하기 이를 데 없었다. 1960년대에 발아한 환경주의가 1970년 4월 22일에 꽃봉오리를 맺었다. 역사상 최초의 지구의 날(Earth Day)이었다. GTO의 으르렁거리는 배기음과 갤런 당 11마일(약 17.7킬로미터)의 연비가 맑은 공기와 어울릴 수는 없었다. 1960년대 말에 GTO 운전자들은 아무리 나빠도,

혈기가 왕성할 뿐 악의는 없는 청년쯤으로 인식되었다. 그러나 불과 몇 년이 흘렀을 뿐인데, 그들은 이제 가망 없는 반역자 신세였다. GTO 판매량이 1970년에 약 45퍼센트 감소해, 4만 대를 약간 넘었다. 실적은 더욱 악화된다.

환경 운동 세력의 첫 번째 큰 승리는 유연 휘발유를 불법화한 것이었다. 콜의 촉매 변환 장치가 거기에서 혁혁한 공을 세웠다. 저연(低鉛) 휘발유가 몇 년간 허용되는 이행 조치기가 있었고, 그러다가 무연 휘발유가 의무화되었다. 어쨌거나 방향은 분명했다.

그러나 납 성분이 적으면 엔진 출력이 떨어졌다. 자동차 기사(技士)들은 1980년대 중반이나 되어서야 납 성분을 뺀 휘발유로도 고출력을 낼 수 있는 방법을 찾아낸다. 디트로이트는 머슬 카의 힘이 여전하다고, 구매자들을 설득하기 위해 동분서주했다. 1971년식 GTO를 광고하는 판매 안내용 소책자는 이렇게 지분댔다. "저연 휘발유 때문에 엔진이 거북이처럼 돌아갈 것이라고 생각하실지 모르겠습니다. 하지만 아닙니다."[26] 사실이 아니었다. GTO의 가장 강력한 엔진도 출력이 310마력에 불과했다. 전년도의 360마력에서 50마력이 빠진 것이다. 1971년 GTO 판매량이 다시 75퍼센트 추락해, 1만 500대를 기록했다.

GTO의 1973년 출력은 250마력에 불과했다. 결국 폰티액은 GTO의 독보적인 차별화 모델 지위를 박탈해 버렸다. 르망의 선택 사양 패키지라는 애초의 자리로 돌려보낸 것이다. 기력이 다 빠진 머슬 카의 용도는 많지 않았다. 그해에 GTO 르망은 겨우 4,800대 팔렸다.

그해 가을 아랍 국가들이 석유 금수 조치를 단행했고, 미국에서 첫 번째 석유 파동이 일어났다. 한동안은 휘발유가 너무 귀해, 배급을 해야 할 정도였다. 많은 도시에서 번호판 끝자리가 짝수인 차들은 화요일, 목요일,

토요일에 홀수인 차량은 월요일, 수요일, 금요일에만 휘발유를 살 수 있었다. 제한 속도 시속 55마일(약 88.5킬로미터)의 연비 정책까지 도입되었다. 사람들은 5센트짜리 동전(nickel)에 빗대어 그 정책을 조소적으로 '더블 니켈(double nickel)'이라고 불렀다.

바로 그 시점에 콜린스가 GTO를 단종하자고 폰티액 임원 회의에서 제안했다. 폰티액 템페스트에 대형 엔진을 쑤셔 넣자고 맨 처음 제안한 그 콜린스가 말이다. "뭐 그리 대단한 일이라고." 그는 이렇게 말했다.[27] 이의를 제기하는 사람이 아무도 없었다. 그렇게 해서 1974년식 GTO가 이후 30년 동안 마지막 GTO로 자리매김한다.

폰티액은 GTO를 전개한 11년 동안 51만 4793대 팔았다. 1965년과 1966년 두 해 동안의 머스탱 판매 대수보다 더 적다. 그러나 독보적인 최초의 머슬 카라는 GTO의 지위는 판매 대수에 비할 바가 아니었다. GTO는 미국의 자동차 문화와 풍토를 유성처럼 가로질렀다. 물론 그 풍토가 바뀌자 추락해서 불타 없어졌지만. 들로리안도 추락해 소멸할 운명이었다. 시간이 더 걸리기는 하지만 말이다.

들로리안과 하먼의 결혼 생활은 3년간 유지되었다. 두 사람이 소원해지면서, 들로리안은 우르줄라 안드레스(Ursula Andress, 1936년~)와 라켈 웰치(Raquel Welch, 1940년~), 그 외 할리우드의 신인 여배우들과 염문을 뿌렸다. 그에 관한 소문이 자동차 잡지만큼이나 빈번하게 타블로이드에 실렸다. 들로리안은 목요일 밤마다 제너럴 모터스 전용기를 타고 로스앤젤레스로 갔다. 그러면 GM의 중간 간부가 회사 차와, 베벌리 힐스나 벨 에어(Bel Air)의 호텔 방 열쇠를 갖고 나왔다. 그는 주말 내내 파티를 즐겼고, 월요일 밤에 디트로이트로 복귀해 화요일 오전에나 출근했다. 그러고서 목요일 밤

에는 다시 할리우드로 돌아갔다.[28]

상관들은 이 비행기 징발을 묵인했다. 들로리안이 여전히 성과를 냈기 때문이다. 그는 관리자 층을 없애고, 기술 부서를 재조직했다. 프로젝트 매니저를 개별적으로 선임해, 쉐비의 각 모델을 책임지게 한 것이다. 재고를 대폭 줄이고, 재무 관리에 컴퓨터를 도입한 것도 그의 공로였다.《비즈니스위크(*BusinessWeek*)》가 1971년 9월 18일 표지에 그를 실었다. 표제를 보자. 「존 들로리안: 쉐비의 병을 치료하는 탕아(John Z. DeLorean: A Swinger Tries to Cure Chevy's Ills)」

쉐보레가 들로리안의 지휘 아래 1972년 한 해에만 300만 대 이상의 차를 팔아 치우며 세계 1위의 자동차 기업으로 부상했다. 중요한 이정표였고, 그해 10월 들로리안은 다시 한 번 승진했다. GM의 승용차와 트럭 사업을 총괄하는 부사장 자리였다. 본부를 거스르던 반항아 본인이 본부 임원이 된 것이다.

들로리안은 자동차 개발은 하지 않고 허구헌날 노땅들과 함께 프리젠테이션을 청취해야 했다. 그는 그들을 멍청한 관료 무리로 여겼고, 그들은 그를 거만하고 이상한 놈이라고 생각했다. 카우보이 부츠를 신고 회사에 출근한 이단 행위가 그 상황에 도움이 될 리 없었다.

들로리안은 새 직책을 맡은 지 불과 6개월 후인 1973년 4월에 제 발로 제너럴 모터스를 걸어 나갔다. (오늘날로 치면 350만 달러에 해당하는) 연봉 65만 달러를 걷어찬 것이다. 대중은 들로리안을 "GM을 해고한 사나이"로 불러 주었다. 사실 상사들도 그가 제 발로 걸어 나가 주어서 좋았다. 회사는 이별 선물로 캐딜락 딜러십을 줬다. 그 시절에 캐딜락 대리점 영업권은 현금 자동 지급기와 다름없었다. 들로리안이 사회적 책임을 의식하는 경영자들의 모임인 전국 경제인 연합회(National Alliance of Businessmen)를 이끌도록 배려해 주기도 했다.

48세의 들로리안은 퇴직 1개월 후 세 번째 아내 크리스티나 페라레(Cristina Ferrare, 1950년~)와 결혼했다. 22세의 이탈리아 모델이었다. 그의 스타성은 도무지 기울 줄을 몰랐다. 대중은 들로리안의 품에 안긴 매력 만점의 새 아내와 사치스러운 상류 생활을 동경했다. 파크 애비뉴의 아파트, 434에이커(약 1.8제곱킬로미터)의 뉴저지 말 목장, 캘리포니아의 농장이 부럽지 않을 사람이 누가 있겠는가?

들로리안은 자동차 업계로 복귀하기를 열망했다. 2년 후인 1975년에 자동차 회사가 하나 탄생했다. 들로리안 모터(DeLorean Motor)가 바로 그것이다. 콜린스와 GM에서 그를 따르던 소수가 합류했다. 들로리안은 '윤리적 스포츠카(ethical sports car)'를 만들겠다고 선언했다. 물론 그는 윤리적 스포츠카의 개념을 한번도 규정하지 않았지만, 아무튼 듣기에는 좋았다. 희극인 자니 카슨(Johnny Carson, 1925~2005년)이 50만 달러를 투자했고, 들로리안 자신도 70만 달러를 보탰다. 하지만 그 액수도 앞으로 들어가게 될 돈에 비하면 새발의 피였다. 1억 2000만 달러의 소요 자본이 나온 곳은 영국 정부였다. 들로리안은 그 대가로 북아일랜드에 조립 공장을 짓기로 했다. 그곳 사람들이 폭탄 말고 뭐든 만들도록 해야만 했다.

아일랜드에 공장을 지어야 했으니, 들로리안 모터는 어디에나 있을 수 있었다. 하지만 앞으로 보면 알겠지만 어디에도 있지 못한다. 본사가 뉴욕에 있었다. 기술 부서가 영국으로 이전되었다. 이것은 영국 정부를 달래는 선물이기도 했다. 판매 부문은 로스앤젤레스에 사무소를 뒀다. 벨파스트(Belfast) 교외에 세워진 조립 공장의 풍경도 보자. 신교도 노동자와 구교도 노동자가 그 지역 관례에 따라 서로 다른 출입문을 사용했다.

세계 도처에 포진한 제국은 제트기를 애호하는 들로리안의 라이프 스타일에 꼭 맞았다. 하지만 거점들의 원거리 포진이 통합, 조정, 관리 활동에 좋을 리가 만무했다. 거기다 콜린스가 나가 버렸다. 신차의 공학적 토대를 입안한 그가 보수와 신생 기업에서 자신이 맡는 역할에 불만을 느꼈던 것이다.

1979년에 제1호 차가 데뷔할 예정이었다. 하지만 온갖 종류의 결함이 튀어나왔고, 첫 생산 활동이 1981년으로 늦어졌다. 들로리안이 회사를 세운 지가 꼬박 채워 6년 전이었다. 들로리안 모터가 마침내 공개되었고, 그 차는 들로리안 자신만큼이나 놀랍고도 세련된 모습이었다. 차의 정식 명칭은 DMC-12였지만, 사람들은 그냥 대충 '들로리안'이라고 불렀다. 그 날렵한 로드스터의 특징을 살펴보도록 하자. 스테인리스 스틸 소재에, 걸윙식 문짝이 달렸고, 뒷창은 블라인드로 처리되었으며, 프랑스제 V6 엔진이 들어갔다. 어떤 특징을 보더라도 DMC-12는 결코 '윤리적인' 차가 아니었다.

후방 탑재 엔진은 정확히 콜베어의 위치였다. 하지만 들로리안의 차는 현가 장치가 더 나았고, 그래서 뒤쪽이 통제를 벗어나 돌아 버리는 일은 드물었다. 하지만 다른 문제가 있었다. 부품들이 잘 안 맞아서, 품질이 엉망이었다. 가격이 콜벳보다 8,000달러 더 비싼 2만 6000달러였다. 당시로서는 천문학적인 가격이었던 것이다.

카슨은 아랑곳하지 않았다. 그는 로스앤젤레스에서 1대를 샀고, 1982년 음주 운전을 하다 적발되었다. 그 사건으로 DMC-12가 새롭게 주목을 받았다. 물론 전폭적으로 환영받은 것은 아니었다. 결국 다음의 문제를 우회할 길은 없었다. DMC-12는 총탄이 빗발치는 전투 현장에서 제작된 형편없는 품질의 고가 차량이었던 것이다.

딱 하나 들로리안의 생활 방식만 고생이라는 것을 몰랐다. 그는 연봉이 47만 5000달러였고, 업무 추진비로 1주일에 1,000달러를 더 받았다. 8명이 한꺼번에 들어갈 수 있는 온수 욕조가 설치된 캘리포니아의 목장은 유지 관리가 필요했다. "존이라면 2류로 전락하느니 차라리 거지가 되는 쪽을 택할 것이다." 그의 비판자 대열에 합류한 사람이 내뱉은 말이다.[29]

초보 기업이 그 모든 난관에 효과적으로 대응할 수는 없었다. 들로리안 모터는 DMC-12를 8,563대 제작하고서 1982년 2월에 파산했다. 벨파스트 공장도 문을 닫았다. 들로리안 모터 투자자들은 투자금을 몽땅 잃었다. 거기에는 영국의 납세자들이 포함되어 있었다.

들로리안도 사면초가 상황에 처했다. 크리스티나가 흑담비 모피 외투를 1벌당 1만 5000달러에 4개 팔았다. 소더비(Sotheby)의 경매대에 부부 소유의 루이 15세 시대의 시계 몇 점이 올라왔다. 소량이었지만 들로리안이 보유한 뉴욕 양키스와 샌디에이고 차저스 지분도 처분되었다.[30] 들로리안은 자금을 확보해 회사를 부활시키겠다는 꿈을 여전히 꾸었다. 보통 사람들이라면 일종의 정크 본드(junk bond, 수익률이 높지만 그만큼 위험도도 큰 채권 — 옮긴이)나 주식의 신규 상장을 시도했겠지만, 들로리안은 뭐가 달라도 달랐다. 코카인을 판 것이다. 미국 연방 수사국(FBI)이 1982년 10월 로스앤젤레스의 한 호텔방에서 밀거래를 시도하던 그를 촬영하고, 체포했다. 들로리안은 2년 후에 재판에서 무죄 선고를 받았다. 기적이 일어난 것이다. 변호사들은 그가 함정 수사의 희생양이라고 주장했다.

1986년에 그가 다시 재판정에 섰다. 들로리안 모터의 파산 과정에서 그가 금융 사기 및 횡령을 했다는 것이었다. 동원된 변호사들은 기업 도산이 절도는 아니라고 항변했다. 카우보이 부츠를 신고 법정에 출두한 들로리안은 다시 한 번 무죄 석방되는 기염을 토했다. 많은 사람의 예상이 또다시 빗나갔다.

두 번의 소송전에서 승리한 것도 기적인데, 들로리안은 그 사이에 한 번

더 기적을 경험했다. DMC-12가 살아 생전보다 죽고서 더 유명해진 것이다. 「백 투 더 퓨처(Back to the Future)」는 1985년 최고의 히트 영화 가운데 하나였다. 마이클 제이 폭스(Michael J. Fox, 1961년~)가 연기한 10대 소년 마티 맥플라이(Marty McFly)가 타임머신으로 개조된 DMC-12를 타고 부모가 사는 과거로 여행하는 것이다. 비평가들은 그 영화에 협찬이 너무 많다며 나무랐다. 아닌 게 아니라 펩시, 나이키, 캘빈 클라인이 나왔다. 그러나 대다수는 들로리안의 차가 설정과 역할에 맞춤하다고 생각했다. 중고 들로리안 가격이 치솟았다. (이본이나 아류가 있을 수 없었다.) 들로리안은 불명예스러울 때조차도 마법의 판촉술을 보여 줬다.

그 후로 들로리안은 20년을 더 산다. 대중이 심심하지 않도록 가끔씩 헤드라인도 장식해 주었다. 그와 크리스티나가 이혼했을 때, 그리고 그가 다시 네 번째 결혼을 했을 때 등등. 들로리안은 항상 채권자들을 피해 달아나야 했고, 뉴저지의 한 병원에서 80세를 일기로 사망한다. 그는 자신의 삶을 통해 광포한 오만을 증언했다.

들로리안의 삶은 이카루스 같았다. 그의 이력이 펼쳐지는 동안 타임머신처럼 시대를 초월하는 자동차가 2종 탄생했다. DMC-12는 여러 영화를 빛냈다. 실제를 사는 사람들은 폰티액 GTO를 통해 시대를 거슬러 여행한다는 느낌을 맛본다. 제너럴 모터스가 2004년 GTO를 재출시했다. 하지만 오스트레일리아에서 수입된 그 차는 노스텔지어를 자극하기는커녕 쫄딱 망했다. 극렬 GTO 팬들은 짝퉁이 아닌 오리지널 미국산을 원한다. 크루징 타이거스 회원이라면 누구라도 그렇게 말할 것이다.

그들 가운데 한 사람은 이렇게 말한다. "다시 17세 시절로 돌아가는 거죠." 인디언 걸기 대회에 참가한 존 스쿼블리스(John Skwirblies)가 '선댄스 오렌지(sundance orange)'색으로 칠해진 자신의 1972년식 하드톱을 소개하면서 얼굴이 발그레해진다. '오리꼬리 스포일러(ducktail spoiler)'는 끝이 잘려, 후미에서 미묘하게 솟아오른 모양새다. 번호판도 'DUCKTAIL'이라고 되어 있다. 운전석에 앉은 스퀴블리스는 교외에 거주하는 따분하기 이를 데 없는 평범한 직장인이 결코 아니다. "뽐내고 싶어요. 주목 받는 게 좋습니다. 이 차를 타면 다 벗어던질 수 있죠."[31]

08

혼다 어코드

오하이오 고자이마스

아이 둘, 애완 고양이나 강아지, 케이블 텔레비전, 헬스클럽, 교외의 집, 그리고 차고의 혼다.

20세기 후반의 아메리칸 드림을 설명하는 《워싱턴 포스트》 기사 [1]

오하이오 주 메캐닉스버그(Mechanicsburg)의 고등학교를 갓 졸업한 18세의 브래드 올티(Brad Alty)가 1979년 8월 20일 첫 직장에 첫 출근을 하던 중 참사가 일어났다. 그가 몰던 1970년식 AMC 그렘린(AMC Gremlin)이 고장나 버린 것이다.

1970년대에 그런 사고는 흔해 빠진 일이었다. 미국의 경제적 위엄을 오랫동안 상징해 온 그 디트로이트가 조잡한 저질 산업의 표본으로 전락해 버린 것이었다. 대기 오염 방지법이 제정되었고, 휘발유 가격이 뛰었다. 새 시대가 펼쳐졌고, 제너럴 모터스, 포드, 크라이슬러는 서둘러 차의 크기를 줄였다. 그런데 머슬 카에서 이코노-카(econo-car)로 급격히 이동하는 과정에서 문제가 생겼다. 엔지니어들이 당황했고, 디트로이트제 자동차의 품질이 추락해 버린 것이다. 쉐보레, 포드, 플리머스 들이 털털거리더니, 녹이 슬며 무디어졌고, 뒤집어지고 나가떨어졌다. 그렇게 좋았던 차들이 말이다.

그 10년 동안 최고로 악명을 떨친 차는 포드의 핀토였다. 핀토는 연료 탱크의 위치 때문에 뒤에서 받히면 폭발해 버리기가 쉬웠다. 핀토의 결함이 치명적이었다면, 그렘린의 단점은 애교 수준이었다. 아, 물론 당신이 그렘린 보유자가 아니라는 전제에서다. 퍼그(pug)처럼 꼴불견으로 나온 그렘린은 그 도안이 노스웨스트 항공사(Northwest Airlines)의 멀미 봉투에 처음 그려진 것으로 전해 온다.[2] 그 뭉툭한 후미 때문에 사람들은 이런 농담을 주고받았다. "네 차 뒤는 어디로 간 거냐?"

그렘린은 1970년 만우절에 처음 출고되어 1980년 단종되었다. 이 차가 태어나서 죽을 때까지의 10년 동안 워터게이트 추문, 베트남 전쟁 패배, 두 차례의 석유 파동, 이란 대사관 인질 사건, 통화 팽창과 물가 상승, 경기 불황, 국민적 "불안과 불만"(대통령 지미 카터(Jimmy Carter, 1924년~)의 이 언급은 기억할 만하다.)이 펼쳐졌다. 여기에 나팔 바지, 「유쾌한 브래디 가(The Brady Bunch)」(1969년부터 1974년까지 방송된 미국 텔레비전 홈드라마로, 흔히 단란한 가정을 상징한다. — 옮긴이), 디스코도 보태야 하리라.

올티의 어머니가 그렘린이 퍼진 현장으로 달려와, 아들을 직장으로 데려다 주었다. 2시간 반이나 지각한 젊은이는 해고를 예상하고, 엄마에게 밖에서 기다리라고 했다. 그런데 상사들이 그냥 일을 시켰다. 그는 공장 바닥의 먼지를 제거하고, 노란 선을 그었다. 올티와 다른 직공들은 몇 주 후부터 오토바이를 만들었다.

처음에는 하루에 3~5대밖에 제작하지 못했다. 더구나 오후가 되면 조립한 오토바이를 다시 해체해야 했다. 그들은 부품을 낱낱이 분해해 일일이 점검했다. 올티는 도대체가 정신 나간 짓이라는 생각이 들었다. 그가 수십 년 후에 한 말이다. "거기 들어간 게 실수라는 생각을 했죠. '도대체 내가 여기서 뭘 하고 있는 거지?' 하는 심정이었으니까요."[3]

당시에는 몰랐지만, 올티는 부활하는 1980년대의 미국을 준비하고 있었다. 1980년대의 부활은 1970년대의 침체와 부진만큼이나 놀라웠다. 그 새로운 10년에 미국은 인플레이션을 잡고, 국가적 자부심을 회복하며, 냉전에서 승리한다. 이 과정에서 미국이 다시금 좋은 차를 만들었음은 물론이다.

그러나 그 과정을 선도한 것은 제너럴 모터스, 포드, 크라이슬러가 아니었다. 주인공은 일본 3위의 자동차 기업 혼다(Honda)였다. 그들이 오하이오에 오토바이 공장을 지었고, 올티가 근무한 곳도 바로 거기다. 혼다가 몇 년 후 오토바이 공장 바로 옆에 자동차 조립 공장을 세운다. 올티도 전근을 가서, 혼다 어코드(Honda Accord)를 생산했다. 혼다 어코드에는 테일핀이 없었다. 대그마도, 음경 같은 것도 없었다. 처음에는 엔진마저 고출력이 아니었다. 어코드는 그냥 단순 소박했고, 다만 믿을 수 있는 기계였다.

1980년대 중반부터 미국에서 팔린 어코드의 대다수가 일본이 아니라 오하이오 공장에서 생산되었다. 미국에서 제작된 일본제 차가 성공을 거두었고, 이는 미국 경제가 세계화했다는 명백한 신호였다. 혼다의 미국 내 공장이 확대되었고, 이후 20년에 걸쳐 수만 명의 미국인이 혼다 소속으로 근무한다. 다른 외국계 자동차 기업들, 곧 일본, 독일, 한국 기업들이 혼다의 전례를 따랐다. 그들이 상륙하면서 웃기는 것에서부터 비극적인 일에 이르기까지 다양한 레퍼토리의 문화 충돌이 야기된다.

세계화로 일부는 기회를 잡았다. 가령 올티처럼 말이다. 하지만 세계화 과정에서 일자리를 잃은 사람도 많았다. 그들 다수가 디트로이트의 공장에서 일했는데, 1970년대에 점점 더 파국으로 치닫던 노사 갈등 상황을 다들 기억하리라. 혼다도 똑같은 문제에 직면할 것이라는 걱정이 있었지만, 다른 많은 이들처럼 위험을 감수하기로 했다. 미국에 공장을 세우자는 결정은 담대한 것이었다. 혼다는 미국에서 거칠 것 없이 사세를 확장했다. 모든 것이 들어맞았고, 정말이지 놀라운 일이었다.

올티는 30년 후에도 여전히 혼다에서 근무했다. 하지만 그 외의 다른 모든 삶은 바뀌었다. 전후의 일본은 암울하고 필사적이었다. 거기 한 남자가 있었고, 그 사내의 미친 꿈이 만개한 덕이었다.

혼다 소이치로(本田宗一郎, 1906~1991년)는 도쿄 도 남서부의 농촌에서 1906년 태어났다. 그는 여덟 살 때 포드의 모델 T를 보았다. 처음 보는 차였다. 소년은 그 기계의 환상적인 자태와 냄새에 넋이 나갔다. 차량 정비소 주위를 얼쩡거리기 시작했고, 얼굴에 기름을 묻히고 다니기도 여러 날이었다. 친구들은 소이치로를 '까만코 족제비(Black-Nosed Weasel)'라고 불러 댔다. 그는 이른 시기에 학업을 중단하고, 독학으로 엔지니어가 되었다. 포드와 꼭 같았다. 두 남자의 경력을 살펴보면 다른 유사점도 많다는 것을 금세 알 수 있다.

청년 혼다는 제2차 세계 대전 때 군용 차량에 들어가는 피스톤링(piston ring)을 제작하는 기업을 관리했다. 공장 생산 활동의 상세한 사정을 몸소 배울 수 있던 소중한 기회였다. 전쟁이 끝나고 1948년, 혼다는 회사를 차렸다. 혼다 기연 공업(本田技研工業)은 오토바이를 제작했다. 혼다는 42세였고, 포드처럼 대기만성형이었다.

그 회사의 첫 번째 제품은 초보적인 오토바이였다. 전쟁 때 일본 육군이 사용한 무전기에 동력을 공급하던 작은 모터가 탑재된 물건이었다. 혼다는 후에 더 전통적인 오토바이를 생산한다. 하지만 여전히 크기가 작았고, 특유의 엔진음으로 인해 '바타바타(Bata-Bata)'라고 불렸다. 혼다가 재봉틀처럼 활기차게 윙윙거리는 엔진을 만들려면 몇 년이 더 걸린다.

소이치로는 초기에 출시한 자사의 다양한 오토바이 모델을 알파벳 순으로 명명했다. A-타입, 드림 D(Dream D), 컵 F(Cub F) 등을 보면, 포드와 그의 초기 차량이 떠오르지 않을 수 없다. 혼다는 포드처럼 동업도 했다. 금융 및 재정 업무 전담자를 들이고, 자신은 공학 과제에 집중한 것이다. 포드의 커즌스에 해당하는 인물이 후지사와 다케오(藤澤武夫, 1910~1988년)였다.

혼다 소이치로와 후지사와 다케오는 개성이 서로 보완적이었다. 후지사와 다케오는 내성적인 회계사였다. 밤이면 집에서 빌헬름 리하르트 바그너(Wilhelm Richard Wagner, 1813~1883년)의 오페라를 들었고, 자동차를 직접 운전하는 일도 거의 없었다. 혼다 소이치로는 파티광이었다. 한번은 도쿄에서 차를 운전하다가 교량 아래로 추락한 일도 있었다. 그 차에는 게이샤가 2명 타고 있었다. 다행히 아무도 죽지 않았다. 한 일본인 기자는 이렇게 적었다. "후지사와 다케오는 혼다 소이치로라는 화려한 꽃을 받쳐주는 꽃대였다."[4] 하지만 두 사람에게는 공통점이 있었다. 격정적인 성격. 혼다의 직원들이 두 사람에게 붙인 별명이, 후지사와 다케오는 '고질라(Godzilla)', 혼다 소이치로는 '선더 씨(Mr. Thunder)'였던 것이다. '까만코 족제비'보다는 나았다.

혼다 소이치로가 1950년대 초에 사세를 급속히 확장할 수 있었던 것은 일본의 전후 경제 회복 덕택이었다. 회사 직원과 면담하던 한 청년 구직자가 감히 용기를 내 이렇게 물었다고 한다. "이 회사에서는 언제부터 일하셨습니까?" 혼다의 직원이 이렇게 대꾸했다고 한다. "어제."[5] 혼다가 도쿄 주식 시장(Tokyo Stock Exchange)에 상장된 것은 1954년이었다. 일본 최대의 오토바이 제조업체로 부상하고서였다. 하지만 급격한 사세 성장이 문제를 일으켰다. 제품 품질에 여러 문제가 발생했고, 판매량이 급락했다.

혼다 소이치로가 그 시점에 중대 조치를 단행했고, 이후 30년을 지속할 기업의 풍조가 확립된다. 그는 혼다 모터가 새로운 기업 목표를 추구할 것이라고 선언했다. 영국의 맨 섬(Isle of Man)에서 매년 열리는 대회 중 하나인 투어리스트 트로피(Tourist Trophy)에서 우승하겠다는 것이 목표로 제시되었다. 투어리스트 트로피는 전 세계에서 가장 권위 있는 오토바이 경주 대회였다. 그것은 마치 시카고 컵스(Chicago Cubs)가 월드 시리즈에서 우승해 야구를 더 잘하는 법을 배우고 익힐 것이라고 다짐하는 것과 같았다. 혼다 소이치로의 과감한 동기 부여 전략은 비웃음을 살 정도였다.

하지만 1961년 오토바이 경주 팬들은 깜짝 놀랐다. 불가능해 보이는 목표가 천명된 지 불과 5년 만에 혼다가 맨 섬 경주에서 1등에서 5등까지 싹쓸이한 것이었다. 그쯤 되자 소이치로는 더욱 대담해졌고, 또 다른 꿈을 추구하기 시작했다. 이번에는 미국 시장에 혼다의 오토바이를 파는 것이었다.

혼다는 1959년 수퍼 커브 50(Super Cub 50)이라는 작은 모델로 미국 시장에 진출했다. 그 작은 오토바이는 당대 미국의 대다수 오토바이와 크게 달랐다. 이 오토바이는 스텝-스루 디자인(step-through design) 덕분에 탑승하고 내리기가 쉬웠다. 여성들이 반겼음은 두말할 나위가 없다. 깔끔한 '4행정(four-stroke)' 엔진으로, 휘발유와 윤활유를 섞을 필요도 없었다. 다른 많은 오토바이가 잔디 깎이 형의 2행정 엔진을 쓰던 시절이었다.

수퍼 커브가 공전의 히트를 기록했다. 오토바이는 폭주족의 물건이라는 고정 관념을 무너뜨리는 영리한 광고가 한몫했다. "비키니 근처에서 얼쩡대는 남자들과는 다른 새롭고 신선한 개념을 제안합니다. 혼다를 타는 친절한 사람들을 만나 보세요."**6** 이 마지막 문구가 유행했고, 혼다는 캐치프레이즈로 삼았다.《카 앤드 드라이버》의 논평을 보자. "오토바이라는 물건이" 혼다 덕분에 "특이한 호기심의 대상에서 필요에 따라 구비할 수도 있는 가정용품으로 변모했다."**7**

1964년에 「G. T. O」라는 노래 덕에 폰티액 GTO 판매가 늘었음을 기억하리라. 같은 해에 혼다도 비슷한 사태를 겪었다. 작고 앙증맞은 혼다 오토바이 제품군의 미덕을 칭송하는 노래 「리틀 혼다(Little Honda)」가 나왔던 것이다. 노래를 쓴 것은 비치 보이스였다. 하지만 부른 것은 혼델스(Hondells)라는 대충 급조된 그룹이었다. 혼다는 노래 가사를 광고에 쓸 수 있었다.

크지는 않아요,

그래도 근사한 오토바이라고요……

혼다는 그해 미국에서 수십만 대의 오토바이를 팔았다. 5년 전에는 불과 수백 대였다. 그 와중에 혼다 소이치로가 자동차 제작을 결심했다. 그것은 누구도 예상하지 못한 일이었다.

혼다의 첫 차 S360이 1962년 10월의 도쿄 모터 쇼(Tokyo Motor Show)에서 공개되었다. 출발이 그리 상서롭지 못했다. 일본 정부의 경제 기획 관료들이 자국에 자동차 제조사가 이미 충분하다는 결론하에 신규 기업의 동종산업 진입을 금한다는 행정 명령을 발표할 준비를 하고 있었기 때문이다. 혼다는 급할 수밖에 없었고, S360을 마감 시한보다 먼저 출시했다. 결국

대충 했다는 것이 뻔히 보였다. 일본 기자들은 S360을 바퀴 넷 달린 오토바이라고 조롱했다

소이치로와 후지사와가 판촉 전략을 놓고 반목, 불화하면서 사태가 더욱 악화되었다. 창립자 소이치로는 S360을 고속 자동차로 광고하고자 했다. 후지사와는 매일 탈 수 있는 운송 수단임을 들어, 실용성을 강조하고자 했다. 두 사람은 모터 쇼의 전시 진열이 각자의 비전을 담아야 한다고 고집했다.

모터 쇼 전시를 담당한 직원 치노 데쓰오(茅野徹郎)는 진퇴양난의 처지에 빠졌다. 치노 데쓰오는 고민 끝에 각기 다른 두 버전의 전시를 준비했다. 그러고서 혼다 전시 구역의 정반대에 배치한 것이다. "S360이 이쪽에서는 스포츠카였고, 저쪽에서는 고급차였다." 치노 데쓰오는 여러 해 후에 이렇게 고백했다. "혼다 씨와 후지사와 씨가 전시장을 따로 찾았고, 나는 각자가 보고 싶어 하는 코너로 모셨다."[8] 치노 데쓰오의 수가 통했다. 혼다 자동차(Honda Motor)는 첫 차를 출시했고, 그의 경력도 닻을 올렸다.

다음 해인 1963년에 혼다가 S500을 출시했다. S500은 S360과 비슷했지만, 약간 더 큰 엔진이 들어갔다. 회사 내에서 특수 지위를 누린 혼다 연구 개발부(Honda Research and Development)가 두 차를 개발했다. 혼다 연구 개발부는, 익히 알려졌다시피, 매년 회사 수익의 상당 부분을 배정받았다. 연구 개발부는 혼다 소이치로의 발상이었다. 후지사와가 정기적으로 비용 절감 정책을 추진했고, 소이치로는 그 방법을 통해 제품 개발 활동을 지켜냈다. 혼다 연구 개발부는 일종의 성능 시험장이었다. 새 엔진은 말할 것도 없었으며, 회사에서 가장 유망한 젊은 엔지니어들에게는 더욱 그랬다. 그들이 혼다 직속으로 일했다. 혼다는 회장실이 아니라 연구 개발부 실에서 대부분의 시간을 보냈다.

1960년대 초에 입사한 직원 중에 이리마지리 소이치로(入交昭一郞, 1940년 ~)가 있었다. 그는 도쿄 대학교를 졸업한 인재였다. 한 일화에 따르면, 이리마지리 소이치로가 오토바이 엔진에 들어가는 피스톤의 설계를 임의로 바꾸었다고 한다. 결과가 참담했다. 혼다가 경주에서 패배한 것이다. 혼다 소이치로가 격분했고, 이리마지리 소이치로를 쫓아내려고 했다. "대학 물 먹은 놈들은 싫어." 선더 씨의 일성이었다. 본능이나 직관은 무시하고, "머리만 쓰려고 해." 젊은이가 사표를 내지 않겠다고 버티자, 혼다 소이치로는 이리마지리 소이치로에게 그렇다면 연구 개발부 동료 전원에게 일일이 사과하라고 요구했다. 그러고는 직접 끌고 다녔다. 이리마지리 소이치로는 그 굴욕과 창피를 결코 잊을 수 없었고 다시는 그와 같은 실수를 범하지 않았다.[9] 혼다 연구 개발부는 회사의 해병대, 곧 상륙 부대였다. 엘리트 엔지니어들은 혼다의 타 직원들을 "민간인"이라고 불렀다.

회사 내 분위기가 이렇게 부담스러웠고, 따라서 성질이 불같고 의지마저 투철한 설립자에게 반기를 들 수 있는 사람은 후지사와 다케오뿐이었다. 실제로 그가 결정적 순간들에 그렇게 해 주었다. 1960년대 말이 대표적이다. 바로 그때 안전 문제가 혼다 차를 집어삼켰었다.

1968년 7월 프랑스 루앙(Rouen)의 그랑프리(Grand Prix)에서 참사가 발생했다. 혼다 차량이 통제 불능 상태로 회전하며 벽을 들이받고 화염이 운전자를 집어삼키고 말았다. 현장의 혼다 엔지니어들은 공포에 휩싸였다. 차가 왜 돌아 버렸는지 그들은 알 수 없었다. 공랭식 엔진이 화재의 원인일 것이라는 추정이 뒤따랐다.

혼다 소이치로도 포르셰와 콜처럼 공랭식 엔진에 끌렸다. 공랭식 엔진을 채택하면 냉각수와 관련 장치가 필요없기 때문이다. 소이치로는 혼다의 초기 자동차 대다수에 공랭식 엔진 사용을 고집했다. 심지어는 포퓰러

원(Formula One) 자동차에까지 그랬다. 포뮬러 원의 경우 고속 주행 때문에 엔진이 받는 열 스트레스가 엄청나다. 혼다의 엔지니어들은 그 방침에 회의적이었지만, 대장은 혼다 소이치로였다.

1년 후 또 다른 안전 문제가 정곡을 찌르고 들어왔다. 혼다의 미니 자동차가 관련된 사고로 일본인이 1명 사망했다. 공랭식 엔진이 채택된 N360 모델이었다. 피해자 가족이 혼다 소이치로를 고소했다. 선회 시의 안정성을 높이는 설계를 등한시했다는 것이 고발 내용이었다. 공랭식 엔진이 들어간 콜베어도 비슷하게 기소되었음을 기억하라. N360은 콜베어와 달리 엔진이 앞에 있었다. 하지만 사람들은 혼다의 차량이 불안정하게 흔들린다는 생각을 많이 했다. 《카 앤드 드라이버》는 혼다의 자동차가 "조종성이 최악"이라고 지적했다.[10] 주행 이탈. 화재. 인명 사고. 법정 소송. 일본 검사들은 거기에 더해 혼다를 상대로 범죄 수사까지 개시했다.

후지사와 다케오가 혼다 소이치로 몰래 연구 개발부 엔지니어들과 일련의 면담을 했다. 엔지니어들은 공학상의 일부 설계가 염려스럽고, 더구나 공랭식 엔진에 혼다의 미래를 거는 것이 꺼림칙하다고 속내를 털어놓았다. 그들은 공랭식 엔진이 안전 문제 외에 전략적으로도 위험하다고 지적했다. 미국에서 자동차 배기가스 규제가 점점 강화되고 있었고, 공랭식 엔진으로는 새 시행령에 맞출 수 없으리라는 것이었다. 후에 폭스바겐도 같은 결론을 내리고 비틀을 단종한다. 혼다의 젊은 기술자들은 이런 쟁점을 독자적으로 제기하지 못했다.

후지사와 다케오가 1969년 후반에 혼다 소이치로와 독대했고, 엔지니어들의 염려 사항을 설명했다. 이 대화는 짜증스러웠던 것으로 전해진다. 후지사와 다케오가 뭐가 문제인지 단도직입적으로 전달했다. "혼다, 어떤 길을 갈 건가? 자네는 회장인가, 아니면 엔지니어인가?" 혼다 소이치로는 기업 회장이고, 공학 프로젝트가 좋다고 그것을 기업 이익에 우선해서는 안 된다는 것이 후지사와 다케오의 전언이었다. 혼다 소이치로는 자동차 안전을 향상시키는 과제에 집중해야 했다.[11]

어색한 침묵이 끼어들었고, 한숨과 탄식이 들려왔다. 결국 혼다 소이치로가 동의했다. 엔지니어들이 혼다의 미래 자동차에 들어갈 수냉식 엔진을 개발할 수 있게 된 것이다.

후지사와 다케오가 적시에 개입했다는 것이 드러났다. 1971년 7월 도쿄 지방 검찰청 특수 수사대가 N360의 안정성에 문제가 있는 것은 사실이지만 사고의 제1원인이 설계 자체라는 확실한 증거는 없다고 발표했다. 해당 검사는 1달 후 혼다의 임직원을 형사 고발하지는 않을 것이라고 밝혔다. 소이치로를 겨냥한 개인 소송 역시 아무런 성과 없이 끝났다. 혼다 소이치로도, 혼다 자동차도 명예를 전혀 회복하지 못했다. 하지만 그 정도로 끝난 것이 천만다행이었다.[12] 혼다 소이치로가 엔지니어들의 자율 개발을 허락했고, 돌파구가 열릴 참이었다.

혼다 연구 개발부 기술자들이 1972년 후반에 CVCC라는 혁명적인 수냉식 엔진을 공개했다. CVCC는 조합 소용돌이 제어형 연소(Compound Vortex Controlled Combustion) 기관의 머리글자이다. CVCC에는 '예비 연소(precombustion)실'이라는 것이 있었는데, 엔진의 혼합기가 아주 깨끗한 상태로 연소되게 만드는 기능이었다. 연비가 향상되었음은 물론이고, 유해한 배기가스도 줄었다.

CVCC가 혼다(사람과 회사 모두)에 미친 영향은 심대했다. 혼다가 CVCC를 공개한 다음 해인 1973년에 혼다 소이치로가 혼다 자동차의 회장 겸 최고 경영자에서 고문으로 물러났다. 언론은 일본처럼 기업 순응주의가 판을 치는 나라에서 들소 같았던 경제인이라며 그를 추켜세웠다. 불가능을 이겨 낸 기업인이었으니 과연 그럴 만도 했다. 혼다 자동차는 제2차 세계 대전 후에 출범한 자동차 기업으로는 유일하게 성공했다. CVCC가 공학적 천재성이 발휘된 대표적인 본보기로 상찬되었음은 물론이다. 요컨대 소이치로가 자기 이름이 들어간 회사에서 그런 혁신을 일궈 냈다는 것이었다. 혼다 외부 사람들은 그가 수냉식 엔진을 반대하다가 나중에야 어쩔 수 없이 그 개발 과제를 승인했음을 몰랐다.

미국에서 배출 가스 규제법이 발효된 것은 1975년이었다. 혼다가 혼다 시빅(Honda Civic)을 출고하며, CVCC를 선택 사양으로 내놓았다. 준소형 모델인 혼다 시빅은 더 이른 시기의 차들보다 현가 장치도 크게 개선된 상황이었다. 시빅 CVCC는 1갤런(약 3.8리터)으로 39마일(약 62.8킬로미터)을 갔다. 훨씬 인상적인 성적을 짚고 넘어가지 않을 수 없겠다. 시빅 CVCC는 새로 제정된 배출 가스 기준을 만족하는 유일한 차였다. 그것도 유연 휘발유를 넣고, 덩치 큰 촉매 변환 장치 없이 말이다.

CVCC는 뭐라고 할까, 그러니까, 이렇게 비유할 수 있을 것이다. 실리콘 밸리(Silicon Valley)의 한 차고에서 시작한 작은 기업이 컴퓨터 산업을 혁명적으로 일신한 사례의, 자동차 업계판 대응물쯤 되는 것이다. 1970년대에 미국은 갖은 병폐와 악습에 시달렸다. 대기업들은 시야가 좁아져 고전을 면치 못했다. 그나마 혁신을 수행한 것은 패기만만한 소규모 기업들이었다. 미국 경제가 부활할 수 있었던 이유다.

시빅은 색상이 2가지뿐이었다. 그래도 모델 T보다는 하나 더 많았다는 사실을 위안으로 삼아야 할까? 아무튼 노란색과 주황색 둘 모두는 일본식 도박장 파칭코의 노름꾼들을 위무해 주기에 충분히 괜찮은 색상이었다. 미국에서는 색조가 야한 것이 전혀 문제되지 않았다. 혼다의 미국 판매량이 CVCC에 힘입어 1975년 10만 대를 기록했다. 1970년에 5,000대를 밑돌았던 것과 비교해 보라. 《로드 앤드 트랙(*Road & Track*)》이 어떻게 쓰고 있는지 보자. "시빅이 미국 표준이라면 자동차 관련 문제는 거의 없을 것이다."[13]

1년 후인 1976년에 혼다가 새 모델 어코드를 출시했다. 어코드는 시빅보다 컸다. 아, 물론 제너럴 모터스의 소형차 쉐비 노바(Chevy Nova)보다는 약 3피트(약 91.4센티미터) 더 짧았다. 노바의 엔진 출력이 110마력이었지만, 어코드는 68마력에 불과했다. 하지만 이런 숫자로 사태의 전모를 파악할 수는 없다. 어코드는 노바보다 60퍼센트 더 가벼운 데다, 내부가 더 널찍하고 여유로웠다. 이것은 어코드가 전륜 구동 설계를 채택해 구동축을 없애서 가능했다. 창문이 넓고 계기판이 낮게 설치되어, 널찍한 느낌이 한결 더했다. 4기통 엔진은 오버헤드 캠샤프트(overhead camshaft) 방식이어서, 재봉틀처럼 부드럽게 고속 회전했다. 부드러운 엔진음이 혼다의 전형적인 특징으로 자리를 잡는다. 5단 수동 변속기는 어찌나 매끈한지 테플론(Teflon)으로 코팅된 듯했다. 기어 간격이 넓어, 가속 능력과 연비가 향상되었다는 점도 보태야겠다. 어코드는 소형차치고 운전하는 재미까지 상당했다.

반면 후륜 구동식인 쉐비 노바는 기술 수준이 매우 낮았다. 6기통 엔진은 오버헤드 캠샤프트 방식이 아니라 낡은 내부 밀대(internal pushrod) 방식이었다. 당연히 힘겹게 작동하면서 연료도 더 많이 까먹었다. 3단 자동 변속기는 5단 기어와 경쟁이 안 되었다. 창문도 작았다. 노바는 비좁고, 뭔가 부진하며, 느리다는 인상을 줬다. 어코드는 더 작음에도, 널찍하고 민첩하며 원기 왕성했다.

혼다의 1978년 미국 판매량이 3년 전과 비교할 때 거의 3배 폭증해 27만 5000대를 기록했다. 《카 앤드 드라이버》의 선임 편집자이자 미국에서 가장 유력한 자동차 평론가 가운데 한 사람인 브록 예이츠(Brock Yates, 1933년~)가 그해 3월 놀라운 사실을 폭로하고 나섰다. 나스카(NASCAR, 미국 개조 자동차 경기 연맹 — 옮긴이) 소속으로 경주를 하는 자기 친구 중의 한 명이 혼다 어코드를 보유하고 있을 뿐만 아니라 그 차를 사랑한다는 것이었다. 예이츠는 짐짓 못 믿겠다는 투로 이렇게 썼다. "뭐? 그가 난쟁이 같은 일본 애들 구두 상자와 사랑에 빠졌다고? 아니야. 차라리 딕 붓쿠스(Dick Butkus, 1942년~, 리투아니아계 미국인으로, 시카고 베어스(Chicago Bears)에서 활약한 미식축구 선수다. 현역 시절 공포의 라인배커(linebacker, 상대팀 선수들에게 태클을 걸며 방어하는 수비수)로 통했다. — 옮긴이)가 뾰족구두를 신었고, 애니타 제인 브라이언트(Anita Jane Bryant, 1940년~, 미스 오클라호마 출신의 가수. 동성애의 공개적 비판자로 유명하다. — 옮긴이)에게 동성의 애인이 생겼다는 말을 믿을 테야."[14]

예이츠는 자신도 어코드를 1대 갖고 있고, 홀딱 반했다고 실토했다. 고출력의 제단에서 의례를 집전하는 사람이 이런 말을 하다니…… 닉슨 대통령이 중국에 간 것과 다를 바 없는 사태였다. 예이츠는 이렇게 말했다. "형태와 기능이 완벽하게 통합된 차, 제대로 작동하는 차, 그런 차를 지지하는 고객은 당연히 엄청나게 많다."[15] 어코드가 얼마나 혁명적이었는지 지금도 눈에 선하다.

혼다는 불과 5년 만에 고물차나 만들던 회사에서 평론가들이 사랑하는 차를 생산하는 기업으로 탈바꿈했다. 침팬지가 불과 몇 세대 만에 유인원에서 인간으로 진화한 격이라고나 할까! 어코드 보유자들은 지나가다 마주치면 어김없이 서로를 경애하는 눈짓과 함께 손을 흔들고 경적을 울렸다. 10년 전에 비틀 소유자들이 그랬던 것처럼 말이다.

이야기가 거기서 끝났을 수도 있다. 디트로이트는 1970년대에 부주의와 과실 범벅이었고, 혼다는 거기에 편승한 일본계 자동차 기업 가운데 하나였을 뿐이기 때문이다. 하지만 이야기는 거기서 끝나지 않았다. 혼다의 다음 번 기동 역시 여전히 담대했다. 혼다는 작은 회사였고, 국내 시장에서 성장하는 데 한계가 분명하다고 보았다. 토요타(Toyota)와 닛산(Nissan)이 자동차 업계를 주물렀던 것이다. 혼다 경영진은 무역 마찰로 미국으로의 자동차 수출이 규제를 받을 것이라는 점도 내다보았다. 이를 해결할 수 있는 유일한 방법은, 당시에는 가능성이 거의 없어 보였음에도, 미국 현지에서 차를 만드는 것이었다. 그들은 공장을 지어야 했고, 그 일을 맡아 할 수 있는 사람이 있었다.

요시다 시게는 제2차 세계 대전 때 어린 시절을 보냈고, 1960년대 초에 혼다에 입사해 10년 후 미국으로 건너갔다. 감정을 내색하지 않고 사람들의 이목을 끌지 않던 그는 체계적이고 꼼꼼한 관리자로 미국 내 판촉 활동에서 혁혁한 공을 세웠다. 1977년 요시다 시게에게 특별 임무가 떨어졌다. 미국에서 공장 부지를 물색하라는 것이었는데, 이는 결코 작은 과제가 아닌데다가, 정말이지 뜻밖이었다. 미국은 땅덩이가 넓고, 주 정부 법률과 지역 관습도 크게 달랐다.

요시다 시게는 미국을 두루 살펴보았다. 캘리포니아 주, 테네시 주, 켄터키 주, 심지어 라스베이거스까지 방문했다. 그 지역의 노동력이 일정한 수준에 도달해 있다고 파악했던 것이다. 하지만 자동차 생산에는 적합하지 않았다. 요시다 시게는 여러 달을 연구한 끝에 오하이오 주 중부의 농촌 지역을 낙점했다. 토지 가격이 쌌고, 도로 여건이 좋았으며, 인근 농촌에서 노동력을 충분히 확보할 수 있었다. 오하이오 주 농촌 가정의 자녀들은 노동관(work ethic)이 탄탄한 것으로 파악되었다. 요시다 시게는 오하이오가 혼다의 새로운 도전에 맞춤한 장소라고 결론 내렸다.

일본으로 돌아가 후보지 물색 결과를 이사회에 보고하고서였다. 요시다는 예의상 혼다 소이치로에게도 내용을 알려야겠다고 마음먹었다. 혼다 자동차의 설립자는 이미 4년 전에 은퇴한 상황이었다. 하지만 혼다 소이치로는 여전히 고문 자격으로 혼다의 공학 연구소를 드나들었고, 시간을 죽였다. 두 사람이 반갑게 해후했다. 요시다 시게가 혼다 소이치로에게 왜 오하이오로 낙점했는지 설명했다. "회장님, 어떻게 생각하십니까?"

혼다는 다시금 선더 씨(Mr. Thunder)가 되어 있었다. "나한테 동의를 구하는 이유가 뭔가? 내가 미국에 대해 뭘 알아? 그런 건 자네가 결정해야지!"[16] 혼다 소이치로는 은퇴했음에도 불구하고 여전히 혈기 왕성하고 거침이 없었다.

이사회의 반응은 더 우호적이었다. 요시다 시게의 권고안이 승인을 받았다. 1977년 10월 11일 오하이오 주 컬럼버스(Columbus)에서 기자 회견이 열렸다. 주지사 제임스 앨런 로즈(James Allen Rhodes, 1909~2001년)가 요시다 시게와 혼다의 경영진을 대동했다. 혼다가 주도 컬럼버스에서 북서쪽으로 약 30마일(약 42.3킬로미터) 떨어진 메리즈빌(Marysville)에 오토바이 공장을 세울 것이라는 내용이 발표되었다. 처음에는 직원이 100명 미만으로 공장이 소규모였음에도 불구하고, 로즈 주지사에게 그 발표는 엄청난 희소식이었다. 오하이오가 1년 전에 펜실베이니아에 쓰디 쓴 패배를 당했던 것이다. 폭스바겐이 펜실베이니아에 연 자동차 조립 공장은 미국 최초의 외국계 자동차 생산 기지였다. 폭스바겐의 결정으로 로즈는 내상이 심했다. 그의 오래 된 정치 구호 "일자리와 삶의 개선(Jobs and Progress)"에서 알 수 있는 바, 오하이오에서 일자리를 창출해 왔고, 하겠다는 그의 자부심과 긍지에 금이 갔던 것이다.

한 기자가 손을 들고 물었다. 혼다가 메리즈빌에 자동차 공장을 세우는 날도 올까요? 로즈가 대답했다. "그래도 놀랄 일은 아니죠. 일본 애들(Japs) 은 아주 똑똑합니다." 청중은 숨이 턱 하고 멎는 것 같았다. (Japs라는 어휘가 금기어이기 때문에 ─ 옮긴이) 무례를 범했음을 깨달은 로즈가 재빨리 말을 보 탰다. "'잽스'를 잘못 알아들으신 것 같은데, 일자리와 삶의 개선(Jobs and Progress) 이야기였습니다." 모인 사람들은 그제야 웃음을 머금으며 안도했 다.[17]

언론 발표회를 시발점으로 해, 로즈가 적극적으로 혼다 소이치로를 유 혹하고 나섰다. 다른 많은 은퇴자처럼 혼다 소이치로도 골프를 좋아했다. 컬럼버스 인근에 오하이오 출신의 잭 니클라우스(Jack Nicklaus, 1940년~)가 설계한 골프 클럽 뮤어필드 빌리지(Muirfield Village)가 있었고, 로즈가 혼다 소이치로를 초대했다. 두 사람은 별난 커플로 유명했다. 로즈는 일본어를 한 마디도 못 했고, 소이치로는 영어를 못 했다. 미국의 정치인은 단신의 일본인 사업가보다 키가 1피트(약 30센티미터) 더 컸다. 하지만 사람들은 둘 의 관계에서 우호적인 조짐을 보았다. '좋은 아침입니다(good morning)'를 뜻하는 일본 말은 '오하요 고자이마스(ohayo gozaimasu)'의 오하요 발음이 주 명칭 '오하이오(Ohio)'와 꼭 같았다.

비록 작은 규모였지만 오하이오에 공장을 세우는 일 자체가 혼다에게 는 커다란 시험대였다. 혼다는 일본에서 6위 내지 7위에 불과한 작은 자동 차 기업이었고, 미국 투자가 어그러질 경우 그 재정 부담을 버텨 낼 재간이 없었다. 전면적인 자동차 조립 공장이 아니라 오토바이 공장으로 시작한 것은 혼다식 시험 주행이었다. 혼다의 미국 내 활동은 다른 면에서도 매우 신중했다.

요시다 시게가 세부적인 데까지 꼼꼼하게 주의를 기울이며 지원자 전 원을 철저하게 가려냈다. 면접에 나온 구직자들은 명찰에 이름을 써서 왼쪽 어깨에 달도록 요청받았다. 오른쪽 어깨에 명찰을 다는 사람이 있었는가 하면, 착용을 깜박하고 안 하는 지원자도 나왔다. 요시다 시게는 그런 구직자의 경우 목록에서 지웠다.

요시다 시게는 고용한 관리자들에게 공장 직원을 노동자나 근로자가 아니라 협력자 내지 동료(associate)로 부르게 했다. 게다가 관리자들은 '동료들'과 마찬가지로 하얀색 점프 슈트(jumpsuit) 제복을 착용해야 했다. 미국 공장에서 관리자의 우월적 지위를 드러내는 셔츠와 타이가 금지되었던 것이다. 관리자들은 공장 건물과 가까운 주차 공간도 배정받지 못했다. 디트로이트에서는 그런 직위라면 실내 주차장에 차를 댈 수 있었다는 점을 감안하라. 혼다의 경우 주차는 지위 고하를 막론하고 먼저 오는 사람이 임자였다. 관리직 식당이 따로 없었고, 화이트칼라 전용 화장실도 없었으며, 관리자들이 작업복으로 갈아입을 수 있는 별도의 탈의실도 없었다. 혼다에 취직한 미국인 관리자들은 깜짝 놀랐고, 미국의 관습이 무시당하고 있다며 불만을 토로했다. 하지만 요시다 시게는 꿈쩍하지 않았다. 함께 공동의 목표를 추구하고 있음을 직원 전체가 깨닫고 인식하려면 그런 절차를 반드시 실행에 옮겨야 한다고 요시다 시게는 설명했다.

그런 자세는 디트로이트의 관행과 확연히 대비되었다. 디트로이트는 구성원의 뜻이 엇갈리고, 목표가 반대인 곳이었기 때문이다. 1970년대 후반의 미국 자동차 공장은 전투 현장이나 다름없었다. 노동자와 사용자가 치열하게 냉전을 벌였다. 메리즈빌에서 차를 타고 두어 시간만 달리면 역시 오하이오 주인 로즈타운(Lordstown)이다. 그곳의 GM 조립 공장은 '블루칼라 블루스(blue-collar blues)'로 전국에서 명성이 자자했다. 소외당한 노동자들이 사보타주를 일삼았다. 거기서 쉐보레 베가스(Chevrolet Vegas)가 제작되었다. "최종적으로 조립 라인을 빠져나온 자동차는 다음과 같기 일쑤였다. 찢어진 좌석 덮개(시트 커버), 도색 불량, 우그러진 차체, 휘어진 변속 레버, 점화 전선 미연결, 느슨하게 조인 볼트 또는 아예 실종." 《타임》의 보도 내용이다.[18]

폭스바겐도 래빗(Rabbit)을 만들던 피츠버그 인근의 공장에서 휘청댔다. 래빗은 존엄하신 비틀의 후계자였다. 그 독일 기업은 공장에 디트로이트 출신의 베테랑 관리자들을 투입했다. 그러고는 전미 자동차 노동조합(United Automobile Workers)이라는 것이 있음을 깨달았다. 로즈타운 및 다른 빅3 공장들을 덮친 것과 같은 노사 갈등이 머지않아 폭스바겐 공장도 집어삼켰다. 당시에 요시다 시게의 일 처리와 진행이 매우 조심스러웠던 것은 하나도 이상하지 않았다. 처음 고용된 인원이 '동료'와 관리자를 포함해 64명에 불과했다. 그들이 혼다의 역사에서 이른바 "오리지널 식스티포(Original 64)"라고 부르는 존재다. 메리즈빌 공장은 1979년 9월 10일 생산을 개시했다.

요시다 시게에게 불과 며칠 만에 도쿄 본사에서 팩스가 한 통 도착했다. 자동차 조립 공장 건설 계획을 당장에 수립하라는 지시가 떨어진 것이었다. 요시다 시게는 놀라지 않을 수 없었다. 자동차 공장을 짓자는 결정은 무모해 보였다. 자신의 고용 및 노사 관계 해법이 효과적일지 미지수였다. 요시다는 몰랐지만, 혼다의 발빠른 움직임에 그 문제만 있었던 것도 아니었다.

도쿄 본사가 직면한 문제는 다음과 같았다. 자동차 공장을 짓는 것은 너무 위험하다, 투자를 정당화할 수 없다는 게 최초 재무 분석의 결과였다. 미국 진출 사업의 책임자 데쓰오 치노는 딜레마에 빠졌다. 약 20년 전 혼다 소이치로, 후지사와 다케오 모두를 만족시키기 위해 도쿄 모터 쇼에서 재주를 부린 그 치노였다. 이번에는 전시 부스를 따로 만드는 게 아니라 재무제표 숫자를 고쳐야 했다. 치노는 며칠 동안 고민을 거듭했고, 사업 계획의 일부 추정 내용을 수정했다. 그가 후에 실토한 바에 따르면, "숫자를 조금 매만졌다."[19] 치노는 이번에도 일을 꾸며 문제를 해결했다. 혼다 이사회가 프로젝트를 승인했다.

최종적으로 결정이 났고, 혼다의 메리즈빌 자동차 공장은 불과 2년 만에 완공되었다. 이는 건설업자가 애초 약속한 것보다 1년이나 빠른 공기 단축이었다. 오하이오 주재 혼다 임원 한 명은 이렇게 말했다. "엄청 빨랐습니다. 미친 속도였죠."[20]

완공된 조립 공장이 양산 개시를 몇 달 앞둔 1982년 5월 혼다가 오하이오의 직원 '동료'들을 일본으로 보냈다. 미국인 직원들은 내지 본토의 공장에서 교육 훈련을 받는다. 요시다는 언제나 용의주도했고, 선발된 직원들에게 사전 교양 교육을 실시했다. (올티도 선발되어 일본에 다녀왔다.) 요시다 시게가 그들에게 알려 준 것을 보자. 시차증 해소법, 생선회 먹는 법(또는 정중히 거절하는 법), 다른 관습과 통화(currency) 문제 대처법 등등.

요시다가 궁금한 점이 있으면 질문하라고 하자 한 '동료'가 손을 번쩍 들고 물었다. "이곳 컬럼버스에는 공항이 어디 있습니까? 거기로는 어떻게 가야 하죠?" 요시다는 믿을 수가 없었다. 자리를 채운 미국 청년들에게 일본 여행이 처음일 뿐만 아니라 비행기도 태어나서 처음 타 보는 것이라는 사실은 꿈에도 생각해 본 적이 없었던 것이다.[21]

그런 상황을 감안하면 올티는 여행을 꽤나 다닌 축에 들었다. 그 전에 캘리포니아에 한번 비행기를 타고 다녀온 적이 있었던 것이다. 하지만 그래 보았자 12세 때였다. 올티에게는 다른 문제가 있었고, 요시다로서도 어떻게 해줄 방도가 없었으니 좀 특별했다고 할 수 있겠다. 몇 주 후 결혼 예정이었는데, 일본에 가야 했던 것이다. 결혼식 준비를 다 해 놓은 상황이어서 더욱 골치가 아팠다. 올티는 약혼자에게 결혼식을 미루자고 간청했다. 예비 신부는 어쩔 수 없이 동의했다. 일본에 도착한 올티는 도쿄 시간으로 매일 밤 약혼자와 전화 통화를 했다. 그것도 2시간씩이나. 올티는 400달러짜리 전화 요금 고지서를 받았고, 미래의 부부는 눈물을 머금으며 전화 통화의 횟수를 줄이고 시간도 짧게 하기로 했다.

장도에 오른 올티가 마침내 일본에 도착했다. 그가 받은 가장 큰 충격은 스시나 시차증이 아니라 사람이었다. 정확히 말해 사람 수였다. 오하이오에서는 오하이오 주립 대학교 미식축구 경기 때나 군중이라는 것을 볼 수 있었다. 오하이오에 기차가 없었다는 것도 올티와 미국인 동료들의 적응에 애로 사항으로 작용했다. 올티와 친구 몇이 주말 여행에 나섰다. 탑승한 기차에서 맥주를 너무 많이 마시면서 사달이 났다. 곯아떨어진 그들은 종점에서야 잠이 깼고, 되돌아가느라 여러 시간을 잡아먹었다.[22]

올티가 일본에서 생활한 기간은 2개월이었다. 그와 오하이오 출신의 다른 동료들은 혼다 직원들의 가정을 방문했고, 후지 산을 등반했으며, 프로 야구 팀 세이부 라이온스(Seibu Lions)의 시합을 관람했다. 올티는 그 모든 경험을 게걸스럽게 만끽했다. 일본에 다시는 오지 못할 것처럼 말이다. 그는 7월 24일 귀국했고, 1주일 후 결혼했다. 그런데 그 사이에 불상사가 일어났다. 한 충격적인 사건으로 미국의 반일 정서가 얼마나 심각한지 백일하에 드러난 것이었다.

1982년 6월 19일 빈센트 친(Vincent Chin)이라는 중국계 미국인이 디트로이트에서 총각 파티를 즐기고 있었다. 우드워드 애비뉴의 팬시 팬츠(Fancy Pants) 스트립 클럽이었는데, 15년 전에 청년들이 GTO를 끌고 나와 경주를 벌이던 바로 그 대로이다. 마침 그 클럽에 자동차 노동자들이 한 무리 있었다. 맥주를 몇 잔 걸친 그들이 친과 친구들을 조롱하고 야유했다. "너희 후레자식들 때문에 우리가 일자리가 없다고."[23] 한 남자가 씩씩 거리며 이렇게 말했다. 인근 크라이슬러 공장의 현장 주임이었던 그가 친을 일본인으로 오인했던 것이다.

상황이 험악해지자, 친의 무리는 클럽을 빠져나와 근처의 패스트푸드 식당으로 옮겼다. 하지만 그곳도 안전한 피난처가 되어 주지 못했다. 크라이슬러 현장 주임이었던 이와, 역시 크라이슬러에서 해고당한 그의 의붓아들이 친을 쫓아왔고, 그를 밖으로 끌어내 야구 방망이로 두들겨 팼다. 친은 의식을 잃으면서 친구에게 이렇게 말했다고 전해진다. "어떻게 이럴 수가 있지?"[24] 헨리 포드 병원(Henry Ford Hospital)으로 옮겨진 그는 혼수 상태에 빠졌고, 나흘 후 사망했다. 친은 27세였다.

그 비극으로 전국이 떠들썩해졌고, 국제 뉴스로까지 타전되었다. 디트로이트를 포함해 미국 전역에서 반성과 성찰이 촉구되었다. 아무튼 1980년대 초의 미국은 경기 침체가 심각했고, 수천 명이 실업자로 전락했다. 시대상이 그러했으므로 혼다 소속의 미국인 직원들은 걱정이 이만저만 아니었다. 올티도 "일본 놈들 밑에서 일한다."라며 형제에게 타박을 들었다. 아버지 땅이 있는 미시간으로 주말 여행을 갈 때면 바람막이 창에 붙여 놓은 혼다 직원 주차증을 떼어야 했다. 미시간에서는 혼다 차량을 운전하는 것도 매우 위험하다고 생각했을 정도니, 내놓고 혼다 직원임을 광고할 수는 없었으리라.

그렇게 반일 정서가 폭발했음에도, 혼다가 후퇴하는 일은 없었다. 1982년 11월 10일 마침내 메리즈빌의 조립 라인에서 어코드 세단이 탄생했다. 상자형에 회색이었으며, 문짝이 넷이었다. 미국에서 제작된 최초의 일본 차였던 것이다.

혼다는 오하이오에서 미국인 노동자들을 투입해 차량을 제작함으로

써 다음 두 가지를 달성하고자 했다. 첫째, 무역 갈등을 진정, 완화한다. 둘째, 미국인들이 일본산 차를 구매하는 데 더 거리낌없이 나서도록 분위기를 조성한다. 두 번째와 관련해 많은 미국인이 처음에는 의심의 눈초리를 보냈다. 디트로이트에서 출고되는 차는 죄다 문제투성이였고, 미국산 자동차는 악명에 시달리며 오명을 뒤집어썼다. 다수의 혼다 고객이 1980년대 초 내내 일본 산 미국 수출분 어코드를 받겠다고 고집했다. 똑똑한 소비자들의 경우 일본산임을 표시하는 차량 식별 번호의 암호까지 꿸 정도였으니 말 다했다.

혼다의 일부 딜러도 미국에서 생산된 초기 어코드를 불신했다. 시카고 교외의 한 판매업자가 어코드 1대의 계기판 뒤에서 계속 털털거리는 소리가 나는 것을 확인하고, 수리 책임자를 불러 일본산처럼 고쳐 놓으라고 요구했다. 수리 작업에 나선 그 기술자는 문제의 차가 뜯어 보았더니 일본산 미국 수출 차량이었다고 알려 줬다.[25]

딜러와 고객의 의심이 해소되는 데는 2~3년의 시간이 필요했고, 그 사이에 전술한 것과 비슷한 사건이 수백 건 반복되었다. 혼다는 마침내 1985년 J. D. 파워(J. D. Power, 1968년 제임스 데이비드 파워 3세(James David Power III, 1931년~)가 설립한 소비자 만족도 조사 전문 기관 — 옮긴이)의 고객 만족도 조사에서 1위를 차지했다. 제너럴 모터스, 포드, 크라이슬러는 머쓱한 표정에 당황하지 않을 수 없었다.

메리즈빌 공장에 더 많은 노동자가 취직했다. 공장이 2교대로 운영돼야 했다. 다시금 '미친 속도'의 사세 확장이 시작되었다. 혼다가 1985년 메리즈빌에서 50마일(약 80킬로미터) 떨어진 마을 애나(Anna)에 신규 공장을 열었다. 다음의 일화를 들으면 애나가 얼마나 작은 마을이었는지 알 수 있으리라. 한번은 암소 한 마리가 호기심을 느꼈던지, 건설 현장 관리 사무소로 쓰던 농가 안으로 하릴없이 들어오기까지 했다.[26] 애나 공장에서 엔진, 현가 장치 등등의 핵심 부품이 제작되었고, 메리즈빌에서 조립되는 어코드는 이내 미국산 부품으로 대체되었다. 더는 일본에서 부품이 적송되지 않게 되었다.

그해 후반 혼다가 메리즈빌 공장에 두 번째 조립 라인을 개설했다. 생산이 급속도로 확대되었고, 라인 하나로는 충분치 않았던 것이다. 2번 라인도 1번처럼 U자형이었다. 조립 구역을 위에서 보면 거대한 말편자가 2개 놓여 있는 것 같았다. 용접 로봇은 차종이 달라도 작업에 문제가 없었고, 혼다는 한 공장에서 어코드와 시빅이라는 상이한 모델을 제작하면서도 전대미문의 융통성을 발휘했다. 혼다의 공장 증설과 유연 자동화 기술은 제조업 분야의 이정표였다.

메리즈빌 공장이 1985년 가을에 1986년식 어코드 생산을 시작했다. 86년 모델은 85년식보다 더 길고 넓어졌다. 실린더마다 흡기 밸브가 여럿 달린 신형 엔진도 장착되었다. 사람 코에 콧구멍을 더 달아 줬다고 생각하면 된다. '멀티 밸브(multivalve)' 설계 엔진으로 연비 손상 없이도 출력이 30퍼센트 증가했다.

빅3의 경우 생산하던 모델을 바꾸려면 조립 공장이 2~3개월간 문을 닫았다. 새 기계를 설치하고, 구조와 장치와 운용 체계를 변경해야 했다. 반면 혼다는 문 닫는 일이 전혀 없는 '유동성 모델 변경(rolling model change)' 프로그램이라는 것을 도입했다. 물론 여러 달에 걸친 계획과 준비 작업이 필요했다. 1986년식 어코드 첫 차가 1번 라인 도입부에서 조립이 시작될 즈음 1985년 모델 마지막 차량이 같은 조립 라인을 벗어나는 놀라운 일이 메리즈빌에서 벌어졌다. 그 일은 제조업 분야에서 효율성을 높이고자 연구, 개발된 여러 성과 중에서도 단연 최고였다. 디트로이트는 그런 양자 도약(quantum leap)이 가능할 것이라고는 꿈에도 생각하지 못했다.

혼다의 기적은 '아마추어들'의 반란이었다. 디트로이트의 한 기자가 메리즈빌 공장을 둘러보고서 내린 그 진단은 맞는 말이었다.[27] 일부 관리자는 경력이 한창인 변호사들로, 그들은 회사에 지불 청구가 가능한 상담 시간(billable hours)이나 계산하고 회사채로 돈 불릴 궁리나 하면서 근무 시간을 따분해 했다. 반면 다수 직원은 농촌 출신이었고, 그들은 무엇을 "할 수 없다."라는 고정 관념이 없었다.

육체노동은 결코 쉽지 않았다. 혼다의 조립 라인이 돌아가는 속도는 때로 에어로빅에 육박했다. 일부 직원은 두세 달만 근무해도 체중이 10~20파운드(약 4.5~9킬로그램)까지 빠졌다. 공장의 규율도 엄격했다. 직공들은 조립 라인에서 청량음료, 담배, 주전부리를 금지당했다. 빅3는 때로 전시 판매장에서까지 마운틴 듀 얼룩이 남거나 담배 구멍이 난 좌석이 발견되었다. 혼다 노동자들은 무단결근 6번이면 해고되었다. 이건 노조로 조직된 디트로이트 노동자들도 마찬가지였다.

혼다 직원은 디트로이트 노동자들과 거의 같은 보수를 받았다. 하지만 그들은 몸뿐만 아니라 머리도 써야 했다. 공장을 효율적으로 운영할 수 있는 개선안을 내야 했던 것이다. 물론 아무도 해고하지 않겠다는 약속이 있었다. 문제점을 발견한 직원은 조립 라인을 세우고, 즉석에서 개선 사항을 이야기할 수도 있었다. 노동자들은 처음에는 그 개념을 도무지 이해하지 못했다. 초창기의 한 직원은 이렇게 실토했다. "우리가 혼란스러웠던 것은, 하라고 시킬 것을 예상했기 때문이었죠."[28]

일본인들의 관리하에 미국 노동자들이 번창 중이라는 사태에 미국에서 막강한 세를 과시하는 두 집단이 메리즈빌에 초점을 맞췄다. 전미 자동차 노동조합과 할리우드가 그 세력이었다. 노조 연맹은 1930년대와 1940

년대에 빅3 노동자들을 성공적으로 조직한 이래 40년 넘게 미국에 있는 자동차 공장의 모든 노동자를 대변해 왔다. 노조가 메리즈빌에서 조직 활동을 개시했다. 최후의 결전이라 할 노조 선거가 1986년 초로 잡혔다.

노조 선거는 치러지지 못했다. 노조 연맹은 투표를 몇 주 앞두고 틀림없이 패배할 것임을 깨달았다. 연맹 지도자들이 선거의 '잠정' 연기를 요청했다. 투표 재개 요청은 물론 이후로도 없었다. 노조의 힘이 크게 퇴조한 상징적 사건이었고, 전미 자동차 노동조합은 결코 세를 만회하지 못한다.

오래지 않아 영화 「경호(Gung Ho)」가 미국 극장에 걸렸다. 일본 기업이 망해 가는 미국 자동차 공장을 인수하면서 일어나는 문화 충돌을 코믹하게 그린 영화였다. 영화에서 미국인 노동자들은 사가를 부르고, 작업에 투입되기 전에 체조를 해야만 했다.

영화가 그린 정형화된 이미지들이 어느 정도는 사실이었다. 메리즈빌에 사가 따위는 없었지만, 관리자들은 근무 투입 전에 직원들에게 음악에 맞춰 유연 체조를 하도록 주문했다. 물론 준비 운동은 하기 싫으면 안 해도 되었다. 혼다가 묘책을 냈다는 게 재미있다. 오하이오 주립 대학교 응원단을 초청해, 그들이 즐겨 하는 몸풀기 운동을 시연케 하자, 직원들의 참가가 대폭 늘어난 것이다. 문화 간 경계를 뛰어넘는 대단한 곡예였다고 할 만하다.

공장 언어도 괴상망측했다. '동료'들은 작업 현장에서 사소한 결함을 고치는 활동을 지칭하는 혼다식 용어인 '역탐(counter-measure)'이라는 말을 배웠다. 직원들은 국수 메뉴처럼 모호하게 들리는 '3가지 기쁨(three joys, 三樂 ─ 옮긴이)'이라는 것도 알아야 했다. 3가지 기쁨이란 자동차 사업의 3가지 주요 측면을 가리켰다. 생산, 판매, 구입은 당연히 즐거워야 했다.

혼다의 오하이오 직원들도 이런 식의 교육(pedagogy)이 뒤에서 비웃음을 사리라는 것을 알았다. 일부는 「경호」를 보러 가기도 했고, 재미있다고 생각했다. 하지만 최후에 웃는 자는 그들이었다. '미친 속도(crazy speed, 光速―옮긴이)'는 혼다의 꾸준한 사세 확장을 의미했고, 결국 그들은 승진과 진급 기회가 많았다. 혼다는 조립 라인 증설과 함께 1987년 메리즈빌에서 32만 4000대의 차량을 생산했다. 전년도보다 약 10만 대 더 만든 것이다. 메리즈빌 공장은 다음 해에 어코드의 새 버전인 쿠페를 생산했다. 쿠페는 일본의 공장에서도 안 만들던 차량이었다. 어코드 쿠페가 미국산으로 일본에 수입되었다. 그 별난 과제 때문에 올티가 새롭게 책임을 떠안았다. 수출 프로그램에 합류하면서 일본을 뻔질나게 드나들었던 것이다. 올티는 어코드 쿠페의 품질 규격을 맞춰 주기 위해 2년이 채 안 되는 기간 동안 일본을 10여 차례 여행했다.

1988년 혼다의 오하이오 직원 수는 6,500명이 넘었다. 오리지널 식스 티포의 시절을 생각한다면 장족의 발전이었다. 같은 해 폭스바겐이 펜실베이니아 공장의 문을 닫았다. 다 합해 수억 달러의 손실을 보고서였다. 로즈가 오하이오 유치를 시도했으나 실패한 공장이었다. 그 조치로 약 2,500명이 일자리를 잃었다.

공장 다각화, 숫자 놀음, '미친 속도', 유동성 모델 변경. 이것들 말고도 또 있었다. 혼다는 포퓰러 원도 지배했다. 혼다의 엔진이 전 세계 극한의 자동차 경주들에서 우승을 거듭했다. 혼다의 1980년대는 모험의 연속이었다. 당연히 수백 명의 복잡다기한 개인사가 결합된 기업 역사의 한 장이었다. 희한하고 별난, 사실일 것 같지 않은 사건들이 모여, 믿을 수 없는 성과를 낳았다. 전후의 궁핍과 혼다 소이치로의 간헐적 진노를 겪으며 버틴 사람들이 그 과정을 이끌었다.

이리마지리 소이치로도 그 가운데 한 사람이었다. 20년 전 혼다 소이치로에게 창피와 굴욕을 당했던 바로 그 이리마지리 소이치로다. 동료들을 찾아다니며 일일이 사과해야 했던 그는 이후로 잘 풀렸고, 크게 출세했다. 미국 사람들은 그를 "이리 씨(Mr. Iri)"라고 불렀다. 그가 1980년대에 이루어진 혼다의 미국 내 사세 확장을 지휘했다. 이리마지리 소이치로의 하버드 경영 대학원 강연 제목은 '도전 정신(Racing Spirit)'이었다. 혼다는 담대한 철학과 혁신적 기술을 무기로 뻗어 나갔다.

치노 데쓰오도 핵심 인물이다. 자동차 쇼 전시 부스를 따로 준비해 갈등하던 상사 둘을 모두 만족시켰고, 재무제표를 주물러 공장 건설을 정당화한 실력자가 치노 데쓰오였다. 그가 혼다의 미국 내 지주 회사를 만들고, 이끌었다.

하지만 혼다가 미국에서 벌인 모험적 사업 활동에서 가장 주목해야 할 인물은 요시노 히로유키(吉野浩行, 1939년~)일 것이다. 그의 개인사를 들어 보면, 혼다라는 기업의 성공은 감히 댈 수가 없다. 제2차 세계 대전 종전 직후인 1945년 요시노는 여덟 살이었고, 만주에서 가족과 오도가도 못하는 상황이었다. 아버지가 점령군으로 만주에 배치되었던 탓이다. 가족은 일본으로의 탈출을 결행했고, 수백 마일에 이르는 힘겨운 여정에 올랐다. 갓 태어난 요시노의 동생은 살아남지 못했다. 구사일생 일본에 당도했으나, 더 큰 재난이 그들을 기다리고 있었다. 지진으로 집이 파괴되었다. 요시노는 후에 이렇게 회상했다. "사람들이 한데에서 살 수도 있다는 걸 나는 그 때 알았다."[29]

요시노 히로유키가 1990년 1월 4일 혼다의 미국 제조업 분야를 맡았다. 여러 자동차 제조사가 그날 각자의 전년도 미국 내 판매량을 공시했다. 혼다는 1989년에 어코드를 36만 2707대 팔았다. 2위인 포드 토러스(Ford

Taurus)보다 약 1만 5000대 더 판 성적이었다. 사상 최초로 미국의 이치반(ichiban, 一番, 메리즈빌 직원들도 이치반이 일본어로 '넘버 원(number one)'이라는 것을 알았다.) 자동차에 외국 차종이 등재되었다. 주인공은 혼다 어코드였다.

혼다는 불과 20년 만에 차 같지도 않은 이상한 물건을 만들던 별 볼 일 없는 회사에서 미국에 공장을 짓고 빅3를 크게 앞서는 '넘버 원' 기업으로 자리매김했다. 제너럴 모터스, 포드, 크라이슬러가 버티고 있는 미국은 세계 최대의 자동차 시장으로, 그곳에서 판매 1등이라는 성적은 의미심장한 사건이었다. 그런 성공은 가능해 보이지 않았고, 대경실색할 일이었다. 혼다 내부에서조차 그랬다. 그해 미국에서 판매된 어코드의 약 60퍼센트가 메리즈빌에서 생산되었다. '동료'들이 조립 라인에서 간단한 축하연을 열었고, 요시노 히로유키가 그들의 노고를 치하했다. 8년 후 요시노 히로유키는 혼다 자동차 회장으로 지명된다. 혼다 소이치로의 후계자가 됨으로써 그는 도저히 있을 법하지 않은 장대한 개인사의 여정을 완성했다.

어코드의 승리에 디트로이트는 살이 떨릴 지경이었다. 포드 대변인의 말을 들어 보자. "달갑지 않은 소식입니다. 그래도 2등과 3등은 우리가 차지했네요."[30] 크라이슬러의 한 임원은 국수주의적인 외국인 혐오를 토로했다. "우리 경제를 침략한 자들은 철두철미하며, 용의주도하게 조직되어 있습니다. 한 번에 1인치(2.54센티미터)씩 야금야금 우리 바지를 벗기고 있는 겁니다."[31] 그러나 일본 정부가 자동차 산업을 '용의주도하게 조직'했다면 어코드는 탄생하지 못했을 것이다. 혼다는 일본 당국을 거역했고, 자동차 사업에 진출했다. 공평무사한 논평가들은 어코드의 상승세에서 불길한 조짐을 읽어 냈다.《워싱턴 포스트》는 "미국 자동차 업계에 수치스러운 해로 기록될 것"이라고 썼다.[32]《로스앤젤레스 타임스(Los Angeles Times)》는 사태를 이렇게 진단했다. "디트로이트의 자동차 제조사들은 궁경(窮境)에 처해 있고, 일본의 우세가 지속될 것이다. (판매량 1등 사건은) 또 하나의 확인 징후인 것이다."[33]

어코드가 판매량 1위를 달성했고, 세계 경제의 지구촌화는 틀림없는 사실이었다. 도저히 오인할 수 없는 명명백백한 증거가 버티고 있는데, 이를 외면할 수는 없었다. 산업의 경계가 흐려졌음도 일단은 또렷하게 보였다. 도대체 뭐가 외국 차라는 말인가? 혼다는 오하이오에서 생산되고, 포드는 멕시코에서 제작되며, 크라이슬러는 캐나다에서 조립되는 마당에. 미쓰비시(Mitsubishi)가 일본에서 생산해, 미국에서 미국 브랜드로 판매하는 닷지 스텔스(Dodge Stealth)는 또 어떤가?

새롭게 편성되는 지구촌 경제에서 이런 사안들은 자동차 산업에만 한정된 것이 아니었다. JAL(Japan Airlines, 일본 항공 — 옮긴이)을 취항시키면 유나이티드 항공(United Airlines)을 취항시키는 것보다 덜 애국적인가? JAL이 보잉 사(Boeing) 비행기를 쓰면 어떤가? 미국의 야구 영웅 조 디마지오(Joe DiMaggio, 1914~1999년)가 TV 광고에 출연한 미스터 커피(Mr. Coffee)가 아니라 브라운(Braun)이 끓여 내면 수마트라산 단일 농장 커피가 덜 '미국적'이 되나?

제2차 세계 대전이 끝나고 일본에 민주주의와 자본주의를 부과한 주체가 사실은 미국 아닌가? 미국은 독일에서도 같은 과제를 수행했고, 독일 땅에서는 1989년 베를린 장벽이 무너지면서 동독인들이 압제에서 해방되었다. 그들이 조잡하고 엉성한 공산주의 차 트라반트(Trabant)에서 해방되었음은 물론이다. (트라반트와 비교하면, 콜베어가 안전해 보일 지경이었다.) 그들은 제너럴 모터스의 독일 자동차 회사가 제작한 오펠(Opel)을 탈 수 있었다. 세계화 또는 지구촌화는 일방 통행이 아닌 것이다.

혼다는 오하이오에서 거둔 성공에 고무되었고, 미국에 공장을 더 지었다. 외국 자동차 회사들의 대 미국 및 캐나다 투자도 줄을 이었다. 토요타, 닛산, 마즈다, 미쓰비시, 스바루, BMW, 메르세데스벤츠, 현대가 죄다 미국에 자동차 조립 공장을 지었다. 폭스바겐마저 돌아온다. 그 과정에서 미국의 경제뿐만 아니라 식단이 세계화되었다. 오하이오에 가면 스시를 먹을 수 있고, 앨라배마에서는 비빔밥이 나오며, 사우스캐롤라이나에서는 독일 음식 슈페츨레(Spätzle)를 구경할 수 있다. 이런 것들과 함께 튀긴 오크라와 그레이비소스를 끼얹은 비스킷이 제공됨은 물론이다. 운이 좋은 독자라면 알카셀처(Alka-Seltzer, 물에 타 먹는 소화제 상표명 ─ 옮긴이)도 경험해 볼 수 있다.

1989년 혼다 소이치로가 아시아 인 최초로, 미시간 주 디어본 소재 자동차 명예의 전당(Automotive Hall of Fame)에 헌액되었다. 바로 옆의 헨리 포드 박물관(Henry Ford Museum)에는 미국에서 생산된 최초의 어코드도 소장, 전시되었다. 미국을 상징하는 차들, 곧 콜벳, 머스탱, GTO와 함께였다. 어코드는 세 차량처럼 현란하지 않았다. 차라면 개성을 표출하거나 다른 무엇의 연장이라고 생각하는 사람들은 아니었지만, 안전하고 믿을 수 있으며 즐거운 운전을 바라는 사람들은 어코드를 좋아했다.

올티는 사회 생활의 첫 발을 혼다에서 내딛었고, 30년을 근속한 후, 메리즈빌의 선임 관리자로 승진한다. '동료' 수천 명의 작업을 감독하기에 이른 것이다. 그렘린을 처분한 그는 앨라배마에서 생산된 혼다 SUV를 몰고 있었다. 혼다는 더 큰 규모에, 관례를 더 충실히 따르는 기업으로 바뀌었다. 관료적 행정이 많아졌고, 덜 과감해졌으며, 일 처리 속도도 느려졌다. 하지만 어코드는 고출력 엔진을 단 중형 세단으로 진화했고, 여전히 최고로 많이 팔리는 차종 가운데 하나다. 미국의 도로에서 어코드는 부러움의 대상이다. 혼다 대변인의 설명을 들어 본다. "베이비 붐 세대가 어른이 되었고, 어코드는 그들을 이해한 것입니다."[34]

하지만 실상은 이와 다르다. 어코드를 좋아한 것은 베이비 붐 세대의 일부였을 뿐이다. 어코드나 다른 세단이 제공하는 것보다 공간이 더 많아야 하는 사람들이 있었다. 그들이 1980년대 중반에 새로운 유형의 차량을 발견했다. 마침내 디트로이트가 일본의 도전에 응전을 시작했다. 미국의 도로에서 언제든 그 새로운 차종을 볼 수 있게 된다. 정치권마저 그 막강한 상징성에 주목하지 않을 수 없었던 새 차량의 정체는 무엇일까? 다음 장에서 등장한다.

크라이슬러 미니밴

베이비붐 세대의 무기

알려 주지. 미니밴을 몰면 경찰이 절대 안 잡아. 창녀를 후드에 묶어 놓고 마하고(Mach 5, 일본의 동명 만화와 기타 파생 상품에 등장하는 캐릭터로, 경주차를 운전하는 스피드 레이서(speed racer)이다. 여기서는 폭주를 한다는 의미 — 옮긴이)를 해도, 경찰들은 이렇게 말하면서 가만있을 거야. "내버려 둬. 이미 죽을 맛일 텐데, 뭐."

크레이그 슈메이커(Craig Shoemaker), 희극인 [1]

1980년대와 1990년대에 30대를 통과한 다수의 베이비부머들은 한 가지 사실을 깨달았다. 자식을 키우려면 타협을 해야 한다는, 아니 더 나아가 희생을 해야만 한다는 사실을 말이다. 그들은 화려한 월풀 욕조에 들어가 느긋하게 누워 있을 수 없었다. 당연하다, 애들을 목욕시키며 저녁 시간을 보내야 했으니. 그들이 미끈하고 도발적인 차를 탔을까, 아니면 가족용 차를 구매했을까?

새롭게 부모가 된 세대는 자신들의 삶과 자동차가 세발자전거, 축구공,

바비 인형에 점령당하자 스포츠카를 선택지에서 제외할 수밖에 없었다. 혼다 어코드든 쉐비든 포드든, 아무 세단이나 뒷좌석에 아이들을 우겨넣는 것도 1~2년에 불과했다. 과연 그 후에는? 다리도 자라고 팔도 길어진 자식들을 그냥 그 차에 집어넣으면 자동차 여행이 지옥으로 돌변했다. 초짜 부모들한테는 뭔가 큰 것이 필요했다. 지루하고 따분한 느낌이 난다고 할지라도 말이다. 미국의 자동차는 세월 속에서 유희와 기능성이 끊임없이 줄다리기를 해 왔고, 바야흐로 기능 우위의 관점이 다시금 득세할 기세였다. 그리고 그 양상은 혼다 어코드에서보다 훨씬 더 극적이었다.

베이비부머들 자신이 어렸던 1950년대와 1960년대에 '실용적인 가족용 운송 수단'은 스테이션 왜건이었다. 1980년대에 그 초보 성인들이 잊고 있던 기억과 어휘를 떠올렸다. 스테이션 왜건은 할머니 댁이나 여름 캠프로 떠나는 장거리 여행을 의미했고, 부모든 아이든 그들은 매년 화를 삭이고 조절하는 법을 반복해서 배워야 했다.

아이들은 뒷좌석에 짐짝처럼 구겨넣어졌다. 앞좌석에는 어른들이 탔고, 뒤 트렁크에는 진짜 짐짝이 있었다. 빌리는 바비를 두들겨 팼고, 바비는 방귀를 뀌어 댔으며, 수지는 오빠들이랑 뒷좌석에 있는 것이 싫다며 고래고래 비명을 질러 댔다. 휴게소 화장실에 들러 잠시 쉬는 것은 한숨 돌리는 유예의 순간일 뿐이었다. 뷰익 에스테이트(Buick Estate)와 포드 컨트리 스콰이어(Ford Country Squire)는 연료 펌프가 터지면서 길에 주저앉기 일쑤였다. (전원을 상기해 주겠답시고 작명된 차명(에스테이트에는 대단위 농장과 사유지란 개념이 있고, 스콰이어는 과거 잉글랜드의 대지주를 가리킨다. ― 옮긴이)들이 무척이나 비현실적이다.)

가족용 운송 수단이 그런 식으로 딜레마에 처해 있었는데, 새로운 해결책이 안출되었다. 문제는 가장 가능성 없어 보이는 곳에서 그 방법이 제시되었다는 점이다. 결코 살아남지 못한 기업이었으니 내 말이 틀림없다.

크라이슬러는 1979년과 1980년에 이름 빼고는 전부 망한 상황이었다. 크라이슬러가 즉각 청산 절차를 피할 수 있었던 것은 다만 정부 구제책이 논쟁에 휩싸여 있었기 때문이다. 버림받은 자들이 크라이슬러를 이끌게 되었다. 대표적으로 아이아코카와 스펄리치는 포드에서 해고된 사람들이었다. 포드 2세가 냉정하게 내쳤고, 그 둘은 굴욕을 맛보았다.

1964년 포드에서 머스탱을 함께 탄생시킨 주인공이 바로 아이아코카와 스펄리치이다. 크라이슬러는 파산한 것이나 다름없었고 초라할 뿐이었다. 그런 크라이슬러에 들어가서 일하는 것을 사내들이 첫 번째 선택지로 삼을 리 만무했다. 하지만 운명의 여신이 미소를 지었던지, 그들의 결행은 신의 한수로 판명되었다. 아이아코카와 스펄리치 사단이 1983년 화려하게 컴백했다. 개인들의 영광은 물론이고, 크라이슬러 자체도 부활했다. 그들은 온갖 악조건을 뚫고, 크라이슬러를 수익이 나는 기업으로 바꿔 놓았다. 스펄리치가 차를 만들었고, 아이아코카가 팔았으며, 제2차 세계 대전 이래 그때까지 가장 심각한 불황에 빠져 있던 미국 경제가 반등하며 상황 전반을 받쳐 줬다.

베이비부머 다수가 10대 때 머스탱에 열광하고 감동했다. 그런 그들도 1960년대를 끝으로 개인적 자아 탐구의 여정을 마무리해야 했다. 대학에 진학했고, 더 성숙했으며, 장발을 짧게 잘랐고, 샤워를 했고, 직장을 구했고, 혼인을 했고, 그리고 드디어 가정을 꾸렸다. 물론 반드시 이 순서대로인 것은 아니었지만 말이다.

아이아코카와 스펄리치가 다시금 미국에서 가장 규모가 큰 인구 세대의 분위기와 정서를 사로잡을 무대와 기회가 마련되었다. 그들이 머스탱을 무기로 깜짝 놀랄 성공을 거두고서 정확히 20년 후였다. 바야흐로 다수의 베이비부머가 가정 생활에 안착 중이었다. 두 사람의 대응 방식은 그냥 새 차가 아니라 완전히 새로운 유형의 차였다. 이 새로운 유형의 차도 머스탱처럼 한 세대의 라이프 스타일을 규정한다. 언어도단인가? 조금 바꿔 보겠다. 도시가 아니라 아기 방을 꾸미는 데 열중하는 베이비부머들의 생활 방식 정도는 대변했다. 그와 함께 미국 사람들이 연애를 일삼는 자동차가 날렵하고 미끈한 차에서 차고가 높고 덩치가 큰 트럭으로 바뀐다. 그세태는 20세기의 마지막 20년을 잠식한 미국인들의 불안한 정서와도 조응하는 변화였다.

미니밴(minivan)은 육중한 덩치로 느릿느릿 움직이는 볼품없는 차량이었다. 1930년대에 스타우트 스캐럽(Stout Scarab, 뚱뚱한 풍뎅이 ― 옮긴이)으로 통한 그 자동차는 네안데르탈인과 다를 바가 없었다. 다시 말해 진화적으로 막다른 길에 이른 차종이었다는 이야기다. 그런 이름을 얻은 것도 거대 딱정벌레처럼 생겼었기 때문이다. 차체가 둥글었는데, 후드도 트렁크도 없었다. 디트로이트의 발명가 윌리엄 부슈널 스타우트(William Bushnell Stout, 1880~1956년)는 그 풍뎅이를 구상하면서 부유한 사업가들에 맞춤한 차량을 염두에 두었다. 요컨대 그는 '이동 사무실(office on wheels)'을 상상했던 것이다.

스타우트 스캐럽은 엔진이 후방의 구동 바퀴 위에 장착되었다. 당시 독일에서 개발 중이던 폭스바겐 비틀처럼 공간의 효율성을 도모한 설계였다. 하지만 스캐럽은 비틀보다 3피트(약 91.4센티미터) 더 길었다. 양 옆으로 창문이 4개씩이었던 것은 전장이 이렇게 길어서였다. 외관이 둥글었고, 그래서 실내는 동굴 같았다. 거기에 긴 의자 하나, 회전식 의자 몇 개, 제거가 가능한 탁자 1개가 들어갔다. 50년 후 크라이슬러 미니밴에서 볼 수 있는 것들이다. 하지만 스캐럽은 크기에 걸맞게 가격도 엄청났다. 당시 가격

5,000달러는 2012년 가치로 환산하면 8만 달러 이상이다. 모양이 이상하고, 가격은 비싼데, 제2차 세계 대전까지 발발하고 말았다. 스캐럽은 10여 대 제작되고 금방 단종되었다.[2]

진화상의 다음 피조물은 폭스바겐 마이크로버스였다. 마이크로버스는 스캐럽보다 훨씬 큰 성공을 거두며 엄청나게 보급되었다. 하지만 그 차는 너무 유별났다. 히피들이 무척 좋아한다는 점도 주류 차량이 될 수 없는 결격 사유였다. 쉐보레가 1960년대 초에 내놓은 그린브라이어(Greenbrier) 밴은 실적이 안 좋았다. 콜베어 차대로 만들었다는 것이 불운이었고, 1965년에 조기 단종된다. 콜베어도 그로부터 4년 후에나 역사 속으로 사라지는데 말이다.

그렇게 그린브라이어가 기억에서 말소될 무렵 35세의 스펄리치는 포드의 중견 간부로 활약하며 머스탱의 성공이라는 영광을 만끽 중이었다. 그는 1930~1940년대에 디트로이트에서 어린 시절을 보냈다. 그 동네 아이들이라면 미국 기업 활동의 첨단 무대를 목표로 삼으면서도 고향을 떠날 필요가 없던 시절이었다. 스펄리치는 1951년 미시간 대학교를 졸업한다. 미시간 대학교는 미국 자동차 산업계의 기능 보습 학교나 다름없었다. 스펄리치는 기계 공학 학위를 땄고, 1957년 포드 자동차에 입사해, 제품 기획 부서에서 경력을 쌓아 나갔다.

새로운 차량을 성공시킬 계획(plan, 그쪽 사람들은 '프로그램(program)'이라고 한다.)을 수립하는 것이 스펄리치의 일이었다. 기술자, 디자이너, 재무 직원은 충돌하기 마련이고, 제품 기획 부서는 그들의 요구를 조정하고 화해시켰다. 엔진이 커지면 당연히 차가 빨리 굴러가지만, 제작비가 올라간다. 흙받이에 만곡을 주면 차가 미려해 보이지만, 복잡해서 만들기가 힘들고 제작비가 뛴다. 이런 식이다.

스펄리치는 디트로이트에서 소형차의 가치를 알아본 몇 안 되는 제품 기획자 가운데 1명이었다. 그가 볼 때, 머스탱 자체가 이를 뒷받침하는 단단한 증거였다. 머스탱은 저가에 스타일리시하면서도 기능적인 소형차였다. 머스탱이 포드에 엄청난 수익을 안겨 주었다. 아이아코카와 스펄리치도 머스탱 덕에 경력을 화려하게 꾸밀 수 있었다. 1970년에 아이아코카가 포드 사장이 되었고, 스펄리치도 그 밑에서 승진을 거듭했다. 그는 1972년 제품 개발 부사장이 되었다.

1970년대가 펼쳐졌고, 스펄리치는 일본산 수입차와 싸우려면 소형차가 가장 확실한 패라고 생각했다. 디트로이트에 군사 작전이나 다름없는 단호한 행동이 필요하다고도 보았다. 당시에 스펄리치가 한 말을 들어보자. "경제적으로는, 도쿄 만에 정박한 미주리호 함상에서 제2차 세계 대전이 시작되었다고 할 수 있습니다. (일본이 여기서 항복 문서에 서명했다. — 옮긴이) 일본은 속으로 이렇게 중얼거렸겠죠. '무조건 항복이라고? 웃기시네.'"[3] 스펄리치처럼 노골적으로 이야기하는 사람은 드물었지만 이런 관점을 디트로이트의 중역들도 공유했다. 그는 밤새워 일하고 이른 아침에 직원 회의를 여는 것으로 유명했다. 그 관행은 포드의 전설로 남았다. 그가 열정적으로 구상을 밝히면 동료들은 화내기 일쑤였다. 스펄리치의 탁월한 재능을 높이 평가하는 사람들조차 그랬다. 포드와 크라이슬러에서 수십 년간 스펄리치와 함께 일한 한 간부는 이렇게 말한다. "나는 핼(스펄리치)이 무슨 이야기를 해 왔는지 다 압니다. 그도 나를 잘 알 겁니다. 하지만 나는 그 친구보다 말을 짧게 하죠."[4]

요컨대 포드에서 혁신을 수행하려면 열정과 더불어 단호함이 필요했다. 스펄리치는 그 사실을 알았고, 일가견이 있었다. 정보를 잔뜩 펼쳐 놓고 분석 불능에 빠지는 것이 특기인 보수적 관료들이 포드를 지배했다. 예를 들어보자. 재무 직원들이 어떤 신차의 수익을 내다보는 방식은 특정 시장 부문에서 얼마만큼의 몫을 차지할지 추정하는 것이었다. 이 방법은 나름으로 합당하다. 하지만 기존의 부문 시장에 들어맞지 않는 신차라면? 그런 경우면 시장 부문이라는 것이 아예 없기 때문에 시장에서 새롭게 차지하는 몫이 100퍼센트일 텐데도, 판매는 제로였고 수익도 당연히 제로일 터였다. 더구나 금융 부서의 경우는 결제를 내주는 것보다 안 된다고 반려하는 것이 거의 항상 안전했으며, 경력 관리에도 더 유리했다. 새롭고 혁신적인 차량을 추구하는 발상은 거의 항상 제도판에서 죽어 버렸다.

초기 심사를 견디고 살아남은 아이디어조차도 진행 과정에서 흠씬 두들겨 맞으며 난도질당한 상태로 시장에 출고되었다. 1970년대 초에도 그런 차량이 하나 있었다. 포드의 대형 밴 이코노라인(Econoline)이 쪼그라든 버전이었다. (이코노라인은 상업 종사자들이 배달용 트럭으로 주로 사용했다.) 암호명은 낸터킷(Nantucket)이며, 용도는 가정용 일상 차량이었던 그 소형 밴의 시제차가 1972년에 제작되었다. 그런데 1년 후 아랍이 석유 수출을 통제했고, 이 밴은 판매가 추락했다. 결국 낸터킷은 포드가 단행한 비용 절감 정책의 희생양이 되고 말았다.

스펄리치는 그 과정에서 소형 밴이라는 개념에 흥미를 느꼈고, 이코노라인을 더 작게 만들어도 일반 가정에서 일상적으로 타기에는 여전히 크다는 사실을 깨달았다. 그가 1970년대 초에 일명 '미니맥스(Mini-Max)'라고 하는 새로운 발상을 궁리한 이유다. 미니맥스는 전장이 최소로 짧아야 했다. 통상의 차고에 집어넣을 수 있을 만큼 작아야 한다는 의미이다. 하지만 '맥스'라는 말이 들어간 것처럼, 내부 공간이 최대한으로 커야 했다. 기존의 스테이션 왜건을 대체하는 쓸 만한 대안이 되려면 이 2가지 요건을 '미니'와 '맥스'라는 이름에 걸맞게 갖추어야 했다.

외장이 작으면서도 내부가 커야 한다는 양립하기 힘든 두 조건을 화해시키는 유일한 방법은 전륜 구동 플랫폼으로 밴을 만드는 것이었다. 이코노라인의 차대는 후륜 구동이었다. 전륜 구동 방식을 채택하면 공간을 다 잡아먹는 묵직한 구동축을 없앨 수 있었다. 혼다의 어코드와 기타의 전륜 구동 차량이 정확히 그랬다. 사실 포드도 전륜 구동 플랫폼을 써서 준소형차 피에스타(Fiesta)를 생산했다. 그런데 피에스타는 유럽에서 제작되어 팔렸다. 스펄리치가 포드의 유럽 법인에 짧게 근무하면서 피에스타를 개발했다. 그는 이 경험에서 전륜 구동식 설계안에 매혹되었다.

하지만 피에스타는 유럽을 제외한 곳에서는 구경하기 힘들었다는 것이 정확한 평가일 것이다. 포드 유럽 법인은 미국의 포드 본사와는 별개의 회사나 다름없었다. 두 업체는 질시하며 서로의 영역을 지키려고 애썼다. 미니맥스에 딱 맞는 플랫폼이, 불화하는 대륙의 법인 것이라는 사실은 불운이었다. 아이아코카와 스펄리치는 피에스타를 더 크게 만든 버전을 미국에 도입하려고 했다. 하지만 두 사람의 계획은 묵살되었다. 스펄리치의 미니맥스가 그렇게 되는 일도 없고 안 되는 일도 없는 관료적 기업에서 발목이 잡혔다.

그런 사정이 스펄리치 자신에게도 닥쳤다. 그가 미니맥스를 만들고 싶다고 계속 졸라대자, 회장인 포드 2세도 갈수록 짜증이 났다. 스펄리치가 1976년에 그 제안을 했는데, 그가 일언지하에 퇴짜를 놨다.[5] 포드 2세와 아이아코카가 막후에서 전쟁을 벌이기 시작했고, 사태가 더욱 악화되었다. 스펄리치는 '아이아코카 파'였고, 십자포화를 얻어맞았다. 포드 2세가 미니맥스 안을 기각하고 얼마 안 되어, 아이아코카가 불려 갔다. 요컨대 그 젊은 놈의 뒤를 그만 봐주고 해고하라는 명령이었다. 아이아코카가 항의했지만 소용없었다. 포드 2세는 단호했다. "쓸데없는 소리 말게. 난 그 자식이 싫어."[6] 결국 스펄리치는 크라이슬러로 넘어가 일자리를 얻었다. 이것이 디트로이트 빅3의 약한 고리였다. 하지만 뭐, 실업보다는 나았을 것이다.

일이 그렇게 굴러갔으니 미니맥스 안이 사망한 것도 어쩌면 당연했다. 한때 전도유망했던 스펄리치의 경력도 끝장이 났다. 포드 2세가 직접 나서서 복수를 한다는 게 도저히 안 믿겼지만, 그렇게 스펄리치의 운명은 종말을 고했다.

포드 2세가 1978년 6월 13일 아이아코카를 집무실로 불렀다. 아이아코카는 이런 말을 들으면서 해고당했다. "자네도 누가 그냥 싫을 때가 있겠지?"[7] 악마 행크(Hank the Deuce, 포드 2세)의 입에서 더 이상 아무 말도 나오지 않았다는 점에서 아이아코카가 해고된 이유를 짐작하기는 어렵지 않았다. 포드 가문은 막강한 주식 의결권을 바탕으로 포드 자동차를 지배했다. 헨리는 종종 사람들에게 다음과 같은 사실을 상기시켰다. "오, 건물에 내 이름이 달려 있군."

53세의 아이아코카는 경력의 절정에 있었다. 그는 32년 전 리하이 대학교를 졸업하고 바로 입사한 이래 포드 이외의 회사에서 일해 본 적이 없었다. 아이아코카는 명백히 헨리의 상속자였다. 그는 포드 집안 사람이 아니면서도 포드를 이끌 최초의 CEO가 될 운명인 듯했다. 해고 소식이 미국 전역의 1면 뉴스를 장식했고, 아이아코카는 충격에 휩싸였다. 그에게는 미래 계획이라는 것이 전혀 없었다.

그즈음 크라이슬러에 전면적인 위기가 닥쳐왔다. 크라이슬러의 차들은 수년째 그 어떤 탁월함도, 신뢰도 전해 주지 못했다. 대개 둘 다였다. 서투른 경영진 역시 바보 같기는 마찬가지였다. 크라이슬러가 아이아코카에 구애 공세를 퍼부었다. 스펄리치가 과거의 선배 조언자에게 합류를 요청해 왔다. 비등하는 크라이슬러의 문제점을 혼자 힘으로 감당할 수 없다는 판단에서였다. 아이아코카가 해고 5개월 만에 크라이슬러 사장으로 취임했다. 한 1년 후면 그 자리를 꿰찰 수 있을 것으로 내다보던 차였다.

크라이슬러는 아이아코카 영입을 발표하는 날에 1억 6000만 달러를 까먹었다는 사실도 공시했다. 분기 손실액으로서는 사상 최대 규모였다. 악재는 단지 시작이었을 뿐. 크라이슬러에는 주문받지도 않은 차를 만들어 디트로이트 주변의 공터와 주차장에 쌓아 놓는 못된 습관이 있었다. 야적된 차들은 먼지를 뒤집어썼고, 딜러들은 차를 가져가라고 설득당하거나 압력에 시달렸다. 그 관행에 붙은 별명이 '매출 은행(sales bank)'이었으니, 참으로 예리한 완곡어법이라 할 만했다. 생각해 보라. 맥도널드 매장에서 고객의 주문도 없는데 햄버거를 만드는 것과 뭐가 다른가? 물론 크라이슬러 차는 상해서 못 먹게 되는 것이 아니라 녹이 슬었지만.

'매출 은행' 때문에 발생한 손실이 전부 수억 달러에 이르렀다. 매출 은행은 크라이슬러가 얼마나 깊은 수렁에 빠져 있는지 보여 주는 단적인 사례였다. 아이아코카는 후에 이렇게 썼다. "크라이슬러에 합류하기로 했다. 하지만 내 앞에 놓인 과제를 조금이라도 알았더라면, 맙소사, 돈을 많이 받는다고는 해도 결코 거기 가지 않았을 것이다."[8] 아이아코카가 예정보다 3개월 앞선 1979년 9월 크라이슬러의 회장 겸 CEO로 선임되었다. 크라이슬러는 그때 현금이 바닥나는 중이었다. 대출해 주겠다고 나서는 은행이 아무도 없었다.

아이아코카는 필사적이었고, 정부 지원을 목표로 맹렬한 로비를 전개했다. 미국 정부(캐나다 정부까지도)가 은행 대출에 연대 서명을 해 주어야 한다는 것이었다. 크라이슬러 공장이 있는 지역 정치인들과 노조 간부들의 지원도 끌어냈다. 물론 협상이 장기화되면서 우여곡절도 있었다. 크라이슬러의 젊은 재무 담당자가 감정을 주체하지 못하고 울기도 했다. 구제 노력과 활동이 실패하리라고 본 것이다. 그 재무 담당자가 이번에는 주요 은행가들을 소집해, 크라이슬러가 파산 신청을 할 것이라고 발표했다. 그들의 얼굴이 하얗게 질리는 것까지 확인한 그가 이번에는 오늘은 만우절이라고 확인해 주었다. 모든 가능성이 사라진 듯했을 때, 아이아코카는 숙적 포드 2세에게라도 크라이슬러를 팔려고 했다. 하지만 헨리가 그의 제안을 퇴짜 놓았다. 아이아코카는 다시금 무자비한 비용 절감 계획을 추진했고, 그 과정에서 이후 4년 동안 크라이슬러 직원 절반이 잘려 나갔다.

크라이슬러는 1979년 6월 초에 현금이 바닥났고, 부품 공급업자들에 대한 대금 지불을 중단했다. 기업 붕괴가 임박했다는 신호였다.[9] 아무튼 회사는 몇 주 더 버텼고, 막판에 크라이슬러 대출 보증 명령(Chrysler Corporation Loan Guarantee Act)이 발효되었다. 크라이슬러가 새로이 은행 융자를 받을 수 있게 된 것이다. 물론 그때조차 크라이슬러는 곧 죽을 것 같았다.

6월 23일에 서명 받을 융자 서류가 있던 뉴욕 사무실 건물에서 불이 났다. 화재가 진압된 새벽 2시에 크라이슬러 간부들이 물이 흥건하고 연기가 자욱한 사무실로 들어갔다. 서류를 회수, 복구해야 했던 그들의 심정은 비통하기만 했다. 그들은 옆 건물로 옮겨 갔고, 남은 밤 동안 수천 건의 서류를 분류 정리했다. 어떻게든 다음 날에 융자금을 받아내야 했다.[10] 크라이슬러는 살아남았다. 아이아코카의 설득력과 결연한 행동이 없었더라면 그 간발의 구조는 이루어지지 않았을 것이다. 포드 2세가 아이아코카를 해고함으로써 의도치 않게 경쟁사의 생존과 사업 활동을 도왔다는 사실은 참말이지 얄궂다. 그렇다고 크라이슬러의 미래가 안정적일 수는 없었다. 하지만 크라이슬러에게는 모종의 장부 외 자산이 있었다.

스펄리치가 크라이슬러에 와 보니 심카(Simca)라는 것이 있었다. 크라이슬러의 유럽 자회사 심카가 전륜 구동 방식의 세련된 준소형차를 개발했다는 사실도 이내 알게 되었다. 그 작은 차는 포드 유럽 법인의 피에스타와 다르지 않았다. 크라이슬러는 현금을 확보하기 위해 심카에 대한 권리를 팔아야 했다. 하지만 북아메리카에서 그 소형차를 생산해 팔 수 있는 권한은 유지했다. 크라이슬러는 기술 내역을 조금 수정했고, 1978년 미국과 캐나다에서 닷지 옴니(Dodge Omni) 및 플리머스 호라이즌(Plymouth Horizon)이라는 차명으로 심카를 출고했다. 기본 가격은 약 2,500달러로 책정했다.

이번만큼은 크라이슬러의 시기 포착이 완벽했다. 이란 대사관 인질 사태가 1년 후 발생했고, 휘발유 가격이 그 10년 사이에 두 번째로 급격하게 치솟았다. 제너럴 모터스와 포드의 소형차들은 여전히 후륜 구동 방식을 채택하고 있었다. 양사의 소형차들은 묵직한 데다가 비좁아 갑갑하게 느껴졌고, 연비도 좋지 않았다. 반면 옴니와 호라이즌의 전륜 구동 플랫폼에 얹힌 4기통 엔진은 힘이 좋았다. 이 엔진은 후드 아래에 가로 방향으로 놓였고, 그 효과는 크게 3가지였다. 첫째, 차량의 무게가 가벼워졌고, 둘째, 내부 공간이 확대되었으며, 셋째, 연비가 증가했다. 옴니와 호라이즌은 1갤런(약 3.8리터)으로 30마일(약 48.3킬로미터) 이상을 주파했다. 《모터 트렌드》가 두 차를 올해의 차로 선정했다. 지체 장애였던 크라이슬러가 시장의 한 부문에서 주요 경쟁사들을 누르고 우위를 차지했다는 사실은 정말이지 놀라웠다.

스펄리치가 쓴 것도 동일한 구조였다. 엔진을 가로 방향으로 얹은 전륜 구동 플랫폼을 사용해, 두 종의 소형 세단, 곧 닷지 에어리스(Dodge Aries)

▲ 포드 머스탱 시제품은 1964년 4월 17일 출고되었다. 설정된 배경에서 싸구려 느낌이 나긴 해도, 차의 외곽선들로 인해 머스탱은 서 있을 때조차 움직이는 듯한 착각을 불러일으킨다. 머스탱은 스타일만 "쩌는" 게 아니었다. 간소하게 실질만 구현했던 팰컨의 구조가 안에 탑재되어 있었다는 게 중요하다. 머스탱은 저렴한 가격에 출고되었고, 대성공을 거두었다.
포드 자동차 아카이브

◀ 헨리 포드 2세는 창립자의 손자로, 1940년대부터 1980년대까지 포드 자동차 회사를 이끌었다. 회사는 에드셀이 실패해 트라우마에 시달렸고, 헨리 2세는 처음에 머스탱을 내켜하지 않았다. 하지만 이 차는 엄청난 성공과 더불어 부를 안겨 줬다. 포드 자동차 아카이브

◀ 1964년 4월《타임》의 표지를 장식한 리 아이아코카, 그는 "머스탱의 아버지"로 소개되었다. 아이아코카는 머스탱이 출고된 이 주에《뉴스위크》표지까지 차지해 버렸다. 머스탱이 당장에 관심이 집중되며 총아로 부상한 것은, 스타일이 세련되면서도 가격이 저렴했기 때문이다. 《타임》의 허가를 받고 게재

▼ 자동차 머스탱이 말 머스탱을 만나는 설정의 홍보 사진. 실상 자동차의 이름은 제2차 세계 대전 때 활약한 P-51 머스탱 전투기에서 따왔다. 야생마가 아니었던 것이다. 포드 자동차 아카이브

▶「스타 트렉」캐릭터 스팍이 아니다. GM의 이단아적 경영자로 폰티액 GTO를 탄생시킨 존 Z. 들로리언, 사진은 1970년경의 모습. 그는 구레나루을 길렀고, 세련된 양복을 걸쳤으며, 주름 제거 수술까지 받을 정도로, 소위 막나갔고, GM 내부에서 경영진임에도 불구하고, 눈밖에 났다. 하지만 들로리언은 폰티액을 부활시켰고, 당분간은 경력도 탄탄대로였다. 제너럴모터스 문화유산 센터

▲ 1964년식 폰티액 GTO 컨버터블, 미국에서 독자적으로 개발된 머슬 카라 할 만하다. 작은 차체에 비대한 엔진을 집어넣어, GM의 제작 방침을 위반했지만, 들로리언이 교묘하게 우회했다. 엔진을, 폰티액 템피스트 르망에 선택 사양으로 달 수 있게, 꼼수를 쓴 것이다. 몇 년 후 GTO는 독자적 모델로 구별 정립되는 쾌거를 이뤄 냈다. 제너럴모터스 문화유산 센터

▲ 들로리언과 폰티액 파이어버드(1967년). 쉐비 카마로를 변경한 파이어버드는 포드 머스탱의 융단 폭격에 대응하는 GM의 응전물이었다. 제너럴 모터스 문화 유산 센터

▲ 혼다 소이치로(왼쪽)와 후지사와 다케오(오른쪽)는 각각 공학과 재정의 귀재였다. 이 두 사람이 혼다 모터를 자그마한 오토바이 제조업체에서 세계 최정상급 자동차 회사로 변모시켰다. 두 사람은 개성이 대비되었고 가끔 충돌했지만, 서로를 존중하며 오랫동안 파트너십을 유지했다. 혼다자동차 아카이브

▲ 혼다 자동차가 1976년 어코드를 드디어 시장에 내놨다. 휘발유 값이 폭등했고, 많은 미국인이 디트로이트 제의 조잡하기 이를 데 없는 기름 먹는 하마를 외면했다. 그들에게는 단순소박하고 믿을 만한 제품이 필요했다. 1982년 11월 어코드는 일제 차로는 최초로 미국 현지에서 생산되기에 이른다. 이것이야말로 미국인들에게는 세계 경제가 지구촌화되었음을 상징하는 가시적 사건이었다. 혼다자동차아카이브

▲ 브래드 올티(2004년). 25년 전에 오하이오의 이 청년은 컬럼버스 인근의 혼다 공장에서 일을 배우기 시작했다. 혼다가 고용한 미국인 직원의 제1세대인 셈이다. 이들은 일본으로 가서 연수까지 받는다. 올티는 현재 오하이오 주 혼다 공장에서 제조 현장 선임 감독으로 재직하고 있다. 혼다자동차

▲ 1970년식 AMC 그렘린. 디자인을 보면, 여객기에서 사용하는 멀미 봉투를 닮은 이 차는, 심지어 만우절에 출고되었다. 잔고장이 많았던 그렘린은 1970년대에 미국인들이 느끼던 불안과 불만을 나름으로 표상하는 제품이었다. 브랜드 올티는 혼다 출근 첫 날 이 차를 몰고 가다가 차가 퍼지는 바람에 두 시간이나 지각했다. 크라이슬러 역사 컬렉션

◀ 혼다의 미국 제조 공장을 진두지휘하던 당시의 요시노 히로유키. 어코드는 당시 미국에서 제일 잘 나가는 차였고, 디트로이트 제가아닌 차량으로서도 최초였다. 요시노는 어린시절 가족과 함께 만주를 구사일생으로 탈출했다. 제2차 세계 대전 종전을 앞두고서였다. 후에 그는 혼다 자동차의 회장으로 취임한다. 혼다 자동차

◀《카 앤드 드라이버》1983년 5월호 표지에 혁신적인 차량이 소개되었다. 이름하여 미니밴. 차고에 집어넣을 수 있을 만큼 작으면서, 동시에 농구팀 디트로이트 피스톤스 선수 다섯을 능히 수용할 수 있을 만큼 큰 차! 미니밴은 몇 년 만에 사방팔방으로 퍼져 나갔다. 운전자들인 '사커 맘'이 막강한 정치 세력으로 부상했고, 양당의 정치인들이 이 계층에 구애하기 바빴다는 정황을 보태야 할 것이다. 《카 앤드 드라이버》

◀ 1984년식 닷지 캐러밴의 한 광고. 이름을 'Caravan'이라 한 것은, 'car and van'을 연상시키려는 의도에서였다. 미니밴 때문에 스테이션왜건이 사실상 말살되었다. 크라이슬러는 1980년 파산 직전 상태였지만, 미니밴의 성공으로 시장에서 부활했다. 크라이슬러 역사 컬렉션

▲ 1991년 기자 회견장의 리 아이아코카. 크라이슬러 이사회 의장이자 최고 경영자였던 그도 입지전적 출세와 경력의 막바지에 이른 상태였다. 그는 포드 머스탱, 크라이슬러 미니밴, 지프를 밀어붙이며 성공 가도를 달렸다. 로이터/존 힐러리

▲ BMW 2002는 1968년부터 출고되었다. 이 차는 덩치가 작았음에도 불구하고 성능이 탁월했고, BMW 3 시리즈가 성공할 수 있는 기반을 닦았다. 미국에서는 1980년대에 '여피 차' 하면 무조건 3 시리즈였다. BMW 아카이브

▶ BMW는 1973년 뮌헨에 본사 건물을 새로 개관하며 번영과 위세를 과시했다. 원통 모양의 타워 4개를 보고 있으면, BMW의 강력하고 효율적인 4기통 엔진이 자연스럽게 떠올랐다. BMW 아카이브

Authorities.

BMW builds high-performance cars, with advanced engineering and design—yet chosen so often for their strong, but unpretentious, styling. After all, a driver looks for a car to match his own life style. A car that encapsulates the image he wants to project.

With a BMW the process goes even further. Car and driver interact and form a unity, each contributing to the authority of the other.

BMW cars

◀ 1976년의 BMW 광고. 이해에 BMW 2002의 후속 모델인 3 시리즈가 나왔다. BMW 아카이브

▲ BMW를 망각에서 구해 낸 주인공 헤르베르트 콴트. 사진은 1980년에 촬영된 것으로, 70세였다. BMW 아카이브

▲▶ 1966년의 헤르베르트 콴트(가운데)와 하랄트 콴트(오른쪽). BMW의 50주년을 축하하는 기념식 행사장 모습이다. 두 이복 형제가 7년 전 수완을 발휘해, 난국에 처한 BMW가 메르세데스-벤츠에 합병되는 것을 저지했다. 헤르베르트는 장님이나 다름없었고, 하랄트는 나치의 선전상 요제프 괴벨스의 의붓아들이었다. BMW 아카이브

▲ 1988년식 BMW 325i. 차뿐만 아니라 여피의 기풍과 문화가 만개한 해였다. BMW 아카이브

▲ 1941년식 윌리스. 윌리스-오벌랜드는 지프 설계 공모전에서 아메리칸 밴텀에 졌다. 하지만 국방성 펜타곤(Pentagon)은 많은 생산 대수를 윌리스에 몰아 줬다. 아무려면 윌리스가 훨씬 큰 회사였기 때문이다. 크라이슬러 역사 컬렉션

◀《새터데이 이브닝 포스트》와 기타 잡지들에 실린 1944년의 이 지프 광고를 보도록 하자. 주제는 애국주의였다. 하지만 상업적 동기도 빤히 보인다. "여러분의 전후 계획에 '지프'는 어떻습니까?" 광고의 본문은 이렇게 묻고 있다. 요컨대, 전쟁이 끝나면 "사업 활동이라든지, 여가 선용에 다양한 쓸모가" 있으리라고 암시하는 것이다. 크라이슬러 역사 컬렉션

◀ 이 광고가 지프 CJ(Civilian Jeep)-5의 25주년을 축하하므로, 때는 바야흐로 1979년이었다. 지프는 이때 업계의 약체 아메리칸 모터스의 자회사였다. 곧이어 프랑스의 자동차 제조업체 르노가 아메리칸 모터스를 인수한다. 이후 30년 동안 지프는 주인이 또 바뀌었다. 그중에는 독일과 이탈리아 기업도 있었다. 한때 추축국이었던 두 나라 말이다. 지프가 제2차 세계 대전 때 쳐부순 나라들이라는 것을 상기하면 상황이 참으로 얄궂었다. 크라이슬러 역사 컬렉션

◀ 1979년식 지프 왜거니어 리미티드(Jeep Wagoneer Limited)는 시대를 앞서간 차량이었다. 1963년 처음 출고된 왜거니어는 문짝 네 개 차량과 자동 변속기를 선택 사양으로 제공했다. 이런 구비 사양이 대세가 되면서, 지프가 야외 활동을 추구하는 듯한 라이프스타일을 상징하게 되었다. 물론 지프가 당면하게 되는 가장 큰 난관이라고 해 봤자, 쇼핑몰로 운전해 갈 때 만나는 도로에 팬 구멍 정도뿐이었지만 말이다. 크라이슬러 역사 컬렉션

▲ 1948년식 포드 F-1 픽업은 이 회사가 전후에 출고한 첫 번째 트럭이다. 픽업 트럭은 수십 년 동안 노동 수단이었다. 그러던 것이 1970년대부터 '교외의 카우보이(Wagoneer)'들이 유행을 선도하는 표현물이 되었다. 포드 자동차 아카이브

▲ 이 1953년식 포드 F-100 픽업이야말로 각종 트럭의 원조다.(자동차와 트럭을 모두 치더라도) 30년 넘게 미국에서 가장 많이 팔리는 차량은 트럭으로, 이 기록은 여전히 깨지지 않고 있다. 포드 자동차 아카이브

▲ 컨트리 가수 토비 키스가 포드 F-150 픽업 앞에 서 있다. 포드는 키스를 후원하며, 자사의 인기 상품을 그의 콘서트와 연계한다. 포드 대변인은 여러 방법으로 "오락 및 여흥의 경험과 연계"한다고 말하는데, 키스의 은행 잔고에 보탬이 되리라는 것은 말 안 해도 알 것이다. 컨트리 음악과 픽업 트럭은 1970년대부터 미국 사회 주류 문화로 진입했다. 포드자동차 아카이브

▲ 포드 F-150 할리-데이비슨 에디션은 딱 한 가지 색이다. '다크 애머시스트(검정 자수정)'라는데, 아무리 봐도 그냥 검정이다. 앞바퀴 집부터 뻗어 나가는 불꽃 모양의 전사 도안도 보인다. 중년의 위기를 탈출할 수 있는 완벽한 트럭이라고 할 수 있겠다. 중년 남성들이 포드 할리 트럭에 할리 오토바이를 싣고서 할리 대회장을 찾을 수 있을 테니 말이다. 포드자동차 아카이브

▲ 직업 경력의 종점을 앞둔 1990년대 중반의 토요타 자동차 회장 도요다 에이지. 그는 21세기를 도모하는 차량을 개발하겠다는 웅지를 품었고, 그렇게 프리우스가 탄생했다. 토요타 프리우스는 상업적으로 성공을 거둔 최초의 가솔린-전기 하이브리드 차량이다. 토요타자동차

▲▶ 프리우스 개발을 진두지휘한 우치야마다 다케시. 전후 출생자인 그는 평생을 토요타에 재직하며 충성했다. 깜짝 발탁된 우치야마다가 프리우스 생산 프로젝트를 이끌었다. 토요타자동차

▲ 토요타 자동차 회장 오쿠다 히로시와 프리우스. 1997년 10월 14일 도쿄 소재 ANA 호텔의 프리우스 최초 공개 현장 사진이다. 오쿠다는 혁신 기술을 탑재한 자동차를 단호하게 고집했고, 토요타는 휘발유-전기 하이브리드 기술을 마침내 개발해 냈다. 로이터/마야마 기미마사

▲ 미국에서 2003년 후반에 제2세대 차량이 출고되면서 프리우스는 주류 자동차로 한 걸음 더 내딛을 수 있었다. 프리우스는 연비가 탁월하면서도 4인 가족이 편히 이동할 수 있을 만큼 공간이 넉넉했다. 공기 역학적 디자인이 돋보이는데, 이 때문에도 연료 효율이 좋았고, 운전자들은 자신의 환경 감수성을 뽐낼 수 있었다. 토요타자동차

▲ 엔진이 둘? 아니다. 왼쪽이 휘발유 엔진이고, 오른쪽은 전기 모터다. 2세대 프리우스의 하이브리드 기술은 차량의 속도와 주행 상황을 바탕으로 두 엔진 사이의 동력 부하를 조절한다. 토요타자동차

와 플리머스 릴라이언트(Plymouth Reliant)가 개발되었다. 1981년에 크라이슬러가 두 차를 출시했다. 광고 캠페인의 내부 암호명은 케이카(K-car)였다. 두 차는 디자인이 상자형이었고, 절대로 고속 주행차가 아니었다. 그래도 케이카는 5인 가족을 수용할 수 있었고(작고 갑갑해지기는 했지만), 고속도로에서 1갤런(약 3.8리터)으로 30마일(약 48.3킬로미터) 이상을 달렸다. 두 차는 대체된 모델들보다 전장이 약 2.5피트(76.2센티미터) 더 짧았다. 《포퓰러 사이언스(*Popular Science*)》는 이렇게 썼다. 두 차는 "평균해서 무게가 무려 1,000파운드(약 453.6킬로그램) 덜 나간다. …… 새 모델들의 성쇠에 크라이슬러의 운명이 달렸다고 할 것이다."[11] 과연 그러했고, 크라이슬러는 운명적으로 기사회생했다. 케이카는 출고 첫 해에 30만 대 이상 팔렸다. 스펄리치마저 깜짝 놀랐다.

스펄리치는 케이카의 성공에 힘입어 소형 패밀리 밴에 대한 탐색과 모험을 재개할 수 있었다. 아이아코카는 가족용 소형 밴 개념을 마음에 들어 했다. 하지만 크라이슬러 엔지니어 다수는 그 개념을 미심쩍어 했다. 그리고 거기에는 이유가 있었다. 디트로이트 빅3의 조직 체계를 살펴볼 필요가 있다. 자동차 3사는 수십 년 동안 전부 따로 굴러가는 2개의 기술 부문으로 나뉜 채 운영되었다. 승용 자동차가 하나요, 화물 운송의 트럭이 나머지 하나다. 요컨대 두 자동차는 종류가 다른 상품이요, 고객의 종류가 달랐다. 승용 자동차는 개인 용도였다. 트럭은 사업자용이었다. 도급자나 청부인, 농부, 옮길 물자가 있는 기업 들이 트럭을 샀다.

밴을 작게 만들어서 성공한 적이 한번도 없었다. 그런 것은 꿈의 나라에나 존재했다. 사업 업무용으로는 작고, 부모가 애들을 싣고 도시 여기저기를 다니기에는 너무 크고 볼품이 없었던 것이다. 스펄리치는 조금 다르게 상상했다. 승용차 차대를 쓰고, 그 위에 트럭처럼 생긴 차체를 올린다.

이렇게 만들면 가볍고 조종성이 좋아져, 운전이 편할 터였다. 팰컨 플랫폼으로 머스탱을 만든 그 전략가가, 이번에는 케이카의 플랫폼으로 자신의 신개념 밴을 만들고자 했다.

휘하의 부정적인 엔지니어들을 설득해야 했고, 스펄리치는 풍자 문학이나 다름없는 내부 보고서를 작성해, 케이카 판매가 고공비행 중일 때 그 문서를 배포했다. 보고서는 딱 1종류의 자동차만 만드는 가공의 자동차 회사 '사장'이 작성한 것으로 되어 있다. 딱 1종류의 자동차란 스펄리치가 구상한 소형 밴이다. 이 사장에게 기술 부서의 제안서가 올라온다. '세단'이라고 하는 새로운 개념의 혁명적인 차를 만들겠다는 내용이다.

사장의 보고서는 기술 부서의 제안에 난색을 표한다. 이렇게 묻고 있는 것이다. 엔지니어들은 그렇잖아도 작은 밴의 뒤를 도대체 왜 잘라 내려고 하는가? 사람이나 반려견도 아니고 여행 가방 몇 개 집어넣겠답시고, '트렁크'라는 것으로 대체하겠다고? 그렇게 기능이 떨어지는 차량을 만드는 목적이 무엇인가? 우리 차가 아무 탈 없이 잘 나가고 있는데, 엔지니어들은 고객들이 왜 그 '세단'이라는 물건을 사 줄 것으로 기대하는가? 우리의 소형 밴은 다용도이고 편리하다. 뭐든 수용할 수 있을 만큼 크고, 그러면서도 주택 차고에 쏙 들어갈 만큼 작은 근사한 차인 것이다.[12]

보고서 내용은 요점을 선명히 드러냈고, 열정적이었으며, 냉소적이기까지 했으니, 스펄리치의 개성과 정확하게 어울렸다. 크라이슬러의 엔지니어들도 부정적인 태도를 접었다. 트럭처럼 생겼지만 승용차처럼 굴러가는 밴을 만드는 프로젝트가 조용한 가운데서도 전진을 개시했다. 이번에는 T115가 내부 암호명이었다.

크라이슬러의 생존 모험도 그것은 마찬가지였다. 아니 좀 더 시끌벅적했다고 해야 하나? 아이아코카가 1983년 3월 21일 《타임》의 표지를 장식했다. 케이카의 전면, 즉 그릴 부분에 그의 얼굴을 합성한 사진이었다. 「돌아온 디트로이트의 사나이(Detroit's Comeback Kid)」. 그로부터 5개월 후인 8월 12일 크라이슬러가 정부 보증 융자금을 전액 상환했다. 만기일을 무려 7년 앞두고서였다. 정부도 대출 보증을 해 준 대가로 신주 인수권을 받았다. 결국 납세자들까지 돈을 번 셈이었다.

회생 축하연이 뉴욕 소재 월도프아스토리아 호텔에서 열렸다. 전국의 뉴스 매체가 초청되었음은 물론이다. 호텔의 대연회실에 32제곱피트(약 3제곱미터)나 되는 융자금 상환 수표의 거대 복제 모형이 마련되었고, 아이아코카가 그 앞에서 자세를 잡았다. 크라이슬러의 한 홍보 담당 직원은 1970년 영화 「패튼 대전차 군단(Patton)」의 첫 장면을 언급하며 이렇게 기염을 토했다. "성조기 앞의 패튼 같았다니까요!"[13]

행사 전체가 지나치다 싶을 만큼 감상주의로 도배되었다. 정말이지 남부끄러운 줄도 모르는 것 같았다. 하지만 패튼과의 유사점 역시 부인할 수 없는 사실이었다. 5년 전만 하더라도 아이아코카는 해고자 신세였다. 그것은 패튼 장군도 마찬가지였다. 그는 제2차 세계 대전 기간에 짧게 직무를 정지당했었다. 그러나 아이아코카는 돌아왔고, 노호하는 제2차 세계 대전의 영웅처럼 부대원을 이끌고, 불가능한 승리를 쟁취해 냈다. 더구나 크라이슬러는 새로운 차량을 공개할 예정이었다. 그 신개념 자동차가 미국의 도로를 종횡으로 누비게 될 터였다. 당연히 유럽을 질주하던 패튼의 전차 군단과는 달랐다. 아이아코카의 차는 주행 연비가 더 좋았다.

《카 앤드 드라이버》의 1983년 5월호 표지는 사람들이 《스포츠 일러스트레이티드》 표지로 잘못 알아볼 지경이었다. 농구팀 디트로이트 피스톤스(Detroit Pistons) 선수들이 표지를 장식했기 때문이다. 5명 가운데 단신은 1

명도 없었다. 그들이 그해 가을 출시될 새 크라이슬러 앞에서 나란히 포즈를 취했다. 표지에 나온 차량은 후드가 짧았고, 승차 공간이 컸다. 뒷바퀴 위 완전 후미까지 확장되어 있었던 것이다. 자동차 업계 용어로는 그것을 '1박스형(one-box)' 디자인이라고 한다. 대부분의 차에 적용되는 전통적인 구조는 후드, 객실, 트렁크의 '3박스형(three-box)'이다. 표제도 보자. 「사계절 전천후 밴(A Van for All Seasons)」. 기사는 크라이슬러의 그 차를 "미니밴(minivan)"이라고 지칭했다.

"출시된 가장 작은 밴보다 전장이 3인치(7.62센티미터) 짧고, 폭은 10인치(25.4센티미터) 좁으며, 차고는 무려 15인치(38.1센티미터)가 더 낮다. 그런데도 디트로이트 피스톤스 선수들과 그들의 짐이 다 들어갈 수 있을 만큼 넓다. 보통 자동차처럼 차고에 집어넣는 것도 가능하다."[14] 크라이슬러 미니밴은 2.2리터 4기통 엔진이 얹혔고 5단 수동 변속기가 장착되어, 1갤런(약 3.8리터)당 다음과 같은 연비가 가능했다. 도시에서는 24마일(약 38.6킬로미터), 고속도로에서는 35마일(약 56.3킬로미터) 이상. 고객들은 약간 더 큰 4기통 엔진과 자동 변속기를 장착할 수도 있었는데, 그렇더라도 연비가 약간 감소하는 정도였다. 미니밴은 여전히 주행 거리가 탁월했다. 탈 수 있는 사람 수와 실을 수 있는 짐의 양을 생각한다면 더욱 그러했다.

그런 특장점들이 가능했던 것은 크라이슬러가 포드에는 없던(적어도 미국에서는) 전륜 구동 플랫폼을 가졌기 때문이다. 크라이슬러 사장으로 영전한 스펄리치가 한 기자에게 이렇게 말했다. "사실 우리는 15년 전에 포드에서부터 그 일을 했습니다. 차고를 낮추면서도 입방체 모양을 유지하려면 전륜 구동 방식이 필요했죠. 포드에서 일을 진행할 수 없었던 건, 투자금 회수를 장담할 수 없었기 때문이에요. 크라이슬러에는 전륜 구동 플랫폼이 있었고, 그래서 가능했던 겁니다."[15]

미니밴의 기본 버전은 5명까지 탈 수 있게 좌석이 2열로 나왔다. 가격은 9,000달러 정도였다. 상위 버전의 경우 가격이 1만 4000달러까지 비싸졌다. 엔진이 더 컸고, 3열의 좌석을 선택 사양으로 설치할 수 있었으며, 양쪽에 가짜 나무로 조악한 테두리 장식이 달렸다. 상위 버전은 플리머스 보이저(Plymouth Voyager)와 닷지 캐러밴(Dodge Caravan)이라는 제품명으로 판매되었다. 캐러밴, 곧 'Caravan'이라는 차명이 선택된 것은 'car and van'이라고 할 수도 있었기 때문이다.

크라이슬러의 미니밴들에 결함이 없었던 것은 아니다. 아이들과 필요 적하물을 몽땅 실으면 작은 4기통 엔진이 헉헉거리면서 펜실베이니아 정도의 구릉을 가까스로 올라가거나 퍼졌다. 하물며 콜로라도의 산악 지대는 언감생심이었다. 선택 사양으로 설치한 제3열의 좌석을 떼어 내면 화물을 추가로 적재할 수 있었다. 하지만 그렇게 하면 차 내부가 마치 사랑니라도 뺀 듯했다.

미닫이 옆문이 뻑뻑해 옴짝 달싹 안 하는 것도 대표적인 품질 결함이었다. 밴들이 생산될 온타리오 주 윈저(Windsor)의 공장에서 기념식이 열렸고, 아이아코카가 첫 번째 미니밴을 조립 라인에서 직접 몰고 나왔다. 뒷좌석에 내빈들이 탑승한 채였다. 정부 관리, 노조 간부, 임원 들이었다. 제2열 좌석의 주요 인물들이 하차하려고 하는데, 미닫이문이 꼼짝도 하지 않았다. 그들이 문을 열려고 법석을 떠는 것을 초대된 기자들이 낄낄거리면서 지켜봤다. 크라이슬러의 홍보 담당 직원은 재난이 발생했음을 깨닫고, 아이들이 문을 다룰 수 없게 만든(childproof) 잠금쇠에 문제가 생긴 것이라고 얼른 둘러댔다. 하지만 크러이슬러 미니밴에 그런 것은 있지도 않았다. 그래도 상관없었다. 기자들은 그 사실을 몰랐으니까. 얼마 후 문이 그냥 틱 하고 열렸고, 홍보 행사는 재난을 겨우 모면했다.[16]

결함과 문제점이야 어찌 되었든, 개념상의 이점이 막강했고, 그런 문제는 상쇄되고도 남았다. 미니밴은 내부 공간이 넓고 경제적이었을 뿐만 아니라 좌석의 위치가 높았다. 단신의 사람들, 특히 여성의 경우 처음으로 도로를 또렷하게 조망할 수 있게 되었다. 아이들이 4명까지 몸을 쭉 뻗을 수 있을 정도로 공간이 넉넉했다. 그러고도 여유가 있어, 몸을 맞댈 필요가 없었다. 어수선하기는 해도 뒤에서 아이들이 잠잠하다는 것은, 앞좌석의 부모가 더 온전한 정신 상태에서 운전에 집중할 수 있다는 의미였다. 미니밴 구매자들 가운데 다수는 이전에 크라이슬러 매장을 직접 방문한 적이 없는 사람이었다. 크라이슬러 고객은 주로 '식스팩 조(Joe Sixpack, 6개들이 깡통 맥주를 사서 귀가하는 보통의 미국 노동자 — 옮긴이)'였다. 크라이슬러 임원들이 그렇게 불렀는데, 이들은 50대와 그 이상의 블루칼라 노동자를 가리켰다. 하지만 미니밴 구매자들은 30대나 40대 초의 젊은 전문 직업인들이 많았다.

《카 앤드 드라이버》는 보이저와 캐러밴이 매진될 것으로 예측했다. 이 잡지의 판단이 옳았다. 수주일 내지 몇 달을 기다렸다가 차를 인도받는 고객들도 있었다. 공급이 달리자 가격을 올리는 딜러까지 나타났다. 또한 이 잡지는 미니밴 덕택에 크라이슬러의 재무 상황이 크게 호전될 것으로도 내다보았다. 역시 옳았다. 미니밴이 출시되고 5개월 후인 1984년 2월 크라이슬러는 5년 만에 처음으로 주주들에게 배당금을 지급했다. 1986년 2월의 크라이슬러 주식은 1주당 48달러가 넘었다. 암울했던 1980년과 비교해 1,500퍼센트 오른 것이었다.[17]

스펄리치가 케이카에 들어가던 플랫폼을 재활용해 개발 비용을 낮추었고, 크라이슬러는 미니밴 덕택에 쾌조의 수익을 냈다. 자동차의 플랫폼이라는 것은 스타일과 기술이 바뀌면 다 한물가기 마련이다. 하지만 케이카의 차대는 여전히 전성기였다. 물론 미니밴 운전자를 섹시남이나 섹시녀라 부르는 사람은 아무도 없었지만 스펄리치는 머스탱 묘기를 다시 한번 반복해 보였다.

포드와 제너럴 모터스, 그리고 일본의 자동차 기업들이 그들의 맹점을 발견했다. 디트로이트의 두 회사가 냉큼 미니밴을 출시했다. 포드 에어로스타(Ford Aerostar)와 쉐비 애스트로(Chevy Astro)가 그것들이다. 하지만 두 차 모두 자사의 후륜 구동 대형 밴을 그냥 짜부라뜨린 버전에 불과했다. 그것들은 둔하고 비좁았다. 운전이 느릿느릿 움직이는 트럭 같았는데, 가령 주차 공간에 차를 집어넣거나 뺄 때가 대표적이었다. 이것은 스펄리치가 예상한 바이기도 했다.

제너럴 모터스가 몇 년 후 늦게나마 쉐비 루미나(Chevy Lumina)라는 전륜 구동 미니밴을 출시했다. 하지만 그 차는 전혀 빛을 발하지(luminous) 못했다. 부풀린 차체에 앞코를 길게 뺀 루미나 밴은, 크라이슬러의 한 간부 말마따나, "인공 후피(厚皮) 동물" 같았다.[18] 제너럴 모터스는 다시 몇 년 후 루미나 밴의 앞코를 고친다. 하지만 외관이 개선되었어도 상황이 나아지지는 않았다.

토요타의 첫 번째 미니밴 프레비아(Previa)는 달걀 모양으로 생겼고, 엔진이 앞 좌석 아래 위치했다. 엔진의 위치 때문에 차대가 높아졌고, 결국 단신인 사람들이 탑승하려면 차에 기어오르는 광경이 연출되었다. 여자들에게 이것은 치명적인 단점이었다. 프레비아는 토요타의 드문 헛발질 가운데 하나였다. 미니밴 성공의 비결은 스타일이 아니었다. 기본 기능에 충실하고 운전하기 편해야 한다는 것이 요체였다. 크라이슬러 간부들은 상위의 경쟁 기업들이 거듭해서 덜 떨어진 짓을 해대는 것을 보면서 꽤나 놀랐다.[19]

크라이슬러가 1980년대 전체와 1990년대의 상당 기간 동안 미니밴 시장을 주도했다. 미니밴이라는 혁명적인 신개념 차량을 생산하기 위해 공장이 2개나 더 지어졌다. 이러한 와중에 스펄리치가 미니미니밴(mini-minivan)이라는 준미니밴을 만들자고 제안했지만 미니밴이 워낙 잘 팔리고 있었기 때문에 크라이슬러는 그럴 필요성을 전혀 못 느꼈다.[20] 스펄리치는 1988년에 은퇴했다. 자신의 이력에 머스탱과 미니밴을 아로새긴 채였다. 하나만으로도 칭찬과 더불어 인정받을 일인데, 두 차종이나 지휘, 조직해 냈으니 얼마나 대단한가!

아이아코카도, 스펄리치도 베이비부머는 아니었다. 하지만 두 사람은 미국 역사상 그 규모가 가장 큰 세대 집단의 필요와 욕구를 예리하게 포착했다. 그것도 두 번씩이나, 결정적 시기로 끄집어낸 것이다. 베이비부머들이 운전자 연령에 도달했을 때 머스탱이 그 젊은이들의 관심과 흥분을 제공하고 장악했다. 베이비부머들이 아이를 낳자 이번에는 미니밴이 편리함과 실용성을 선사했다. 그러나 미니밴은 머스탱이 못 한 일을 한다. 20세기 마지막 10년 동안의 강력한 정치적 흐름을 상징한 것이다.

마타 부저(Marta Buser)는 캔자스의 부자 동네 오버랜드 파크(Overland Park)에 사는 전업 주부였다. 그녀는 1991년 말 《캔자스 시티 스타(Kansas City Star)》와의 인터뷰에서 자신이 처음으로 미니밴 안에서 아이들에게 식사를 만들어 준 경험을 소개했다. 주중이었고, 그녀는 오후 4시부터 5시까지의 딸아이 축구 연습을 지도했다. 문제는 그 후로 5시부터 6시 30분까지 진행되는 방과 후 축구 수업에 아들을 데려다 주어야 했다는 점이다.

그녀는 차량으로 이동하는 중간 어디쯤에서 땅콩버터, 젤리, 빵, 포테이토칩, 사과, 오렌지를 꺼내 넘겨줬고, 아이들은 차 안에서 식사를 했다. 삶은 아스파라거스가 들어간 오소부코(osso buco, 송아지의 정강이 살을 와인, 양파, 토마토 등과 함께 찐 이탈리아 요리 — 옮긴이)가 아니었겠고, 아이들은 당연히 넘겨 받은 음식을 더 좋아했을 것이다. 아무튼 문제는 그들이 미니밴에서 하는 식사가 그것으로 마지막이 아니었다는 점이다. 다시 부저 여사의 말을 들 어보자. "제 애들은 차에서 식사를 합니다. 옷도 갈아입고, 차에서 숙제까 지 해야 할 지경이에요."[21] 짐작컨대 애들은 차 안에서 그 모든 걸 다 할 수 있었을 것이다. 뭐 팔꿈치가 부딪치고, 밀치기도 하며, 일부러는 아니어도 실내 좌석의 온데 사방에 땅콩버터와 젤리 얼룩을 남겼을 테지만 말이다.

1990년대 초반에 비슷한 장면과 광경이 전 미국에서 연출되었다. 많은 가족은 그들만의 독특하고 기이한 미니밴 제의(minivan ritual)가 있었다. 미 니밴이 탄생한 디트로이트를 보자. 크라이슬러에 재직 중이던 한 법률 대 리인의 아내 에드리 로빈슨(Edrie Robinson)은 10년 넘게 쭉 미니밴을 바꿔 가면서 네 자녀를 학교와 집, 병원, 축구장으로 실어 날랐다. 물론 바뀐 차 종은 당연히 크라이슬러의 미니밴들이었다. 1990년대의 크라이슬러 미 니밴들은 대형 V6 엔진, 가죽 시트, 누름 단추 방식으로 열고 닫는 미닫이 옆문을 갖춘 일종의 확장팩(stretched version)이었다.

로빈슨네 아이들의 미니밴 내 좌석 배치는 어땠을까? 나이라고 하는 불변의 서열이 1차적이었다. 나이가 많은 아이들이 2열의 '형님 좌석'을 차지하면, 맨 뒤의 3열 벤치 시트는 체구가 작은 동생들 몫이었다. 하지만 2~3년 후면 머리가 굵어진 동생들이 제몫을 찾겠다며 권리 회복 투쟁을 벌였다. 그리하면 형님 좌석의 순번을 놓고, 장기간의 평화 조약이 체결되 거나 가끔은 싸우기도 했다.

레프티(Lefty)는 로빈슨 네가 기르던 털이 노란 래브라도 리트리버 (labrador retriever)종 개였다. 레프티도 동승 여행자였고, 그 제의에서 나름의 역할을 맡았다. 그는 2열 바닥에 앉았다. 그런데 에드리가 주유를 하기 위해 차에서 내리기만 하면 운전석으로 넘어갔다. 아이들은 안전벨트로 레프티를 잡아매야 했고, 놈은 의젓하게 앞발을 운전대 위에 올리는 자세를 취했다. 계산원이 어떤 것이 당신 차냐고 에드리에게 물으면 그녀는 어깨를 으쓱하고서 이렇게 대답하고는 했다. "저기 저거요. 개가 운전하는 차."[22]

　당연히 아이들은 개와 다르고 운전을 시작하면서 엄마의 미니밴을 물려받았다. 사내애 중 하나는 그렇게 물려받은 밴을 눈에 거슬릴 정도로 잔뜩 꾸며 댔다. 연녹색 실내등 하며, 앞흙받이에는 불꽃 모양의 전사 도안이 박혔고, 번호판은 이러했다. "MAN VAN." 로빈슨은 아들이 변형 개조한 그 차가 매춘 알선업자나 타는 화려한 고급차 같다며 운전을 내켜하지 않았다. 자식을 다 키운 그녀가 돌아간 차는 보통 세단이었다.[23]

　덴버에서는 1995년 한 여성이 지방 공직 선거에 출마했는데, 내건 구호가 "시의원에 도전하는 사커맘(A soccer mom for city council)"이었다. 결과는 어땠을까? 그녀가 당선되자, 정치 자문업 종사자들은 깨달은 바가 있었고, 사커맘이라는 그 기발한 문구에 들러붙었다. 미국 전역에 흩어져 있는 로빈슨 같은 여성들에게 '사커맘'이라는 호칭이 부여되었다. 그렇다면 미니밴에는? 미니밴은 '엄마 차(mommy mobile)'라고 불렸다. 그런데 사태가 이상하게 흘렀다. 그 용어 때문에 크라이슬러의 판촉 활동에 뭐랄까, 딜레마가 생겨 버린 것이다. 크라이슬러 임원들은 사람들이 '미니밴=여성 전용'으로 인식하는 사태를 내켜하지 않았다. 실제를 보더라도 많은 미국 남자가 미니밴을 몰았다. 하지만 크라이슬러가 내심 반기는 측면도 없지는 않았다. 자사의 미니밴이 주변 사회와 적극적으로 왕성하게 교류하는 가족을 건사하는 여성에게 이상적인 차량이라고 판촉할 수 있으니 얼마나 좋았겠는가!

그 미묘하고 아슬아슬한 균형이 고꾸라질 뻔하기도 했다. 예컨대 회사에서 수립한 텔레비전 광고 기획이 대중의 반감을 자아낼 내용이었던 적이 있었다. 여성의 자궁에서 미니밴 배아가 자라는 광고 영상이라니! 다행히도 광고가 전파를 타기 전에 크라이슬러의 수뇌들이 현명함을 발휘했다. 미니밴 태아 광고는 "유산되었다."[24]

1990년대 중반에 이르자 미니밴을 모는 사커맘들이 미국 정가가 주목해야 할 세력이라는 사실이 분명해졌다. 적어도 자칭 동향과 추세 파악의 대가라는 정치 전문가들은 그녀들을 주목했다. 그렇게 해서 사커맘의 정신 상태와 의식 구조를 탐색하는 작업이 시작되었다. 정치 자문을 업으로 하는 자들의 어처구니없는 조사를 통해 뻔한 사실이 확인되었다.

그들은 사커맘이 베이비붐 세대 여성이라고 '알아맞혔다.' 대개 교육도 잘 받았는데, 경력을 꽃피우면서 사회 활동에 매진해야 함에도 전업 주부가 되고 말았다고도 했다. 가정에 머물게 된 엄마들은 직장 여성을 점점 더 높이 쳐주는 사회 풍토 속에서 자아 성취와 존경을 갈구했다. 주니어리그(Junior League, 상류 계층 여성들로 조직된 사회봉사 단체 ─ 옮긴이) 회원으로 활동하는 것만으로는 더 이상 성에 안 찼다. 그녀들은 자녀들을 바쁜 스케줄로 몰아넣고 관리하는 일에 나섰다. 일 중독자 남편들과 어떻게든 연루되는 방식이기도 했다. 그녀들의 남편은 하루 온종일 집 밖에 머물렀고, 그것도 동료 여사원과 함께이기 십상이었다.

이 어머니들은 자녀들의 성장과 발달을 관리, 통제하는 데까지 나아갔다. 그야말로 엄청난 에너지가 투입되었다. 과거 한때 자신의 경력을 도모하기 위해 불철주야 정력을 쏟았던 그녀들이었다. 꺾여 버린 성취의 꿈은 한번이면 족했다! 축구는 그 관리 통제 프로그램의 일부일 뿐이었다. 교외의 백인 중산층 자녀들이라면 스포츠 활동으로 축구가 제격이었다. 야구리틀 리그(Little League)는 블루칼라 애들의 스포츠였고, 농구라면 도심 빈민가의 흑인 애들 종목이었기 때문이다.

전형적인 사커맘이라면, 특히나 사회 사안일 경우 중도 좌파였다. 정치 상담가들과 홍보 전문가들이 자문을 구하는 입후보자들에게 이 집단의 지지를 끌어모을 수 있는 방법을 조언했다. 그들이 내놓은 전형적인 방략이라는 것을 보자. 지구 온난화에 반대하라. 하지만 대형 미니밴을 몰 수 있는 권리는 절대로 공격하지 말 것. 학교 재원 증대안을 지지하라. 하지만 세금 더 매기는 것에는 반대할 것. 낙태에 관대한 태도를 취하라. 하지만 개인적으로는 염려스럽고 양심의 가책을 느낀다고 토로할 것. 무엇보다도 이게 가장 중요한데, 단호한 태도를 보여 그들을 불쾌하게 해서는 안 된다. 그들이 교외에 사는 세련되고 교양 있는 사람들임을 잊지 말아야 한다. 요컨대 널뛰기하는 주들(swing states, 대선 때마다 민주당과 공화당 양당 지지를 오가는 주들을 가리키는 저널리즘 용어 — 옮긴이)의 사커맘들은 침례교도보다는 장로교도일 가능성이 더 많았다는 이야기다.

미국은 도시면 민주당이고, 농촌은 공화당이라고 할 수 있다. 정치 브로커들은 그런 상황에서 교외에 거주하는 부동층 사커맘들이 1996년 대선을 좌우할 결정적 변수일 것으로 전망했다. 《뉴욕 타임스》에서 파견된 한 기자가 패서디나의 한 사커맘을 인터뷰했다. 기사의 설명에 따르면, "그녀와 미니밴 부대의 다른 동료들이 정치에 열성을 보이기 때문"이라고 했다.[25]

일부 사커맘은 자기네들의 정치적 영향력이라는 것이 놀랠 노자였다. 교외에 거주하는 한 사커맘 주부는 바빠 죽겠으니 말 좀 시키지 말라는 투로 《샌프란시스코 크로니클(San Francisco Chronicle)》에 이렇게 내뱉었다.

"당장에 집에 가서 저녁거리를 해동시켜야 해요. 축구장에서 보내는 시간이 하도 많아서, 과연 내가 의미 있는 정치 세력인지 모르겠네요."[26] 하지만 그녀를 포함한 사커맘 부대가 유의미한 정치 세력임이 드러났다. 1996년 대선 출구 조사를 봤더니, 빌 클린턴이 사커맘의 표를 휩쓴 것으로 파악되었다. 정치 전문가들의 분석과 대책이라는 것이 득세해 유행했다.

하지만 사커맘이 집단적으로 위세를 떨치기는 했어도 많은 여성이 이 말에 분통을 터뜨렸다. 결국 따분하고 평범한 사람을 가리키는 말이라고 생각했기 때문이다. 요컨대 정신머리 없는 여자들이 자녀들 스스로 지적 활동을 수행케 하지 않고 빼곡한 일정으로 스트레스를 준다는 의미였다. 그런 인식이 지배적이었다. 메인에 사는 한 여고생의 경우 가족 소유의 미니밴으로 친구들을 싣고 학교 행사를 자주 왕래했다. 그 아이가 아빠에게 이렇게 말했다고 한다. "아빠, 전 사커맘을 하기에는 너무 어려요."[27]

진짜 사커맘들의 반란도 다양한 형태로 전개되었다. 일부가 붙이고 다닌 범퍼 스티커에는 이렇게 적혀 있었다. "비록 미니밴을 운전할지라도 난 여전히 파티광!(I May Drive a Minivan, But I Can Still Party Like a Rock Star!)" 로렐 스미스(Laurel Smith)라는 루이지애나 여성(자녀가 셋인 오래 된 미니밴 운전자이다.)은 인터넷 사이트인 맘스미니밴닷컴(MomsMinivan.com)을 운영했다. 거기 가면 해가 갈수록 늘어나는 미니밴의 새롭고 다양한 옵션들을 평한 그녀의 의견을 읽을 수 있다. 스미스는 드롭다운식(drop-down) 비디오 스크린이 장착된 DVD 플레이어를 칭찬했는데, 뒷좌석의 아이들이 조용히 영화를 볼 수 있어 좋다는 이유를 댔다. 그녀가 또 좋아한 3열 좌석은, 바닥으로 쉽게 접을 수 있고 그렇게 하면 추가로 화물을 적재할 수 있었기 때문이다. 뒤에 설치할 수 있는 작은 테이블도 스미스에게는 요긴했던 모양이다. 이동식 게임방이나 식당으로 활용할 수 있었을 터이니 말이다. 스미

9. 크라이슬러 미니밴

스는 누리집에서 아이들이 자동차에서 하기 적당한 게임을 소개하고, 가족 여행용 상품도 추천했다. 누리집 방문객이 가장 환호한 것은 야크 팩(Yak Pack)이라는 '토사물 처리 키트(구토 봉투, 냄새 제거제, 향균 타월로 구성된다.)'였다.[28] 맘스미니밴닷컴은 광고와 제품 홍보까지 잘 나가는 사업체로 성장했다.

2001년에는 주행 기록계에 11만 마일(17만 7027.84킬로미터)이 기록된 닷지 캐러밴 운전자 한 사람이 『미니밴은 나의 수도원(My Monastery is a Minivan)』이라는 책을 냈다. 성별이 여성임을, 좌석 쿠션 사이에서 프렌치 프라이 화석이 발견되었음을 밝히지 않는다면 나를 저술가라고 할 수 있을까! 저자 데니즈 로이(Denise Roy)가 어떻게 쓰고 있는지 보자. "바이커 부츠를 신고 지미 헨드릭스(Jimi Hendrix, 1942~1970년)를 듣는 자신을 여전히 상상하는 어머니들은 …… 어정쩡한 엄마 차를 모는 우리들을 비웃는다. 그런 엄마들은 뒤에 애들을 실어야 할 때도 유리창이 선팅된 거대 SUV만 몰려고 한다. 여전히 섹시한 솔로인 체하려면 말이다. 하지만 난 척 보면 안다."[29] 남들도 별로 속지 않을 것 같다.

스펄리치는 70대 후반에도 여전히 미니밴을 몰았다. 미니밴의 실용성과 효율을 넘어서는 차가 나오지 않았다고 그는 즐겨 이야기했다. 맞는 말이었다. 하지만 바로 그것이 문제였다. 1980년대 중반부터 1990년대 중반까지를 미니밴의 호시절이라 할 수 있을 것이다. 하지만 그 연간에조차 많은 미국인이 아이들 축구 시합장에 가기보다는 뽐내기와 과시에 이끌렸다. 자신의 성공과 세련된 교양을 자랑하고 싶던 젊은 어른들에게는 그에 걸맞은 다른 차가 필요했다. 그리고 그들은 찾아냈다.

BMW 3 시리즈

여피와
아루굴라 로드

저기 저 사람들 보이죠? 섬세한 주름의 800달러짜리 스포츠 재킷을 걸친 사람들이요. …… BMW 카우보이들입니다. …… 바로 여기 다들 모여서 아루굴라(arugula, 루콜라)를 뜯어먹는 거죠.

《로스앤젤레스 타임스》의 레스토랑 리뷰, 1989년 10월 1일[1]

사커맘들이 1980년대 후반과 1990년대를 살아간 미국인의 전부가 아니었다. 그 시기에 보유한 자동차로 특정할 수 있는 또 다른 집단이 있었으니, 바로 바로 여피(yuppie)이다. 여피는 'Young Urban Professional', 곧 도시에 사는(urban) 젊고(young) 세련된 고소득 전문직 종사자(professional)를 가리키는 머리글자다. 그들은 기업체, 금융업, 의료 분야, 법무 쪽 등에서 많은 보수를 받으며 일하던 새로운 성인 세대였다.

여피라는 말이 처음 등장한 것은 1980년경이었다. 말맛이 좋았던지 그 후로 이런 말들도 생겼다. 버피(buppie)와 거피(guppie) 같은 파생어들 말이다. 버피는 도시에 사는 흑인 전문직 종사자(Black Urban Professional), 거피는 전문직에 종사하며 도시에 거주하는 게이(Gay Urban Professional)를 가리킨다. 일어날 일은 일어나는 법이고, 아직 다 일어나지 않은 상황이었다. 많은 여피가 신혼 때 낭비를 일삼으며 삶을 즐겼다. 당시 그들은 딩크(DINK)였기 때문이다. 곧 돈은 두 사람이 벌면서 아이까지 없는 부부(Double Income, No Kids)를 가리키는 머리글자다. 시간이 흘렀고, 두 배우자 가운데 한 명은 그 또는 그녀의 사회 경력을 작파하고(대개 여자 쪽이었다.) 주부가 되었다. 소비의 자유를 누리던 일부 딩크가 그래서 이번에는 오키드(ORCHID)로 변신했다. 막 자녀 하나를 낳았고 예상 외로 빚이 많다(One Recent Child, Hideously In Debt)는 뜻이다. 오키드들 중에 시트콤(SITCOM)으로 거듭난 이들도 생겼다. 돈은 혼자 버는데 아이는 둘이며 결혼 생활 역시 질식해 버릴 것처럼 답답한(Single Income, Two Children, Oppressive Marriage) 부부이다. 당시의 알파벳 머리글자 사회학이 그런 식이었다.

여피는 나이와 직업만으로 구별되지 않았다. 여피는 상어가 헤엄을 쳐야만 숨을 쉴 수 있는 것처럼, 인생을 살리려면 반드시 소비를 해야만 하는 족속이었다. 게다가 그들은 단순하고 평범한 것은 절대 살 수 없었다. 간단 없는 창의적 물질주의의 화신이었던 여피는 뭐든 단연 돋보이고 최고로 비싼 것을 찾아나섰다. 그들은 50센트짜리 에스키모 파이(Eskimo Pie)가 아니라 2달러짜리 도브(Dove) 바를 골랐다. (둘 다 흔히 '하드'라고 부르는 아이스바다. ─ 옮긴이) 그들의 맥주는? 버드와이저(Budweiser)? 노, 노. 그들은 앵커 스팀(Anchor Steam)을 마셔야 했다. 다들 아실 품목을 더 대 보겠다. J&B가 아니라 맥칼란(Macallan) 싱글 몰트 위스키, 코코나 클럽(Kaukauna Club) 치즈가 아니라 카망베르, 스니커즈가 아니라 에어 조던(Air Jordan), 던킨 도너츠가 아니라 스타벅스, 수돗물이 아니라 페리에나 산 펠레그리노 탄산 수. 지친다. 여피는 모든 것을 고급 상위 버전으로 구매함으로써 미개하고 무지한 하층민과 자신을 구별했다. 틀림없이 뿌듯하고 자랑스러웠을 것이다.

여피들의 그런 태도와 자부심이 표면화, 공식화되어야 했다. 1980년 대 후반 미시간 주 앤아버. 어느 날 밤 젊은 친구 넷이 한데 어울려 맥주를 마셨다. 술이 몇 순배 돌았고, 그 가운데 소프트웨어 개발자인 한 사람이 불쑥 이렇게 말했다. "야, 나는 아침에 일어나면 프랑스제 양복을 걸치고 BMW로 출근해. 이 새끼들아, 너희들이랑 나랑 같은 게 뭐가 있냐?"[2] 그 폭탄 선언 이후로는 그나마 함께했던 공통점도 손아귀의 모래처럼 빠져나갔다.

여피가 탐하려면 무조건 비싸기만 해서는 안 되었다. 여피의 목적물이 되려면 '제대로' 비싸야 했다. 여피들은 부모가 보유한 것과는 다른 것을 원했다. 차의 경우를 생각해 보자. 여피들이 자랄 때 그들의 부모 세대는 캐딜락을 갈망했다. 하지만 캐딜락은 지붕이 플라스틱에 철사 바퀴였고, 여피적 감수성은 이것을 묵과할 수 없었다. 《로스앤젤레스 타임스》의 1987년 기사 「1980년대의 새로운 지위 추구자들(The New Status Seekers in the 1980s)」은 그 사실을 이렇게 논평했다. "BMW를 사는 부류는 캐딜락을 모느니 차라리 벨비타 큐브(Velveeta cube, 벨비타는 브랜드 명이고, 공장에서 가공 처리된 '싸구려' 느낌의 치즈이다. ─ 옮긴이)를 강제로 먹겠다고 할 사람들이다."[3]

여피의 소비재로 등극하려면 실제든 가공이든 편익을 줄 수 있어야 했다. 그 편익의 내용이 단순하지 않은데, 결정적으로, '못난' 대중은 관심도 없고 못 알아먹지만 감식안이 있는 전문가라면 알고 음미할 수 있어야 한다는 것이었다. 《비즈니스위크(BusinessWeek)》가 1987년 고가의 애완동물 사료가 왜 그렇게 잘 나가는지를 전했다. 많은 여피가 기르는 애완 고양이들에게 아모레(Amoré)나 팬시 피스트(Fancy Feast) 같은 고급 사료를 먹였던 것이다. 퓨리나 캣 차우(Purina Cat Chow)는 그들의 선택지에서 제외되었다. (단언컨대 종 역시 히말라얀 고양이(Himalayan cat)나 뱅골 고양이(Bengal cat)였을 것이다. 틀림없다.) 잡지는 "BMW 애호가들이 그럴" 것이라고 논평했다.[4]

대중 속에서 BMW 이미지를 주조해 내야 할 책임이 있던 광고 및 홍보 전문가들은 그런 식의 특성 고착화가 불만이었다. 하지만 불평한다고 사태가 의도대로 굴러가나? 소수의 여피가 사브(Saab)나 볼보(Volvo)나 메르세데스벤츠를 좋아했다면 어땠을까? (실제로 그랬다.) 하지만 1980년대와 1990년대의 젊은 유복자(有福者)들을 그들이 보유한 BMW만큼 정확하게 규정해 주는 것은 없었다. 당시의 농담 한 대목이 의미심장하다. "여피를 차로 죽이고 싶으면 BMW를 받아 버려라." 1985년에는 샌프란시스코의 청년들이 '여피 무도회'를 열었는데, 홍보에 무허가로 BMW 로고를 사용했다. BMW가 미녀(Beauty), 돈(Money), 재산(Wealth)을 뜻한다고 적어 놓은 것이다. 남자들이 갖춰야 할 복장으로는 나이키 운동화에 검정 타이가 제시되었다.[5]

그런 허식과 으스댐을 보면 여피를 "부르주아 보헤미안(bourgeois bohemian)"이라 불러 주지 않을 수 없다고, 작가이자 《뉴욕 타임스》 칼럼니스트 데이비드 브룩스(David Brooks, 1961년~)가 촌평했다. 그렇게 해서 단축형 '보보(Bobo)'가 나온 것이다. 그들이 하층민 엘리트가 되는 모순적인 요령을 통달해, 미국의 새로운 기성 질서로 자리 잡았다. 도저히 양립할 수 없어 보이는 세계들인 와스프(WASP)와 히피 문화, 교회 음악과 그런지 록(grunge rock)을 섞는 것이 그런 예들이다. 중서부의 한 여피는 어쩌나 심취했던지 기르던 개마저 보보라고 불렀다. (닥스훈트종이었는데, 역시 독일산 품종이다.)

브룩스가 어떻게 쓰고 있는지 보자. "보보들은 화려하지만 저속한 것들은 가지려 하지 않는다. 사치와 낭비를 일삼는다고 동네방네 떠드는 꼴이 되기 때문이다. 그들이 남의 이목에 신경을 쓴다는 인상도 줄 수 있는데, 당연히 싫다. 그들은 희소성을 추구한다. 대중이 몰라야 하고, 디자인이 탁월해 삶이 더 편하고 특별해지는 물건이라면 금상첨화다.…… 그들중에 저녁식사를 하면서 다이아몬드 목걸이 이야기를 하는 사람은 없다. 하지만 정찬의 주최자가 사용하는 샐러드 분배용 포크에 아프리카적 감수성이 담겨 있음을 발견하고 화제로 삼는 행위라면 정말이지 멋지다."[6]

이런 사람들에게 BMW는 완벽한 차였다. 크롬으로 도금되지 않았고, 테일핀이 없었으며, …… 야한 장식물은 눈을 씻고 찾아봐도 없었다. 고성능의 공학적 구조를 뽐낼 뿐이었던 것이다. BMW는 자동차 분야의 고기능 의복이었다. 발바닥의 장심(掌心)을 효과적으로 지지해 주고 발목이 선불리 돌아가는 것을 막아주는 등산화나 땀을 흡수하고 냄새를 제거해 주는 기능성 속옷 같은 것 말이다. 기능에 충실하며 호화롭다는 것(functional luxury), 그것이 바로 BMW 3 시리즈(BMW 3 Series)의 전형적인 특징이었다. (차대는 동일했어도 엔진 등급과 차체 스타일을 달리 해 여러 모델로 출고되었기 때문에 3 시리즈라고 한다. 쿠페, 세단, 컨버터블, 심지어 스포츠 취향이 가미된 소형 스테이션 왜건까지 있었다.)

3 시리즈는 BMW가 수십 년 동안 미국 시장에 내놓은 차종 가운데서도 가장 작고, 일반적으로 가장 쌌다. 사실 그래서 새로 부상한 여피들이 살 만했던 것이다. 회사의 판촉 책임자들은 BMW에 "수수하면서도 고급스러운" 이미지를 담았다고 자주 말했다. 그 말에 역설의 기미가 조금도 없다는 것은 누가 보아도 명백했다. 그런 점에서 3 시리즈는 많은 비머(Bimmer, BMW가 생산한 차를 가리킨다. — 옮긴이)의 인체 공학적 좌석들에 놓인 150달러짜리 디자이너 브랜드 청바지와 비슷했다.

여피 차라는 이미지에도 불구하고 BMW가 미국에서 이렇다 할 타격을 전혀 입지 않았다는 사실은 놀랍다. 물론 바이에리셰 모토렌 베르케 (Bayerische Motoren Werke, Bavarian Motor Works, BMW의 정식 명칭)의 이사들이 걱정을 많이 하기는 했지만 말이다. BMW의 미국 판매량은 1970년부터 1986년 사이에 10배 상승했다. 9,800대에서 시작해 약 9만 7000대를 기록했다. 그 후로도 판매 대수가 계속 증가했다.

비머를 보유한 보보들의 허식에도 불구하고 사실 차 자체는 굉장히 훌륭했다. 이 장점은 1960년대 후반부터 쭉 지속되었다고 할 수 있다. BMW의 탁월한 성능과 고급스러움을 살펴보자. 엔진이 작았음에도 부드럽게 고속 회전 능력을 발휘했다. 조종 제어 성능이 탁월했다. 현가 장치의 접지성이 우수해, 엉덩이가 통통 튀면서도 실제로 운전을 한다는 느낌을 만끽할 수 있었다. BMW는 디트로이트가 내놓은 겉만 번드르르한 뷰익, 캐딜락, 링컨과 천양지차였다. 디트로이트제 차들은 바다코끼리가 스케이트보드나 타는 양 뒹굴어 댔다. 최대 라이벌 메르세데스벤츠(BMW 추종자들이 그렇게 생각했다.)조차 성능보다는 보닛 장식물의 위신을 더 높이 치는 그 자신감 없던 사람(the insecure ignorati) 때문에 묵직한 차를 만들었다.

BMW라는 기업이 밟아 온 여정은 그들이 제작한 엔진과는 딴판으로 결코 순탄치 않았다. 이 회사는 제1차 세계 대전 때 출범했다. 빌헬름 황제 (Kaiser Wilhelm 1, 1797~1888년)의 전쟁 수행을 돕기 위해 항공기 엔진을 제작했던 것이다. 종전 후 1920년대에는 오토바이를 만들어야 했고, 계속해서 1930년대에 자동차를 생산했다. BMW는 1950년대 후반에 파산 직전에 이르기도 했다.

1960년대 초에 세상을 등졌던 독일인 이복 형제 둘이 개입하면서 BMW가 마침내 안정을 찾았다. 둘 중 하나는 거의 장님이나 다름없을 정도로 시력이 안 좋아 차를 운전할 수도 없었다. 다른 형제는 히틀러의 가장 악명 높은 심복 가운데 한 사람의 양자였다. BMW가 불과 20년 후에 미국의 젊은 엘리트들이 선호하는 운송 수단으로 자리 잡을 것이라고 내다본 사람은 아무도 없었다. 미국의 추종자 일부는 다음과 같은 여피의 교의가 담긴 범퍼 스티커를 보유한 비머에 붙이고 돌아다니는 뻔뻔함도 마다하지 않았다. "죽을 때 장난감이 많아야 진정한 승리자라고 할 수 있지.(He Who Dies with the Most Toys Wins.)"

BMW의 공식 창립일은 1916년 3월 7일이다. 그날 뮌헨에서 바이에리셰 플루크초이크베르케(Bayerische Flugzeugwerke(플루크초이크(Flugzeug)가 독일어로 항공기를 뜻한다. — 옮긴이), BFW)가 설립되었다.[7] 1년 후 BMW는 흔히 '라운들(roundel, 장식용이나 항공기 표시용으로 흔히 쓰는 원형의 문장이나 표지 — 옮긴이)'이라고 하는 회사 로고를 채택했다. 4분할 면에 강렬한 하늘색과 흰색이 들어간 작은 원반 말이다. 사람들이 수십 년 동안 그 로고가 파란 하늘을 배경으로 회전하는 하얀 비행기 프로펠러를 형상화한 것이라고 생각했지만, 사실 그것은 바이에른 자유주(Freistaat Bayern) 깃발을 전범으로 해 도안된 것이다.[8] 어느 설명이라도 푸른 눈동자의 바이에른 인이 맥주홀을 빠져나오다 걸려 넘어져 흰자위를 희번덕거리는 것에서 착안했다는 해석보다는 더 나음이 틀림없다.

제1차 세계 대전 때는 경기가 좋았다. 회사가 제작한 엔진은 고고도에서도 안정적으로 탁월한 성능을 발휘해 명성이 드높았다. 붉은 남작(Red Baron, 제1차 세계 대전 때 활약한 독일 전투기 조종사 만프레드 알브레히트 프라이헤어 폰 리히트호펜(Manfred Albrecht Freiherr von Richthofen, 1892~1918년))이 영국군 복엽기를 상대로 공중전을 수행했기 때문에 고고도 운항 안정성은 결코 사소한 사안이 아니었다. 하지만 전쟁이 끝나자 수요가 곤두박질쳤다. 승전국들이 독일의 항공기 생산을 엄격히 통제했던 것이다.

그 문제는 1922년에 해소되었다. BMW라는 신생 기업이 BFW를 흡수했고, 그 공장에서 오토바이를 제작하게 되었다. 자체 설계로 탄생한 BMW 최초의 오토바이 R32가 1923년 출고되었다. R32는 경량이면서도 탁월한 고속 주행 능력을 뽐냈다. BMW가 제작한 오토바이는 불과 6년 후 시속 134마일(약 215.7킬로미터)이라는 오토바이 속도 세계 신기록을 수립했다. 속도는 처음부터 BMW라는 회사의 정신문화이자 기풍, 곧 에토스였다.

BMW는 자동차도 만들었다. 1928년 출고된 첫 자동차는 배지를 바꿔 단 오스틴 세븐(Austin Seven)이었다. 영국 자동차 제조업체의 면허를 받아 생산된 그 차는 독일에서 BMW 3/15라는 이름으로 팔렸다. BMW는 1930년대 초에 직접 자동차를 제작하는 일에 뛰어들었다. 성능 제일주의 소형차들이 점점 더 개선되어 갔다. BMW 328 베를리네타(BMW 328 Berlinetta)가 1940년 밀레 밀리아(Mille Miglia)라는 이탈리아의 권위 있는 도로 경주에서 우승을 차지했다. 알파 로메오(Alfa Romeo)가 수년째 왕으로 군림하던 대회였다.

제2차 세계 대전이 일어났고, 대회 조직자들은 밀레 밀리아 운영을 중단했다. BMW 자동차 생산도 중단되었다. BMW는 군용 항공기 엔진 제작으로 돌아갔다. 실전에 투입된 최초의 제트 엔진이 그들의 작품이다. 제트 엔진 항공기가 전역(戰域)에 투입된 때가 히틀러의 제국을 구하기에는 너무 늦은 시기였다는 사실이 참말이지 다행이었다.

제2차 세계 대전기의 BMW 사사(社史)는 아름답지 못했다. 독일인 사상자가 늘어났고 노동력이 부족해지자, 나치는 전쟁 포로, 강제 수용소 수

감자, 유태인 등을 투입해 공장을 가동했다. BMW는 그 노예 노동 건으로 수십 년간 애를 먹었고, 독일의 다른 기업들, 예컨대 폭스바겐 및 다임러-벤츠(Daimler-Benz) 등과 공동으로 희생자와 그 유가족에게 배상을 하고서야 비로소 사태가 잦아들었다.

종전과 함께 BMW는 아이제나흐(Eisenach) 공장을 잃어버렸다. 아이제나흐가 불과 몇 마일을 사이에 두고 소련 점령 구역으로 편입되었던 것이다. 그곳은 이후 동독 영토가 된다. 아이제나흐 공장은 자동차 생산을 재개하면서 아이제나흐 모터 웍스(Eisenach Motor Works, EMW)라는 이름을 썼고, 거기서 생산된 차들은 EMW가 되었다. 독일 사람들은 EMW를 민더베르티히(minderwertig)라고도 불렀다. 독일 말 그대로 조잡한 싸구려였기 때문이다.

BMW의 다른 공장은 뮌헨에 있었고, 뮌헨에는 미국이 진주했다. 하지만 공장 시설은 폭격으로 벌집투성이였고, 소련이 전쟁 배상금으로 기계류를 대거 떼어가 버린 상태였다. 하는 수 없었다. 뮌헨 공장은 냄비, 솥, 팬, 삽, 자전거 같은 간단한 쇠붙이 물건을 만들었다. 그런 생산품 가운데서 '미녀(B)와 돈(M)과 재산(W)'이 떠오르는 것은 없었다. 하지만 그런 물건들 덕택에 사업 활동이 유지되었음을 잊어서는 안 된다. BMW는 1947년 오토바이 생산을 재개했고, 곧이어 전후 최초로 다시 자동차도 만들기 시작했다.

애석하게도 그 차들은 품질이 안 좋았다. BMW 501은 크기만 했지 동력이 부족해, 다루기 힘들고 움직임이 꼴사나웠다. 디트로이트가 당시에 생산하던 바지선 같은 볼품없고 미련스러운 차들의 독일판이었던 셈이다. 당시의 독일 상황이 거기 가세했다. 전후의 초기 연간에는 차가 많지도 않았을 뿐더러, 차를 구매할 수 있는 사람이라도 대다수가 소형차를 사는 수준에 머물렀다. BMW는 몇 년 동안 목적도 없고, 계획도 없이 이럭저럭 굴러가는 처지였다. 결국 전략 변화가 이뤄져야 했고, 1954년 그 일이 단행되었다.

BMW가 한 이탈리아 회사로부터 이세타(Isetta)를 생산할 수 있는 면허를 따냈다. 이세타는 들창코 형 '버블 카(bubble car)'였다. 운전사 겸 승객을 수용할 수 있는 좌석이 하나뿐이었고, 문짝도 하나인데 전방에 설치된 모양새였다. 이세타에 타는 일은, 뭐랄까, 우리가 아는 보통 차의 바람막이 창을 뚫고 들어가는 것과 다를 바 없었다. 이세타에는 9.5마력 엔진이 달렸고, 그 출력은 폭스바겐 비틀의 동력에도 못 미쳤다. 이세타는 만화 영화에나 나올 법한 생김새였던 것이다.

BMW가 몇 년 후 자체 설계한 소형차를 출시했다. 이세타를 늘여 놓은 듯한 모양새였다. 판매는 많이 되었지만 수익은 개선되지 않았다. 경영진이 수입을 탕진했고, BMW는 1959년 파산했다. 주요 채권자들이 압박해 온 내용은, 메르세데스를 만들던 다임러-벤츠가 BMW를 흡수 합병해야 한다는 것이었다. 다임러는 독일에서 그저 수위를 달리는 자동차 회사 이상이었다. 전 사업체를 망라했을 때 독일에서 가장 명망 있는 1류 기업이었다는 점을 상기해야 한다.

그런데 인수 합병 거래가 성사되기 직전에 BMW의 일부 주주가 이를 반대하고 나섰다. BMW는 새롭게 금융 지원을 받는 쪽으로 방향을 틀어야 했다. 주주 가운데 두 사람인 앞서의 형제가 추가로 상당액의 자금을 투자했다. 헤르베르트 베르너 콴트(Herbert Werner Quandt, 1910~1982년)와 하랄트 콴트(Harald Quandt, 1921~1967년), 이 두 사람의 가족사는 BMW의 시험 주행로보다 곡절이 더 많았다.

헤르베르트 콴트는 태어나면서부터 장애가 있었다. (시각이 제 기능을 못 했다.) 출생 연도가 1910년이었고, 아버지가 기업가 귄터 콴트(Günther Quandt, 1881~1954년)였다. 어머니 안토니 에발트(Antonie Ewald, 1984~1918년)는 헤르베르트가 여덟 살이던 1918년 독감 대유행으로 사망했다. 3년 후 아버지 귄터가 마그다 프리들랜더(Magda Friedländer, 후의 마그다 괴벨스(Magda Goebbels, 1901~1945년))라는 여자와 재혼했다. 파란 눈동자의 금발 미녀 마그다는 그때 17세였고, 남편 귄터는 34세였다. 마그다가 1년이 채 안 되어 귄터 콴트에게 아들을 낳아 주었으니, 그가 바로 하랄트 콴트였다. 하지만 8년 후인 1929년에 귄터 콴트와 마그다는 갈라섰다.

1931년 마그다가 재혼하는데, 그 상대가 바로 독일 정계의 떠오르는 별이었던 요제프 괴벨스(Joseph Goebbels, 1897~1945년)다. 국가 사회주의 당(National Socialist Party)의 지도적 당원이던 그는 머지않아 나치의 선전 장관이 되었다. 괴벨스가 모시던 두목이 당수 히틀러로, 그는 두 사람 결혼식의 증인을 섰다. 열 살 배기 하랄트 콴트가 괴벨스의 의붓아들이 된 연유다. 그는 나치당의 청소년 조직 히틀러 유겐트(Hitler Youth)에 가담하고, 이어서 독일 공군 루프트바페(Luftwaffe)에서 복무하는 운명에 처한다.

괴벨스는 1930년대에 격증하는 업무와 여러 혼외정사 속에서도 마그다 괴벨스를 계속 임신시켰다. 부부는 슬하에 자녀를 6명 두었다. 고풍스러운 그 나치 가족이 등장하는 1942년의 동영상들은 괴벨스의 선전원들이 제작했을 텐데, 요즘도 인터넷에서 볼 수 있고, 보고 나면 쉬이 잊히지가 않는다.[9] 하지만 요제프와 마그다 괴벨스의 가정생활은 동영상에서 볼 수 있는 것처럼 완벽하지 않았다.

요제프 괴벨스가 무시로 바람을 피웠다는 사실 외에도, 마그다가 맞바람으로 대응했다는 풍설이 파다했다. 더구나 마그다의 양아버지 리하르트 프리들랜더(Richard Friedländer, 1881~1939년)가 유태인이었다. 각종 증언과 자료를 종합해 보건대, 프리들랜더는 가족을 열렬히 사랑하며 헌신했다. 의붓딸을 포함해서 말이다. 하지만 그는 나치의 강제 수용소에서 죽었다. '제3제국의 퍼스트레이디(First Lady of the Third Reich, 히틀러는 공식적인 부인이 없었기 때문이다. ─옮긴이)'는 양아버지에게 어떤 도움의 손길도 내밀지 않았다.

1945년 4월에 러시아 군대가 베를린을 목전에 두고 진격해 왔다. 요제프 괴벨스는 가족을 전부 이끌고 히틀러의 벙커로 갔다. 하랄트 콴트만 예외였다. 그는 연합군 포로수용소에 갇혀 있었다. 마그다 괴벨스가 4월 28일 하랄트 콴트에게 작별을 고하는 편지를 썼다. 아들의 소재도 모른 채였을 것이다. "우리에게 남은 과제는 하나뿐이란다. 죽어서도 총통께 충성하는 것이지."[10] 마그다는 정말 그럴 생각이었다. 요제프와 마그다 괴벨스는 5월 1일에 어린 자녀 6명 전원에게 독극물을 주입했다. 그들 부부도 자살했다.

헤르베르트와 하랄트 형제의 아버지인 귄터 콴트는 전쟁통을 견디고 살아남았다. 그가 수립한 복합 기업이 히틀러 정권에 탄약, 대포, 기타 전쟁 물자를 공급했다. 콴트의 공장에서 작업한 죄수들이 부당한 처우를 받았다는 사실과 관련된 폭로는 여러 해 후에야 불거진다. 수감자들이 근무 교대 후 경비들에게 채찍질을 당했고, 사나운 개들을 풀어놓기도 했다는 이야기가 독일 사회를 충격으로 몰아넣었다.

연합군이 1946년에 귄터 콴트를 체포했다. 하지만 그는 2년 후 기소 없이 방면되었다.[11] 그가 1954년 사망하면서 헤르베르트와 하랄트가 아버지의 기업 제국을 물려받았다. BMW와 다임러-벤츠 지분도 상당했던 것으로 전한다. 1959년 도산 직전의 BMW를 합병하려던 다임러의 방침을 두 이복 형제가 지지하는 것은 자연스러워 보였다. 하지만 두 형제는 그 거래에 반대하고 나섰다. 자동차 회사를 직접 통제 운영할 수 있는 기회였기 때문이다. 복잡한 회생 절차와 법률적 사안이 처리되어야 했고, BMW는 독자 기업으로 살아남았다. 콴트 형제는 BMW 주식을 더 많이 매입했고, 1960년 가을쯤 최대 주주가 되었다.

헤르베르트와 하랄트 콴트 형제는 대중 앞에 나서는 것을 싫어했다. 가족사를 보면 이해 못 할 바도 아니며, 그들의 후손도 여전히 그러하다. 아무튼 형제는 단호하게 금융 지원을 퍼부었고, BMW는 다 죽다 살아났다. 시간이 흘러 그 회사가 미국의 부유한 젊은이들의 라이프 스타일을 규정하는 차를 만들어 낸다. 히틀러의 독일을 쳐부순 군인들의 아들과 딸이 그 가운데 상당수였다는 점은 의미심장하다.

헤르베르트 콴트는 장님이나 다름없었지만 BMW가 어떤 길을 가야 할지에 대한 비전이 명확했다. 그에 따르면 BMW는 전전(戰前)의 뿌리로 돌아갈 필요가 있었다. 헤르베르트 콴트는 BMW가 우수한 기술을 바탕으로 스포티한 소형차를 만들어야 한다고 주문했다. 그는 눈이 너무 안 좋아서 새 모델의 디자인을, 손으로 더듬어 모양과 굴곡을 촉감으로 느껴서 가늠할 수 있을 뿐이었다. 후드 아래 기계 장치는 어떻게 파악했을까? 헤르베르트는 소속 기술자들에게 심문을 하듯 질문을 퍼부어 댔다.[12]

BMW에 더 적극적으로 개입한 것은 분명 하랄트 콴트보다는 헤르베르트 콴트였다. 하지만 새 모델 BMW 1500 개발을 뒷받침한 것은 두 형제 모두였다. 확실히 개념 및 재정적인 면 모두에서 그랬다. BMW 1500이 1961년 가을 프랑크푸르트 모터 쇼(Frankfurt Motor Show)에서 공개되었다. 이 차는 실질을 숭상하는 수수한 '3박스형(three-box)' 디자인을 채택했다. 후드가 사각형이었고, 뒷부분도 네모났으며, 그 사이의 승객실 역시 문이 네 짝 달린 상자였다. 그 자극적이지 않은 외장 아래 부드럽게 작동하는 1.5리터짜리 4기통 엔진이 얹혔다. 이 엔진에 오버헤드 캠샤프트가 달렸음을 반드시 지적해야 할 것이다. 그로 인해 디트로이트가 채택해 사용하던 낡은 푸시로드 방식보다 더 정확하게 (흡기 및 배기) 밸브 운동을 제어할 수 있었기 때문이다. 그 결과 BMW 1500은 차체가 경량이었음에도 기운이 넘쳤다. 뒷바퀴에 독립 현가 장치가 채택되었고, 디스크 브레이크도 달렸다. 이것들은 당대의 미국 차에서는 보기 힘든, 수준 높은 특장점이었다. 독일의 고속도로 아우토반에서는 운전자의 대담성만이 문제가 된다. 무제한 속도가 가능했던 그 도로의 요구 사항에 맞춰진 차가 바로 BMW 1500이었던 것이다.

1500은 당장에 성공을 거두었다. BMW는 2년 만에 반전의 계기를 마련했고, 넘치는 현금을 바탕으로 일련의 후속 모델을 개발했다. 1966년 3월에 1600-2가 출고되었다. 차 이름이 1600-2였던 것은 엔진의 배기량이 1.5리터가 아니라 1.6리터, 문짝이 넷이 아니라 둘이었기 때문이다. BMW의 공학적 창의성이 자사의 자동차 작명법으로까지는 확장되지 못했다.

1600-2도 성공을 거두었다. 하지만 BMW의 경우 독일에서는 메르세데스벤츠의 그늘이 짙었고, 다른 나라에서는 아는 사람이 거의 없다는 것이 약점이었다. 1967년 BMW의 미국 판매고는 3,700대가 안 되었다. 메르세데스가 약 2만 7000대를 팔았다는 사실과 확연히 대비된다.[13] 상황이 그렇기는 했어도 기본으로 돌아가자는 헤르베르트 콴트의 전략만큼은 그 유효성이 입증되었다고 할 수 있었다. 1968년 2리터 엔진을 탑재한 2도어(two-door) 모델이 출고되면서 헤르베르트 콴트가 옳았음이 다시 한 번 입증되었다. 이번에도 차명은 BMW 2002였다.

2002가 출시된 해는 미국 머슬 카 시대의 최성기였다. 10대들이 폰티액 GTO와 파이어버드(Firebird)를 타고 떠들썩하게 도로를 질주했다. 울퉁불퉁한 스타일, 요란한 배기관, 300마력이 넘는 엔진을 떠올려 보라. 자동차 잡지들인 《모터 트렌드》, 《로드 앤드 트랙》, 《카 앤드 드라이버》가 고출력 V8의 성능 개조를 부추기고 권장했다. 바로 그때 《카 앤드 드라이버》의 편집자 데이비드 에번 데이비스 주니어(David Evan Davis Jr., 1930~2011년)가 머슬 카에 환호하는 미국인들의 정신 상태를 풍자하고, 실린더가 정확히 절반뿐으로 4개인 한 자동차에 상찬을 퍼부었다. 한마디로 충격 그 자체였다.

데이비스의 비평 기사 「2002를 찬미하라(Turn Your Hymnals to 2002)」를 보자. "도시 교외에 사는 비프 에브리키드(Biff Everykid), 케빈 애크니(Kevin Acne), 마빈 스웨트삭(Marvin Sweatsock)은 각자의 아버지들에게 파이어버드를 사 달라고 조른다. 파이어버드는 계기판 어딘가에 태코미터가 있고, 도시 시애틀을 밝힐 만큼 힘이 좋기 때문이다. BMW라면 더 많은 친구들을 안락하게 태우고, 코너를 부드럽게 돌며, 제동이 우수하고, 연비마저 29배 더 좋다는 사실이 그들에게는 안중에도 없다."[14] 선지자가 산상에서 내려와 신의 계시를 들먹이며 새로운 종교를 설파하는 듯했다. 미국의 도로를 지배한 것은 여전히 머슬 카였다. 하지만 데이비스가 작성한 비평 기사의 영향은 즉각적이었다. 소수지만 2002를 추종하는 무리가 생겨난 것이었다. BMW가 미국에서 수면으로 떠오르기 시작했다.

2002의 성공은 뜻밖의 행운이었다. 데이비스의 비평 기사 때문만은 아니었던 것이다. BMW 경영자들이 어쩔 수 없이 한 일이 도움이 되어 버렸다. 그들은 애초 1600을 팔려고 했다. 독일에서 팔던 것과 똑같은 차를. 그런데 들어간 엔진이 미국의 공기 오염 기준치를 충족하지 못했다. BMW 엔지니어들은 1600 안에 약간 더 큰 2리터 엔진을 집어넣는 방식으로 대응했다. 그렇게 해서 탄생한 2002는 일종의 플랜 B였지만, 아무튼 먹혔다.

2002의 엔진 출력 114마력은 미제 머슬 카 동력의 3분의 1에 불과했다. 하지만 2002는 가벼운 데다 빈틈 없는 구조를 자랑했다. 2002는 날렵하고 민첩하며 빨랐다. 2002의 4단 수동 변속기는 시속 60마일(약 96.6킬로미터)에 도달할 때까지 2단 기어 상태를 유지해도 되었다. 대다수의 미국산 차는 시속 30마일(약 48.3킬로미터)이면 삐꺽거려서 상단 기어로 바꿔 주어야 했다. 2002의 고성능 엔진은 정지 상태에서 출발할 때 빠르게 치고 나가지 못했다. 하지만 일단 가속이 붙으면 시속 100마일(약 161킬로미터)의 속도로 순항하는 것이 식은 죽 먹기 같았다. 2002는 마치 영원히 가속을 할 수 있을 것처럼 느껴졌다. 그런데도 가격이 2,850달러에 불과했다. GTO보다 수백 달러 더 쌌던 것이다. 그렇다, 폰티액이 아니라면 BMW를 살 수 있는 시대였다.

2002가 인기를 끌면서 BMW의 미래도 바뀌었다. 하랄트 콴트가 1967년 이탈리아에서 비행기 사고를 당해 46세를 일기로 타계했다. 비극적 역사를 배경으로 인생이란 무대에 짤막하게 올랐다가 퇴장한 셈이었다. 헤르베르트가 콴트 가문과 BMW의 유일무이한 수장이 되었다. 3년 후 헤르베르트 콴트가 41세에 불과한 에버하르트 폰 쿠엔하임(Eberhard von Kuenheim, 1928년~)을 BMW의 새 최고 경영자로 임명했다. 믿기 힘든 선택이었다.

쿠엔하임은 1928년 독일 동프로이센의 귀족 가문에서 태어났다. 오늘날 폴란드의 일부인 땅이다. 쿠엔하임의 초기 인생은 비극적 사건으로 점철되었다. 어렸을 때 아버지가 돌아가셨고, 종전 후에는 소련의 포로 수용소에서 어머니까지 비명횡사했다. 10대였던 쿠엔하임은 동프로이센의 다른 많은 독일 아이들처럼 러시아 군대의 진격을 앞둔 1945년 초에 독일 서부로 대피했다.

　쿠엔하임은 종전 후 신생 서독에서 기계 공학을 공부했고, 10년 넘게 공작 기계 제작 회사에서 일했다. 헤르베르트 콴트가 1965년 쿠엔하임을 콴트 계열사의 기술 부문의 전략 고문으로 고용했다. 3년 후 헤르베르트가 쿠엔하임에게 가문 소유의 실적이 부진한 공작 기계 제작 업체 하나를 맡아 달라고 요청했다. 그 회사는 쿠엔하임 덕택에 2년 만에 사세가 역전되었다.

　헤르베르트는 깊은 인상을 받았고, 약관의 프로이센 인이 1970년 1월 BMW를 새로 이끌게 되었다. BMW는 1970년대에 재정 상태가 우수했다. 10년 전의 끔찍했던 상황과는 확실히 달랐다. 하지만 쿠엔하임 앞에는 만만찮은 과제가 도사리고 있었다. 더구나 그는 자동차 쪽 경험이 전무했다. BMW는 갖은 성과와 업적에도 불구하고 틈새 소비자를 겨냥한 소형차 제작이 주력인 꾀바른 회사 정도에 불과했다. 제품 구색이 다양한 초대형 회사 메르세데스벤츠가 같은 독일 기업이었으며, 그들의 그림자는 크고 짙었다. 두 기업이 정면 대결을 벌이는 경쟁사가 될 것이라는 생각은, …… 생각 자체가 터무니없었다.

　새로운 최고 경영자 쿠엔하임의 진단은 BMW가 기술 경쟁력은 강한데 전략적으로는 통탄스러울 만큼 무능한 조직이라는 것이었다. 국외 판매를 담당하는 부서가 없다는 점도 많은 결함 중의 하나였다. 쿠엔하임은 여러 해 후 이렇게 회상했다. "우리는 지독하게 지방적인 조직이었습니다. 유럽 회사는커녕 독일 기업도 아니었어요. 그냥 바이에른 지방의 회사였던 겁니다."[15]

　쿠엔하임은 야심찬 목표를 세웠다. BMW가 고급 스포츠카 분야에서 세계를 선도하자는 것이 그 목표의 내용이었다. 그가 판단하기에, 이 분야는 경쟁이 별로 없었고, 성장 잠재력이 컸다. 쿠엔하임은 고급화 전략도 수립했다. BMW는 차를 많이 만드는 대기업이 아니고, 따라서 제작하는 모든 차에서 할증 가격을 받아야 한다는 것이 그의 생각이었다. 그러나 비전을 현실화하려면 BMW가 먼저 현대화될 필요가 있었다. 그리고 다음으로는 당연히 더 현대적이고, 더 정교한 차를 만들어야만 했다.

1973년 본거지인 뮌헨의 심장부에 BMW의 새 사옥이 완공되었다. 동그란 타워 4개로 이루어진 그 복합 건물은 디자인이 혁신적이었고, 가만 보고 있으면 BMW가 개발한 고성능의 4기통 엔진이 떠올랐다. 신사옥은 BMW가 맞이하게 될 새로운 번영도 상징했다.

자동차를 개발하는 과제는 화려하고 매력적이었다. 하지만 쿠엔하임은 매력적인 것은 고사하고 따분하기만 한 수많은 기초 작업에 매진하지 않을 수 없었다. 회사의 야망을 실현하려면 불가피했다. 독일 바깥에서 별도의 독자 딜러들에게 수탁하지 않고 직접 운영하는 판매 법인을 세우는 것도 그런 초기 조치 가운데 하나였다. BMW는 그들 유통업자를 경유하지 않을 경우에 수익의 많은 부분을 제품 개발에 쏟아부을 수 있었다.

유통과 판매의 권리를 바로잡는 데는 시간과 경비가 많이 들었고, 변호사들까지 투입해야 했다. 수고스럽고 힘든 그 절차는 심지어 국가별로 처리해야 했다. 1975년 미국과 캐나다에서 그 과제가 완료되었고, BMW는 BMW 북아메리카 법인(BMW of North America)을 설립했다. (폭스바겐은 무려 20년 전에 아메리카 판매 법인을 수립했다.) 아무튼 BMW의 조치는 시의적절했음이 곧 드러난다. 1976년 BMW가 3 시리즈 세단을 시장에 내놨다. 미국과 캐나다에서 격찬을 받았지만 낡은 느낌이 있던 2002의 후속으로였다. 이 조치 역시 시의적절했다. 최초의 베이비 붐 세대가 30세에 진입했고, 그들에게는 쓸 돈이 있었다.

3 시리즈의 첫 번째 차들은 문이 둘 달린 쿠페와 문짝이 넷인 세단이었다. 둘 다에 얹힌 4기통 엔진의 배기량은 1.6~2.0리터였다. 컨버터블, 스테이션 왜건, 6기통 엔진도 3 시리즈로 선을 보이지만 당장은 아니었다. 두 차종은 각이 진 2002보다 더 크고 안락했다. 그러면서도 2002의 스포츠 성능은 여전했다. 한 BMW 광고를 보면, 3 시리즈가 "슈넬 같다.(Goes Like Schnell.)"라고 나온다. 독일어로 빠르다는 뜻의 슈넬이라는 말을 쓴 것이다. 이후로 수십 년간 유지되는 표어도 그때 채택되었다. "궁극의 운전 기계(Ultimate Driving Machine)"라는 슬로건이 바로 그것이다.

1970년대에 두 차례 석유 파동이 일어났고, 휘발유 가격이 치솟았다. 거의 모든 자동차 제조사가 전륜 구동 방식으로 갈아탔다. 차의 무게를 줄이고, 연료 효율을 극대화하기 위한 조치였던 바, 폭스바겐마저 그랬다는 점을 기억해야 한다. 하지만 BMW는 후륜 구동 방식을 고수했다. BMW 엔지니어들의 고집은 대단했다. 날렵한 차로서의 성능을 유지하려면 앞부분과 뒷부분으로 중량을 효율적으로 배분해야 했고, 그러려면 후륜 구동 방식이어야 한다는 것이었다. "전륜 구동 방식을 채택하면 절대로 BMW를 운전하는 느낌이 안 난다." 한 임원이 여러 해 후 능글맞게 한 말이다.[16]

물론 후륜 구동 방식을 고수한 회사가 BMW만은 아니었다. 메르세데스벤츠도 후륜 구동 방식을 그대로 유지했다. BMW가 점점 더 주목을 받았고, 사람들은 두 기업을 비교하기 시작했다. 둘 다 고급스럽고 정교한 차를 제작했다. 하지만 미국의 보보들은 아는 것이 많았다. 그들이 보기에 메르세데스의 삼각별 후드 장식은 피상적인 겉치레이자 과시였다. 반면 BMW의 전면 그릴에 달린 콩팥처럼 생긴 독특한 상징물은 미묘하게 오만

했다.

두 회사의 차는 느낌도 달랐다. BMW를 운전하는 것은 이탈리아 디자이너가 몸에 꼭 맞게 재단한 양복을 차려 입는 것과 비슷했다. 메르세데스의 경우 대형 차에 집중했고, 그 회사의 소형차들은 사람들 사이에서 실제보다 더 싸다는 생각이 있었다. 하지만 BMW는 그 출발이 소형차였다. BMW의 더 큰 모델인 5 시리즈와 7 시리즈도, 여전히 중추적 역할을 맡던 소형차에서 개발된 것들이다. BMW의 엔지니어들은 이렇게 말하고는 했다. "아이네 부르스트, 드라이 그뢰세,(Eine Wurst, drei Grösse.)", 즉 "소시지는 하나지만 크기는 3개로 뽑을 수 있다."라는 뜻이다.[17] 다행스럽게도 그 말이 광고 문구로 쓰이지는 않았지만, 요점이 담겨 있다는 사실만큼은 분명하다.

여피 전문가들은 BMW 모델의 작명에 등장하는 숫자와 문자의 복잡한 조합에 열광했다. 송로(松露)가 들어간 리소토의 식감을 음미할 줄 아는 보보들이 '318i'나 '325xiT'를 줄줄 읊어 댔다. 그들은 글자와 숫자가 섞인 그 암호 같은 이름이 무슨 뜻인지 꿰고 있었다.

이름에 등장하는 첫 번째 수는 모델을 의미했다. 3 시리즈는 5 시리즈보다 작고, 5 시리즈는 7시리즈보다 작았다. 다음 2개의 숫자는 엔진의 크기를 가리킨다. 연소실의 배기량을 세제곱센티미터로 측정한 값이다. 그 다음에 나오는 갖은 문자도 차례로 정리해 보자. 'i'는 재래식 기화기와 다른 연료 분사 방식을 가리키고, 'c'는 카브리올레(컨버터블), 'T'는 투어링(touring, 결국 스테이션 왜건을 가리키는 그럴싸한 용어인 셈이다.), 'x'는 전륜(all-wheel) 구동 방식을 뜻했다.

따라서 318i라면 배기량 1.8리터의 연료 분사 방식 엔진이 채택된 3 시리즈 BMW라는 소리였다. 325xiT는 연료 분사 방식의 2.5리터 엔진을 탑재한 3 시리즈의 4륜구동 스테이션 왜건일 것이다. 차에 들어가는 핵심 부품 공급사들도 우리의 여피 전문가들은 숭배했다. 변속기는 헤트라크(Getrag), 조향 장치는 체에프 프리드리히샤펜(ZF Friedrichshafen, 뭘 좀 더 아는 사람들은 줄여서 그냥 "체드 에프(Zed F)"라고 했다.), 연료 분사 장치는 보쉬(Bosch) 제품이었다. 1982년에 나온 320i 판매 안내용 소책자는 보쉬가 제작한 연료 분사 장치를 이렇게 설명했다. "보쉬의 K-제트로닉 연료 분사 장치(K-Jetronic fuel-injection)를 소개합니다. …… 반구형 연소실에서는 소용돌이가 발생하고, …… 트랜지스터화된 점화 장치도 차단되는 일이 없습니다. …… 크랭크샤프트 조합추도 4개입니다."[18]

비머를 구매한 대다수의 보보 여피는 그 모든 것이 무엇을 하는 물건인지 쥐뿔도 몰랐다. 하지만 '헤트라크'와 '보쉬'는 발음이 근사했다. 다시 말하지만 그들은 로시뇰(Rossignol) 스키 장비의 진동 흡수 시스템을 높이 평가하는 족속들이었다. 브룩스는 뭔가를 알아보고 획득하는 보보의 정신 상태를 이렇게 적었다. "교양 있는 사람들이라면 착용한 보석이 고가인지로 서로를 판단하지 않는다. 하지만 사용하는 물건이라면 이야기가 달라진다. …… 보보라면 내구성과 장인 기술을 알아볼 수 있는 감식안을 지녀야 한다. 바로 그걸 소비할 만큼 똑똑하고 현명하다는 점을 드러낼 수 있어야 하는 것이다."[19]

BMW의 판촉 부서도 그런 정서를 잘 파악하고 있었다. 가격을 올리는 것은 당연한 수순이었다. 1968년에 BMW 2002 신차는 2,850달러면 살 수 있었다. 그러던 것이 1982년이 되면 BMW 320i의 선택 사양 스포츠 패키지(특수 현가 장치, 고급 오디오 시스템 등) 가격이 그 정도(2,620달러)였다. BMW 320i의 기본 가격이 1만 3290달러였다.[20]

가격이 오른다고 해서 수요가 줄어드는 일은 없었다. 오히려 수요를 자

극했다. BMW의 1970년 미국 판매량은 1만 대 미만이었다. BMW는 1982
년 미국에서 5만 2000대 이상 팔렸다.

1982년 와병 중이던 헤르베르트 콴트가 72번째 생일을 앞두고 사망했
다. 그가 물려받은 산업 제국은 과거가 고약했다. 아무튼 제2차 세계 대전
이 끝나고, 그의 가족 기업은 번영을 구가했다. 헤르베르트가 1959년 도산
직전의 별 볼 일 없는 자동차 기업을 살려 냈고, 쿠엔하임이 그 회사의 체
질 개선을 진두지휘했다. BMW는 지구상에서 가장 명망 있는 자동차 제
조업체 가운데 하나로 우뚝 섰다. 하지만 BMW의 미국 판매고가 1985년
에 24퍼센트 신장해 8만 8000대를 기록했을 때는 헤르베르트도 놀라지
않을 수 없었을 것이다. 사상 처음으로 메르세데스벤츠를 추월했던 것이
다.[21]

여피를 질시하는 격렬한 반발에도 불구하고 그 가파른 성장세가 유지
되었다. 1985년 시애틀의 한 여성이 지역 신문에 이렇게 밝혔다. "BMW와
볼보는 정말이지 지긋지긋합니다. 그네들의 페리에도, 화이트 와인도, 자
기 의식적인 느긋함과 온화한 태도도, 애버크롬비 앤 피치(Abercrombie &
Fitch)와 L.L. 빈(L.L. Bean)의 옷가지도, 다른 모든 것도 다 짜증납니다."[22] 하
지만 여피의 부상은 멈출 줄을 몰랐다. BMW의 욱일승천도 거칠 것이 없
었다.

몇 년 후 포드 2세가 헤르베르트의 세 번째 아내이자 미망인 요한나 콴
트(Johanna Quandt, 1926년~)를 방문했다. 40년 전에 공짜였는데도 폭스바겐
인수를 마다했던 그가 콴트 가문의 BMW 지배 지분을 사겠다고 했다. 요
한나 콴트는 헤르베르트 콴트와 결혼하기 전에 그의 비서로 일했고, 여러
해 동안 장님이나 다름없던 남편에게 경제 기사를 읽어 준 경험 덕에 사업
적 지식이 상당했다. 그녀와 콴트 가문의 다른 구성원들은 가족의 왕관에

박힌 보석을 빼서 팔고 싶은 생각이 전혀 없었다. 요한나 콘트는 포드 2세의 제안을 딱 잘라 거절했다. 부자들이나 이해할 수 있는 말을 했다고 하는데 여러분은 어떤가? "헨리, 제가 그 돈으로 뭘 하겠어요?"**23**

여피 현상이 만개한 1983년 「새로운 탄생(The Big Chill)」이라는 영화가 개봉했다. 영화는 30줄에 접어든 한 무리의 친구가 자살한 대학 동기를 추모하려고 모여서 벌어지는 이야기이다. 여피로 변신한 그들의 기억에서 말라 죽었을 1960년대 중후반의 노래를 영화에서 들을 수 있다. 쓰리 도그 나이트(Three Dog Night)의 「조이 투 더 월드(Joy to the World)」, 프로콜 하럼(Procol Harum)의 「에이 화이터 쉐이드 오브 페일(A Whiter Shade of Pale)」, 롤링 스톤즈의 「유 캔트 올웨이즈 겟 왓 유 원트(You Can't Always Get What You Want)」가 그 음악들이다. 롤링 스톤즈의 곡은 여피들이 받아들이기에는 다소 무리인 내용이었을지도 모르겠다. 왜냐하면 그들은, 바라는 것은 뭐든 마음대로 얻고 하는 데 익숙했으니까. 그래도 영화의 주제와 꼭 어울리는 곡이었음은 분명하다. 미쳐 날뛰던 대학생들이 차분하고 감성 충만한 초보 성인들로 이행했음(물론 항상 현명하게 굴지는 못한다.)을 보여 주는 영화였으므로. 실제의 베이비부머 수백만 명이 영화에서 묘사된 대로 이행 중이었다. 가령 대학을 다니던 1960년대에 폭스바겐을 몰던 그들 가운데 일부가 1980년대에 BMW로 갈아탔다. 그들의 인생 여정과 자동차 역사가 얽혀 있었다. 보헤미안(bohemian)에서 바바리안으로, 히피에서 여피로, 비틀에서 비머로 말이다. 래리 슐츠(Larry Schultz, 1953년~)도 그 가운데 한 사람이었다.

슐츠는 플로리다에서 어린 시절을 보낸 후 오하이오에서 대학을 다니며 록 밴드 활동을 했다. 그는 40년이 넘었는데도 이렇게 회고할 정도였다.

"1960년대에 할 수 있는 거면 뭐든 다 했죠." 슐츠의 밴드는 한동안 러빙 스푼풀(Lovin' Spoonful, 슐츠의 밴드보다 더 지명도가 있었다. — 옮긴이)과 공연 여행을 함께 하기도 했다고 한다. 그들이 타고 다니던 폭스바겐 마이크로버스에서는 마리화나 냄새가 진동을 했다. 슐츠는 노스캐롤라이나의 포트 브래그(Fort Bragg) 기지에서 군 생활을 마치고 M&A 전문 변호사로 활약하게 된다.[24]

슐츠의 이야기를 들어보자. "1960년대는 굉장했죠. 징병 추첨으로 군대를 다녀왔고, 학교를 마치고는 변호사 일을 했습니다. 쭉 사업의 세계에 발을 담아 왔죠." 그는 어떤 거래에서 파비안 쿠엔하임(Fabian von Kuenheim)을 만났다. 그가 에버하르트의 아들이었으니, 슐츠는 뮌헨에 갔던 것이다. "정말로 대단한 여행이었습니다. 밴드를 할 때 폭스바겐 마이크로버스를 탔는데, 뮌헨의 BMW 본사에서 쿠엔하임과 만나다니요." 그는 이 과정에서 BMW 318i와 사랑에 빠졌다. 그 단호한 엔진과 산뜻하게 정확한 조종성을 외면할 사람은 없었다. 30년이 지났고 여러 차를 거친 그는 60대 초반으로 플로리다에서 반쯤 은퇴한 생활을 하고 있었다. 그의 차는 여전히 BMW였다.[25]

히피에서 여피로의 이행은 미국의 북쪽 국경 아래로만 국한된 일이 아니었다. 조지프 카츠(Joseph Katz)는 1965년에 토론토의 히피였다. 그가 7학년 첫째 날 정학당한 것은 사랑과 평화를 상징하는 구슬 목걸이, 홀치기 염색 셔츠, 앞코가 뾰족한 '비틀 부츠(Beatle boots)'를 착용하고 등교해서였다. 교장이 그를 집으로 돌려보냈다. 카츠의 방은 벽에 알루미늄 포일이 발라져 있었고, 비가시광선(black light) 등에다가, 헨드릭스 포스터가 여러 장이었으며, 천장에는 《플레이보이》가 주는 특대 브로마이드 사진이 붙어 있었다. 카츠 소년은 중학교 친구들과 밴드를 결성해, 지하실에서 연주를 했다. "당신이 떠올릴 수 있는 전형적인 히피 소년이었죠."[26]

카츠가 16번째 생일 날 구매한 생애 첫 자동차는 400달러짜리 폭스바겐 중고 비틀이었다. 그런데 그가 수동 변속기 조작법을 막 배우던 중이라는 사실이 문제로 작용했다. 차를 인수한 지하 주차장에서 빠져나오는 데만 장장 4시간이 걸렸던 것이다. 4시간 동안 지하 주차장의 가파른 경사로를 기어오르면서 수동 변속기 조작법을 익힌 일은 시지푸스의 고역 같았을 것이다. 그는 2~3년 후 그렇게 타던 비틀을 마이크로버스로 바꿨다. "마이크로버스는 정말 근사했어요." 카츠가 학교 주차장에 마이크로버스를 처음 대던 날에 선생님들이 모두 나와서 살펴보더라는 것이었다.

카츠는 34세에 결혼했으니, 그때가 1987년이다. 당시에 그는 BMW 325i를 몰았으니, 히피 여정을 청산하고 여피로 살고 있었다고 말해야 하겠다. "가볍고 빨랐어요. 작은 외관에, 각이 졌고, 간소했죠. 하지만 엔진은 죽여 줬습니다." 카츠는 후에 메르세데스를 몇 년 타기도 했다. 하지만, 날렵한 비머와 달리 '탱크 같아서' 그만두었다. 이후로 그는 부모로서 재정을 운용해야 했고, 더 이상 고급 차를 몰 수 없었다. 카츠가 제일 좋아한 차는 무엇이었을까? 그의 기억은 비틀, 마이크로버스, BMW와 함께 했다.[27]

3 시리즈는 구매자들처럼 진화를 거듭했다. BMW가 매 6~7년마다 새로운 차를 출시했다. 그 각각이 크기가 커지고, 마력도 증대하는 식이었다. 1990년 출시된 제3세대는 스타일의 혁신이 도드라졌다. BMW가 꾸준히 고수하던 네모난 상자형의 선을 버리고, 날렵한 각과 유선형 스타일을 채택했다. 보보 여피들은 당연히 이를 추종했다. BMW는 1999년 미국에서 4기통 엔진 차 판매를 중단하고, 6기통 차만 공급했다. 그때는 휘발유 가격이 (여피들의 또 다른 필수품인) 병입 생수보다 쌌고, 미국인들은 고출

력에 미쳐 있었다. 휘발유 가격이 갤런 당 3.5달러를 넘어선 2011년에야 BMW 북아메리카 법인은 다시 4기통 엔진 차를 도입한다. 회사의 말을 그대로 소개하면, 새 엔진은 이러했다. "트윈-스크롤 터보 차저(twin-scroll turbocharger), 고압 직분사 방식, 260파운드-피트 오브 토크(pound-feet of torque)."

3 시리즈가 고급 스포츠 드라이빙의 세계 표준을 선도하는 차종이라는 인식이 이때 확고부동해졌다. 일본의 고급 브랜드들인 어큐라(Acura), 렉서스(Lexus), 인피니티(Infiniti)가 3 시리즈의 왕좌를 탈환하겠다며 새 모델들을 출시했다. 하지만 자동차 비평가들은 세 차종을 "따라쟁이 3형제(Wannabe Threes)"일 뿐이라며 일축했다. BMW의 임원들이 3 시리즈의 특징을 그저 모호하게 "3다움(three-ness)"이라고 통칭할 정도로 3 시리즈의 위상은 엄청났다.

쿠엔하임이 끊임없이 비범했던 이력의 끝을 앞둔 1992년에 마지막으로 일대 영단을 내렸다. BMW가 독일 이외의 땅에 첫 번째 조립 공장을 세우겠다는 것이었다. 사우스캐롤라이나의 스파탄버그(Spartanburg)가 그 무대였다. 쿠엔하임은 간단없이 회사를 성장시켰고, 그 발표야말로 이런 추세하의 절정이었다. 그런데 BMW는 자신의 브랜드 이미지를 독일의 공학 기술을 내세우면서 구축해 왔고, 따라서 소비자들을 안심시켜야만 했다. 미제 비머도 독일산만큼 독일인의 철저함이 그대로 구현될 것임을 말이다. 쿠엔하임은 기공식에서 이렇게 연설했다. "BMW는 BMW입니다. 사우스캐롤라이나에서 제작되더라도 여전히 그렇습니다."[28] BMW가 한 국가의 일개 지방 기업에 불과함을 발견했던 남자의 주도로 BMW는 세계적 기업이 되었다.

1980년대와 1990년대에 식당 평론가와 음식 비평가 들의 글에 BMW라는 말이 이상하리만치 자주 등장했다. '염소젖 치즈', '래디키오(radicchio)', 특히 '아루굴라'처럼 식재료라도 되는 양 말이다. 맛이 톡 쏘는 그 이탈리아 녹채류가 보보 여피들이 즐기는 샐러드의 주재료가 되어 가는 중이었다. (텃밭을 가꾸는 개인들끼리 주고받은 종자로 재배되는 토마토(heirloom tomato), 수경 재배 물냉이, 기타 유기농 작물도 그 지위 추구자들의 입맛에 맞았다.) 시카고의 한 음식 평론가가 샐러드에서까지 "지위를 의식하며 추구하는" 보보들의 세태를 이렇게 논평했다. "발에는 리복(Reebok), 접시에는 래디키오와 아루굴라, 밖에는 BMW가 주차되어 있고. 이 모든 것이 한 세트다."[29] 지구를 반 바퀴 돈 오스트레일리아에서 발행되던 《시드니 모닝 헤럴드(*Sydney Morning Herald*)》는 아루굴라를 감탄조로 "식물계의 BMW"라고 썼다.[30] 남반구에서까지 아낌없는 찬사가 쏟아진 것이다.

그 무렵 둘의 상징 관계를 파괴하는 작은 사고들이 있었다. 세상사가 종종 그렇듯이 말이다. 2009년 한 여피가 대학 도시인 콜로라도 주 볼더(Boulder)에서 BMW를 몰다가 사고를 일으켰다. 차가 돌면서 한 식당의 앞쪽 창문을 들이받았는데, …… 이름이 아루굴라였던 것이다.[31] 불행한 사고에도 불구하고 여피 차 BMW와 엽채류 아루굴라의 결연은 깨지지 않았다.

그해에 BMW 330i는 300마력 엔진을 달고 출시되어, 4만 달러가 넘는 가격에 팔렸다. 델라웨어의 원예가 이야기도 빠뜨릴 수 없을 것 같다. 카프카스 산맥에 조지아라는 소련의 공화국 중 하나였던 나라가 있다. 그루지야라고도 했던 조지아 공화국이 그 사람 덕에 주목을 받았다. 그가 아루굴라 신품종 6개의 씨앗을 그곳에서 도입했던 것이다. 덕분에 조지아 농민들은 멋드러진 유럽식 식당들이 구매할 샐러드용 아루굴라를 재배해 가난에서 탈출할 수 있었다. 그 여피 사마리아 인(Samaritan)은 지역지와의 인터뷰에서 이렇게 말했다. 그 아루굴라의 상업적 잠재력과 가능성을 발견하기 전까지는 "촌뜨기에 불과했습니다. 스리피스 양복을 입고 BMW를 몰았지만 그랬어요."[32] 여피들이 좋아할 인생 역정임에 틀림없다.

그즈음이면 나이가 60줄에 접어든 미국인이 수백만 명이었다. 한때 청춘을 만끽했고, 수입이나 교육, 사회적 지위가 여전히 평균 이상인 그들이 캐딜락을 몰고, 아이스버그 레터스(iceberg lettuce) 양상추를 먹을 수는 없는 일이었다. 아일랜드의 시인 윌리엄 버틀러 예이츠(William Butler Yeats, 1865~1939년)가 살아서 이 변화상을 목격했다면 그 모든 것의 의미에 놀라며 혀를 내둘렀을 것이다. 사람들이 애송하는 그의 시 가운데 하나가 다른 버전으로 탄생하지 않았을까.

여피가 둘, 그들 뒤로 또 하나,

탑승한 BMW의 빛나는 파랑은 청금석 같구나.

그들이 탄 차가 끝없이 오르는 곳은,

유기농 아루굴라 밭.

스미스 앤드 호큰(Smith & Hawken, 원예 도구 판매 업체 — 옮긴이) 카탈로그에 나오는 연장과 도구로

세심하게 돌본 밭일 테지.

그들의 목적지는 자동차와 고급 요리가 합류하는 지점,

갈림길에서 그들을 만난다면

즐거울지도 모를 일이야.

애절한 음악을 요청하면 세련된 손가락이 반응하고,

하먼 카돈(Harman Kardon, 오디오 시스템 회사 — 옮긴이)의 고급 스피커를 통해
「새로운 탄생」의 사운드트랙이 흘러나오지.

먼 옛날에는 BMW도 낙오자였어,

아루굴라 역시 냄새 고약한 이탈리아 잡초였을 뿐이고.

그 둘이 우연하게 동시 상승하는 것은 인과응보의 업(karma)임에 틀림없네,

'아루굴라'의 다른 이름이 '로켓'이라는 것을 식도락가들은 잘 알지.

이제는 여피의 두 눈가에도 주름이 졌고,

그 옛날의 빛나던 머리칼도 세고 말았네.

하지만 둘러보는 아루굴라 밭을 비추는 것은 할로겐 전조등의 하이빔.

(예이츠의 「청금석(Lapis Lazuli)」을 패러디한 시. 기존의 운율에 구애받지 않고 옮겼

다. — 옮긴이)

11

지프

전장에서 전원으로

인구 통계 분석이 올바르면 차고 있는 시계만 봐도 그가 미니밴을 살지, 지프를 살지 바로 알 수 있다. 타이멕스를 차고 있으면 가식을 모르고 현실적인 사람이다. 그런 사람들은 미니밴을 구입한다. 롤렉스를 찬 사람이라면 지프를 탈 것이다. 내실과 실용보다는 보여 주는 데 더 관심이 많은 사람들인 것이다.

밀러 주니어(R. S. Miller Jr.), 전직 크라이슬러 임원[1]

크라이슬러는 1986년 미니밴의 성공을 만끽 중이었다. 정말이지 크라이슬러는 화려하게 부활했다. 언론과 대중은 몰랐지만 바로 그때 회사 중역실에서 열띤 논쟁이 벌어졌다. 금고가 두둑해지고 있었고, 아이아코카는 현금을 동원해 아메리칸 모터스 코퍼레이션(American Motors Corporation, AMC)을 인수하고자 했다. AMC는 디트로이트에서 거의 항상 패배자 신세였다.

롬니가 램블러를 들고 나와 영광을 누렸던 것이 1950년대 후반이었으니, 보잘 것 없는 약체 시절이 참으로 오래였다. AMC는 계속 진창을 헤매며 손실을 냈다. 그 회사의 상황을 영화로 제작했다면 「적자의 강(A River of Red Ink Runs Through It)」(영화 「흐르는 강물처럼(A River Runs Through It)」(1992년)과 「피바다(Red Runs the River)」(1963년)를 연상시키는데 'red ink'는 적자, 손실을 뜻하기도 한다. ─옮긴이)이 될 것이다. AMC가 1981년 또 다시 위기에 빠졌고, 프랑스의 자동차 제조사 르노(Renault)가 지배 지분을 인수했다. 르노는 미국에서 야망을 실현하겠다며 그 거래를 성사시켰다. AMC의 가장 유명한 브랜드이자 차종인 지프(Jeep)에는 별 관심이 없었던 것이다.

지프의 과거는 혁혁하고 찬연했다. 연합군은 지프를 타고 전장을 누볐고, 제2차 세계 대전에서 승리할 수 있었다. 미군 병사들에게 지프는 최전선의 군무(軍務)를 상징하는 차였다. 하지만 다른 수많은 전쟁 영웅들처럼 지프도 전쟁이 끝나자 화려한 과거를 뒤로 하고 잊혔다. 주인이 계속 바뀌는 중에도 지프는 끝끝내 살아남았다. 기업주들은 성실하기는 했지만 궁색한 사람들 일색이었다. 지프는 현가 장치가 뻣뻣했고, 혹독한 승차 경험을 안겼다. '콩팥 파괴자(kidney buster)'라는 지프의 별명은 해부학적으로 너무나 적확한 비유였다. 지프는 고속 주행 시에 전복되는 일도 잦아, 수백 건의 소송에 휘말렸다.

제2차 세계 대전이 끝나고 40년이 넘는 세월 동안 비참하게 영락한 지프의 신세는 1984년의 한 우스운 사건을 통해 생생하게 확인할 수 있다. 합병된 AMC가 그해 애틀랜틱시티(Atlantic City)에서 열린 미스 아메리카 퍼레이드의 공식 의전 차량으로 르노 얼라이언스(Renault Alliance) 세단을 제공하기로 되어 있었다. 그런데 생산에 차질이 빚어졌고, AMC는 어쩔 수 없이 지프를 투입했다. 알래스카에서 온 한 대회 관계자는 체념한 듯 이렇게 말했다고 한다. "지프를 타야 한다고? 하는 수 없군."[2]

1985년에는 영화감독 론 하워드(Ron Howard, 1954년~)가 AMC를 찾아갔다. 「경호」를 찍는 데, 오하이오 주 톨레도(Toledo)에 있는 지프 생산 공장을 쓰고 싶다는 것이었다. AMC 관리자들은 외국 자본 소유의 공장에서 벌어지는, 웃기는 문화 충돌이 주제임을 알았고 아픈 곳을 찔린 것 같아 거북하고 언짢았다. 하워드의 요청은 퇴짜를 맞았다. 한 AMC 임원은 이렇게 화를 냈다. "우리는 자동차 공장에 문제가 있고, 일본 기업이 들어와 상황을 반전시킨다는 이야기에 관심 없다."[3]

그즈음 톨레도 공장에서 사보타주가 일어났다. 단체 협약에 화가 난 노동자들이 생산 설비에 공구를 집어던졌고, 차량 몇 대가 파손되기까지 했다. 연방 판사가 가처분 명령을 내렸고, 그제야 비로소 질서가 회복되었다.[4]

희극적인 사고들에 노동자들의 쟁의까지 더해 재정적 고민이 끊이지를 않았으니, 스펄리치를 필두로 기술 부서 거의 전원을 포함해 크라이슬러 임원 대다수가 AMC 인수에 반대하고 나선 것은 어쩌면 당연했다. AMC는 오랫동안 거의 항상 패배자였고, 잘못 인수했다가는 크라이슬러의 기적 같은 반등이 탈선할 수도 있었던 것이다. 그것이 아니라면 돈 먹는 하마일 것이 틀림없었다. 그 돈은 미니밴을 개량하고, 다른 차종을 개발하는 데 써야 할 금쪽 같은 재원이었다.[5] 그러나 아이아코카의 눈에는 병약자 AMC에게서 무엇인가 다른 것이 보였다. 미니밴이 성공을 거두었고, 아이아코카는 많은 미국인이 더 다목적이고, 더 다용도인 차량과 라이프 스타일을 열망한다는 점을 꿰뚫어보았다. 그런데 지프가 한 가지 중요한 측면에서 미니밴보다 더 다재다능했다. 지프는 4륜구동이었고, 포장도로를 벗어날 수 있었다. 캠핑과 하이킹은 물론 그 외의 역동적 실외 활동에 반드시 구비되어야 할 특장점을 지프가 갖추고 있었던 것이다.

'힙 부츠(hip boots, 허리까지 오는 장화 — 옮긴이)'가 멋쟁이들의 신발이 아니라 제물낚시 장비임을 알 만큼, 진정으로 모험적인 야외 활동을 즐기는 미국인이 얼마나 있었을까? 확실치 않았다. 하지만 궁금증을 자아내는 별난 현상이 진행 중이었다. BMW를 몰던 고급 지향의 여피 다수가 L.L. 빈 셔츠, 파타고니아(Patagonia) 바람막이, 팀버랜드(Timberland) 부츠를 착용하기 시작했다. 야생의 상황이라고 해 보아야 센트럴 파크가 고작인 맨해튼 중간 지대(Midtown Manhattan) 같은 곳들에서조차 말이다.

프랑스 회사 르노에게서 AMC를 가져오려면 난관이 많을 터였다. 비유하자면 튼튼한 지프로도 움푹 파인 구멍이 수도 없는 도로를 지나야 했다. 그러나 아이아코카는 일을 추진하기로 했고, 그의 예지력은 선견지명이었음이 드러난다. 물론 지프의 여정이 거기서 끝나는 것은 아니라는 점도 보태야 하겠다.

전시 내각의 한 보고서부터 보도록 하자. 제2차 세계 대전 때 군대의 조달 체계가 가동되어 거둔 "가장 인상적인 성과를 하나만 고르라면 그것은 아마도 지프일 것이다. 하지만 지프를 고안하고 실물로 탄생시키는 데 고생거리가 없었던 것은 아니다."[6]라는 보고서 내용은 과제 상황을 온건하게 적고 있는 것이다. 지프가 탄생하는 데 얼마나 많은 난관이 있었는지를 오늘날의 사람들은 거의 모른다.

펜실베이니아 주 버틀러(Butler)로 가보자. 피츠버그에서 북쪽으로 35마일(약 56.3킬로미터)을 가면 위치한, 역시 철강의 도시이다. 핸슨 애비뉴(Hansen Avenue)의 어느 길 안내 표지판에는 지프가 탄생한 곳이라고도 씌어 있다. 미국 육군은 강인한 데다 어디든 갈 수 있는 운송 수단을 대체할 필요가 시급했다. 노새 말이다. 제1차 세계 대전 때 노새는 말하자면 역용마(役用馬)였다. 대포에서 보급품 마차, 위문편지와 고국으로 전달되는 편지 등 온갖 것들이 노새에게 신세를 졌다.

하지만 제2차 세계 대전은 달랐다. 독일이 단행한 전격 기습 공격이 1940년 봄쯤 대성공을 거두었음이 명확해졌다. 불행에 처한 프랑스와 영국은 말할 것도 없고, 미군은 화들짝 놀랐다. 히틀러가 제너럴 모터스에 전차 1만 대를 주문하고는, 수고스럽게 독일까지 선적할 필요는 없다고 말했다는 농담이 당시에 유행했다. 요컨대 제3제국 군대가 디트로이트를 경유하면서 직접 인수할 것이라는 소리였다.[7] 이런 으스스한 농담 말고도, 군대의 전략가들은 상황의 엄중함을 깨달았다. 미국이 곧 참전하게 될 새 전쟁에는 빠른 속도로 주행하며 어떤 지형도 답파할 수 있는 경량의 정찰 차량이 필요할 터였다. 운전자와 최소 1명의 보조 승객, 그리고 기관총도 탑재할 수 있어야 했다. 육군의 조달 관리들이 입찰 건과 관련해 135개 회사에 공문을 발송했다. 자동차 제조사와 기계류 공작업체를 망라했다. 입찰에 나선 것은 딱 2개 회사뿐이었다.[8]

육군이 제시한 필요 사양은 기가 막혔다. 4기통 엔진이 얹힌 4륜구동차를 만들라는 것이었는데, 당시에 4륜구동 방식은 대단히 드물었고, 4기통 엔진 역시 적어도 미국에서는 매우 희귀했다. 더 골치 아픈 것은, 차량 무게를 1,275파운드(약 578.3킬로그램)로 제한한 것이었다. 그러면서도 운전자와 보조자 몸무게 외에 추가로 600파운드(약 272.2킬로그램)의 화물을 실을 수 있어야 했다. 이 요구를 만족하면 전체 하중이 차량 자체 무게와 거의 동일해진다는 소리였다. 게다가 낙찰 업체는 불과 49일 만에 시험용 견본 시제품을 납품해야 했다.[9]

그런 불가능에 가까운 사양을 보고도 응찰할 정도면 업체 사정은 둘 중 하나였다. 자신감이 철철 넘치거나 자포자기해 될 대로 되라는 식이거나. 버틀러 소재의 아메리칸 밴텀 자동차 회사(American Bantam Car Company)는 후자였다. 아메리칸 밴텀은 1929년 설립 당시 아메리칸 오스틴 자동차 회사(American Austin Car Company)였다. 영국산 오스틴을 미국에서 제작한다는 것이었는데, 마침 설립 연도인 1929년에 뉴욕 증권 시장이 대폭락해 버렸다. 회사는 5년 후 도산했다. 오스틴 판매원 한 사람이 그 잔해를 인수해 재출범한 회사가 아메리칸 밴텀이었다.[10]

대공황기에는 자동차 수요가 거의 없었고, 1940년쯤에 아메리칸 밴텀은 간신히 버티는 중이었다. 군납 계약이 맺어졌고, 잘만 한다면 회사가 살아날 수도 있을 듯했다. 하지만 문제가 하나 있었다. 아메리칸 밴텀 노동자 대다수가 해고된 상태로, 기간요원만 남아 있었던 것이다. 회사는 칼 프롭스트(Karl Probst, 1883~1963년)라는 디트로이트 출신의 독립 엔지니어를 찾아갔다. 프롭스트는 과제 수행 계약을 주저했다. 아메리칸 밴텀이 계약을 따내야만 그도 돈을 받을 수 있었기 때문이다.

어찌 된 일인지 그가 계약서에 서명을 하고, 디트로이트에서 버틀러로 갔다. 그는 24시간 내내 주야로 작업을 강행했고, 5일 만에 신차의 청사진을 만들어 냈다. 그의 설계안은 무게가 지정 사양보다 700파운드 이상 더 나갔다. 하지만 프롭스트는 육군이 한계 중량을 올리지 않을 수 없을 것으로 (실제로도 그러했다.) 내다봤다. 1,300파운드(약 589.7킬로그램) 이하로 설계된 차량 가운데서 육군의 적재 하중 사양을 맞출 수 있는 차는 없었다. 나머지 응찰자도 살펴보자. 톨레도 소재의 윌리스-오벌랜드(Willys-Overland)는 한계 중량도, 시제품 생산의 49일 마감 시한도 지키지 못했다. 육군이 8월 초에 밴텀에게 낙찰 소식을 전해 왔다.

밴텀 역시 49일 마감 시한을 가까스로 맞출 수 있었다. 4륜구동 방식의 응력 변형을 견딜 수 있는 차축을 찾는 일이 어려웠다. 프롭스트는

1940년 9월 22일에야 시제품 테스트를 마칠 수 있었다. 마감을 하루 앞두고서였다. 다음 날 그와 동료 한 사람이 직접 시제품 차량을 몰고 볼티모어 소재의 육군 기지 캠프 홀라버드(Camp Holabird)로 갔다. 두 사람은 마감 시한을 딱 30분 남겨두고 도착했다.[11]

육군 관리들은 채택한 신무기를 다목적 차량(General Purpose vehicle), 줄여서 GP(지피)라고 불렀다. 이걸 빠르게 발음하면 '지프(jeep)'로 들렸다. 우연의 일치로 당대의 만화책『뽀빠이(Popeye)』에 유진 더 지프(Eugene the Jeep)라는 캐릭터가 있었다. 유진은 늘어진 귀와 주먹코의 배불뚝이였다. GP가 먼저든 유진이 먼저든, 아무튼 그렇게 해서 이름이 정해졌다.

마침내 미국이 전쟁에 뛰어들었고, 지프도 스팸(Spam)처럼 미군 병사들의 필수품으로 자리를 잡았다. (지프는 처음에 소문자 'j'로 표기하는 일반 명칭(generic term)이었다.) 종군 기자 어니스트 테일러 '어니' 파일(Ernest Taylor 'Ernie' Pyle, 1900~1945년)이 지프를 어떻게 썼는지 보자. "충성스럽기가 개 같고, 강인하기가 노새 같으며, 민첩성은 염소를 닮았다."[12] 만화가 윌리엄 헨리 '빌' 몰딘(William Henry 'Bill' Mauldin, 1921~2003년)은 전쟁 때 윌리(Willie)와 조(Joe)를 그렸다. 둘은 후줄근하고 수염이 까칠한 군인들인데, 지프도 함께 그려지는 일이 잦았다. 병장 한 사람이 퍼져 버린 지프의 후드에 권총을 겨냥한 장면을 담은 그림은 어쩌면 가장 유명할 것이다. 아끼는 차량의 고통을 그만 끝내 주려는 병장은 두 눈을 감고도 모자라 고개를 돌리고 있다.

60마력 엔진을 얹고 다부진 변속 능력에 4륜구동 방식을 채택한 지프는 포를 끌고, 탄약과 인력을 실어 날랐으며, 가끔은 공격 임무를 수행하기도 했다. 애초의 정찰 차량 용도를 훨씬 뛰어넘는 대활약을 펼친 것이다. 지프의 후드는 야외의 급조된 병상이자 성찬 제대로도 쓰였다. 제2차 세계 대전 때 다 합해 약 65만 대의 지프가 생산되었다. 그중 밴텀이 제작한 것은 2,675대뿐이었다.

육군은 펜실베이니아의 그 자그마한 회사가 생산할 수 있는 양보다 훨씬 더 많은 지프가 필요했다. 생산 계약이 뭉텅이로 윌리스-오벌랜드와 포드로 넘어간 이유다. 윌리스-오벌랜드는 자사의 지프에 들어가는 엔진을 '고-데블(Go-Devil, 벌목 작업에서 나무를 운반하는 데 사용된 말 1필이 끄는 썰매를 가리켰다. ─옮긴이)'이라고 불렀고, 포드는 자사의 지프 시제품을 "피그미(Pygmy)"라고 칭했다. 밴텀 임원들은 주문 계약을 더 많이 받지 못하자 실망이 이만저만 아니었지만, 그렇다고 상환 청구를 할 수도 없는 노릇이었다. 시제품 개발과 제작 비용이 지불되었고, 지프의 설계안은 육군 자산으로 귀속되었다. 요컨대 펜실베이니아의 작은 회사를 구제하는 것보다 히틀러와 히로히토(Hirohito, 1901~1989년)에 맞서 더 많은 차량을 생산하는 것이 주된 관심사이자 분위기였다.

밴텀은 지프가 끌 수 있도록 설계된 특수 트레일러와 기타 덜 중요한 품목들의 군납 계약을 몇 건 수주했다. 그 사이에 상표권을 주장하고 나선 것은 우습게도 윌리스-오벌랜드였다. 그들은 작전에 투입되어 활약하는 지프를 광고로 생생하게 보여 줬다. 1943년의 한 광고는 이렇게 선언했다. "지프는 강력합니다. 침략 행위는 지프의 '밥'일 뿐입니다." 그 광고를 보면 이탈리아의 항구 도시 살레르노(Salerno)에서 지프가 미군과 함께 해안으로 상륙하는 장면이 나온다. 광고는 지프가 브랜드라도 되는 양 대문자 J로 "Jeep"라고 표기했다. 일찌감치 움직인 것이었고, 효과 만점이었다.[13]

1945년에 전쟁이 정리되는 분위기로 접어들자, 윌리스-오벌랜드가 지프를 민간 용도로 전환하기 시작했다. 그 시장 전략에 광고가 동원되었음은 물론이다. "군인에서 농장 일꾼으로(From Fighter to Farm Hand)"가 광고 구호 중 하나였다.[14] '민수용 지프(Civilian Jeep)'라는 뜻의 CJ-2A라는 차량도 잽싸게 출시되었다. CJ-2A는 군용 지프와 달리 편의 사양이 꽤 높았다. 뒷문이 달렸고, 색상도 군용의 탁한 녹색이 아니라 여러 가지 중에 고를 수 있었다.

하지만 미래가 밝아 보이지는 않았다. 《포천》이 1946년에 어떻게 쓰고 있는지 보자. 지프는 "생각보다 명줄이 길다. 승용차 시장에서까지 팔리고 있는 것을 보면 유행임에 틀림없다. 하지만 지프는 불편하고 비싼 차다. 지프는 중장비나 다름없고, 그 기준에 따라 취급되어야 한다."[15]

다음 2년 동안 농기계가 아니라 일상의 승용으로 새 모델이 더 출시되었다. 4륜구동 스테이션 왜건 윌리스 지프(Willys Jeep)와 윌리스 지프 트럭(Willys Jeep Truck)이 대표적이다. 두 차종은 소박하고 기능적이었다. 1948년에는 지프스터(Jeepster)라는 더 세련되고 근사한 차종이 뒤를 이었다.

지프스터는 '페이튼(phaeton)'이었다. 고정식 지붕은 물론 옆 창문도 없는 2도어(two-door) 투어링 자동차를 페이튼형 오픈카라고 한다. 뭐랄까, 로드스터와 상자형 지프인 CJ를 교잡한 것 같았다. 지프스터는 4륜구동 방식마저 외면하고 후륜 구동 방식을 채택했다. 당시의 광고들을 보면 해변이나 사유지 등의 근사한 장소에 두고 찍은 지프스터가 나온다. 하지만 미국의 부자들은 갖고 있던 캐딜락을 내다 버릴 만큼 마음이 동하지 않았다. 윌리스는 1950년 지프스터를 단종한다. 한국 전쟁이 발발했고, 다시금 군용 지프 수요가 늘어난 탓이다.

윌리스-오버랜드가 같은 해에 지프라는 이름을 상표 등록하는 데 성공했다. 밴텀은 분하고 억울했다. 당연히 기나긴 다툼이 있었고, 의회 청문회까지 열렸다. 아무튼 결국 법률적 조정이 일단락되었고, 지프(jeep)는 지프

(Jeep)가 되었다. 1년 후 밴텀은 사업을 접고, 역사 속으로 사라졌다. 밴텀이 미국에 귀중한 보탬이 되었다는 사실은 이내 잊혔다.[16]

그즈음 한 대의 지프는 텔레비전 스타가 되어 있었다. 1951년 첫 방송된 「로이 로저스 쇼 (Roy Rogers Show)」에는 동명의 말쑥한 카우보이와 그의 충직한 벗들로 아내 데일 에반스(Dale Evans)와 애마 트리거(Trigger), 그리고 넬리벨(Nellybelle)이라는 지프가 나왔다. 어떤 회에서 넬리벨이 운전자가 없는 상태로 위험하게 언덕을 내달린다. 이를 발견한 로저스가 트리거의 등 위로 뛰어오른다. 그다음은 다 예상할 수 있는 내용이다. 로이가 넬리벨을 쫓아가, 말에서 치닫는 차량으로 옮겨 타고, 사고를 막는 것이다. 아내 에반스는 남편을 이렇게 책망한다. "차 때문에 그런 위험을 감수할 필요까지는 없었다고요!" 로저스는 멋쩍어 하며 이렇게 대꾸한다. "그래도 넬리벨은 가족이라고."[17]

기실 지프 자체가 넬리벨과 비슷한 운명이었다. 이후 50년 세월 동안 수도 없이 아슬아슬하게 살아남아 목숨을 부지한 것이다.

기업가 헨리 존 카이저(Henry John Kaiser, 1882~1967년)는 제2차 세계 대전 때 조선 사업으로 재산을 모았다. 그의 산업 제국은 철강, 알루미늄, 시멘트, 골재 등등으로 다방면에 걸쳐 있었다. 역시 그가 보유한 자그마한 자동차 회사 카이저-프레이저(Kaiser-Frazer)가 1951년부터 윌리스-오벌랜드에게서 지프에 들어가는 엔진을 구매해, 헨리 J(Henry J)라는 이름의 새로 개발한 자사 소형차에 집어넣었다. (생각해 보면 참 뻔뻔한 일이다.)

헨리 J는 경제성을 중시한 싸구려 차로, 쳐다보고 있으면 언제 망가질지 모른다는 생각이 절로 들었다. 음악가 프랭크 빈센트 자파(Frank Vincent Zappa, 1940~1993년)가 어린 시절을 회상하며 이 차에 대해 쓴 글을 보면 사정을 대충 짐작할 수 있을 것이다. 뒷좌석이 어찌나 작았는지, "망할, 다리 미판 같았다."[18] 차가 그 모양이었으니 카이저-프레이저가 돈만 까먹었다고 해도 전혀 이상할 것이 없었다. 더구나 제너럴 모터스, 포드, 크라이슬러 같은 디트로이트의 빅3와 맞서기에는 회사 규모도 너무 작았다. 카이저한테는 방법이 두 가지였다. 규모가 큰 자동차 회사를 인수하거나, 자동차 사업에서 완전히 손 떼기. 그가 1953년에 앞엣것을 선택했다. 그냥 지프의 엔진만 사는 것이 아니라 회사를 통째로 사 버린 것이다. 카이저-프레이저가 윌리스-오벌랜드와 합쳐졌고, 통합 회사는 윌리스 모터스(Willys Motors)가 되었다. 회사의 본부가 지프 공장이 있는 톨레도에 세워졌다.

그 인수 합병이 업계에 미친 충격은 상당했다. 미국의 군소 자동차 기업들 사이에서 합병 바람이 분 것이다. 빅3로 편입되지 않은 소위 '독립 기업(independent)'들로는 내시-켈비네이터(Nash-Kelvinator)와 허드슨 모터 카(Hudson Motor Car)도 있었다. 생존 자체가 벅찼던 두 기업이 1954년 합병해 아메리칸 모터스 코퍼레이션(AMC)으로 재탄생했다. 이 회사 아메리칸 모터스가 이후 지프의 미래에서 중요한 역할을 맡게 된다.

지프는 태어나 버려 온 첫 13년 동안 낡은 고물 자동차처럼 무시로 주인이 바뀌었다. 밴텀, 윌리스-오벌랜드, 카이저-프레이저, 윌리스 모터스로 말이다. 인수 합병과 주인 바뀌기는 이후로도 계속된 지프의 운명이다. 그 모든 사태 속에서 한 사건이 간과되었음을 지적해야겠다. 지퍼스 잼보리(Jeepers Jamboree)가 바로 그것이다. 카이저가 지프를 사고 정확히 1개월 후에 캘리포니아에서 지퍼스 잼보리가 열렸다. 지프 애호가들이 보유한 자동차를 몰고 모여서, 내처 차로 등반까지 한 행사였다. 탐험 내지 원정에 준하는 그 행사에서 참가자들은 시에라 네바다(Sierra Nevada)의 산록에 위치한 조지타운(Georgetown)을 출발해 타호 호수(Lake Tahoe) 정서쪽에 자리한 루비콘스프링스(Rubicon Springs)라는 작은 마을까지 답파했다. 전체 45마일(약 72.4킬로미터) 여정은 기복이 심한 바위투성이 지형으로, 어떤 구간에서는 평균 속도가 시속 3~4마일(약 4.8~6.4킬로미터)에 불과할 지경이었다.

잼보리 참가자들은 전투나 농사가 아니라 순전히 재미로 즐기기 위해 지프를 활용했다. 하지만 대다수의 미국인은 아직 모험적 야외 활동에 관심이 없었고, 그렇게 보이는 데도 관심이 없었다. 지프의 용도는 여전히 놀이보다는 작업용이었다. 지프의 엔진을 활용해 농기계에 동력을 전달할 수 있는 방법이 계기판에 지시 사항으로 달려서, 일부 차량이 출고될 정도였으니 말 다했다. 지퍼스 잼보리 축제는 매년 열린다. 하지만 오락과 여흥을 목적으로 한 모험적 야외 활동 시장이 성숙하려면 시간이 더 필요했다.

윌리스 모터스가 1954년 CJ-5를 출시했다. 그 최신형 민수용 지프는 지프 특유의 둥근 전조등은 그대로이면서도 이전 모델들보다 더 크고 세련된 형태였다. 좌석 역시 더 크고 푹신해졌으며, 흙받이와 후드도 둥근 곡선으로 처리되었다. 윌리스는 CJ-5를 무려 30년 동안 만든다. 아이젠하워 행정부에서 레이건 행정부까지였으니 모델 T보다 생산 연한이 더 길었던 셈이다. 하지만 장수가 곧 번영은 아니었다.

카이저의 바람에도 불구하고, 윌리스 모터스는 빅3와 경쟁할 만한 역량이 안 되었다. 적어도 그들의 광범위한 상품군과는 도저히 대적할 수 없었다. 1956년에 미국 차들이 테일핀을 달기 시작했고, 윌리스 모터스는 헨리 J처럼 한심한 차들을 포함해 일반적인 보통 차 생산을 중단하고, 지프에만 집중하기로 결정했다. 하지만 이 조치도 별 도움이 안 되었다. 1959년에 스테이션 왜건 지프 매버릭(Jeep Maverick)이 출고되었다. 그 차는 가정의 일상 운송 수단으로 기획되었지만 판매가 저조했다. 지프가 농기계라는 인식이 여전했던 것이다. 다음 해에는 서리(Surrey)라는 모델이 출고되었다.

CJ를 요란하게 꾸민 서리는 밝은 색상과, 파스텔 톤 줄무늬가 들어간 캔버스 천 지붕 때문에, 꼭 과일 바구니에 바퀴를 달아놓은 것처럼 보였다. 농부들이 서리를 살 리 만무했다. 그 외에도 서리를 사겠다고 나서는 사람이 많지 않았음은 뻔하다. 1963년 사명이 윌리스 모터스에서 카이저 지프 (Kaiser Jeep)로 다시 한 번 바뀐다. (소유자는 동일했다.)

그해 카이저 지프에서 나온 왜거니어(Wagoneer)는 옵션으로 문짝이 4개 달린 차는 물론, 표준형 수동 변속기가 아니라 자동 변속 시스템까지 고를 수 있었다. 4륜구동차 최초의 자동 변속 차량이었으니, 왜거니어를 여러 면에서 최초의 현대적 지프라 이를 만했다.[19] 다른 선택 사양으로 표준형 고무 매트 말고 바닥 카펫과 더 푹신한 좌석을 고르는 것도 가능했다. 왜거니어는 얼마간 성공을 거두었고, 더 간소한 형태의 2도어 버전인 지프 체로키(Jeep Cherokee)가 10년 후에 나왔다.

왜거니어와 체로키는 안락한 장비라고 할 수 있었으니, 지프가 제2차 세계 대전의 진창과 유혈에서 빠져나와 참으로 먼 길을 달려온 셈이었다. 지프가 문명화되고 있었다. CJ-5의 고급 버전 중 하나인 턱시도 파크 (Tuxedo Park)에는 크롬 범퍼와 거울이 달렸고, 후드 걸쇠도 있었다. 구매자들이 어울리는 색상이나 대비되는 색상으로 컨버터블 지붕을 고르는 것도 가능했다. 하지만 특유의 고상한 투박함은 여전히 시대를 몇 년은 앞서고 있었다.

1960년대와 1970년대에는 캠핑과 하이킹 및 기타 숲속의 야외 활동이 보이 스카우트의 몫이었다. 보이 스카우트 단원들은 '튼튼한 신체, 기민한 정신, 바른 도덕'을 추구했다.[20] 멕시코 서부의 푸에르토바야르타 (Puerto Vallarta)로 여행을 간 갑남을녀나 라스베이거스에서 프랭크 시나트라(Frank Sinatra, 1915~1998년)를 뒤쫓던 기자들이 이런 것에 관심이나 있었을까? 아서라, 바른 도덕은 특히나 아니었다. 미국에서 1960년대 초에 잘 산다는 것은 압도적으로 그런 것이었다. 헬리콥터 스키, 파스텔 톤의 폴라텍(Polartec) 옷, 항공기로밖에 갈 수 없는 5성급 사냥 오두막 등등이 근사하다는 것을 아직 모르던 나라에서 야외 활동이 멋지고 세련된 일이라는 인식은 자리를 잡을 틈이 없었다.

카이저 지프의 행보는 거기서 출고되는 차량만큼이나 더디기만 했다. 인터내셔널 하베스터 스카우트(International Harvester Scout), 포드 브롱코(Ford Bronco), 기타 지프의 아류들로 경쟁이 격화했고, 카이저 지프는 1967년 '오락과 취미 시장(fun and recreation market)'을 겨냥해 새 지프스터 시리즈를 출시했다.[21] 예전과 다르게 신형 지프스터들은 4륜구동 방식을 채택했다. 몇 년 후 T. 렉스(T. Rex)라는 영국의 록 그룹이 이렇게 노래했다. "아가씨, 난 그대의 사랑을 갈구하는 지프스터라오.(Girl, I'm just a Jeepster for your love.)"[22] 어쩌면 사랑의 감정이 잘 전달되었을 것도 같다.

카이저 지프는 왜거니어와 지프스터는 물론이고, 해외에서 지프를 면허 생산하는 기업들에게서 받는 특허 사용료로 수익이 괜찮았다. 그런데 1970년 헨리 카이저가 사망했다. 카이저 그룹을 이끌던 아들 에드거 포스버러 카이저(Edgar Fosburgh Kaiser, 1908~1981년)는 2류 자동차 기업의 미래가 불투명하다고 보았다. 그가 그해 카이저 지프를 7000만 달러에 AMC에 넘긴 이유다. 지프의 주인이 그렇게 해서 또 바뀌었다. "아메리칸 모터스는 지프로 큰 수익을 낼 수 있고, 낼 것이다." AMC의 1970년 연례 보고서는 이렇게 단언했다.[23]

AMC의 다른 제품들이 수익을 내거나(과연?) 깎아 먹은 것을 고려하면 지프 관련 보고에 특별할 것은 없었다. 관련해서 AMC가 1970년에 내보낸 광고는 기억할 만하다. "제너럴 모터스, 포드, 크라이슬러와 경쟁해야 한다면 뭘 하시겠습니까?"[24] AMC의 대답은, 맙소사 호넷(Hornet)과 그렘린이었다. 역대 최악의 차종들이라 해도 감히 이의를 제기할 사람이 없을 자사의 차들을 말이다.

1970년대가 펼쳐졌고, 주주들에게 전달되는 AMC의 연례 보고서는 지프 언급을 거의 하지 않았다. 뒤쪽에만 조금 나왔다. AMC는 술책을 쓰듯이 지프에 정기적으로 새 고안 내용을 심었다. 좌석에 블루데님 커버를 씌우는 등속으로 말이다. 네루 재킷(Nehru jacket, 칼라를 높이 세운 긴 상의 — 옮긴이)과 겹으로 짠 폴리에스터 소재의 레저 수트(leisure suit, 1970년대에 유행한 같은 천으로 만든 바지와 셔츠로 된 평상복 — 옮긴이)가 유행하던 10년이었으니 이해가 되기는 한다. 하지만 그런다고 판매가 나아지지는 않았다. 1978년 엑스페디시온 데 라스 아메리카스(Expedicion de las Americas)의 쾌거도 별다른 역할을 못 했다. 엑스페디시온 데 라스 아메리카스는 골수 오프로드(off-road) 차량 운전자들이 조직한 랠리였다. 그들이 5대의 지프를 동원해 티에라 델 푸에고(Tierra del Fuego, 아르헨티나와 칠레가 공동 통치하는 남아메리카 남단의 군도 — 옮긴이)에서 알래스카의 프루도 만(Prudhoe Bay, 앨래스카 주 북부의 대규모 유전 지역 — 옮긴이)까지 달렸다. 아메리카 대륙을 경도 방향으로 종단한 것인데, 거리로는 2만 1000마일(약 3만 3796.2킬로미터)이 넘었고 기간은 5개월이 걸렸다. 그들이 주파한 곳은 정글과 빙하 지대를 망라했다. 이런 여정은 향후에 텔레비전 쇼로 제작될 만큼 장대했다. 「플래닛 카니보어(Planet Carnivore)」와 「아이스 로드 트러커스(Ice Road Truckers)」를 떠올려 보라. 지프와 운전자들이 무사 귀환한 것은 그야말로 기적이었다.[25]

하지만 그러면 뭘 하나. AMC의 재정 상황은 유사(流沙)나 진창에 빠진 짐승 신세였다. 자동차 업계 분석가 한 사람이 그 10년의 초기 연간에 AMC에 대해 이런 평가를 내놓았다. "아메리칸 모터스가 사업을 계속 유지하려면 기적이 필요하다."[26] AMC는 1970년대 내내 그런 처지에서 빠져나오지 못했다. 지금 와서 일이 흘러간 상황을 돌이켜 보면 기적은 없었다. 프랑스가 필요했을 뿐.

프랑스 정부는 종전 후 반세기 동안 자국 최대의 자동차 회사를 직접 통제했다. 레지 나스요날 데 지쿈 르노(Régie Nationale des Usines Renault)는 아직도 정부 지분이 15퍼센트이다. 르노의 가장 중요한 임무는 자동차가 아니라 일자리를 만드는 것이었다. 내각 인사들의 아들과 조카 들이 경영진을 꿰찼다. 공장 현장은 과잉 고용된 노동자들로 미어터졌다.

르노도 1950년대에 한동안은 미국 최대의 외국 자동차 회사였다. 짐작하겠지만 그러다가 폭스바겐의 대대적인 공세가 단행되었다. 상황이 그래도 상관없었다. 르노 경영진은 전 세계적 영광을 누리겠다는 비전을 고수했다. 그들이 1960년대와 1970년대에 AMC의 딜러들과 유통 및 판매 계약을 체결하고 미국과 캐나다에서 자사 차를 판 이유다.

AMC가 1970년대 말에 다시 한 번 재정 위기에 빠졌다. 머지않아 회사가 붕괴할 것 같았다. 그렇게 되면 르노는 영광이고 뭐고, 없던 일이 되어 버릴 터였다. 아메리카 대륙 판매 경로가 사라지면 프랑스 본토의 일자리가 대거 날아갈 판이었다.

르노가 AMC 지분 47퍼센트를 사고, 긴급 자금을 수혈했다. 경영진을 파견해 AMC의 운영을 맡겼음은 물론이다. 지프는 주인이 또 바뀌었고, AMC는 '프랑코-아메리칸 모터스(Franco-American Motors)'라는 별명이 생겼다.

르노는 AMC를 통제, 운영해야 했고, 새로이 미국 시장을 확대하기로 한다. 프랑스제 차를 그저 미국에 수출만 하는 것이 아니라 AMC의 현지 공장을 활용해 프랑스 엔지니어들이 개발한 차를 만들었다. 르노의 프랑스 공장을 계속 가동하려면 당연히 부품은 르노 것을 써야 했다. 그렇게 해서 탄생한 차가 1982년식 르노 얼라이언스다. 르노 얼라이언스는 개성이 없고 성능도 그저그런 소형차로, 미국 내에서 이내 '르노 어플라이언스(Renault Appliance)'('appliance'에는 '기계, 장치, 설비'라는 뜻이 있다. 'alliance'는 '동맹, 연합 (관계)'라는 뜻이다. ─ 옮긴이)로 통하게 된다. 사정이 그러했으니 AMC 자신도, 출고되는 차도 실적이 좋을 리 만무했다.

광고 홍보에서도 미숙한 헛발질이 계속되었다. 대표적인 사례가 전조등에 관한 결정이었다. 1986년 1월 28일에 마지막 지프인 CJ-7이 톨레도 공장의 조립 라인을 벗어났다. 지프의 원형이 제2차 세계 대전 때 전장을 누볐고, 그것을 계승한 CJ 모델들의 30년 성상이 그로써 마감되었다. CJ를 대체한 것이 지프 랭글러 YJ(Jeep Wrangler YJ)였다. 그런데 랭글러 YJ에는 전통의 둥근 모양이 아니라 네모난 전조등이 달렸다. 지프의 전조등은 치열했던 전쟁 때 승리로 가는 길을 비추어 주던 물건이었다.

열혈 지프 애호가들은 외쳤다. "제기랄!", "망할!", "빌어먹을!" 티셔츠와 범퍼 스티커에는 이런 말이 적혀 있었다. "둥근 전조등이라야 진짜 지프!(Real Jeeps Have Round Headlights)"[27] 랭글러 YJ 첫 차가 미국이 아니라 캐나다에서 제작된 것 역시 국민적 감수성을 자극한 신성 모독이었다. 'YJ'가 'Yuppie Jeep(여피 지프)'를 뜻한다는 소문이 퍼졌다. 당연히 소문은 사실이 아니었지만, BMW 측에서는 쾌재를 불렀을지도 모를 일이다. YJ란 글자는 모델 부호에 불과했고, 특별한 의미가 전혀 없었다.

CJ 이야기도 좀 더 해야 할 것 같다. CJ는 명줄이 길었다. CJ는 축간 거리가 좁고 지상고(地上高)가 높은 특성 때문에, 고속 주행 시 나아가 곡선 주로를 회전할 때 전복되는 일이 잦았다. 지프를 상대로 한 제조물 책임 소송이 빈발했고, 그 액수가 수십억 달러에 이르렀다. 네이더와 콜베어의 다툼이 판박이처럼 재현되었다.

랭글러 YJ는 CJ보다 축간 거리가 넓고, 지상고는 낮아졌다. 이 녀석이 고속으로 주행할 때도 더 안정감 있고 편안할 수 있었던 이유다. 사실 많은 지프가 일반 도로만 달리는 실정이었다. AMC 조사원들이 1986년 확인한 바에 따르면, 지프 운전자의 95퍼센트가 산악 험로가 아니라 도시를 주행하는 것으로 나왔다. 8년 전에 그 비율이 겨우 17퍼센트였으니 엄청난 수치임에 틀림없었다. 그렇다면 오프로드 주행 비율은 어땠을까? 지프를 타고 오프로드로 나선다고 응답한 차량 보유자는 7퍼센트에 불과했다. 1978년에는 그 값이 37퍼센트였다.[28] 상황을 돌이켜보면, 사람들이 등산화를 신고 식료품점을 찾기 시작한 것 같았다. 많은 사람이 그러고 있었다. 제2차 세계 대전의 남루한 노역 말이 유행의 첨단이 되어 가고 있었던 것이다.

댈러스의 한 부동산 개발업자 이야기를 소개한다. 그는 1986년 이혼 소송을 진행하면서 갖고 있던 재규어(Jaguar)를 빼앗겼고, 결국 지프를 샀다. 그런데 자신이 2개의 전장 모두에서 결국 이득을 보았음을 불현듯 깨달았다.[29] 시카고 인근의 한 AMC 판매업자는 비슷한 시기에 길이를 16피트(약 487.7센티미터)로 늘인 지프 리무진을 내놓았다. 텔레비전 수상기, 인터콤, 술을 마실 수 있는 간이 바까지 갖춘 지프였다. 휴스턴의 한 딜러가 공개한 자기 소유 지프 리무진은 전장이 무려 19피트(약 579.1센티미터)였다. 물론 텍사스 주에서는 모든 것이 다 커지기 마련이지만 말이다.[30]

사실 그즈음에 팔리던 지프의 다수는 4륜구동이 아니라 2륜구동식이었다. 과속 방지턱보다 더 센 것이 나타나면 아무것도 할 수 없다는 이야기였다. 2륜구동 지프는 역할에 충실했고, 그럴싸해 보였다. 하지만 이것은 색상 때문에 짝퉁 어그 부츠를 '토마토'나 '셔벗'이라고 부르던 것보다 더 말이 안 되는 상황이었다. 그러나 이런 일이 도처에서 벌어졌다. 미국에서는 멋지고 세련된 급진 과격이 죽은 지 오래였다. 멋지고 세련된 것은 야외 활동이었다. 야성이 돌아온 것이다.

1980년대 중반 캔버스 천으로 만든 L. L. 빈의 야전용 상의(field coat, 일명 '야상'이라고 부른다. — 옮긴이)가 뉴욕에서 갑자기 판매가 늘어났다. L. L. 빈 사람들에게는 매출 급등이 수수께끼였다. 사냥꾼이 입으라고 만든 빈의 야상에는 큰 주머니가 달렸는데, 이는 잡은 새를 집어넣으라는 용도였다. 뉴욕에 들판이 많은 것도 아니었다. 새라고 해 봐야 비둘기였고, 뉴요커는 총질이 아니라 먹이 주기에 급급했다.

빈의 시장 조사원들이 그 수수께끼를 파고 들었다. 대다수 뉴요커가 사냥을 싫어하고 반대했다. 하지만 그들이 사냥꾼처럼 비치고 싶어 한다는 것을 조사원들은 확인했다. 5번가를 터벅터벅 걸으면서도 방금 숲에서 빠져나온 것처럼 보여야 했던 것이다. 아 물론, 입은 옷이 근질근질하거나 악취가 나서는 안 되었다. L. L. 빈은 일명 '주류화(mainstreaming)'를 시작했다. 메인의 숲속이 아니라 삭스(Saks, 5번가에 본점을 두고 있는 패션 중심의 고급 백화점 체인 — 옮긴이)의 진열대에서 사냥을 하는 사람들에게 딱인 야상을 만들었다는 이야기다. 잡은 새를 집어넣기 위해 달았던 큰 주머니는 불필요했으므로 사라졌다.[31]

빈은 조만간에 출시하는 상품군의 상당수를 주류화하기로 한다. 깊은 숲속에서 야간에 사냥하고 낚시하는 데 쓰라고 만든 부착식 헤드램프가 점점 작아졌다. 일몰 후 도시 교외의 가로에서 조깅하는 데 알맞은 물건으로 만든 것이다. 빈의 침낭이 더 가벼워졌다. 바깥의 차가운 날씨 속에서 캠핑하기보다는 실내 파자마 파티에 적합한 물건으로 재탄생한 셈이다. 그 전까지의 배낭은 등산 시 인체 공학적 안락함을 최대화하기 위해 눈물 방울 모양으로 만들었다. 이제 배낭은 네모나졌고, 교과서를 담을 수 있었다.[32] 회사의 대표 상품인 고무와 가죽 소재의 빈 부츠(Bean Boots)마저 색 상이 다양해지고 말았다. 산호색, 녹차색, 밝은 노랑이라니! 창립자 레온 레온우드 빈(Leon Leonwood Bean, 1872~1967년)이 진작 죽은 것이 천만다행이 었다. 그가 주류화의 실체를 알았더라면 관에서도 돌아눕지 않았을까?

빈만 주류화를 단행한 것이 아니었다. 오비스(Orvis)도 제물낚시 장비를 전문으로 하던 제조업체에서 다양한 상품군을 갖춘 '라이프 스타일 선도 기업'으로 변신을 도모했다. 결국 우리는 오비스의 상품 카탈로그에서 이런 제품까지 보게 되었다. '들소가죽 야구 모자', '마 소재 인디고 몬태나 모닝 진', '개가 수선 피우는 것에 대비해 탁자 윗면을 미닫이 형식으로 처리한 가구(anti-tail-wagging furniture).'

존 피터먼(John Peterman)의 통신 판매 회사가 1987년 그 옛날 서부의 카우보이들이 입던 발목까지 내려오는 가죽 소재의 더스터 코트(duster coat, 먼지를 피하기 위해 입는 헐렁한 외투 ― 옮긴이)를 팔기 시작했다. "당신의 엉덩이, 당신의 안장, 당신의 다리와 발목을 지켜 주세요. 당신은 소중하니까요." 그의 상품 카탈로그에는 이렇게 적혀 있었다. 피터먼은 《뉴요커》와 《월 스트리트 저널》에 광고도 게재했다. 그 광고에 적힌 설명에 따르면, 내놓는 외투는 "와이오밍의 찬바람은 물론이고, 월 가의 눈보라"에도 끄떡없다고 했다. 월 가에서 엉덩이를 가리는 것이 그토록 중요한가? 피터먼의 판매 실적을 공개해야 순서겠다. 그는 와이오밍에서보다 맨해튼 남부의 콘크리트 협곡에서 더스터 코트를 더 많이 팔아 치웠다.

야외 활동 의류 기업 테러토리 어헤드(Territory Ahead)도 보자. 그들도 비숫한 승마 외투(saddle coat)를 이렇게 광고했다. "편하게 입을 수 있고 격렬한 활동에도 끄떡없습니다. '서스캐처원(Saskatchewan, 캐나다 남서부의 주로 앞에 나온 와이오밍처럼 야생의 벽촌이라는 느낌이 있다. — 옮긴이)'을 발음하는 것보다 더 빠르게 탄 말이 울부짖을 겁니다." 신용 부도 스왑(credit default swap, 채권을 발행하거나 금융 기관에서 대출을 받아 자금을 조달한 기업의 신용 위험만을 분리해 시장에서 사고파는 신종 금융 파생 상품과 그 거래 — 옮긴이)을 거래하는 고된 일과 후 마티니로 피로를 달래고 그랜드 센트럴 터미널(Grand Central Terminal)을 이용해 통근하는 사람이 실제로 야외에 나가 말을 타기는 힘든 일이었다. 하지만 바로 그게 요점이었다. 이런 상품 카탈로그를 보면서 주문하는 고객들은 그런 시골 신사풍 생활이나 활달한 야외 활동 같은 것은 전혀 필요가 없었다. 그들은 그저 그렇게 보이기만 하면 되었다. 카탈로그 통신 판매업자들은 야외 활동 장비가 실내 활동자들에게 팔리리라는 것과 실내 활동자가 진짜 야외 활동자보다 더 많음을 알았다. 피터먼이 팔아먹은 꿈의 양이 팔아 치운 의류보다 훨씬 많았다. 꿈을 판다는 것에 대해 그는 이렇게 말했다. "바라고 꿈꾸는 대로 사는 거죠."[33] '주류화'의 실체가 바로 그것이었다.

"사람들이 원하는 건 코스프레(costume play, 외면적 인격, 곧 페르소나를 구축하는 방식으로 일반인들이 약화된 가장 무도회, 곧 '가식'을 '입고' 생활 세계를 누빈다는 이야기다. — 옮긴이)야." L. L. 빈의 임원들이 주워섬긴 이야기를 더 들어 보자. "부족의 일원이 되고 싶은 거지."[34] 비 오는 날 빈 부츠와 야상을 걸치고 타깃(Target, 유통업체 — 옮긴이)에 가고, 바나나 리퍼블릭에서 나오는 사진가용 조끼와 오비스에서 출시한 능직의 잠베지 카고 반바지를 입고 스타벅스로 뛰어가 벤티 사이즈 자바칩 프라푸치노를 사 먹는다는 이야기이다.

미국에서 야외 활동이 멋지고 세련된 것이라는 인식이 부상했고, 캘리포니아 출신의 이본 추이나드(Yvon Chouinard, 1938년~)에게도 마법처럼 기회가 열렸다. 그는 열혈 등산 애호가였다. 그가 1950년대에 출범시킨 작은 회사는 카라비너(carabiner, 등반할 때 사용하는 타원 또는 D자형의 강철 고리 — 옮긴이)와 등반용 쐐기못(piton)을 만들었다. 하지만 카라비너와 쐐기못이 많이 팔릴 리 만무했다.

1970년대에 추이나드는 등산 장비보다 야외 활동 의류를 구매하는 사람이 더 많아질 것으로 내다보고, 회사 이름을 파타고니아로 바꾸었다. 파타고니아의 야외 활동 의류는, 그의 말을 따르자면 "기술이 뒷받침되는 복합 기능 의류"여야 했다. 던져진 곳의 날씨가 춥고 눅눅할 때도, 착용자를 보송보송 따뜻하게 지켜 줘야 했던 것이다.[35] 더불어 그의 의류 제품은 패션의 첨단을 달려야 했다. 추이나드가 어떻게 쓰고 있는지 보자. "파타고니아 제품은 색상이 화려했다. 코발트 색, 청록색, 프렌치 레드(French red), 망고, 바다거품 초록(seafoam), 아이스모카(iced mocha) 등등을 썼다. 파타고니아 의류는 튼튼하면서도 단조롭지 않고 어쩌면 불경스럽기까지 했다. 바로 그게 통했다." 1980년대 중반부터 1990년까지 파타고니아는 연매출이 5배 뛰었다. 2000만 달러에서 1억 달러로 급등한 것이다.[36]

사람들은 파타고니아의 파스텔 색조 파카를 걸치고 디날리(Denali, 맥킨리 산의 다른 이름 — 옮긴이)의 스키 슬로프를 누빌 수 있었다. 새롭게 등장한 실내 암장의 안락하고 편한 활동은? 그것 역시 파타고니아가 책임졌다. 인공 암장이 전국에 우후죽순처럼 생겨났다. 모조 암벽이 35피트(약 10.7미터) 높이로 솟았고, 중간 곳곳에 카라비너, 쐐기못, 쇠갈고리를 끼우거나 박을 수 있는 구멍이 마련되었음은 두말하면 잔소리다.

야외 활동이 오락이자 여흥으로 붐을 이루었고, 헐겁게 흉내 낸 활동도 그건 마찬가지였다. 분위기가 이랬으므로 AMC와 르노도 수지가 맞았어야 했다. 미국인이 1984년 구매한 지프의 대수가 약 15만 4000대로, 이는 전년도 매출의 거의 2배였다.[37] 그런데 르노가 문제였다. 프랑스 회사 르노는 1980년대 중반 북아메리카 대륙의 사업 활동에서 거듭 쓴 잔을 마시며 지친 상태였다.

그들의 유일한 목표는 미국에서 르노 차종을 파는 것이었는데, 이는 파리에서 햄버거 헬퍼(Hamburger Helper)를 팔려고 애쓰는 짓이나 다름없었다. 르노의 미국 판매고가 1985년 35퍼센트 급락했다. 르노 얼라이언스를 만들던 위스콘신 주 케노셔(Kenosha)의 AMC 공장은 원래 매트리스를 생산하던 곳으로 세기의 전환기에 용도가 변경되었고, 당장에도 시설의 현대화가 급했다. 더구나 르노는 1986년 AMC에 6억 4500만 달러를 투자했다. 이 수치는 애초 계획보다 2배 이상 많은 액수였다.[38]

르노는 절망했고, 아이아코카는 기회를 보았다. 야외 활동이 새로운 오락이자 여흥임을 그는 어떻게 알아보았을까? 팜 스프링스(Palm Springs, 로스앤젤레스 동쪽의 휴양지 — 옮긴이)의 풀장에서 어슬렁거리다가 떠올렸을까? 어쩌면 리무진에서 내려 회사 비행기 걸프스트림 V(Gulfstream V)까지 몇 걸음 걷다가 번쩍하고 생각났을지도 모를 일이다. 아무튼 그 크라이슬러 최고 경영자에게는 미국의 맥을 짚어 낼 수 있는 재주가 있었다. 머스탱과 미니밴으로 이미 그 능력을 입증까지 하지 않았던가! 아이아코카는 미국인들의 활달한 라이프 스타일(모양만 낸 라이프 스타일일지라도)에 지프가 안성맞춤이라고 생각했다. 프랑스에게서 미국의 상징물을 되찾아 와야 한다는 판단도 거기 가세했다. 크라이슬러의 다른 고위 간부들은 전부 AMC를 사는 것이 미친 짓이라고 주장했다. 하지만 아이아코카한테 중요한 것은 표결뿐이었다.

협상을 하고 거래를 성사시키는 데 1년이 걸렸다. 르노는 지프 CJ의 전복과 관련된 소송전의 부채 20억 달러를 크라이슬러에 떠넘기려 했다. 거기다 과거의 AMC처럼 크라이슬러를 지렛대 삼아 르노 차를 미국에서 계속 팔고자 했다. 두 회사가 합의한 내용은 이렇다. 캐나다 소재의 AMC 공장 한 곳에서는 르노 차를 계속 조립한다. 제조물 배상 책임 금액은 분담한다. 1987년 3월 크라이슬러가 르노의 AMC 지분과 나머지 주식을 인수하겠다고 발표했다. 지프는 47년간 목숨을 부지하면서 여섯 번째 주인을 맞이했다. 아무튼 미국은 새롭게 흥성하는 문화 동향을 껴안게 된다.

크라이슬러가 아메리칸 모터스를 인수한 1987년에 지프에서 가장 인기 있던 모델은 문짝이 넷 달린 체로키였다. 이 차는 사람들이 바라고, 그래서 개선할 점이 많았다. 일단 내부가 비좁고, 싸구려처럼 조잡했다. 탑재된 것 중 가장 강력한 엔진도 V6 135마력으로 무기력하기 이를 데 없었다. 그 엔진은 자갈길을 느릿느릿 기어가는 데는 적합했지만, 고속도로에서는 노새보다 느렸다. 크라이슬러가 당장에 177마력의 더 큰 엔진을 집어넣었다. 그렇게 해서 고급 버전 체로키 리미티드(Cherokee Limited)가 탄생했다. 가죽 시트, 차체의 금장 줄무늬, 연한 금색으로 빛나는 알루미늄 소재의 휠 캡도 보태졌다.

체로키 리미티드는 그런 때 빼고 광내는 조치들 덕분에 마치 깡통을 잔뜩 꾸며놓은 듯했다. 하지만 출력 증강과 현란한 치장이 결과적으로 크게 먹혔다. 크라이슬러 딜러들조차 재고를 확보할 수 없을 정도였다. 일부 임원은 친구들한테 사적인 청탁 전화까지 받았다. 요컨대 손을 좀 써서 1대 구해 줄 수 없겠냐는 것이었다. 크라이슬러가 지프를 주류화했고, 미국인들은 그 결과물인 체로키 리미티드를 덥석 물었다.

크라이슬러의 다른 제품군은 실적이 별로였다. 아이아코카의 동료들이 걱정했던 점이 바로 이것이었다. AMC 매수를 위해 돈을 써 버리자, 제품을 개발할 돈이 부족해졌고, 크라이슬러의 다른 많은 차종이 구식으로 전락했다. 크라이슬러가 팔아 주기로 한 르노 차는 값만 비싼 실패작들이 었다. 하지만 체로키 판매고는 1988년 33퍼센트, 1989년 5퍼센트 상승했다. '스포츠-유틸리티 비클(sport-utility vehicle, 스포츠 실용차)'의 머리글자인 SUV가 메리엄-웹스터 사전에 등재되었다.[39]

크라이슬러의 경쟁사들이 지프의 성공에 깜짝 놀랐고, 대응에 나섰다. 포드가 1990년 투박하고 노후한 브론코 II(Bronco II)를 접고, 신형 4도어 (four-door) SUV인 익스플로러(Explorer)를 내놨다. 익스플로러에는 동력 잠금 장치(power lock), 유리창 동력 개폐 시스템(power window), 가죽 시트(열선도 들어갔다.), 선루프가 탑재되었다. 게다가 비좁은 지프 체로키보다 내부 공간이 넓었다. 익스플로러가 급격하게 치고 나와, 체로키 판매량을 압도해 버렸다.

디트로이트에서 SUV 전쟁이 시작되었다. 크라이슬러가 1992년 지프 그랜드 체로키(Jeep Grand Cherokee)를 들고 나와, 익스플로러에 맞섰다. 그 랜드 체로키는 스타일이 날렵했고, V8 엔진을 선택할 수도 있었으며, 일반 승용차처럼 차대와 차체가 '일체형(unibody)' 구조였다. (익스플로러는 V6 엔진이 었었고, 차체와 차대의 구조를 트럭에서 빌려와 더 무거웠다.) 그랜드 체로키의 디트로이트 자동차 쇼(Detroit Auto Show) 데뷔는 정말이지 굉장했다. 부회장 로버트 앤서니 '밥' 러츠(Robert Anthony 'Bob' Lutz, 1932년~)가 직접 차를 몰고 계단을 기어올라, 칸막이 유리창을 뚫고, 전시 무대에 안착시켰던 것이다. 구경꾼들은 몰랐지만 그 파격적 쇼에는 술수가 사용되었다. 때를 맞춰 미세 폭약으로 유리창을 산산조각냈던 것이다.

이제 그다음 순서는 자동차와 첨단 유행의 융합이었다. 야외 활동이 멋지고 세련되다는 약이 충분히 쳐진 상태였다. 포드가 익스플로러 에디 바우어 에디션(Explorer Eddie Bauer Edition)을 선보였다. 내장에 가죽을 어찌나 많이 썼는지, 더스터 코트를 두세 벌은 만들 수 있을 정도였다. 지프는 1995년 그랜드 체로키 오비스 에디션(Grand Cherokee Orvis Edition)으로 응수했다. 외장이 이끼 초록색, 내부는 '그린과 샴페인 색', 바닥 매트에는 오비스 로고인 튀어 오르는 송어가 새겨졌다. 한 작가가 이렇게 썼다. 그랜드 체로키 오비스 에디션이야말로 "고급과 상류의 산(Mount Upscale)을 오르는" 데 제격인 장비이다.[40] 2년 후 랭글러에 다시 둥근 모양의 전조등이 달렸고, 순수주의 지프 애호가들의 아우성도 마침내 잦아들었다.

SUV가 1990년대 중반 하위 차종으로 빠르게 분화했다. 자동차 잡지들의 분류를 따르자면, 소형 "귀염둥이(cute ute)"에서 포드 익스퍼디션(Ford Expedition)이나 쉐보레 서브어번(Chevrolet Suburban) 같은 특대형 "야수(brute ute)"까지 다양했다. 일본의 자동차 회사들은 대응이 느렸다. 하지만 그들도 뒤늦게나마 SUV가 지나가는 유행이 결코 아님을 깨달았다. 스즈키(Suzuki)가 그랜드 비타라(Grand Vitara) SUV를 출고했다.

토요타가 몇 년이 채 안 되어 5종의 SUV를 들고 나왔다. 자그마한 래브4(RAV4, Recreational Activity Vehicle, four-wheel drive, 4륜구동 여가 활동 차량)가 있었는가 하면, 대형의 랜드 크루저(Land Cruiser)는 무게가 무려 3톤이었다. 다수의 중년 여성이 미니밴과 사커맘 이미지가 싫었던지 SUV를 샀다. 10년 넘는 세월 동안 미니밴을 4종이나 몰았던 뉴저지의 한 가정주부는 앞부분에 일종의 방책 막대가 달린 토요타 4러너(Toyota 4Runner)를 구입했다. 아프리카의 관목과 덤불 지대를 횡단할 때나 설치하는 관형의 강철 부착물 있지 않은가? 확실히 퍼래머스(Paramus, 뉴저지 주 동북부의 도시 — 옮긴이)의 주차장용은 아니었다. 새러소타(Sarasota)의 한 여성은 레인지 로버(Range Rover)를 샀다. 그녀의 4만 달러짜리 차량은 용도가 쇼핑이었다. 《월

스트리트 저널》에 따르면, 해당 여성은 오프로드 주행을 해 볼 생각을 단한번도 하지 않았다고 한다. "음. 차가 더러워지잖아요."[41] 몰딘의 만화에 나오는 군인들인 윌리와 조가 이 이야기를 들었다면 눈이 휘둥그레졌을 것이다.

고급 SUV가 유행을 타면서 스포츠카를 대체하기 시작했다. 크라이슬러가 멕시코에서 제작한 비디오를 보자. 홍수로 물에 잠긴 도로에서 포르셰가 오도가도 못 하는 처지이다. 옆으로 지프 그랜드 체로키가 지나가는데, 뒤로는 수상 스키를 타는 사람이 보인다. 그가 불운한 로드스터에게 가운데손가락을 들어 올려 인사를 한다.[42] 미국에서도 그 비디오는 크라이슬러 영업 회의 때 자주 상영되었다.

포르셰가 2002년 SUV를 내놨다. 카이엔(Cayenne)은 405마력의 GTS급 엔진이 없었고, 정지 상태에서 시속 60마일(약 96.6킬로미터)로 가속하는 데걸리는 시간이 5.7초에 불과했다. 고성능 고속 SUV라니?! 그것은 하마와 치타를 교잡한 것 같았다. 아무려면 어떤가? SUV는 대당 수익이 1만~1만 5000달러였다. 이 액수는 보통 세단에서 챙길 수 있는 수익의 10배였다. 대형 SUV가 나온 후 특대형 SUV가 또 나온 것은, 더 큰 수익을 도모해서였다. 작은 SUV는 더 이상 기를 펴지 못했다.

사태 전개는 여기서 끝나지 않았다. 1990년 배우 아널드 슈워제네거(Arnold Schwarzenegger, 1947년~)가 오리건에서 영화 「유치원에 간 사나이(Kindergarten Cop)」를 찍고 있었다. 캘리포니아 주지사 선거에 나서려는 그의 다음 행보에 딱인 배역이었다. 군대에서 호송 및 수송용으로 쓰이던 차량 험비(Humvee)가 그의 눈에 들어왔다. 육중한 근육질의 차체가 슈워제네거 자신과 다를 바 없었다. 몇 년 후 허머(Hummer)라는 이름으로 민수용이 출시되자, 그는 기다렸다는 듯이 여러 대를 구입했다.

험비와 지프는 공통점이 많았다. 예컨대 기업의 족보를 보더라도, 험비를 제작한 AM 제너럴(AM General)은 1983년 매각될 때까지 아메리칸 모터스의 자회사였다. 지프와 험비 모두 그 시작은 군용 장비였다. 'GP(다목적) 차량'이 지프로 변했고, 험비는 고이동성 다목적 차륜 차량(High Mobility Multi-purpose Wheeled Vehicle, HMMWV)의 머리글자다. 세상사의 다른 모든 것처럼 두문자어도 제2차 세계 대전 이후 점점 더 복잡해졌다.

제너럴 모터스와 제휴 협력 중이던 AM 제너럴이 2003년 험비를 수정, 변경해 허머 H2(Hummer H2)를 출시했다. L.L. 빈의 야상처럼 험비도 주류화되었던 것이다. 이 말을 무게가 3톤이 넘고, 교외의 쇼핑몰에서 주차 구역 2개를 잡아먹을 만큼 폭이 넓은 차량에도 쓸 수 있다면 말이다. 허머 H2는 1갤런(약 3.8리터)으로 약 12마일(약 19.3킬로미터)을 달렸고, 환경 단체들은 그 사실에 이를 갈았다. 크라이슬러도 허머 H2를 증오했는데, 물론 환경 단체들하고는 이유가 달랐다. H2가 출고된 직후 크라이슬러가 제너럴 모터스를 고소했다. H2가 세로 홈 7개를 특징으로 하는, 수십 년 된 지프의 전면 그릴 디자인을 베꼈다는 것이었다. 연방 법원은 그것이 SUV의 얼굴일지는 모르겠지만 얼굴은 특허가 아니라며 소송을 각하했다.

하지만 사상 최대의 SUV는 허머 H2가 아니라, 2000년 출시된 포드 익스커션(Ford Excursion)이었다. 전장이 약 19피트(579.12센티미터), 무게가 4톤에 육박한 익스커션은 배기량 6.8리터에 310마력의 V10 엔진이 얹혔고, 1갤런(약 3.8리터)으로 약 10마일(약 16.1킬로미터)을 달렸다. 하지만 그 차가 무슨 대단한 화물이나 승객을 실어 나른 것은 아니었다. 운전석을 살펴보면 우리와 크기에서 차이가 안 나는 '조종사'뿐이었던 것이다.

SUV에게는 21세기의 첫 연간이 영광의 시절이었다. SUV는 새천년의 테일핀이었다. 테일핀도, SUV도 그 시작은 미미했지만 점점 커졌다. 금속

박판이 성장 호르몬 주사를 맞은 것 같았다. 휘발유 가격이 싸서 그 모든 것이 가능했다. 미래 세대는 그 두 물건을 제정신이 아닌 상태에서 도를 넘었던 일을 상징하는 대표적 사례로 떠올리며 곤혹스러워 하거나 넋을 놓을 것이다.

여러 이데올로기 진영이 SUV 붐에 반발했다. 허머가 출시되자, FUH2.com이란 웹 사이트가 만들어졌다. "Fuck You and Your H2", 그러니까 "너도, 네가 구입해서 타는 H2도 지옥에나 가 버려."라는 뜻이다. 물론 더 점잖은 말로 항의하는 사람들이 많았다. 2001년과 2002년에 복음주의 환경 네트워크(Evangelical Environmental Network)라는 단체가 SUV 반대 캠페인을 벌였다. 그들은 이렇게 물었다. "예수님이라면 어떤 차를 몰까요?" 성경을 아무리 뒤져 봐도 구체적인 안내를 받을 수는 없다. 그것이 오히려 다행인지도 모르겠고 말이다. 그 고대의 문헌에서 '지프'라는 단어가 한번이라도 나왔다면 세상은 난리가 났을 것이다.

SUV의 시대가 절정에 도달했지만, 크라이슬러의 드라마는 재앙이었다. 아이아코카가 자리에서 물러나고 6년 후인 1998년 독일의 다임러-벤츠가 380억 달러에 크라이슬러를 인수했다. 엄청 후하게 쳐 준 이 금액은 지프가 수익을 많이 내고 있었기 때문이었다. 그러나 이 인수 합병으로 기업 문화가 충돌하는 대사건이 발생했다. 벌지 전투(Battle of the Bulge) 이래 독일과 미국이 맞붙은 사상 최대의 갈등이라고 해도 과언이 아닐 정도였다.

다임러크라이슬러(DaimlerChrysler)의 독일인과 미국인은 사사건건 싸웠다. 명함의 크기를 정하는 사소한 문제에서부터, 중요한 사안이라고 할 수 있는 것으로 메르세데스벤츠의 명성을 훼손하지 않으면서 크라이슬러 차들에 메르세데스 부품을 얼마나 집어넣을지에 이르기까지 말이다. 독일인 중역들은 미국인 경영진을 연달아 쫓아내고 교체했다. 한 미국 기자는 "크라이슬러가 점령당했다."라고 썼다.[43]

손실이 수십억 달러에 이르렀고, 수천 명이 감원되었다. 허리케인 카트리나(Hurricane Katrina)가 뉴올리언스를 박살내 버린 2005년에 사태가 악화되었다. 휘발유 가격이 오르면서 지프 수요가 급감했던 것이다. 포드가 익스커션 생산을 중단했다. 휘발유 먹는 하마들인 SUV 수요도 잠시뿐이었을지 모르지만 감소했다.

다임러가 2007년 크라이슬러를 매각하면서 미국 현지화 시도를 포기했다. 매입가를 생각하면 그야말로 헐값이었다. 매수자는 뉴욕의 자산 비공개 회사 케르베로스(Cerberus)였다. 케르베로스가 개입하면서 크라이슬러의 난맥상이 극으로 치달았다. 수십억 달러의 손실이 추가로 발생했고, 월 가는 크라이슬러-케르베로스를 "클루리스(Clueless)", 곧 "답 없는 놈들"이라고 불렀다. 미국이 65년 만에 최악의 경기 침체 수렁에 빠져든 2009년 4월 30일 크라이슬러는 파산과 함께 정부 보호를 요청했다. 재무부가 이탈리아 자동차업체 피아트(Fiat)에 크라이슬러를 매각하는 협상에 나섰다. 피아트는 전 세계에서 크라이슬러라는 진창에 빠져들겠다고 자진한 유일한 기업이었다. 크라이슬러 직원 수천 명이 또 직장을 잃었다. 지프의 주인은, …… 몇 번째냐 하면, 아홉 번째 주인을 맞이했다.

그리스 신화에 나오는 역사의 여신 클레이오(Clio)가 못된 장난을 친 것일까? 지프는 용맹했고, 제2차 세계 대전 승리에 기여했다. 다임러와 피아트는 패전국 기업들이었다. 윌리와 조는? 그들도 이 사실에 눈이 휘둥그레졌을 것이다.

아무튼 지프는 허머와 달리 끝끝내 살아남았다. 크라이슬러가 파산 보호 신청을 하고 1개월 후 제너럴 모터스도 파산 절차에 돌입했다. 허머가 매물로 나왔지만 사겠다는 사람이 아무도 없었다. 그렇게 허머는 테일핀의 길을 밟았다.

하지만 바뀌지 않고 유지된 것도 일부 있다. 지퍼스 잼보리가 매년 시에라 네바다 산맥을 달리는 행사로 50년 넘게 지속되고 있다. '오프로드'라는 말이 차고 앞의 자갈 깔린 진입로를 의미하기 전의 시대가 여전히 음미되고 기념되며 찬양 받고 있는 것이다. 뉴욕의 현대 미술 박물관(Museum of Modern Art)에는 1952년식 지프 CJ도 전시되고 있다. 우리는 그곳에서 미국 "문화의 아이콘"이라는 설명을 읽을 수 있다.

12

포드 F-시리즈

카우보이,
컨트리 음악,
공화당 지지자들

픽업 트럭의 으뜸가는 특징은 고속 조종성이다. 거듭 이야기하지만 고속이라는 것이 중요하다. 픽업 트럭 보유자는 어디에서든 바람처럼 달려와 난관으로 직행할 수 있다. 여기에 맥주가 빠질 수는 없는 일이다.

패트릭 제이크 오루크, 『공화당은 파충류』[1]

픽업 트럭도 스포츠 실용차 SUV처럼 비포장 도로를 달릴 수 있다. 하지만 픽업 트럭은 건초를 운반할 수 있지만 SUV는 그럴 수 없다. 둘을 구분해 주는 다른 특징도 보자. 랜드 로버(Land Rover)를 운전하는 사람들은 송어 낚시를 한다. 차에는 고강도 그래파이트 제물 낚시대가 실려 있을 것이다. 반면 픽업을 모는 사람들은 농어를 낚는다. 그들의 경우는 통신 판매로 주문한 카벨라(Cabela's)의 낚시대일 것이다.

　뉴 케이넌(New Canaan, 코네티컷 주 페어필드 카운티에 있다. — 옮긴이)에서 레인지 로버를 모는 사람과 텍사캐나(Texarkana, 텍사스 주 동북부에 있는 도시 — 옮긴이)에서 포드 F-150(Ford F-150)을 운전하는 사람을 예로 들어 보자. 둘 다 이름(first name)이 둘일 것이다. 하지만, 누가 진 폴(Jean Paul, 장 폴)이고, 누가 짐 밥(Jim Bob)일까?

이런 정형화된 판단을 뒷받침하는 과학적 증거는 없다. 하지만 일화 증거는 많다. 대리언(Darien, 역시 코네티컷 주 페어필드 카운티에 있다. ─ 옮긴이)이나 소살리토를 지나면서 배관공 아닌 사람이 모는 픽업 트럭을 찾아본 사람이라면 누구나 동의할 것이다. 회원제로 픽업 트럭을 모는 아마릴로 컨트리 클럽(Amarillo Country Club)을 출입했던 사람도 그건 마찬가지이다.

텍사스는 픽업 트럭 미국(Pickup Truck America)의 수도다. 그곳의 포드 판매업자들은 대형 픽업 F-150을 '텍사스 머스탱'이라고 한다. 포드가 소형 트럭 레인저(Ranger)도 팔지만, 텍사스 주민이라면 그런 난쟁이 픽업을 모느니 차라리 영화 「도시의 카우보이(Urban Cowboy)」에 나오는 술집 길리스(Gilley's)에서 코냑 쿠르부아지에(Courvoisier)를 주문하고 말 것이다.

픽업 트럭 미국의 영토는 대문자 J를 거꾸로 써 놓은 모양새다. 워싱턴 주 왈라 왈라(Walla Walla), 텍사스 주 웨이코(Waco), 플로리다 주 오칼라(Ocala), 다시 위로 조지아 주 서배너(Savannah)를 선으로 잇는다고 한번 생각해 보라. 그곳들은 우연하게도 빨간 주(Red State, 공화당 지지표가 많이 나오는 주 ─ 옮긴이), 카우보이들의 보루, 컨트리 음악, 보수적 색채와 겹친다. 픽업 트럭이 대단한 궁금증을 자아내는 문화적 상징물로 부상하는 것은 바로 이와 같은 중첩 때문이다. 그전까지만 해도 픽업은 더러운 허드렛일 수단일 뿐이었다. 농부들과 도급자들이 사다리, 잡동사니, 연장, 건초, 제초제 따위를 픽업으로 실어 날랐다. 가끔씩 버드와이저(Budweiser)나 론 스타(Lone Star) 맥주는 말할 것도 없겠고 말이다.

픽업 운전자들은 수십 년 동안 확연히 구별되는 두 부류로 나뉘어 서로 다투기 일쑤였다. 포드 파와 쉐비 파가 바로 그것이다. 그들의 경쟁 심리를 표현한 것이 범퍼 스티커였다. 말썽꾸러기가 바지를 내리고 오줌을 깔기며 뒤를 째리는 도안이 대표적인데, 소유자의 차량 선호에 따라 오줌이 갈겨지는 대상 문자가 'Ford'나 'Chevy'인 것이다.

그런데 1970년대 초에 픽업 트럭의 위상이 바뀌기 시작했다. 캘리포니아 남부의 청년들이 일본에서 수입된 소형 픽업을 이용해 서핑 보드를 해변으로 운반했던 것이다. 일본에서 수입된 픽업은 저렴하고 믿을 수 있었다. 한동안은 소형 트럭이 우람한 대형 모델들을 제치고 픽업 시장을 장악할 기세이기도 했다.

픽업이 무대를 차지하기 시작했다. 컨트리 음악의 본고장인 내슈빌(Nashville)에서는 문자 그대로인 경우도 있었다. 컨트리 음악은 그간 애팔래치아적인 것일 뿐이었다. 미국의 뿌리가 농업이라고 믿는 사람들은 컨트리 음악을 들으면 「앤디 그리피스 쇼(Andy Griffith Show)」(CBS에서 1960~1968년 방송된 텔레비전 시트콤. 앤디 새뮤얼 그리피스(Andy Samuel Griffith, 1926~2012년)가 노스캐롤라이나의 메이베리라는 (가상) 동네의 상처한 보안관으로 나온다. 그리피스 자신의 증언에 따르면, 시간 배경이 1930년대라지만 1960년대도 섞여 있다. ─ 옮긴이)를 떠올렸다. 1972년 영화 「딜리버런스(Deliverance)」에 나오는 두메산골 촌뜨기의 동성 강간 장면이 떠오른 사람들이라면 좀 몰인정한 성향일수도 있었겠고. 하지만 바로 그즈음에 컨트리 음악이 주류화의 길을 걸었다. 피터먼의 더스터 코트와 파타고니아 바람막이처럼 말이다. 1960년대 말과 1970년대 초에 컨트리 음악 스타들인 글렌 트래비스 캠벨(Glen Travis Campbell, 1936년~)과 조니 캐시(Johnny Cash, 1932~2003년)가 텔레비전의 황금 시간대 쇼 프로에 출연했다. 그들과 다른 컨트리 가수들, 가령 로리타 린(Loretta Lynn, 1932년~)과 로이 켈턴 오비슨(Roy Kelton Orbison, 1936~1988

년)이 대중음악 순위표를 점령했다. 10년 후 바버라 앤 맨드렐(Barbara Ann Mandrell, 1948 년~)은 「내가 컨트리 가수였을 때 컨트리 음악은 별로였지(I Was Country When Country Wasn't Cool)」라는 노래를 취입했다.

당시에 컨트리 음악은 정말로 대단한 인기를 누렸다. 적어도 바이올린을 '깽깽이'로 알던 촌 동네 너머의 대중 사이에서도 널리 수용되었음은 분명하다. 컨트리 가요는 전통적인 가치를 노래했다. 예컨대 주된 테마는 이런 것들이다. 속임수와 사기, 부정, 거짓말, 배신행위, 죽도록 고생만 하신 엄마, 그리고 고된 노역을 함께 하는 트럭.

그것이 문화 현상이었고, 포드와 쉐보레는 컨트리 음악 스타들과 대형 계약을 체결하고 각사의 트럭을 판촉했다. 이게 엉덩이를 까고 오줌을 갈기는 심술꾸러기 범퍼 스티커보다 더 고등한 형태의 대결이었음은 당연하다. 사람들이 나날의 운송 수단으로 픽업을 몰기 시작했다. 픽업이 통상의 자가용이 된 것인데, 그렇다고 돼지나 베니어 합판을 실어나르는 용도는 당연히 아니었다. 자기 트럭에 남부 연합 깃발을 전사(轉寫)하거나 총가대를 싣는 사람은 드물었다. 그들이 금연자라면 더욱 말이다.

픽업은 주류화의 길을 밟으면서 동시에 고급화되었다. 뒷좌석이 생겼고, 문짝이 4개로 늘었으며, 버드와이저(적어도 당시의 일부에게는)가 아니라 벤티 사이즈 라테를 끼울 수 있는 컵받침대까지 부착되었다. 그다음 단계도 일은 일사천리였다. 할리-데이비슨(Harley-Davidson) 에디션(유명 오토바이 제조업체와의 협업으로 생산된 트럭을 말한다. — 옮긴이) 같은 고성능의 고속 주행 픽업이 나오는가 싶더니, 고가의 '스페셜티(speciality, 새로 고안된 명품)' 트럭이 출고되었다. 계기판에 내비게이션 화면이 장착된 7만 달러짜리 픽업이 어군 탐지기를 갖춘 5만 달러짜리 소형 보트를 끌고 가는 장면도 가끔씩 볼 수 있었다.

아셀라 코리도(Acela Corridor, 아셀라는 미국 북동부 회랑 지대에서 철도 회사 암트랙(Amtrak)이 제공하는 고속 철도 서비스의 상표명 — 옮긴이)나 마린 카운티(Marin County, 캘리포니아 주 북서부 해안의 카운티 — 옮긴이) 주민들은 그 촌티 나는 풍요로움을 이해할 수 없었다. 미국인들이 픽업을 모는 텍사스 인을 2번씩이나 미국 대통령으로 선출하고 어리둥절해졌음은 물론이다. 픽업 트럭도 미니밴처럼 정치적 유상하중(payload)이 상당했다.

최초의 픽업 트럭은 오늘날과 달리 편의 장비가 거의 없었다. 완제품으로 조립되어 출고되지도 않았으니 그런 것을 바란다는 사실이 더 이상했다. 화물을 싣고 끌려는 사람들은 차대와 더불어, 별도의 화물 적재함을 구입해야 했다. 두 조각을 붙이는 일도 소비자의 몫이었다. 크기가 좀 컸다는 사실만 빼면 장난감 레고(LEGO) 블록을 조립하는 것과 비슷했다. 1925년에야 포드가 완성차 트럭을 출고했다. 이름도 거창하다. '적재함을 갖춘 모델 T 런아바웃(Model T Runabout with Pickup Body).' 2~3년 후 포드에서 다시 모델A(Model A)가 나왔다. 모델 A는 처음부터 완제품 상태의 픽업 트럭이었다. 모델 A 트럭에는 40마력 4기통 엔진이 얹혔다. 1929년에 쉐보레가 6기통 트럭을 들고 나오면서 포드에 반격을 가했다. "4기통 트럭 가격으로 6기통 트럭을 모세요." 쉐보레의 광고는 이렇게 선전했다.[2]

엔진을 키워 내놓으면서 상대방의 약점을 예리하게 물고 늘어지는 광고 문구가 포드와 쉐비 트럭 부문의 행동 패턴으로 자리를 잡았고, 그 관행이 나머지 세기와 그 너머 세기까지 지속된다. 요컨대 주거니 받거니 하면서 한발 앞서는 계책을 내놓은 것이다. 그것은 특유의 경쟁 관계였다. 일본의 자동차 제조업체들이 미국 시장의 절반을 장악하고 일본의 소형 픽업 제품이 인기를 구가할 때조차, 건장한 대형 픽업 시장은 여전히 포드와 쉐비의 전쟁터였다. (크라이슬러의 닷지가 약간 침투하기는 했지만.) 토요타 트럭들에 로데오 스티커는 정말이지 안 어울렸다.

1930년 포드 모델 A 픽업의 판매고가 40퍼센트 추락했다. 다른 모델이라고 해서 사정이 더 나을 것은 없었다. 대공황이 시작되었고, 농업 노동자들이 언제 망가질지 모를 픽업 트럭에 가진 것을 바리바리 싸들고 서부 캘리포니아로 향했다. 그 신산한 광경을 다들 기억하리라. 스타인벡이 『분노의 포도』를 썼다. 우리는 달구지 같은 픽업을 타고 서부로 향하는 조우드 가족들 이야기를 읽었다. 픽업 트럭은 도대체가 영광 같은 것하고는 절대로 상관없는 물건인 것이다.

그런데 스타인벡이 『분노의 포도』를 출간한 1939년쯤에 픽업이 새로워지기 시작했다. 쉐보레가 자사의 트럭에 널찍한 의자를 낮게 설치했다. 사람이 3명까지 넉넉히 앉을 수 있었고, 똑바로 앉은 상태에서 더 이상 머리를 천장에 부딪치지 않아도 되었다. 시트가 더 푹신했음도 보태야겠다. 탑승객은 자신들이 딱딱한 벤치 위에서 반복적으로 통통 튕긴다는 느낌에서 벗어났다. 편의 장치와 설비가 픽업 트럭에 스멀스멀 기어 들어온 것이었고, 그런 일은 앞으로 더 많이 일어나게 된다.

쉐보레가 전후의 첫 번째 픽업을 공개한 것이 1947년이다. 차원을 뛰어넘는 수준의 신차는 전전의 모델들보다 전장이 약 7인치(17.78센티미터) 더 길었다. 그리고 그것은 시작에 불과했다. 쉐비의 픽업들은 향후 60년 동안 다시 2피트(60.96센티미터) 더 커진다. 미국 자신의 명백한 운명(manifest destiny)이라도 되는 것처럼 말이다.

1948년에 포드가 이에 응수했다. 완전히 새로운 F-시리즈는 상이한 세 모델로 구성되었다. F-1은 가장 작은 픽업으로 가벼운 작업을 담당했다. F-3은 덩치가 큰 픽업으로 무거운 화물을 탑재하는 용도였다. F-2는 그

중간이었다. 그 각각이 1953년에 F-100, F-200, F-300으로 이름이 바뀌었고, 후에 개량형 F-150, F-250, F-350으로 이어진다.

1954년에는 F-시리즈 트럭들에 택시처럼 운전자 편의 장비가 달려 나왔다. 좌석 팔걸이, 차내등, 차광판 같은 것들이 대표적이다. 그러나 무엇보다도 픽업과 관련해 그해의 가장 놀라운 소식은 포드가 엔진을 V8로 승급했다는 것이었다. 쉐비의 트럭들에 V8이 얹히지 않았음은 물론이다. 물론 포드도 새 엔진이라고 해 봐야 출력이 130마력에 불과했다. 50년 후 주류 4기통 엔진이 내는 출력보다 더 작았다는 말이다. 실상이야 어찌 되었든, 포드가 픽업 트럭 전장에서 앞서 나기기 시작했다.

하지만 그 우위가 오래 지속되지는 않았다. 1년 후 쉐보레가 새로 개발한 '스몰 블록(small-block)' V8을 자사의 픽업 트럭에 얹었다. 스몰 블록 V8은 쉐보레를 총괄하던 콜이 1955년식 쉐비들에 활동성을 보태기 위해 집어넣은 것과 기본적으로 같은 엔진이었다. 쉐비의 V8 트럭은 162마력을 뽐냈고, 포드보다 힘이 좋았다. 포드와 쉐비의 픽업 전쟁이 도를 더해 갔다. 1957년 제너럴 모터스가 자사의 픽업에 처음으로 4륜구동 방식을 적용했다. 포드는 에드셀이 쫄딱 망하는 바람에 휘청거렸고, 그 사태를 만회하고 추격에 나서기까지 2년이 걸렸다. 어쨌거나 포드가 그해에 쉐비를 보기 좋게 꺾어 버렸다. 란체로(Ranchero)라는 맵시있는 신차가 혁혁한 공을 세웠다.

란체로는 앞부분을 보면 승용차인데, 몸뚱이는 픽업 트럭이었다. 고대 이집트 인들이 사람 머리와 사자 몸뚱이를 섞은 조형물을 만들면서 스핑크스라고 부른 철학과 다르지 않은 행태였다. 불의의 일격을 당한 제너럴 모터스도 2년 후 승용차-트럭 콤보를 출시했다. 쉐비 엘 카미노(El Camino)가 바로 그것이다.

1960년 노동절 직후 이상하게 생긴 차가 다시 한 번 미국 도로에 나타났다. 게다가 이번에는 운전자가 스타인벡이었다. 그가 뉴욕의 셸터 아일랜드(Shelter Island) 자택을 출발했다. 조드 일가가 기함했을 픽업을 타고 미국을 일주하는 장도에 오른 것이다.

제너럴 모터스의 GMC가 바로 그 주인공이었다. V6 엔진이 얹힌 GMC에는 자동 변속기도 달려 있었다. 스타인벡의 암녹색 GMC에는 따로 발전기가 장착되어, 부착식 숙박 시설(camper)에 전기를 공급했다. 나이 든 작가는 거기서 숙식을 해결했다. 50년 후 연구자들은 스타인벡이 트럭에서 실제로 뭘 얼마나 했는지에 대해 의문을 제기했다. 말하자면 노변의 모텔에서 자 놓고 '캠핑'으로 우긴 것 아니냐는 것이었다. 하지만 스타인벡이 트럭 여행을 했다는 사실만큼은 틀림없는 사실이다. 이웃들은 그가 돈키호테처럼 여행에 나선 것이라며 키득거렸다. 스타인벡도 자신의 트럭을 돈키호테가 타고 다니던 로시난테(Rocinante)라고 불렀다. 로저스도 자신의 지프를 넬리벨이라고 부르는데, 전설적인 작가가 17세기 에스파냐 소설에 나오는 말 이름을 좇아 자기 트럭의 이름을 지어 주지 못할 이유는 또 무엇인가?

스타인벡은 이렇게 썼다. 픽업은 "아름다운 물건이다. 강력하면서도 유연했다. 일반 승용차처럼 다루기가 쉬웠다."[3] 그는 로시난테를 끌고 미국의 북부 주들을 지나 시애틀까지 갔고, 이어 서부 해안을 따라 캘리포니아의 살리나스까지 간다. 살리나스는 그의 어릴 적 고향이다. 그는 미국의 풍광에 끼어들기 시작한 고속도로가 없는 곳으로 여행했다. 작가의 말을 들어보자. "이들 고속도로가 전국을 종횡으로 누비게 되면 뉴욕에서 캘리포니아까지 운전하면서 아무것도 못 볼 것이다."[4] 시간이 흘렀고 우리는 아는 사실이지만, 예외가 있다. 맥도널드와 월마트와 쉐브론(Chevron) 주

요소는 지천이다.

스타인벡의 귀향 여정은 텍사스를 경유하는 남쪽 루트였다. 그는 텍사스를 이렇게 썼다. "텍사스는 그 특징과 크기로 보건대, 보편성이 환대를 받는다. 그런데 그 보편성이라는 것이 흔히 역설로 귀결되고 만다. 교향악단의 연주회에 갔는데 '컨트리 보이'가 있다면? 청바지와 부츠 차림의 카우보이가 니만 마커스(Neiman Marcus, 텍사스 주 댈러스에 본부가 있는 고급 백화점 체인 — 옮긴이)에서 산 중국산 옥을 장신구로 착용하고 있다면?"[5] 50년이 흘렀지만 이 논평은 여전히 유효하다.

스타인벡의 여행기가 1962년 출판되어 베스트셀러가 되었다. 제목이 『찰리와 함께 한 여행(Travels with Charlie)』인데, 찰리는 그가 애완용으로 기르던 푸들의 이름으로 이 여행을 함께 했다. 스타인벡은 조국 미국을 탐사했다. 케루악이 자아를 탐색한 것도 생각난다. 오루크의 맥주 탐사 여행도 우리를 기다리고 있다. 미국의 위대한 장거리 자동차 여행은, 뭐라고 할까, 항상 뭔가를 탐사하며 의미를 찾는 작업이었다.

『찰리와 함께 한 여행』이 출간되고 1년 후 픽업과 관련해 사태가 이상하게 꼬였다. 미국과 유럽이 무역 분쟁을 벌였는데, 하고 많은 대상 중 픽업 트럭이 갈등의 소지가 된 것이다. 그 승강이로 픽업 트럭 시장이 재편되었다. 정부의 관료 기구가 헛되고 소용없음을 이실직고하는 역사상 가장 웃기는 몇몇 일화가 탄생한 것도 성과라면 성과겠다. 정말이지 그 덕분에 역사가 풍성해졌다. 유럽의 몇몇 나라가 미국에서 수입되던 닭에 느닷없이 관세를 부과하면서 그 모든 일이 시작되었다. 영계를 보호해야 한다는 뻔뻔한 논리가 일방적으로 선언되었다. 존슨이 대통령에 취임하고 몇 주 후인 1963년 12월 앙갚음에 나섰다. 그 보복 조치가 후에 '닭 관세'로 알려지게 된다.

존슨이 수입 닭에 관세를 매긴 것이 아니었으니, 명칭 때문에 헷갈리면 안 된다. 당시에 유럽은 미국으로 닭을 한 마리도 수출하지 않았다. 유럽인들이 닭을 키운 건 국내 소비를 위해서였지, 미국의 닭 둥우리는 전혀 관심 밖이었다. 해서 존슨은 이상한 종류의 상품들에 관세를 부과했다. 브랜디와 산업용 전분인 호정(糊精, 우표와 봉투의 풀로 쓰임), 픽업 트럭이 애꿎은 희생양이 되었다.

픽업은 닭과 아무 상관이 없었다. 하지만 정치와 엮이면 뭐든 가능했다. 정치권은 디트로이트 자동차 회사들과 자동차 노조 연맹의 지지를 강화할 필요가 있었다. 존슨은 1964년 선거를 앞두고 있었다. 일명 '닭 관세'로 수입 트럭에 25퍼센트의 세금이 매겨졌다. 추가 부담금이 엄청나졌고, 거의 전부 수입되던 소형 픽업이 대형 트럭만큼 비싸졌다. 크기가 3분의 2에 불과했는데도 말이다. 1960년대는 휘발유 가격이 쌌다. 거기에 관세 폭탄이 더해졌다. 그것이 어떤 의미로 다가왔을까? 작은 트럭을 살 이유가 없다는 소리였다. 1960년대와 1970년대 초에 소형 픽업은 눈을 씻고 찾으려 해도 찾을 수가 없었다. 뉴욕의 맨해튼에서 작물을 재배하는 밭을 찾는다고 생각해 보라.

하지만 1973년에 아랍이 석유의 금수 조치를 단행했고, 휘발유 가격이 2배로 뛰었다. 미국인들이 연비가 더 좋은 차를 찾아 나섰음은 물론이다. 자동차 회사들이 수익을 기대하고 소형 픽업 트럭을 수입했다. 기업들은 습관적으로 관세를 피해 갈 수 있는 기술적 허점을 찾았다. 픽업 트럭의 운전부와 화물칸을 별도로 수입하는 것이 한 가지 수였다. 그들이 수입하는 것은 트럭이 아니라 트럭 부품이었다. 두 부품은 세관을 무사통과했고, 근처 창고로 실려간 다음 냉큼 조립되었다. 짜잔! 그렇게 무관세 픽업 트럭이 미국에 도착했다.

토요타와 닛산만 이런 술책을 쓴 것이 아니었다. 포드, 제너럴 모터스, 크라이슬러도 그 짓을 했다. 그들이 닭 관세 정책의 주요 지지자였음을 상기하자. 빅3가 일본의 자동차 회사들과 로비를 했고, 소형 픽업 트럭이 '부품'으로 수입되어 조립된 다음, 포드, 닷지, 쉐비 상표로 팔렸다.

'Light Utility Vehicle', 곧 실용 경차라는 의미의 쉐비 LUV(Chevy LUV)도 그렇게 출시된 트럭 가운데 하나다. 쉐비 LUV는 이스즈(Isuzu)가 GM을 위해 일본에서 만들었고, 1972년 미국에서 출시되었다. 포드의 대응 상품이 쿠리어(Courier)다. 쿠리어는 마즈다(Mazda)가 히로시마에서 만들었다. 닷지 램 50(Dodge Ram 50)도 미쓰비시 자동차(Mitsubishi Motors)와 제휴한 일본산이었다. 디트로이트는 수익을 위해서라면 약간의 위선과 술수는 안중에 없었다.

규제 관리들이 뒤늦게 그 빈틈을 막자, 자동차 회사들은 딴 구멍을 찾아냈다. 스바루(Subaru)가 브랫(Brat)이라는 소형차를 수입한 것이 대표적이다. 『워즈 자동차 연감 (*Ward's Automotive Yearbook*)』이 1979년 적어 놓은 내용을 보자. "브랫은 화물칸에 좌석이 2개 용접되어 있다. 다목적 승용차의 요건을 갖춘 것이고, 그래서 브랫은 기술적으로는 트럭이 아니게 되었다."[6] 브랫이 미국 세관을 통과하자마자 화물칸 좌석이 제거되었다. 정말이지 무엄하고 버릇없는 녀석(brat)이라 하지 않을 수 없었다.

이런 수법에 더해 1970년대에 휘발유 가격이 뛰자, 소형 픽업의 판매고가 치솟았다. 1970년에는 대형 트럭 판매량이 소형을 20대 1로 압도했다. 하지만 1980년에는 그 비율이 2대 1에 불과했다. 미국인들이 그해에 소형 픽업을 63만 대 구입했다. 10년 전과 비교해 10배 더 많이 산 것이다.[7] 놀랍게도 소형 트럭이 앞서가는 유행으로 자리를 잡았다. 청바지에 소가죽 혁대를 하는 것이 멋진 일인 텍사스와 테네시가 아니라 저 멀리 캘리포니아의 말리부(Malibu) 해변과 오렌지카운티(Orange County)에서 말이다. 그곳 젊은이들이 소형 픽업을 구매하는 데 지불한 7,000달러 미만의 가격은 모두 닭 관세 덕이었다.

규제 관리들도 손 놓고 있지는 않았다. 1980년대 초에 무역 규제가 강화되었다. 소형 픽업의 인기가 대단했고, 그렇다면, 포드와 제너럴 모터스는 미국에서 만들기로 했다. 포드가 쿠리어를 대신해 미제 포드 레인저를 내놨고, 쉐비가 LUV를 S-10 트럭으로 교체했다. 포드와 제너럴 모터스는 닭 관세 정책을 교묘하게 활용했고, 적어도 1983년까지는 그래 보였다. 그해에 닛산이 테네시 공장에서 소형 픽업을 생산하기 시작했다. 그 공장은 노조도 없었다. 일본의 다른 자동차 회사들도 닛산과 (오하이오에서 어코드를 생산하던) 혼다를 좇아, 미국 땅에 직접 공장을 세웠다. 닭 관세! 그것은 빅3와 전미 자동차 노조 연맹을 경쟁으로부터 지켜 주려했던 의도였고 그들이 적극적으로 요구하기까지 했다. 그 닭 관세가 역풍을 불러왔다. 1986년과 1987년에 소형 픽업 판매량이 대형 트럭을 따돌렸다. 포드와 제너럴 모터스와 크라이슬러는 대경실색했다. 대형 픽업 트럭은 그들한테 가장 수지맞는 품목이었다. 그런데 소비자 기호가 소형으로 대거 이동해 버린 것이다. 3사의 수익 구조가 엉망이 될 판국이었다.

그런데 1980년대 후반에 예기치 않은 흐름이 출현하면서 대형 트럭이 호재를 맞았다. 휘발유 가격이 떨어졌다. 그것 말고도 또 있었다. 소형 픽업이 점점 커지면서 비싸졌다. 결국 대형 트럭 가격과 비등비등해져 버린 것이다. 미니밴과 SUV가 인기를 구가했고, 미국인들은 좌우지간 큰 차를 모는 데 익숙해져 버렸다. 1995년이 되면 대형 트럭 판매고가 다시 소형 픽업을 2대 1의 비율로 추월한다. 제너럴 모터스와 포드가 자사의 대형 트럭

을 라이프 스타일을 과시하는 패션 용품으로 바꿔 놓은 것이다.[8]

리얼리티 쇼 「리얼 하우스와이브스 오브 오렌지카운티(Real Housewives of Orange County)」나 「저지 쇼어(Jersey Shore)」가 나오는 지금의 방송 현실에 비추어 보면 1960년대 후반은 텔레비전 역사에서 중세나 다름없다는 생각이 든다. 불과 40년 전만 해도 텔레비전 황금 시간대는 '리얼리티' 쇼가 아니라 버라이어티 쇼가 대세였다. 연예인, 희극인, 가수가 사회를 보던 버라이어티 쇼는 다들 비슷비슷했다. 그러던 1968년 여름에 신선한 면모의 컨트리 가수인 캠벨이 「스머더스 브라더스 코미디 아워(Smothers Brothers Comedy Hour)」의 공동 사회자로 등장했다. 그가 대단한 인기를 끌어 모으자, CBS가 몇 달 후 그에게 따로 프로그램을 맡겼다. 그렇게 탄생한 것이 「글렌 캠벨 굿타임 아워(Glen Campbell Goodtime Hour)」다. 「글렌 캠벨 굿타임 아워」는 컨트리 음악을 중심으로 꾸며진 황금 시간대 최초의 버라이어티 쇼였다. 캠벨은 남부 지방 음악을 주류 미국인의 응접실로 무리 없이 전달하기에 딱인 인물이었다. 그는 아칸소 출신으로 남부에서 경력을 시작해 1950년대 후반에 로스앤젤레스로 자리를 옮겼으며, 비치 보이스와 공연 투어를 함께 했다. 그가 컨트리 음악과 대중 음악 모두를 아우를 수 있었던 이유다. 1967년에 그래미상을 2개나 받았는데 「젠틀 온 마이 마인드(Gentle on My Mind)」로 컨트리 부문을, 「바이 더 타임 아이 겟 투 피닉스(By the Time I Get to Phoenix)」로 팝 부문을 수상했다. 「글렌 캠벨 굿타임 아워」는 3년 반밖에 방송되지 못했지만, 그래도 그것은 유행의 기폭제였다.

1969년에 가수 캐시도 황금 시간대 버라이어티 쇼를 꿰찼다. 그는 ABC에서 했다. 경쟁 관계의 두 쇼가 몇 년 동안 불꽃 튀는 접전을 벌이며 자웅을 겨루었다. 「자니 캐시 쇼(The Johnny Cash Show)」는 1971년 폐지되었다. 하지만 같은 해에 존 덴버(John Denver, 1943~1997년)가 나타났다. 그 신예 컨트리 스타가 취입한 「테이크 미 홈, 컨트리 로즈(Take Me Home, Country Roads)」는 웨스트버지니아 주로의 귀환을 열망하는 가사로, 전대미문의 히트곡이 되었다. 3년 후에 덴버가 녹음한 「생크 갓 아임 어 컨트리 보이(Thank God I'm a Country Boy)」는, 그것이 진짜였든 거짓이었든, 단출한 농촌 생활의 기쁨을 노래했다. 로리타 린 하면 우리가 떠올리는 노래 「광부의 딸(Coal Miner's Daughter)」는 베스트셀러가 된 자서전과, 1980년에 오스카상을 받은 동명의 영화로까지 이어졌다.

찢어지게 가난한 어린 시절이 컨트리 음악 분야에서 성공하는 데 필수적인 요소 같았다. 캠벨은 소작인의 아들이었다. 캐시는 어렸을 때 목화를 땄다. 린은 무려 13세 때 결혼했다. 덴버는 아버지가 공군 장교였으니 상황이 좀 나았다. 하지만 그의 진짜 이름 존 도이첸도르프(John Deutschendorf)를 안다면, 덴버의 어린 시절도 녹록치 않았음을 충분히 짐작할 수 있을 것이다.

1976년 대선에서 땅콩 농사꾼이자 거듭난 기독교인이 당선되자, 컨트리 음악의 주류화가 한층 가속화했다. 지미 카터(Jimmy Carter, 1924년~)가 조지아 주의 작은 마을 플레인스(Plains)에서 만면에 웃음을 지으며 손을 흔드는 모습이 방송 전파를 탔다. 그곳은 바이블 벨트(Bible Belt, 기독교 성향이 강한 미국 남부와 중서부 지역 — 옮긴이)였다. 레드넥 벨트(Redneck Belt, 교육 수준이 낮고 정치적으로 보수적인 미국의 시골 사람을 레드넥(노동으로 뒷목이 벌겋다는 의미)이라고 한다. 모욕적으로 쓰이기도 한다. — 옮긴이)였고, 픽업 벨트(Pickup Belt)였다. 카터가 집무를 시작한 1977년 미시시피 대학교는 남부 문화 연구소를 세웠다.

15년 전까지만 해도 사람들은 남부 문화 하면 짐 크로법(Jim Crow laws, 흑인 차별법과 정책 — 옮긴이)을 떠올렸다. 카터 이전에 조지아 주지사를 지낸

레스터 가필드 매덕스(Lester Garfield Maddox, 1915~2003년) 같은 사람은 인종 분리주의자였다. 제임스 하워드 메러디스(James Howard Meredith, 1933년~)가 흑인 최초로 미시시피 대학교에 등록한 1962년에는 폭동이 일어났다. 여하튼 짐 크로법이 죽어 가고 있었고, 조지아 출신이 백악관에 입성했으며, 컨트리 음악이 유행했다. 남부 문화가 나름대로 존중을 받게 되었다.

카터를 취재하던 기자들 앞에 동생 빌리 카터(Billy Carter, 1937~1988년)라는 사람이 나타났다. 형인 대통령은 술을 한 방울도 입에 대지 않는데, 맥주를 처마시는 못난이 동생이었다. 그가 싹싹하고 무간한 남부인과 레드넥의 차이를 기자들에게 설명해 줬다. "사람 좋은 남부인은 …… 나처럼 픽업 트럭을 타고, 맥주를 마시며, 분리수거까지 하지요." 공무에 임하는 대통령의 자세가 경건하고 독실했기 때문에, 기자들은 그 이야기에 안도하며 환영했다. "하지만 레드넥은 트럭을 타고 맥주를 마시지만 빈 병을 창밖으로 던져 버려요."[9]

픽업 트럭 바깥으로 맥주병을 내 버리기가 더 쉬워졌다. 카터 재임 때 픽업 트럭에 문짝과 창문이 추가로 달렸기 때문이다. 1970년대 초에 닷지, 이어서 포드가 '수퍼 캡(Super Cab, 운전석 부분을 늘렸다. ― 옮긴이)' 픽업을 출고했다. 작은 문짝 2개를 뒤쪽 경첩형으로 보탠 것인데, 그 문짝을 열면 나타나는 역시 작은 좌석은 대개가 화물 적재용이었다.

수퍼 캡이 한 걸음 더 내디딘 것이 '콰드 캡(Quad Cab)'이라고도 하는 '크루 캡(Crew Cab)'이다. 짐작할 수 있듯이, 온전한 크기의 문짝이 4개고, 뒷좌석 역시 성인이 타기에 문제가 없을 만큼 커졌다. 크루 캡 트럭의 초기 모델은 1950년대 후반에 이미 있었다. 하지만 폭넓은 인기를 얻은 것은 1970년대 중반에 이르러서였다. 뒷좌석이 생기고 문짝이 늘고 내부까지 커진 픽업은 다목적 다용도 차량으로 변신했고, 사람들은 픽업을 근사한 차로 생각하기 시작했다. 1978년 포드 F-시리즈가 GM의 올즈모빌 커틀래스 수프림(Oldsmobile Cutlass Supreme)을 제치고 미국에서 가장 많이 팔린 차로 등극했다. 사상 최초로 승용차가 아니라 트럭이 자동차 판매 순위표에서 수위를 차지한 것이었다. F-시리즈가 그 자리를 계속 꿰차고 있으리라고 당시에 내다본 사람 역시 아무도 없었다.

그즈음 두 편의 영화가 히트했는데, 거기서 픽업 트럭이 조연을 맡기도 했다. 1979년 작품인 「일렉트릭 호스맨(The Electric Horseman)」에는 로버트 레드포드(Robert Redford, 1936년~)가 나온다. 그가 연기한 서니 스틸(Sonny Steele)은 한물간 로데오 카우보이로, 비참한 처지의 말을 구조한다. 레드포드가 회사의 판촉 행사에 동원된 말을 몰래 빼내, 야생에서 살아가도록 풀어 주는 것이다. 그 과정의 이동 수단으로 당연히 픽업 트럭과 트레일러가 사용되었다. 1년 후 개봉한 「도시의 카우보이」에서는 존 조지프 트라볼타(John Joseph Travolta, 1954년~)가 길리스라는 술집에서 자신의 남성다움을 과시하기 위해 기계 소(mechanical bull) 위에 오른다. 트라볼타는 일련의 묘기 경연 과정에서 싸움에 휘말리고, 픽업을 몬다. 자신의 남성성을 더 한층 입증해야 하는 것이다.

컨트리 가요 제목에서도 픽업을 볼 수 있다. 「고물 트럭(Ragged Old Truck)」, 「픽업 트럭 송(Pickup Truck Song)」, 「빅 올드 트럭(Big Ol' Truck)」(Ol'은 남부 사투리이다. ― 옮긴이), 「픽업 맨(Pickup Man)」, 「댓 올드 트럭(That Old Truck)」, 「디스 올드 트럭 (This Old Truck)」이 다 그런 것들이다.[10] (「디스 올드 트럭」은 오스트레일리아 출신의 존 로버트 윌리엄슨(John Robert Williamson, 1945년~)이 만들었다. 오스트레일리아도 내륙 오지 일부가 텍사스와 다르지 않다.) 제목이 천편일률적이어서 고통스럽다면, 알려 주겠다. 그래도 주제는 제각각이다. 「고물 트럭」은 "그 헤퍼(that ol' heifer, heifer에 '암소'와 '여자'라는 뜻이 모두 있다. ― 옮긴이)"와의 숨 막힐 듯

답답한, 한 텍사스 사람의 결혼 생활을 노래한다. "그 헤퍼"가 아내가 아니라 암소를 애정을 가득 담아서 지칭한 말이었을지도 모를 일이다. 「빅 올드 트럭」은 "4륜구동 차에서 여자와(with a girl in a four-wheel drive)" 사랑에 빠진다는 내용이다.

조 로건 디피(Joe Logan Diffie, 1958년~)가 부른 「픽업 맨」의 반복구는 이렇다. "여자들이 픽업 맨 하면 반기는 게 있죠.(There's just something women like about a pickup man)" 분명 이것은 이중적 의미를 갖는 어구로, 그 의미에 섹스가 포함됨은 물론이다. 디피가 1995년에 녹음한 「르로이 더 레드넥 레인디어(Leroy the Redneck Reindeer)」는 몸져누운 루돌프를 대신해 북극까지 픽업을 몰고 가서, 위기에 빠진 크리스마스를 구해 내는 순록 영웅 이야기다.

1990년에 디트로이트의 판촉 이사들이 트럭을 판매에 컨트리 뮤직을 동원하기로 결정한다. 쉐보레가 로버트 클라크 '밥' 시거(Robert Clark 'Bob' Seger, 1945년~)의 하틀랜드(heartland, 아메리카 대륙의 중심부 — 옮긴이) 로큰롤 한 곡을 승인했다. (우연히도 그는 디트로이트 토박이였다.) 「라이크 어 록(Like a Rock)」의 가사는 이렇다. "바위처럼 …… 나는 강인했지 ……(Like a rock …… I was strong as I could be ……)" 자동차를 동물이나 비행기도 아니고 움직이지도 않는 바위에 비유하는 짓은 직관적이지 않은 광고 전략이었다. 그러나 론 스타를 이미 병째로 처마신 사내들이 그런 것을 분석할 리 없었다. 시거의 걸죽한 울부짖음이 크게 히트했다. 쉐비는 10년 넘게 그 음악을 사용했다.

「라이크 어 록」이 대단한 인기를 끌었지만, 쉐비 실버라도(Chevy Silverado) 판매고가 F-시리즈를 넘어서지는 못했다. 하지만 그 노래 덕택에 바짝 따라붙을 수는 있었다. 포드의 반격이 1992년 단행되었다. 미식축구 팀 댈러스 카우보이스(Dallas Cowboys)의 공식 트럭 파트너가 되는 계약을 맺었던 것이다. 효과 만점이었다. 쉐비는 1999년 포드에게서 그 후원 계약을 훔쳐 와야 할 정도였다.

닷지는 말만 대형 픽업이었지 오랫동안 한참 뒤처진 낙오자 신세였다. 그런 닷지가 1993년에 돌파구를 열어젖혔다. 닷지가 개조해 출고한 대형 트럭은 앞쪽에 눈물방울형 흙받이(drop fender)를 달았다. 근육질의 어깨처럼 보였고, 사람들은 맥(Mack, 특대형 화물 트럭 제조사 — 옮긴이)의 위압적인 트럭을 연상했다. 닷지의 디자이너들이 질베르 클로테르 라파이유(Gilbert Clotaire Rapaille, 1941년~)와 상담을 했다고 전해진다. 프랑스 태생의 그 의료 인류학자는 트럭이 건장하면 남자의 억압된 파충류적 본능이 해방되리라고 생각했다.[11] 어리석고 유치한 심리학이다. 그러나 닷지의 판매고는 치솟았다.

포드도 새로운 명품 트럭을 개발했다. 그 스페셜티 픽업은 건초를 나르는 것말고도 수많은 일을 할 수 있었다. 1993년에 고속 주행 엔진이 장착된 F-150 SVT 라이트닝(F-150 SVT Lightning)이 출고되었다. 해를 거듭해 1999년식에 얹힌 360마력 V8 엔진에는 수퍼차저(supercharger)와 인터쿨러(intercooler)까지 달렸다. 이 출력 증대 장치 2개는 흔히 스포츠카에 들어간다. SVT 라이트닝은 모양이 꼭 건초나 운반하게끔 생겼지만, 정지 상태에서 시속 60마일(약 96.6킬로미터)로 가속하는 데 걸리는 시간이 불과 5.6초였다. 《모터 트렌드》가 어떻게 쓰고 있는지 보자. "이 트럭은 BMW M3과 나란히 달릴 수 있다. 당신이 운전자라면 옆차에다 대고 '야, 여퍼다.'라고 말할 수 있겠는가?"[12] 포드 경영진은 그 차에 흡족해 했다.

포드가 1년 후 스페셜티 트럭을 또 출고했다. F-시리즈 할리-데이비슨 에디션은 오토바이를 나르는 용도였다. 할리-데이비슨 에디션 소유자 다수는 주말에 오토바이를 타면서 자신의 불량스러운 심성을 내밀하게 마음껏 충족하는 회계사나 비뇨기과 의사 들이었다. 이제 그들은 자신들의 할리 오토바이를 할리 콘클라베(conclave, 추기경들의 교황 선거 회의를 가리키며, 비밀 회합이란 뜻으로도 쓰인다. ─옮긴이)에 할리 트럭으로 가져갈 수 있었다.

할리-데이비슨 에디션도 모델 T처럼 색상이 하나뿐이었다. 포드의 공식 명칭은 '다크 애머시스트(dark amethyst, 검은색 자수정)'인데, 그것은 아무리 봐도 그냥 검정이다. 이 트럭에는 2곳에 할리-데이비슨 로고도 박혔다. 앞바퀴 흙받이와 가죽 소재의 운전자석이 그 2곳이다. 포드가 2005년 바퀴집(wheel well)에서 피어오르는 듯한 빨간 불꽃 무늬를 전사(轉寫)하고, 선택할 수 있도록 했다. 회사의 자랑을 들어 본다. "공장에서 출고되면서부터 불이 난 듯한 트럭으로는 업계 최초일 것이다."[13]

쉐보레의 반격은 애벌란치(Avalanche)였다. 무게가 약 3톤인 애벌란치는 반은 트럭이고 반은 SUV였다. 이 차는 패널을 접을 수 있어서, 뒷좌석 부분이 무개(無蓋) 화물칸으로 개방될 수도, 완전히 밀폐할 수도 있었다. 애벌란치는 성인용 트랜스포머(Transformer) 장난감 같았다. 쉐비가 2003년에 애벌란치를 9만 3000대 이상 팔아 치웠다. 그 차가 시장에 본격적으로 선을 보인 지 불과 2년째였다.

하지만 애벌란치의 성공에도 불구하고 21세기 초두에 트럭 부문의 절대 강자는 단연코 포드였다. 포드가 몬스터 잼(Monster Jam)을 공식 후원했다. 거대 타이어를 달고 차고를 높인 픽업 트럭들이 난폭하고, 괴이하며, 멋진 묘기 경쟁을 펼쳤다. 포드는 2002년 댈러스 카우보이스 후원 계약도 쉐보레로부터 재탈환했다. 컨트리 음악 전선에서도 쉐비의 시거에 맞서는 조치가 취해졌다. 포드가 2명의 컨트리 가수, 곧 앨런 유진 잭슨(Alan Eugene Jackson, 1958년~), 이어서 토비 키스 코벨(Toby Keith Covel, 1961년~)과 계약을 맺었다. 키스의 콘서트를 포드가 지원했다. 회사 대변인의 설명을 들어보자. "오락 및 여흥의 경험과 맞물려야 했고, 우리는 다양한 방식으로

12. 포드 F-시리즈

콘서트에 브랜드를 섞었습니다."[14] 키스의 은행 구좌가 두둑해졌음은 물론이다.

2001년에는 포드의 트럭 1대가 최정상급 국제 외교 무대에서 역할을 맡았다. 6월에 부시 대통령이 러시아 대통령 블라디미르 블라디미로비치 푸틴(Vladimir Vladimirovich Putin, 1952년~)을 유럽에서 만났다. "그 사내가 눈에 띄었습니다. …… 그의 영혼을 볼 수 있었죠."[15] 5개월 후 부시는 푸틴에게 자신의 텍사스 목장을 구경시켜 주었다. 두 사람이 탄 차가 부시의 하얀색 포드 F-250 콰드 캡(Ford F-250 Quad Cab)이었다.

포드가 그해에 F-시리즈 특제품을 또 출시했다. 이름도 텍사스의 그 광대한 농장이 떠오르는 킹 랜치 에디션(King Ranch Edition)이었다. 킹 랜치의 장각(長角) 로고가 새겨진 좌석은 마구용 소가죽이 2번 감치기 바느질 기술로 정성스럽게 덮여 있었다. 아마도 실제의 소보다 쓰인 가죽 양이 더 많았을 것이다. 운전석과 조수석 사이의 상자(center console) 상단면이 포커 게임을 해도 좋을 만큼 컸다. 난반사 처리된 금속(brushed steel)이 들어간 내부를 보고 있노라면 가전제품, 예컨대 특대형 냉장고의 표면이 떠올랐다. 킹 랜치 에디션은 궁극의 텍사스 트럭이었다. 가격 역시 텍사스의 크기에 걸맞았다. 냉방과 온방이 모두 가능한 좌석과 뒷문의 '맨스텝(manstep)' 같은 옵션을 선택하면 가격이 6만 달러 이상으로 치솟았다. 맨스텝이란 뒷문에 달린 일종의 보조 발판이다. 몸에 꼭 맞는 디자이너 브랜드의 고급 청바지를 걸친 사람도 손쉽게 화물칸에 오르라는 것이었다.

포드는 미끈한 도시의 멋쟁이들도 잊지 않았다. F-시리즈의 '어번 럭셔리(urban luxury)'(회사가 이 용어를 썼다.) 플래티넘 에디션(Platinum Edition)이 등장했다. 그 트럭은 트레일러 견인 연결부의 걸쇠 강구(鋼球, hitch ball)조차 그냥 강철이 아니라 크롬 도금을 해서 반짝반짝 빛났다. 배색에 신경 쓴 단단한 덮개 역시 도시의 도둑(urban thief)이 화물칸에 잠입하는 것을 막으려면 필수였다.

프로 로데오 경기 연맹(Professional Bull Riders, PBR)의 공식 트럭 스폰서도 포드였다. 픽업 트럭 벨트에서는 가령, 스쿼시나 라크로스보다 더 많은 사람이 로데오를 즐긴다. 소위 트럭 룸(Truck Room)에서 그런 판촉 방안들이 구상되었다. 트럭 룸은 디트로이트 인근의 한 포드 사무실에 있는 비밀 방이다. 그 방에 가면 트럭 운전자들이 신성시하는 다양한 물건을 볼 수 있다. 올가미 밧줄, 목동 부츠, 카우보이 모자, 래펄러 사(Rapala)의 농어 미끼, 낚은 고기를 떠올리는 그물, 카누의 노, 유인용 오리, 허드렛일을 할 때 끼는 장갑, "아빠 최고"라고 씌인 티셔츠 등등이 진열되어 있는 것이다. 아, 또 다른 PBR, 그러니까 팹스트 블루 리본(Pabst Blue Ribbon) 맥주의 6개들이 깡통도 있었다.

트럭 룸도 다른 많은 지성소(至聖所)처럼 적절한 예법을 따라야 한다. 고상한 커피 음료나 분홍색 셔츠는 절대 입장할 수 없다. 딸기나 키위 같은 것은 금지다. 바퀴 달린 짐도 골프채가 들어 있는 것이 아니라면 못 들어간다. "트럭 룸이란 발상은 '실험적 마케팅'을 시도해 본 것입니다." 포드 측의 설명이다.[16] 포드의 트럭 부문 직원들은 회사의 그런 배려로 텍사스나 앨라배마에 직접 가 보지 않고도 점심시간 정도의 짧은 시간 투자로 그 지역을 경험해 볼 수 있다.

포드의 트럭 부문이 리얼리티 쇼 「더티 잡스(Dirty Jobs)」를 후원할 수 있었던 것도 실험적 마케팅 시도에 힘입은 바 크다. 거기 나오는 남녀들이 포드의 트럭을 이용해 불쾌하고 싫은 일들을 처리하고 해결한다. 다수의 트럭 보유자들이 「더티 잡스」의 내용을 재미있어 한다. F-시리즈 운전자 중에는 가령 「매스터피스 씨어터(Masterpiece Theatre)」(1971~2008년 방송된 드라마

걸작선 — 옮긴이)보다 「더티 잡스」를 시청한 사람이 훨씬 많았다. 다시 포드 대변인의 말을 들어 본다. "우리 차가 맥락과 유관한 방식으로 쇼에 자연스럽게 녹아들어 갔습니다."[17] 트럭 룸에서는 "맥락과 유관한 방식으로" 같은 말이 엄격히 금지된다는 사실을 알아야 한다. 규칙 위반자는 벌금이 1달러다. 그 정도면 몬스터 잼에 참가하는 것보다는 더 나을지도 모르겠다.

사실 텍사스 주 자체가 거대한 트럭 룸이다. 미국 전체를 놓고 보면 팔리는 차량 8대 가운데 1대가 픽업이다. 하지만 텍사스 주만 놓고 보면 그 비율이 4대 당 1대로 늘어난다. 픽업이 필요한 텍사스 인들이 많다. 목장이나 석유 굴착지, 건설 현장이라면 승용차보다는 픽업 트럭이 제격이다. 텍사스의 관례이자 풍습 같은 것이어서 그냥 픽업을 모는 사람도 꽤 된다. 정말로 픽업 트럭이 필요한 것과 그냥 픽업을 원하는 것 사이의 차이와 경계가 흐릿하고 모호하기도 하다.

오스틴 소재 텍사스 대학교 행정학과 교수 브라이언 존스(Bryan Jones)는 캠퍼스까지 5분 거리의 통근에 포드 F-150을 이용한다. 그에게 픽업 트럭이 필요한 것일까? 글쎄, 그는 체구가 크다. 브라이언의 설명에 따르면, 키가 6피트 4인치(193.04센티미터)인데 통상의 세단에 몸을 구겨 넣다가 요통이 생겼다고 한다. 그는 존슨 시티(Johnson City) 외곽에 보유한 시골 대지가 넓다고도 했다. 그는 자신의 픽업 트럭을 몰고 자주 거기까지 가서 땅을 둘러본다. "4륜구동 트럭은 입장권 같은 겁니다." 존스는 단언한다. "내게는 픽업 트럭의 정체성이 없어요. 난 그저 교수 아닙니까?"[18]

하지만 다수의 텍사스 주민은 그와 다르다. 그 주에서 나고 자란 사람 대다수는 어렸을 때 픽업을 타고 다니면서 말썽도 피우고 사소한 사고도 쳤다. 1960년대 초에 존 윌리포드(John Williford)는 샤이너(Shiner)라는 소읍의 고등학생이었다. (여기서 샤이너 맥주(Shiner Beer)가 탄생했다.) 존과 친구들이 가장 즐긴 야밤의 놀이이자 활동은 샤이너 깡통을 따고, 비어 있는 목초지로 들어가, 전조등의 원거리용 상향등을 켠 다음에 뒤 화물칸에 올라가 들판의 토끼에게 총질을 해 대는 것이었다. 총질은 쉬웠지만, 실제로 맞히는 것은 다른 문제였다. 맥주를 마셨든, 안 마셨든 말이다. 그놈의 들토끼들은 마치 제비처럼 앞뒤로 쏜살같이 달아난다. 하지만 픽업 트럭은 그렇게 하지 못한다. 그 와중에 사이가 틀어진 녀석도 있었다.

수십 년이 흘렀고 월리포드는 변호사로 활동 중이었다. 그는 휴스턴 중심가의 사무실에서 일한다. 건물의 주차창은 픽업 트럭이 차를 대기에 아주 좋았다. 천장이 높고 공간도 충분히 넓어서, 트럭을 대기가 쉬운 것이다. 월리포드는 주차장에서 볼 수 있는 차량의 절반이 F-150, 실버라도, 닷지 램일 것으로 추정했다. 하지만 월리포드 본인은 메르세데스벤츠 세단을 몰고 출퇴근했다. 그가 따로 보유하고 있는 쉐비 실버라도는 낚시, 사냥, 적하물 수송, 기타 주말 활동용이라고 했다.

다른 많은 텍사스 주민처럼 월리포드도 트럭에 따라 보유자의 성향을 가늠할 수 있다는 견해가 확고하다. 치장용으로 발판을 대고, 차체에 도안이나 그림을 전사했으며, 뒷창문에 사냥 관련 그림이 새겨져 있으면 그런 픽업 보유자는 '부바(bubba)'라고 했다. 부바들은 트럭을 몰고 술집에 가는 게 고작이다. 월포드가 덧붙였다. "가령 그 촌놈들이 300달러짜리 악어가죽 부츠를 신고 있다고 해 봐요. 수중에 있는 돈을 몽땅 털어 산 겁니다. 거의 틀림없죠."[19] 재력가들(people of "means", 텍사스에서는 땅 부자라는 소리다.)은 자동차 발판이 소똥 치우는 것을 빼면 아무짝에도 쓸모가 없음을 안다고, 월리포드가 설명해 줬다. 총가대를 실으면 도둑놈만 꼬여요. 월리포드는 자신의 총 같은 경우 실버라도 뒷좌석의 공구함에 넣어 두었다.

윌리포드는 다른 많은 텍사스 주민처럼 픽업 트럭과 관련해 들려줄 이야기도 많았다. 2004년 샌안토니오(San Antonio) 북부의 힐 컨트리 지역에 홍수가 났다. "부바 두 놈이 자기네들 F-150을 물이 쫄쫄 흐르는 다리 위에 세웠다나 봐요. 헤이스 카운티(Hays County) 305번 도로가 블랑코 강(Blanco River)을 지나가는 바로 그 지점의 다리였죠. 트럭 화물칸에 접이식 의자를 펼치고 맥주를 깠답니다. 물이 차오르며 불어나는 걸 보겠다는 심사였죠. 그래요, 물이 불어났어요. 문제는 예상보다 훨씬 빠른 속도로 수위가 높아졌다는 거예요. 트럭이 하류로 쓸려갔고, 어떻게 되었겠어요? 해병대에서 쓰는 상륙 강습 차량 같은 게 되어서, 강을 따라 패대기쳐진 거죠. 화물칸의 난간을 붙잡고 있다가 와류(渦流) 상황에서 탈출하기는 했대요. 그놈들이 다치지 않은 건 론 스타를 이미 엄청 마셨고, 신경계의 반사작용이 마비되어서였을 겁니다. …… 트럭은 운이 없었죠. 브룩스(Brooks)라고 친구가 있는데, 걔가 하류 쪽 강변에서 식당을 운영하거든요. 거기까지 떠내려 왔답니다. 테라스랑 벤치도 있고, 바베큐 그릴도 주문 제작해 들이고, 텍사스 깃발까지 휘날리던 나름 근사한 식당이었는데, 쫄딱 망했죠. 잡석더미가 여기저기 보였는데, 잔디밭에 트럭 한 대가 뒤집힌 채 놓여 있더라고요."[20]

트럭과 관련해 실제로 텍사스에서 있었던 이야기이고, 후속편도 있는데 사건 자체만큼이나 터무니없고 웃기다. 자동차 보험 회사가 브룩스의 재산 피해 보상을 거절했다. 보험 약관의 불가항력 조항을 들먹이면서 말이다. 보험사는 이렇게 주장했다. "당해 사건은 두 '부바'에게 귀책 사유를 물을 수 없는 불가항력적 사건(Act of God)입니다."

픽업과 관련된 재미있는 이야기를 하나만 더 소개하기로 한다. 윌리포드의 아내는 남편의 쉐비 트럭을 거의 타지 않는다고 한다. 그러던 어느 날

남편의 부탁도 있고 해서 아내가 동네의 자동차 액세서리 가게로 차를 끌고 갔다. 남편이 뒷범퍼에 트레일러 견인 연결부 걸쇠 강구를 달아 오라고 시켰던 것이다. 아내가 임무를 마치고 돌아왔는데, 가게에서 고객들에게 선물하는 티셔츠를 건네주었다고 했다. 거기에는 이렇게 찍혀 있었다. "텍사스에서 가장 단단한 구슬(Hardest Balls in Texas)"[21]

픽업 트럭은 1920년대 후반부터 1970년대 후반에 이르는 전반세기 동안 노동 수단이자 연장으로서 매력적이기는커녕 따분하기만 했다. 그런데 그 말미에 컨트리 음악이 인기를 얻으며 카우보이들이 근사한 존재로 인식되기 시작했다. 말보로 멘(Marlboro Men)이 말 안장에서 내려와 F-150 킹 랜치 크루 캡의 가죽 시트에 올랐다. 플래티넘 에디션을 보면, 빌린 돈을 빚이 아니라 '레버리지(leverage)'라는 황당한 금융 공학 용어로 부르던 시절의 정신 상태를 읽을 수 있다. 마이크로소프트(Microsoft) 백만장자들이 1000만 달러짜리 집을 짓겠다며 잭슨 홀(Jackson Hole, 아이다호 주와 서쪽으로 경계를 이루는, 와이오밍 주의 농촌. 풍광이 좋기로 유명하다. — 옮긴이)의 500만 달러짜리 주택을 부수던 시절이었다.

픽업 붐의 정점은 2004년과 2005년이었다. 2년 동안에 미국인들이 구입한 픽업 대수는 320만 대가 넘었다. 그 가운데 80퍼센트가 대형 트럭이었고, 90만 대 이상이 포드 F-시리즈였다. 수익이 어찌나 짭짤했던지 일본 자동차 업체들까지 픽업 트럭 파티에 끼려고 했다. 2003년 닛산이 14억 달러를 들여 미시시피에 공장을 완공했다. 일본 회사가 만드는 미국 최초의 대형 픽업 트럭 타이탄(Titan)이 출고되었다.

타이탄은 '모던 트럭 가이(modern truck guy)'를 겨냥했다. 이건 닛산이 직접 한 말인데, 뜯어보면, 농민이나 도급자가 아닌 것이 분명했다. 주중에는 출퇴근용으로 쓰고, 주말에는 보트나 비포장도로용 오토바이를 옮기는 교외의 카우보이들일 테니, '현대적인 트럭 애호가'라고 해야겠다.[22] 그런데 타이탄은 엔진을 선택할 수 없었다. 애초부터 견인력이 추가된 강력하고 튼튼한 모델뿐이었다는 이야기인데, 쉐비와 포드의 트럭은 그렇지 않았다. 픽업 구매자들이 브랜드 충성심이 대단하다는 것도 고려해야 한다. 오줌을 갈기는 심술꾸러기 스티커를 붙이고 다니는 사람들의 행태가 이를 입증한다. 닛산은 한해 판매량 10만 대 목표를 이루지 못했다.

토요타가 2007년 처음으로 대형 픽업 툰드라(Tundra)를 출고했다. 토요타도 닛산처럼 미국 현지에 공장을 신축했는데, 그렇게 툰드라가 생산된 곳이 샌안토니오였다. 트럭의 나라 텍사스의 중심지가 샌안토니오였으니, 토요타의 결의가 충분히 짐작되고도 남았다. 그런데 얼마 안 되어 툰드라의 차대가 부식되기 시작했다. 1970년대에 디트로이트를 잠식했던 품질 부실 사태를 다시 보는 듯했다. 토요타는 리콜 조치를 단행해야 했다. 툰드라도 타이탄처럼 실패작이었다.

픽업 트럭과 관련한 제조사 재난이 끊이지 않았다. 1년 후에 발생한 비극의 주인공은 닷지였다. 신형 램이 출고되었고, 요란한 광고가 엄청나게 퍼부어졌다. 2008년 1월에 매년 열리는 디트로이트 오토 쇼 행사장 앞에서 신형 램과 실제 소 130마리가 가두 행진을 벌였다. 크라이슬러가 소를 디트로이트로 공수해 온 것이었다. 텍사스 분위기가 나기는 났다. 동네 아이들이 호기심 어린 눈으로 그 광경을 지켜보고 텔레비전 카메라가 부산을 떨며 돌아가자, 긴장한 일부 소가 서로의 등에 올라타 버린 불상사를 제외하면 말이다. 닷지 램이 순식간에 유명해졌다. 하지만 거개의 내용이 소들이 흥분했다거나, 영화 「브로크백 마운틴 (Brokeback Mountain)」에 빗대 "램 픽업이 동성애자(Brokeback Pickup)"라는 둥의 키득거리는 비웃음이었

다.[23]

  픽업 트럭은 21세기의 첫 10년을 경과하면서 문화적 위상에 더해 정치적으로 중요해지기까지 했다. 2000년 대통령 선거에서 NBC 기자 티머시 존 '팀' 러서트(Timothy John 'Tim' Russert, 1950~2008년)가 각 주를 정당 지지도에 따라 빨간 주와 파란 주로 구분했다. "빨간 주"와 "파란 주"라는 말이 순식간에 정치 용어로 고착되었다. (빨간색은 공화당을, 파란색은 민주당을 상징한다. ─ 옮긴이) 픽업이 트럭을 타고 일터에 가며 술집을 찾고, 규칙을 잘 지키는(음주 운전 관련법은 빼야겠다.) 속담에나 나올 법한 사람들의 상징물로 떠올랐다. SVT 랩터(SVT Raptor)나 플래티넘 에디션을 모는 '착한' 사람도 소수 있었다. 하지만 그 사실에 주목하는 사람은 아무도 없었다.

  2010년 초에 그런 픽업의 상징성이 위력을 발휘했고, 수십 년래 미국 최대의 선거 이변이 일어났다. 매사추세츠 상원의원 테드 케네디가 사망했고, 궐위를 채우기 위해 보궐 선거가 치러졌다. 매사추세츠는 미국에서도 가장 파란 주이고, 민주당원인 테드 케네디는 피조차 파랬을 것이다. 승자는 무명의 공화당원 스콧 필립 브라운(Scott Philip Brown, 1959년~)이었다. 그는 GMC 캐니언(GMC Canyon) 2005년식 암녹색 픽업에서 유세를 했다. GMC 캐니언은 사실 소형 트럭이고(GM이 아무리 중형이라고 우겨도 이 사실에는 변함이 없다.), 텍사스 같았으면 웃음거리였을 것이 뻔했다. 하지만 매사추세츠에서는 그런 식별 능력이 중요하지 않았다. 《뉴욕 타임스》가 어떻게 쓰고 있는지 보자. "브라운은 자신을 보통 사람으로 포장하는 데 성공했다. 주를 돌며 유세를 하는 데 픽업 트럭을 활용한 것이 대표적이다. 그의 텔레비전 광고 방송에도 픽업이 나온다. ……"[24]

  당선이 확정되던 날 밤에 버락 오바마(Barack Obama, 1961년~) 대통령이 전화로 축하 인사를 건넸다. 브라운이 환호하는 지지자들에게 전한 말로 들어 본다. "대통령한테 축하 전화를 받았습니다. 이렇게 말했죠. '트럭을 몰고 워싱턴에 가고 싶은데 어떻습니까?'"[25] 지지자들은 환호했다. 10개월 후 의회 중간 선거가 치러졌다. 테네시 주에서 출마한 하원 의원 후보 한 사람이 자신을 이렇게 소개했다. "트럭을 몹니다. 엽총 사냥을 즐깁니다. 성경을 읽습니다. 범죄를 싫어합니다. 가족을 사랑합니다. 저는 농촌의 아들입니다."[26] 그 후보자는 민주당원이었다.

그즈음 미국의 픽업 인기가 시들해졌다. 텍사스와 테네시 밖에서는 확실히 그랬다. 허리케인 카트리나가 뉴올리언스를 강타하면서 휘발유 가격이 치솟은 2005년 후반에 판매세가 둔화했다. 1년 후 의회에서 자동차 업계 쪽을 대변해 로비 활동을 하던 인물 중 한 사람이 주간 고속도로 495번(Interstate 495)을 타고 귀가 중이었다. 그 캐피털 벨트웨이(Capital Beltway)는 워싱턴 DC를 환상(環狀)으로 순환한다. 얼핏 오른쪽이 시선에 들어왔다고 한다. 옆 차선으로 F-250 픽업이 달리고 있었는데, 운전자의 행색이 다음과 같았다는 것이다. 당신의 빈약한 사내가 파란색 블레이저에 나비 넥타이를 하고 있었다. 말보로 맨이 아니라 괴짜(nerd)가 틀림없었다. 픽업의 시대는 이제 끝났다는 것이 그 로비스트의 결론이었다.[27]

그의 판단이 옳았다. 휘발유 가격이 2008년에 1갤런(약 3.8리터)당 4달러를 넘어섰다. 그해 가을 미국이 최악의 금융 위기에 빠져들었다. 정말이지 조드 일가가 캘리포니아 주로 정처 없이 떠난 이래 가장 깊은 수렁이었다. 다음 해 봄 제너럴 모터스와 크라이슬러가 파산했다. 미국과 캐나다 정부가 수십억 달러의 구제 금융을 쏟아부었다. 포드는 가까스로 도산을 면했다.

2010년 픽업 트럭의 미국 시장 점유율은 13퍼센트에 불과했다. 5년 전에는 무려 19퍼센트였다. 1퍼센트 포인트의 10분의 1이라도 수십억 달러에 상당하는 업계라는 점을 고려하면, 이것은 지질 구조가 바뀌는 변동이나 다름없었다. 일 때문에 픽업이 필요한 사람들, 그러니까 농부, 목부, 도급자 들은 여전히 구매했다. 그러나 비포장도로용 오토바이를 운반하거나 그저 과시용으로 트럭을 산 사람들은 승용차로 돌아갔다. 그들이 뭐라도 아직 살 수 있었다면 말이다.

픽업 시장을 양분해 지배하며 으르렁거리는 회사들은 여전히 쉐비와 포드다. 1950년대부터 쭉 그래 왔으니 그만두기도 어색할 것이다. 제너럴 모터스와 포드 모두 약 2만 5000파운드(약 11.3톤)를 견인할 수 있는 픽업을 제작하고 있다. 민물에서 운항하며 주로 농어 낚시에 활용되는 소형 보트를 끌고 다닐 수 있는 차를 생산한다는 의미이다. 소형 보트라고 했지만, 농어가 깜짝 놀라 물 밖으로 도망칠 만큼 큰 배다. 포드 F-시리즈는 2011년에도 미국에서 가장 많이 팔렸다. 사실 33년 동안 내리 쭉 그래 왔다. 포드의 트럭이 1970년대 말에 수위 판매차로 등극했을 때 향후의 이런 기록을 예상한 사람은 아무도 없었다. 픽업은 테일핀처럼 사라져 잊히지는 않을 것이다. 그러나 미국인들의 자동차에 대한 감수성이 조정되고 있다. 어떤 새로운 차와, 어떤 새로운 시대가 펼쳐지고 있는 것일까?

13

토요타 프리우스

자동차의 미래

이정표와 같은 자동차가 등장했다. 이 차는 자동차의 미래다. 석유가 부족하고, 온실 기체가 넘쳐나는 미래 세계를 상상해 보라.

《포천》, 2006년[1]

당신에게는 프리우스가 있다. …… 당신은 아마도 퇴비를 만드는 사람일 것이다. 재활용을 위해 생활 쓰레기를 전부 분리수거할 것이고, 홀 푸즈(Whole Foods, 유기농 식품을 판매하는 식료품점 체인 — 옮긴이)로 장을 보러 갈 때도 재활용 쇼핑백을 들고 갈 것이다. 그런 당신, 정말 최고다! 오바마 지지 스티커가 굳이 필요 없을 것도 같다.

《포틀랜드 머큐리(Portland Mercury)》, 2008년[2]

자동차가 텔레비전 쇼의 배역으로 등장한 것은 텔레비전 방송이 시작되면서부터였다고 할 수 있다. 1950년대의 로저스에게는 넬리벨이라는 지프가 있었다. 1960년대에 버즈와 토드는 「66번 도로」에서 콜벳을 몰며 갖은 모험을 했다. 1980년대 초반에는 「해저드 카운티의 듀크 형제(Dukes of Hazzard)」가 방송되었다. 사촌인 보 듀크(Bo Duke)와 루크 듀크(Luke Duke)가 '리 장군(General Lee)'이라는 오렌지색 닷지 차저(Dodge Charger)로 카운티의 시골길을 쏜살같이 달린다. 그 과정에서 코믹한 악당 보스 호그(Boss Hogg)가 항상 제압당했다.

세 차 모두가 주인공 영웅들의 충실한 동반자였다. 어찌 보면, 마력이 더 센 말 같았다고나 할까. 자동차는 텔레비전에서 우스운 배역이었던 적이 없다. HBO(미국의 영화, 스포츠 전문 케이블 TV 방송 네트워크 — 옮긴이)가 「커브 유어 인수지애즘」이라는 시트콤을 방송한 세기의 전환기까지는 확실히 아니었다고 말할 수 있다.

「커브 유어 인수지애즘」에는 래리(Larry)라는 텔레비전 작가 겸 프로듀서가 나온다. 아내 셰릴(Cheryl)은 환경 운동가고, 가끔 부부가 소유한 프리우스도 볼 수 있다. 토요타가 개발한 프리우스는 하이브리드 차(hybrid car)로, 휘발유와 전기를 모두 동력원으로 사용하는 데 최초로 성공했다. 꽤나 인상적인 일화를 하나 소개하면, 래리가 다른 프리우스 운전자를 보고서 손을 흔든다. 환경 의식을 공유하는 동료 엘리트에게서 맞인사를 기대했던 것이다. 그런데 그 다른 운전자가 래리의 호의를 무시한다. 부아가 치민 래리가 쫓아간다. 그런데 추격전이 불상사로 끝나 버린다. 어리석게도 사고로 개를 치고 마는 것이다. 래리는 받아야 할 벌을 받은 것이나 마찬가지였다.

텔레비전 드라마의 주인공들은 지난 50년 동안 참으로 많이 변했고, 그것은 자동차도 마찬가지다.

토요타가 1997년 일본에서 프리우스를 출시했다. 그 차는 일단 배터리를 이용해 저속으로 달린다. 그러다가 시속 30마일(약 48.3킬로미터)을 넘으면 소형 휘발유 엔진이 작동해 배터리를 다시 충전한다. 배터리는 자동차가 제동될 때 발생하는 에너지도 충전에 활용했다. 이런 식이어서 프리우스의 배터리는 방전되는 일이 없었다. 전원을 찾아 플러그를 꽂을 필요가 없는 차가 탄생한 것이다.

프리우스가 일본에서 성공을 거두었다. 하지만 대단한 수준은 아니었음을 보태야겠다. 기존의 소형차도 연비가 좋았을 뿐만 아니라, 결정적으로 프리우스보다 값이 무척 쌌기 때문이다. 프리우스가 제동 에너지를 활용하는 것도 아직 미비점이 있었다. 브레이크가 무척 '탐욕스러워서', 통상적인 제동 절차에도 차가 휘청하면서 요동치는 일이 종종 발생했다. 토요타가 그런저런 문제를 해결하는 데 3년이 걸렸고, 프리우스가 미국에 선을 보인 것이 2000년이었다. 하지만 미국인들은 당시에 기름 먹는 하마 SUV에 미혹된 상태였다. 출고 첫해 프리우스의 판매량은 6,000대에 불과했다.

토요타가 수를 냈다. 2003년 오스카 시상식에 배우들의 리무진으로 제공했던 것이다. 환경에 대한 관심을 보여 주고자 하는 남녀 배우들이 그 차를 선택했고, 프리우스가 주역으로 떠올랐다. 할리우드 스타들이라도 자가용 비행기나 3만 제곱피트(약 2787.1제곱미터) 면적의 대저택을 뽐내기가 저어되는 것은 사실이다.

2004년 토요타가 제2세대 모델을 출고하면서 프리우스의 약진이 시작되었다. 타이어가 나아졌고, 실내가 넓어졌으며, 연비가 향상되었다. 거기다 디자인까지 우주 시대에 걸맞게 매끈하고 날렵했다. 프리우스는 보면 대번에 그 정체를 알 수 있었다. 하지만 성공의 길이 순탄하지만은 않았다. 문화적 갈등이 만만치 않았던 것이다. 환경주의자들에게 프리우스는 세속의 우상이었다. 나스카(NASCAR) 팬들은 그들을 비웃었다. 클린턴 행정부의 부통령이었던 고어가 환경주의자임은 모두가 알고 있다. 그의 아들 앨 고어 3세(Al Gore III, 1982년~)가 로스앤젤레스의 한 고속도로에서 프리우스를 타고 시속 100마일(약 161킬로미터)로 달리다 체포되었을 때 사람들의 히죽거림은 최고조에 달했다.[3] 프리우스를 몰고 시속 100마일(약 161킬로미터)의 속도를 내려면 GTO나 BMW를 탔을 때보다 더 많은 용기가 필요한 법이다.

문화적 갈등과 충돌이 빚어지기는 했어도 프리우스의 공학적 개가는 주목할 만했다. 토요타 기술자 수백 명이 프리우스를 개발하기 위해 4년 동안 미친 듯이 작업했다. 개발 공정을 철야로 진행하기도 여러 차례였다. 그 과정에서 사람 하나가 죽기까지 했다. 수십 년, 아니 수 세기 동안 불가능한 것으로 간주되었던 기술에서 토요타가 마침내 돌파구를 열어젖혔다. 대다수의 미국인은 물론이고 프리우스 운전자들도 잘 깨닫지 못하지만 대체 연료 자동차 탐구 활동은 오랫동안 지난한 역사를 거쳤다.

역사가들의 기산에 따르면 증기 기관 차량이 최초로 구상된 것이 17세기 후반이다. 페르디난트 페르비스트(Ferdinand Verbiest, 1623~1688년)는 플랑드르 출신의 예수회 선교사로, 청나라 황제였던 강희제(康熙帝, 1654~1722년)의 궁정에서 생활했다.[4] 물론 페르비스트의 차가 과연 제작되었는지는 확실치 않다.

진보는 더뎠다. 1830년대에 스코틀랜드의 한 발명가가 전기 차량을 만들었다. 하지만 멀리 갈 수 없었으니 실용적인 차라고는 할 수 없었다. 20세기 초에 독일인 청년이 조잡한 하이브리드 차를 개발했다. 휘발유 엔진을 사용해 발전기를 돌리고, 다시 바퀴가 구동되는 방식이었으니 하이브리드 차가 맞다. 그 주인공이 후에 비틀을 발명하는 포르셰였다. 아무튼 그의 수제 하이브리드보다 비틀이 엄청난 성공을 거두었음은 역사가 증명하는 바다.[5]

1905년경 시카고에서 제작된 우즈 인터어번(Woods Interurban)은 방법을 달리한 하이브리드 차였다. 전기 모터가 착탈식이었던 것이다. 요컨대, 우즈 인터어번은 도시 간의 먼 거리를 주행할 때 전기 모터를 빼내고, 2기통 휘발유 엔진을 집어넣었다. 하지만 엔진 교체는 평행 주차보다 훨씬 어려운 일이었다. 우즈 인터어번은 완전 실패했다.

자동차 산업의 초기 연간도 인터넷의 여명기와 다를 바가 없었다. 수많은 시행이 이루어졌고 대부분이 착오였다. 미국에서는 20세기의 첫 10년이 전기 자동차의 호시절이었다. 하지만 배터리가 문제였다. 자동차의 장거리 운행이 가능할 만큼 충분한 에너지를 충전할 수 없었던 것이다. 이것은 무려 100년을 끌게 되는 골치 아픈 사안이다. 한편 포드와 그 외 인물들은 휘발유를 동력원으로 쓰는 내연 기관 개발에 매달렸고, 결국 그 기술 방안이 승리를 거두었다. 마지막 대체 연료 자동차 가운데 하나인 스탠리 스티머(Stanley Steamer)가 1924년에 숨을 거두었다.

1950년대에 전기로 움직이는 골프 카트가 발명되었다. 과거에 코네스토가 포장 마차(Conestoga wagon, 폭이 넓고 바퀴가 달린 포장을 씌울 수 있던 대형 마차. 북아메리카에서 초기에 서부로 이주할 때 사람과 짐을 나르는 데 이용되었다. ─ 옮긴이)가 서부를 수놓은 것처럼 플로리다도 그 골프 카트로 뒤덮였다. 1966년 제너럴 모터스의 과학자들이 전기 자동차 몇 종을 실험적으로 개발했다. 그중 하나에 들어간 배터리는 수소 연료 전지 방식이기도 했다. 아무튼 제너럴 모터스의 그 실험차들은 고속도로에서 달릴 수 있는 거리가 짧았다. 석유 수출국 기구(OPEC)가 버티고 있고 지구의 날도 정해졌지만 미국한테는 당시가 순수의 시대(Age of Innocence)였다. 휘발유가 1갤런당 25센트였으니, 멀리 가지 못하는 값비싼 전기 차는 재고할 가치가 없는 구상이었다.

클리블랜드의 자동차 부품 회사 TRW의 세 과학자가 1960년대 말 휘발유-전기 병용 체계의 개발에 착수했다. 한 과학자는 후에 이렇게 말했다. "'휘발유와 기름을 이렇게 펑펑 써대다가 장기적으로 도저히 감당할 수 없는 결과에 직면하는 것은 아닐까?' 그때조차 우리는 이렇게 생각했습니다."[6] TRW 연구진은 비틀 엔진, 웨스팅하우스(Westinghouse) 발전기, 제너럴 일렉트릭(General Electric)의 직류 모터, 크라이슬러 자동 변속기 따위를 그러모아 시제품을 만들었다. (진정 하이브리드라 할 만했다.) 작동했다. 실험실 연구가 성공한 것이다. 그들은 고물이 된 1962년식 폰티액 템페스트에 그 엔진을 장착하고, 특허까지 받았다.

발명품에는 EMT, "전기-기계식 전동 장치(electric-mechanical transmission)"라는 이름이 붙었다. EMT는 연비를 30퍼센트 개선했고, 배기가스도 줄었다. 휘발유 엔진과 전기 모터로 동력원을 이리저리 변환하는 방식을 쓴 것인데, 프리우스도 30년 후에 기본적으로 이 방법을 쓴다. 하지만 미국이든 해외든 주요 자동차 회사들이 EMT를 외면했다. 제작이 너무 복잡하고, 비용도 많이 든다는 이유였다. EMT 프로젝트는 폐기되었다.[7]

몇 년 후 빅터 우크(Victor Wouk, 1919~2005년, 소설가 허먼 우크(Herman Wouk, 1915년~)와 형제임)라는 발명가가 1972년식 뷰익 스카이라크(Buick Skylark) 1대를 직접 고안한 휘발유-전기 병용 체계로 개조했다. 그는 자신의 발안을 개선하기 위해 정부 기금을 신청했다. 하지만 연방 관리들이 미심쩍어했고, 우크의 연구는 좌절되었다.[8] 1970년에 대기 오염 방지법이 제정되었고, 미국 체신청이 1975년에 아메리칸 모터스로부터 전기 지프 350대를 구입해, 배달 업무에 투입했다. 하지만 그것은 기본적으로 홍보 이벤트일 뿐이었다.

갖은 실험과 시도를 뒤로 하고 1990년대가 밝았다. 쭈뼛거리는 상황을 일별해 보면 크게 한 바퀴 돌아 다시 1890년이 도래한 듯했다. 제너럴 모터스가 1990년 실험용 전기 차인 임팩트(Impact)를 공개했다. 양산차로 개발하겠다는 포부도 밝혔다. 환경 단체들이 이 발표를 크게 환영했다. 캘리포니아 규제 관리들의 경우, 세기 초에는 주에서 판매되는 차량의 10퍼센트가 배기가스 제로를 달성해야 한다고 목표를 설정했다, 그것도 법으로.

제너럴 모터스가 1994년 로스앤젤레스에서 시험 주행 프로그램을 마련했다. 시제 차량을 2주 동안 몰아보는 것이었는데, 회사는 등록 자원자가 100명 미만일 것으로 내다보았다. 하지만 1만 명 이상이 신청했다.[9] 환경 의식이 비등하고 있었고, 일부 미국인은 내연 기관의 대안을 원했다. 제너럴 모터스의 EV1(GM EV1)이라는 차가 1996년 12월 5일 캘리포니아 남부와 애리조나에서 출고되었다. 하지만 EV1에는 결함이 많았다. EV1은 최대 주행 거리가 100마일(약 161킬로미터)에 불과했다. 사실 그 전에 동력이 고갈되었다. 재충전도 문제였다. 아무 데서나 충전할 수가 없었던 것이다. 마지막으로 크기. EV1은 2인승 차량으로, 가정용 차로 부적당했다.

다른 문제도 있었다. EV1은 구입할 수 없었고, 빌리는 것만 가능했다. 제너럴 모터스가 배터리 소유권을 유지하고자 했던 탓이다. 그렇다면 임대료는 얼마였는가? 한 달에 약 500달러였다. 그 값이면 4인승의 쉐비 소형차 2~3대를 빌리고도 남았다. EV1의 배터리는 보통의 손전등에 들어가는 배터리를 산업계의 용도에 맞게 강화한 버전인, 어쨌거나 납축전지(lead-acid battery)였다. '발열 사고(thermal incident)' 리콜이 많을 수밖에 없었다. (발열 사고란 엔진 화재를 그 업계 사람들이 순화해서 부르는 용어다.) 제너럴 모터스는 출고 첫해에 EV1을 단 288대 임대했다. 기실은 하나도 놀랍지 않은 성과였다. 어쨌거나 제너럴 모터스는 과제를 진행하며 앞으로 나아갔다.

1999년에 제너럴 모터스가 2세대 전기 차를 공개했다. 거기에는 전보다 개선된 니켈-수소 합금 전지(nickel-metal hydride battery)가 들어갔고, 최대 주행 거리도 길어졌다. 하지만 EV1의 여전한 문제는 이것이었다. 소비자들이 성능은 떨어지는데 돈은 더 많이 지불해야 하는 차를 몰아야 한다는 것. EV1은 휘발유 차보다 크기가 작았고, 최대 주행 거리가 짧았으며, 융통성이 떨어졌다. 다수의 시에라 클럽(Sierra Club, 미국의 환경 보호 단체 — 옮긴이) 회원조차 그런 차에 돈을 더 내고 싶어 하지 않았다. 그들이 여론 조사원들에게 무슨 말을 했을지라도 말이다. 제너럴 모터스는 몇 년 더 헛된 노력을 하다가, 2003년 마침내 EV1을 죽인다. 게다가 깨달은 교훈도 씁쓸하기만 했다. 선의를 가지고 무엇을 해도 욕만 바가지로 먹을 수 있다는 것.

GM의 변호사들이 중고 배터리가 노후화되어 망가지면 제조물 책임 소송이 벌어질 수 있음을 사전에 경고했다. 제너럴 모터스가 도로에서 굴러다니는 EV1을 전부 회수해 폐기하기로 결정한 이유다. 텔레비전 쇼 「베이워치(Baywatch)」로 스타덤에 오른 여배우 알렉산드라 엘리자베스 폴(Alexandra Elizabeth Paul, 1963년~)이 공교롭게도 EV1의 열렬한 팬이었다. 알렉산드라가 항의 시위를 주도했다. 그녀는 체포되었고, 유치장에 5일 동안 수감되었다. 언론이 그녀에게 엄청 주목했음은 물론이다.

이어서 「누가 전기 차를 죽였는가?(Who Killed the Electric Car?)」라는 다큐멘터리 영화가 제작되었다. 영화가 제시한 해답은 과연 할리우드다웠다. 여러 시나리오를 차례로 보자. 제너럴 모터스의 음모다. (사실 그들은 이 차의 실패를 바랐다.) 석유 회사가 농간을 부렸다. (역시 이들도 EV1의 실패를 원했다.) 원흉은 대통령 조지 부시다. (그는 석유 회사의 졸개가 아니던가.) 캘리포니아의 환경 담당 관리들도 면책될 수 없다. (앞의 세력이 합심해 겁을 주자 쫄았고, 알아서 기었다.) 한마디로 그 영화는 음모론 잔치였다.

진실은 그냥 평범하고 뻔했다. EV1이 기술도 실패하고 상업적으로도 쫄딱 망한 것은, 동력원이 고갈되어 가다가 멈춰 버릴 수도 있는 차를 원하는 사람이 극히 드물었기 때문이다. (15년 후에 자동차 전문가들은 소비자들의 이런 걱정을 "주행 거리 근심(range anxiety)"이라고 명명한다.) 2007년은 쫄딱 망한 차의 대명사 에드셀이 출시된 지 50년 되는 해였다.《타임》이 이 해를 기념해 최악의 차 50종을 골랐는데, EV1도 거기 들어갔다. 제너럴 모터스는 선행과 성공을 도모했지만, 콜베어 사태 이후로 홍보와 대중의 인식에서 최악의 혹독한 대가를 치렀다.

하지만 EV1의 진짜 문제는 따로 있었다. 제너럴 모터스가 그 망한 차를 개발, 생산하려고 10억 달러를 낭비했다는 사실이야말로 남부끄럽고 수치스러운 사건이었다. 그 외에도 미국 정부가 벌인 헛짓거리 때문에 수십억 달러가 허공으로 사라졌다. 새 세대 차량 개발 협력단(Partnership for a New Generation of Vehicles)이 1993년에 출범했다. 연방 기관 8개, 대학 여러 개, 디트로이트의 빅3까지 참여해 연구 협력을 했는데, 집단이 너무 크고 복잡해서 통제와 조율이 안 되었다. EV1보다 더 유용한 혁신적인 신차를 개발해 미국의 해외 석유 의존도를 줄이는 것이 협력단의 목표였다. 토요타를 포함해 외국의 자동차 회사들은 그 협력 사업에서 배제되었다.

의도하지 않은 결과의 법칙(Law of Unintended Consequences)이라는 것이 작동하기 시작했다. 워싱턴과 디트로이트가 철수하자, 토요타가 대안 차량을 개발하는 과제에 착수했다. 프로젝트 지휘자도 단신에 말씨가 부드럽고, 경력마저 막다른 골목에 이른 간부였으니, 도저히 있을 법하지 않은 사람이었다. 아니 적어도 그렇게 보였다.

우치야마다 다케시(內山田竹志, 1946년~)도 토요타의 대다수 간부처럼 회사에 평생을 바친 사람이었다. 패망한 일본의 토요타(豊田) 시 근교에서 1946년에 태어났으니, 우치야마다가 성년이 되었을 무렵, 일본은 다시 전후의 경제 기적을 실현하는 중이었다. 소년 우치야마다는 작동부가 있는 기계를 사랑했다. 그는 트랜지스터 라디오를 분해하고 조립했으며, 나무와 금속 재료로 모형 자동차를 만들었다. 가족은 형편이 어려웠고, 미국 아이들처럼 조립 키트를 사 줄 수 없었기 때문에, 우치야마다는 부품을 직접 손으로 제작했다. 그가 만들어 놓고도 제일 마음에 들어 한 모형 중 하나가 1959년식 캐딜락이었다고 한다. 우치야마다에게는 캐딜락이 지구상에서 가장 부유하고 강력한 나라를 상징하는 기계였다.[10] 세계 최초로 성공한 하이브리드 차의 미래 발명가가 테일핀에 홀딱 반한 사람이었던 것이다.

우치야마다는 집 근처 나고야 대학교에서 1969년 응용 물리학 학위를 취득하고, 아버지가 근무하던 토요타에 입사했다. 토요타 시는 1950년대의 미시간 주 플린트와 아주 흡사했다. 플린트 아이들도 제너럴 모터스 인스티튜트에서 학업을 마치고, 아버지를 좇아 GM에 입사했다.

우치야마다의 목표는 차량 개발팀을 이끌고 토요타의 신차를 만드는 것이었다. 하지만 상관들은 생각이 달랐고, 그를 좀 더 전문적이고, 재미없는 부서에 배치했다. 우치야마다는 NVH 감소 전문가가 될 수밖에 없었다. 자동차 공학 용어 NVH는 차량에서 발생하는 '소음과 진동 및 그 외 거슬림(noise, vibration and harshness)'을 가리킨다. 그는 방음, 나사못과 볼트 따위를 연구해야 했다.

32세의 우치야마다가 1979년에 처음으로 미국 땅을 밟은 것도 실은 그가 담당한 분야 때문이었다. 그가 자동차 공학 협회에서 기술 보고서를 발표했다. 뉴욕과 디트로이트를 둘러보는 여정에서 펼쳐진 미국의 다차선

고속도로에 우치야마다는 감동했다.[11] 우치야마다는 몰랐겠지만 1979년 은 변곡점인 해였다. 한때 세상을 주무르던 디트로이트의 자동차 회사들 이 장기 침체의 길에 접어들었고, 토요타를 포함한 일본의 경쟁사들이 놀 라운 성과와 함께 비상을 시작한 해였으니 말이다.

이후 15년 동안 우치야마다는 토요타의 연공서열에 따라 천천히 승진 을 했다. 충분히 예상 가능한 행로였고, 그는 결국 차량 개발 부서를 이끌 고 싶다는 꿈을 접는다. 40대 후반에 접어들었지만 차량 개발부는 근처에 도 가보지 못한 채였다. 그러던 1993년 가을 상사들이 느닷없이 그를 제2 차량 개발부(Vehicle Development Center 2) 부장으로 선임했다. 야심 찬 과제 를 수행하게 되는 부서치고는 명칭이 지극히 평범했다. 우치야마다는 깜 짝 놀랐다. 21세기에 대비해 토요타를 대표할 수 있는 최고의 차를 만드는 것이 제2개발부의 과제였다. 대강의 구상은 이러했다. 가족이 탈 수 있을 만큼 클 것, 연비를 양자적으로 도약시킬 것, 배기가스를 대폭 줄일 것.

1990년대 초에 세계 최대의 자동차 시장인 미국에서는 SUV가 인기를 끌었다. 토요타는 그 동향과 추세를 놓친 상황이었고, 실기(失期)를 만회하 려고 부산을 떨었다. 하지만 이 점을 먼저 지적해야 겠다. 토요타 회장 도 요다 에이지(豊田英二, 1913~2013년)는 창업 공신들의 우두머리였다. SUV의 인기가 만천하에 위용을 과시할 때 도요다는 석유가 고갈되면서 비싸지 는 미래를 염려했다. 도요다는 은퇴할 때조차 자신의 기업이 기술 혁신을 이루어야 한다는 소망을 피력했다.

우치야마다가 그 과제를 이끌 뜻밖의 선택이었고, 그 결정은 신의 한 수 였다. 상사들의 판단 근거는 다음과 같았다. 우치야마다는 차량 개발 경 험이 전무하다. 따라서 일반적인 통념과 정설에 얽매일 가능성도 적을 것 이다. 프로젝트 G21(Project G21)이 출범했다. G21은 21세기 지구(Global 21st

13. 토요타 프리우스

Century)라는 뜻이니, 결국 '21세기 지구 프로젝트'인 셈이다.

우치야마다가 이끈 개발부는 처음에 인원이 10명뿐이었다. 1994년 2월 1일에 첫 부서 회의가 열렸지만 쾌조의 출발을 하지도 못했다. 한 부서원이 초창기 회의에서 이렇게 말했다고 전한다. "운전자의 엉덩이 위치부터 정하죠."[12] 운전자 바로 뒤가 좋겠다는 게 그의 재담 섞인 자답이었다. 무어니 무어니 해도 아무튼 그들은 공학자였다. 심사숙고 끝에 그들이 정한 좌석의 위치는 차 바닥에서 22.64인치(약 58센티미터) 높이였다.

하지만 그런 것은 혁명은 고사하고 혁신도 아니었다. 우치야마다의 접근법은 처음부터 보수적이었다. 그가 염두에 둔 구상이 재래식 기술을 개선하자는 것이었으니 말이다. 우치야마다의 신차에는 효율적인 휘발유 엔진, 개선된 변속 장치, 전반에 걸친 경량 소재가 채택될 참이었다. 더 구체적인 그의 목표는 다음과 같았다. 토요타 코롤라(Toyota Corolla)보다 연비가 50퍼센트 향상된 소형차를 만든다. 가능한 혁신과 장비를 전부 결합해 이 목표를 달성한다. 사실이 그러했다. 토요타라면 불확실한 신기술보다 기존의 기술을 활용해 더 값싸고 빠르게 신차를 시장에 내놓을 수 있었다.

하지만 상사들을 달랠 필요가 있었고, '21세기 지구 프로젝트' 부서는 '콘셉트 카(concept car)'를 하나 개발하기로 한다. 1995년 10월 열리는 도쿄 모터 쇼(Tokyo Motor Show)에서 하이브리드 기술 정도는 보여 주어야 했다. 콘셉트 카는 '안 움직이는 시제품 차'였다. 엔진을 가동시킬 수는 있었지만 차가 움직이지는 않을 터였다. 순전히 쇼를 기획한 것이다.

우치야마다가 1994년 하반기에 그 계획을 토요타 최고 경영진에 보고했다. 상사들은 콘셉트 카가 무척 마음에 들었던지, 양산을 목표로 개발하라고 지시한다. 그들한테는 미리 정해 둔 차 이름까지 있었는데, 그에 어울리는 미래주의적 차가 필요했다. 프라이어스(Prius)는 라틴 어로 '앞서다', '선도하다'라는 뜻이다. 신차에 대한 상사들의 주문은 터무니없는 수준이었다. 코롤라 연비의 50퍼센트 이상이 아니라 2배를 달성할 것, 그리고 배기가스를 감소시킬 것.

"말도 안 돼!" 해결해야 할 과제가 엄청났고, 우치야마다는 기함했다.[13] 하지만 토요타의 고위 경영진은 방침을 바꿀 생각이 전혀 없었다. 우치야마다는 이런 이야기를 들었다. 못 하겠다면 면직시키겠다. 우치야마다는 동의하지 않을 수 없었다[14] 그의 계산에 따르면, 갖은 노력을 경주하고도 운이 수없이 따라줘야 1999년까지 신차의 시제품을 만들 수 있을 듯했다.

확대 개편된 제2개발부가 80개나 되는 하이브리드 설계안을 낱낱이 조사했다. 자동차 공학자들의 기술 용어로 크게 2종류였다. '연계(series)' 하이브리드와 '병렬(parallel)' 하이브리드. 연계 하이브리드는 순차적으로 작동한다. 자동차를 구동하는 것은 언제나 전기 모터다. 그리고 배터리가 방전되면 휘발유 엔진이 모터에 동력을 공급해 주는 것이다. 병렬 하이브리드는 휘발유 엔진이나 전기 모터가 직접 차를 구동하거나 둘 다가 함께 동력을 공급하는 방식이다.

연계 하이브리드는 제작이 손쉽지만 배터리가 강력해야 하는데, 그것이 만만찮은 과제였다. 제너럴 모터스에서 EV1을 개발한 엔지니어들은 그 사실을 잘 알았다. 프리우스 연구진은 병렬 하이브리드를 선택한다. 강력한 배터리를 개발하는 것보다 복잡성 사안이 다루기 더 쉬울 것으로 판단한 것이다. 하지만 더 골치아픈 과제가 곧 부상한다.

1995년 8월에 오쿠다 히로시(娛田碩, 1932년~)가 새 회장에 취임했다. 30년 만에 도요다 가문 바깥에서 영입된 최초의 최고 경영자였다. 그는 공격적인 성향이 매우 강한 인물이었다. 또한, 토요타가 30년간 급속히 성장했으니 이젠 꾸준하며 예측 가능한 형태로 활동하는 그런 기업이 되었으며, 되어야 한다고 믿었다. 오쿠다는 1997년에 프리우스를 출고하면서 극적인 선언을 하고자 했다. 같은 해에 유엔 기후 변화 회의가 교토에서 열릴 예정이었다. 교토는 토요타 본부에서 불과 75마일(약 120.7킬로미터) 거리에 있었다. 1년 이상 앞당겨 프리우스를 선보여야 한다는 이야기였다.

우치야마다는 다시 한 번 경악했다. 보통 차도 새로 개발하는 데 3~4년이 걸린다. 검증되지 않은 기술을 적용하는 차에 똑같은 시간표를 채택하다니 미친 짓이었다. 그가 1997년 기한을 보장할 수 없다고 대꾸하자, 오쿠다는 아무튼 목표로 삼고 추진하라고 다그쳤다.[15] 오쿠다가 딱 하나 양보랍시고 해 준 것이 있었다. 우치야마다는 프로젝트를 위해서라면 최고의 기술자를 포함 회사 내 어떤 인력도 데려다 쓸 수 있는 권한을 부여받았다. 글쎄, 그것만 해도 대단하기는 했다.

제2개발부가 1995년 중반부터 확대를 거듭하며 마라톤 레이스에 뛰어들었다. 그들의 하루 근무가 16시간이 넘는 경우도 잦았다. 제2개발부에 배속된 한 엔지니어가 귀가해 아내에게 좋은 소식과 나쁜 소식을 차례로 전달했다. 자신이 새로운 임무를 맡게 되었다는 것이 좋은 소식이었다. 주야 상시 대기 체제여서 회사 기숙사로 들어가야 할 것이라는 소식에는 아내도 몹시 슬펐을 것이다. 그 기술자는 오쿠다 회장의 마감 기일을 맞출 수 있는 확률을 "5퍼센트 미만"으로 보았다.[16]

우치야마다는 5퍼센트도 낙관적인 견해라고 생각했다. 하지만 하라면 해야 했고, 그는 그런 판단을 입 밖에 낼 수 없었다. "우리의 목표가 불가능한데도 최고 경영진이 아무튼 추진하라고 한다고는 부서원들에게 말할 수 없었습니다." 그가 후에 한 말이다.[17] 우치야마다는 데드라인을 맞출 수 있다고 부서원들을 설득하기 전에 우선 자신부터 납득해야 할 것으로 보았다. 영감이 필요했고, 그는 불가능한 과제를 성취해 내고야 만, 두 가지 이야기를 찾아 읽었다.

제2차 세계 대전 말미에 제트 전투기를 개발하는 일본 기술자들이 선보인 불굴의 노력이 그 하나였다. 그들은 1년이 채 안 되는 기간 만에 규슈 J7W1 신덴(Kyushu J7W1 Shinden)이라는 비행기를 완성했다. 전세를 뒤집기에는 때가 너무 늦었지만 말이다. 우치야마다가 찾아 읽은 두 번째 이야기는 미국의 아폴로 우주 계획(Apollo space program)이었다. 케네디 대통령이 10년 안에 사람을 달에 보내겠다는 목표를 천명한 1961년에 그런 것을 할 수 있는 기술은 없었다. 우치야마다는 하이브리드 자동차 개발도 상황이 다를 바 없음을 깨달았다.

우치야마다는 두 번째 사례 연구를 통해, 미국 항공 우주국(NASA)의 프로젝트 운영 방법을 채택했다. 과제 수행의 목표 마감일을 정하고, 거꾸로 나가면서 중간 이정 단계들의 시간표를 짜는 것이 바로 그 방법이었다. 프로젝트를 하부 단위로 나누면 관리 운영이 더 쉬워질 것이기도 했다, 적어도 이론상으로는. 하지만 우치야마다도 곧 깨닫게 되듯이, 실제에서는 배정 과제가 계획대로 이루어지지 않을 경우, 중간 이정표에 도달할 수 없었다. 가령 프리우스 초기 시제차는 계획대로 1995년 말에 완성되었지만 시험 주행로에서 움직이지 않았다.

차가 여러 주째 꼼짝 하지 않자, 우치야마다와 엔지니어들은 미칠 지경이었다. 12월 말에 우치야마다는 휘하 연구진이 1월까지는 그 차를 달리게 할 수 없을 것임을 깨달았다. 어쩌면 더 늦어질 수도 있었다. 좌절의 나날 60일째가 크리스마스 이브였고, 엔지니어 1명이 운전대를 잡았다. 기적처럼 차가 천천히 움직였다.[18] 하지만 그 성공은 금세 고꾸라졌다. 차는 딱 500야드(457.2미터)를 굴러가더니 멈추어 섰고, 다시는 움직일 생각을 하지 않았다. 그래도 프리우스 시제차가 작동한다는 것만은 분명해졌다.

제2개발부의 가장 커다란 기술적 도전 과제는 배터리였다. 프리우스에 들어갈 배터리는 강력하고, 믿을 수 있으며, 내구성이 탁월해야 했다. 이 3요소는 달성하기 쉽지 않은 조합이었다. 첫 번째 배터리는 자동차의 전기 모터가 요구하는 동력의 절반밖에 제공하지 못했다. 신뢰성 문제를 담당한 연구진은 파나소닉(Panasonic)의 배터리 전문가들을 찾아갔다. 충격적인 사실이 그들을 기다리고 있었다. 파나소닉의 배터리 불량률이 토요타에서 수용 가능하다고 판단하는 수준보다 훨씬 높았던 것이다. 요컨대 자동차에서 배터리 불량은 부상이나 사망 사고로 이어질 수 있었다. HDTV라면 배터리 불량이라고 해 보았자 「심슨 가족(The Simpsons)」의 몇 분 분량을 시청하지 못하는 수준이겠지만 말이다.

우치야마다는 배터리 내구 연한이 차의 수명과 동일해야 한다고 정했다. 몇 년마다 배터리를 새로 사야 하는데 프리우스를 구입하겠다는 사람이 있을까? 내구성 담당 연구진은 10년 내구성 시험을 불과 2~3년으로 단축시키는 기술을 개발해야 했다. 하지만 첫 번째 배터리는 초고온과 극저온에 매우 취약했다. 웃기는 일들도 여럿 발생했다. 오쿠다 회장이 시제 프리우스 시험 주행에 참관하기로 되어 있던 날은 무척 더웠다. 수를 써야 했다. 엔지니어들은 차를 안 보이는 그늘에 주차해 놓고, 선풍기로 배터리에 바람을 쐬었다.[19] 역시 공돌이들이다.

혹한기 시험은 일본 열도 최북단의 섬 홋카이도에서 실시되었다. 초기에 개발된 배터리들은 온도가 화씨 14도(섭씨 영하 10도)이하로 떨어지면 작동을 멈춰 버렸다. 미네소타 미니애폴리스의 훈훈한 겨울 날씨가 화씨 14도(섭씨 영하 10도)쯤 된다. 기술자들은 서로 이런 농담을 주고 받았다. 겨울용 외투와 비상 무전기가 없으면 프리우스를 타고 시험 주행에 나서겠다는 사람이 아무도 없을 걸. 격심한 스트레스에 시달리던 엔지니어들에게는 간혹 발휘된 유머가 유일한 위안이었다.

그러나 이런 희극 말고 비극이 발생했다. 1997년 1월 엔지니어 니노미야 마사히토가 후지 산 인근의 토요타 기술 시설에서 회사 헬리콥터에 탑승했다. 프리우스의 혹한기 테스트를 추가로 진행하던 중이었다. 그가 결과를 보고하기 위해 본사로 향했다. 그런데 헬리콥터가 도중에 추락하면서 탑승자 8명 전원이 사망하는 불상사가 발생하고 만다. 37세의 그 기술자는 본사에 도착하지 못했다.[20]

당시에 프리우스는 출고가 1년이 채 남지 않은 상황이었고, 토요타의 시험 주행로에서는 시제차들이 하루 24시간 1주일 내내 달리고 있었다. 우치야마다가 밤늦게 그곳을 방문한 적이 있었다. 하급 엔지니어 한 사람이 그에게 그냥 사라져 달라고 부탁했다. "정신 사납게 하지 말고 그냥 가세요. 결과는 아침에 알려 드릴 테니까."[21]

기술적 장애물이 차례로 극복되었다. G21 기술자들이 개발한 시스템은 휘발유 엔진 1개와 전기 모터 2개를 합친 것이었다. 전기 모터의 경우 하나는 바퀴에 동력을 공급하고, 나머지 하나는 변속기를 제어하는 용도였다. 이 변속 장치가 동력원을 통어(統御)했고, 프리우스는 전기로 천천히 달리다가 시속 30마일(약 48.3킬로미터)을 넘으면 휘발유 엔진이 내는 출력을 결합할 수 있었다. TRW 과학자들의 수십 년 전 시도와 별로 다르지 않은 개념이었다. 물론 토요타의 프리우스에는 정교한 전자 장비가 들어갔고, 그래서 양산이 가능했지만 말이다.

다른 공학 혁신들도 보자. 프리우스는 제동시 발생하는 '회생' 에너지 (regenerative energy)를 포획해, 배터리 출력을 높였다. 휘발유 엔진의 경우 차가 멈추면 꺼졌다가 운전자가 다시 가속을 하면 자동으로 재점화되게 만들었다. 운전자는 계기판의 모니터를 통해 차가 전기로 달리는지, 휘발유로 가는지 여부를 확인할 수 있었다.

프리우스에는 방열기가 둘 달렸다. 각각 휘발유 엔진과 전기 모터 냉각용이었다. 후드 아래 그걸 다 집어넣자니 서류 가방에 두꺼운 책 여러 권을 쑤셔 넣는 것과 다를 바가 없었다. 하지만 수없는 시행착오 끝에 엔지니어들은 마침내 수를 찾아냈다.

역사적인 출고일이 다가왔고, 우치야마다는 토요타 판매부가 1개월에 불과 300대를 팔기로 목표치를 잡았음을 전해 듣는다. 초인적인 노력을 가동해 공학적 개가를 거두었음을 고려하면 도대체가 무엇을 하자는 목표인가 싶었다. 21세기적 기술에 대한 토요타의 믿음을 천명하는 것과도 한참 거리가 있었다. 부추기고 구워삶는 공작이 가동되었다. 판매부가 1개월 목표를 1,000대로 상향 조정했다. 1,000대는 토요타가 일본에서 연간 팔아 치우는 대수의 1퍼센트의 10분의 1에도 못 미쳤다. 하지만 그래도 1,000대면 4자릿수이기는 했다.[22]

토요타가 1997년 10월 14일 도쿄에서 프리우스를 공개했다. 우치야마다가 ANA 호텔 행사장으로 직접 프리우스를 몰고 입장했다. 오쿠다를 뒷좌석에 태운 채 말이다. 초청된 기자 수백 명이 감탄을 연발했다. 차가 실내로 들어오면서도 무척 정숙했던 것이다. 프리우스가 휘발유 1갤런(약 3.8리터)으로 66마일(약 106.2킬로미터)을 달릴 것이라는 토요타의 발표에 모인 기자들은 한 번 더 놀랐다. 오쿠다가 원했던 바 그대로, 이것은 코롤라 연비의 2배였다. 연비 비교 평가는 물론 정확하기는 했지만 실험실에서의 통제 값이었다. 미국의 규제 당국이 후에 측정 방법을 바꾸어 재평가한 바에 따르면, 프리우스는 도시 도로 주행시 갤런 당 40마일(약 64.4킬로미터)을 약간 상회하는 것으로 나왔다. 일상의 승용 과정에서 운전자들이 경험하는 것과 가장 근사한 값일 것이다. 그러나 어떤 방법을 썼든, 프리우스의 연비는 지상에서 굴러다니는 그 어떤 차보다 단연 뛰어났다.

토요타가 매긴 가격은 1만 8000달러로, 이것은 코롤라보다 15퍼센트 더 비싼 수준에 불과했다. 자동차 비평가들은 최소 30퍼센트의 할증 가격을 예상했다. 토요타도 초기에는 돈을 까먹을 것이라고 인정했다. 하지만 미래에 투자하는 것이라고 강조하는 것도 잊지 않았다. 그 점을 확실히 하고 싶었던 것일까? ANA 호텔 행사장에서 프리우스가 퇴장할 때 나온 노래는 「별에게 소원을(When You Wish Upon a Star)」이었다.[23]

프리우스가 12월에 일본 판매에 들어갔다. 교토 기후 회의가 개최되고 불과 며칠 후였다. 토요타가 계속해서 생산량을 2배로 늘렸다. 하지만 그래 봤자 1개월 생산량은 2,000대에 불과했다. 프리우스는 생산 대수가 너무 적었다. 사정이 그러했으므로 몇 달 후 나고야의 도로에서 프리우스 1대가 여느 다른 차처럼 운행 중인 광경을 목격했을 때 우치야마다가 얼마나 감격했을까!

1998년 2월 G21 개발부 축하연이 열렸다. 오쿠다 회장이 치하의 의미로 정종을 보내왔다. 몇 달 후에는 G21 소속의 엔지니어 한 사람이 도요다 에이지를 프리우스에 태우고, 토요타 시티 인근의 미카와 고원(三河高原)을 둘러볼 수 있도록 호위했다. 프리우스 프로젝트의 산파나 다름없는 전직 회장이 기뻐했음은 물론이다.

미국에서라면 경쟁 차종이 전혀 없는 신차를 출시하는 게 모든 자동차 제조사의 꿈일지도 모르겠다는 생각을 해 본다. 하지만 토요타는 이내 깨달았다. 의심 많은 미국 소비자들에게 최신 기술을 소개, 설명, 설득하는 것이 녹록치 않은 과제임을 말이다. 요컨대 프리우스는 새로워서 호기심이 생기지만, 동시에 너무 복잡해서 내키지 않는 참으로 어색하고 곤란한 물건이었던 것이다. EV1의 한계와 사실상의 실패를 많은 사람이 기억하고 있다는 것도 악재였다.

아무튼 토요타는 일찌감치 움직였다. 일본에서 판매에 들어간 1997년 12월 올랜도 전기 차 쇼에서 프리우스가 공개되었다. 몇 달 후인 1998년 초 토요타가 미국의 16개 도시를 순회하는 행사에 프리우스 2대를 보냈다. 기자, 환경 운동가, 학자들이 초청되어, 직접 프리우스를 볼 수 있었다. "충전은 어디서 합니까?"가 가장 많이 나온 질문이었다. 물론 그 대답은 "할 필요 없어요."였지만, 사람들은 제동 장치와 엔진이 계속해서 배터리를 충전해 준다는 말을 믿으려고 하지 않았다.[24] 다른 문제도 있었다.

캘리포니아에 있는 토요타의 디자인 부문에서 개발한 스타일이 그 가운데 하나였다. 프리우스는 앞부분이 탄환의 첨두 같았고 뒤쪽은 느닷없이 잘라낸 듯 뭉툭했다. 사람들은 프리우스가 외계(outer space)에서 날아온 그렘린(Gremlin, 양가적인 느낌을 갖는 괴물 — 옮긴이) 같다고 생각했다. 그 디자인은 호오가 "극명하게 갈렸다."[25] 그런가 하면, 내부 디자인은 또 별났다. 각종 계기의 위치가 운전대 뒤가 아니라 계기판 중앙에 있었던 것이다. 변속 레버가 꼭 조이스틱(joystick) 같았다. 전반적인 느낌은 차가 아니라 무슨 비디오 게임기 같다는 것이었다. 게다가 프리우스는 가속이 빙하가 이동하는 것처럼 더디고 느렸다. 페달을 밟아도 가속이 되는 것인지 아닌지 알 수 없을 지경이었던 것이다. 일찌감치 시험 주행을 해 본 한 자동차 전문 기자는 프리우스를 이렇게 판단했다. "연비는 좋지만, 지루하고 재미없다."[26]

그러나 토요타는 흔들림 없이 나아갔다. 그들의 메시지는 '얼리 어답터(early adopter, 남보다 먼저 신제품을 사용해 보는 사람 — 옮긴이)'를 겨냥했다. 토요타가 1999년 1개월간 프리우스를 몰아볼 수 있는 시승 신청자를 모집했다. 물론 시승 경험을 자세히 보고하겠다는 사람에 한해서였다. 시애틀의 한 여성은 이렇게 말했다. "프리우스는 뭐랄까, 빠른 골프 카트 같아요. …… 재밌네요. 하지만 제가 추구하는 운전 경험과는 거리가 멀어요."[27] 프리우스는 정지 상태에서 시속 60마일(약 96.6킬로미터)로 가속하는 데 약 13초가 걸렸다. 이것은 코롤라보다 30퍼센트 느린 성적이다.

가격도 문제였다. 프리우스의 미국 시판가 1만 9995달러는 코롤라 기본형보다 약 30퍼센트 비쌌다. 캘리포니아 주 토런스(Torrance)에 있는 토요타 미국 판매 법인의 경영자들은 프리우스의 연비가 탁월하지만 가격 격차가 너무 큰 것이 좌불안석이었다. 일본 본사가 차 지붕에 소형 태양 전지판을 붙여, 첨단 기술 제품의 분위기를 풍기자고 제안했다. 미국 쪽에서는 그래 보았자 차 가격만 100달러 오를 뿐이라며 반대했다. 태양 전지판 부착안은 폐기되었다. 그래도 보면 프리우스의 가격에는 정비 및 견인 비용이 포함되어 있었고, 결국 더 이상의 추가 비용은 전혀 없는 셈이었다.

1999년 12월에 최대의 위기가 닥쳤다. 프리우스의 미국 판매를 불과 7개월 앞둔 시점이었다. 혼다가 토요타가 받아야 할 관심을 가로채 버렸다. 자체 개발한 하이브리드 차 인사이트(Insight)가 출고된 것이다. 인사이트는 실용성을 갖춘 차라기보다는 신상품의 면모가 강했다. EV1처럼 작은 2인승 차였고, 하이브리드 시스템 역시 프리우스보다 정교하지 못했다. 아무려면 어떤가? 혼다는 뻐기고 돌아다닐 수 있었다. 토런스의 토요타 경영진은 인사이트를 "인스파이트(In Spite, '~에도 불구하고'의 숙어 표현. '원한의 차'─옮긴이)"라고 부르며 저주했다.[28]

순류, 아니 역류가 있었지만, 프리우스 출시 계획이 꾸준히 추진되었다. 토요타가 인터넷 주문 시스템을 도입했다. 이에 따르면 사람들은 차를 온

라인으로 주문하고, 근처 대리점에서 받아가야 했다. 자동차를 딜러들에게 적송하고, 판매는 그들이 알아서 하는 통상의 방식과 크게 달랐지만, 그래도 이 방법이 알맞아 보였다. 처음에는 공급이 달릴 새로운 첨단 자동차인 바에야. 판매 부문 임원들이 반발했다. 고객과 딜러 모두 번거로운 상황을 반기지 않을 것이라는 주장이었다. 인터넷 주문 시스템은 막판에 철회될 뻔했지만 반대하던 임원들이 태도를 누그러뜨리면서 시행하기로 했다.

2000년 6월 30일에 토요타의 판매 및 마케팅 관리들이 토런스 본부의 컴퓨터 제어반 앞으로 모여들었다. 첫 번째 프리우스 주문이 들어오는 것을 지켜보고자 함이었다. 프리우스 작업은 약 3년째였다. 그들은 초기 판매 목표량이 1개월에 1,000대에 불과한 차량을 위해 전대미문의 정력을 쏟아부은 상황이었다. 프리우스는 너무 많은 것이 매우 달랐고, 어느 누구도 사태를 정확히 내다볼 수 없었다. 모인 사람들이 숨을 죽인 채 화면을 응시했다. 주문이 밀려들기 시작했다.

토요타의 한 임원이 후에 이렇게 회상했다. "겁이 안 날 수가 없었죠. …… 그러다가 화색이 돌았고, …… 우리는 환호했습니다. 주문이 폭주했고, 화면이 밝게 빛났어요."[29] 프리우스는 초기 3개월 생산량이 바로 그 첫날에 다 팔렸다. 프리우스의 미국 출시는 찬찬히 음미하고 싶을 만큼 대성공을 거두었다. 딱 하나 아쉬움이 있다면, 프리우스 구매자 대다수가 차를 손에 넣기 위해 여러 달을 기다려야만 했다는 점이었다. 토요타는 인내심을 발휘하며 기다려 주는 고객들에게 감사의 증표로 선물을 보냈다. 대기자들은 열쇠고리, 마우스 패드, 기타 자질구레한 기념품들을 받았다. 뒷창문 전사 도안도 그 가운데 하나였다. '하버드(HARVARD)'나 '브라운(BROWN)', 또는 덜 선호되겠지만 '맨케이토 주립 대학교(MANKATO STATE)' 같은 대학 이름 말이다. 토요타의 판촉 임원들이 의욕적으로 떠올린 그 전사 도안의 문구는 이러했다. "EAT MY VOLTAGE(전기 한 잔, 아니 한 배터리 하시겠어요?)"[30]

상황이 더 나쁠 수도 있었다. 이런 문구였다면 말이다. "UP YOUR WATTAGE(전력량, 와트 수)!" "KISS MY CURRENT(전류)!" (Eat my shorts! Up your ass! Kiss my ass! 등의 욕에서 단어를 바꾼 저자의 유머 ― 옮긴이). 발송하기 전에 문구를 검토하지 못한 토요타 이사들은 무척 좋지 않다고 판단하고는 회수를 지시했다. 자동차 업계 역사상 최초로 단행된 전사 도안 리콜 조치였다.

그 소극(笑劇)을 제외하면, 그래도 토요타에게는 자신들의 업적을 축하할 만한 자격과 이유가 충분했다. 세계 최대의 자동차 시장 미국에서 실용성을 갖추고 대량 판매되는 최초의 하이브리드 차를 출시한 것은 기념비적인 사건이었다. 더구나 디트로이트의 코밑에서 바로 그런 일이 벌어졌다. 당시에 빅3는 SUV를 팔아먹으면서 돈 버는 일에 정신이 쏙 빠져 있었다. 토요타는 2001년 미국에서 약 1만 6000대의 프리우스를 팔았다. 시장에 출고하고서 1년 내내 영업을 한 첫해였다. 우크도 프리우스 초기 구매자 가운데 한 사람이었다. 40년 전에 연구 개발 기금의 지원을 거부당한 발명가를 기억하리라.[31] 프리우스는 2002년에 2만 대 넘게 팔렸다. 물론 많은 양은 아니었다. 하지만 모종의 성명이 발표되었다고나 할까. 프리우스는 스타를 꿈꾸는 신진 배우 같았고, 항상 새로운 히트 상품을 찾는 곳인 할리우드가 주목했다.

2002년 봄, 배우 톰 행크스(Tom Hanks, 1956년~)가 할리우드에서 환경 관련 모금 행사를 주최했다. 선망의 대상인 유명 인사들이 대거 참석했다. 빌 클린턴, 로버트 프랜시스 '바비' 케네디 주니어(Robert Francis 'Bobby' Kennedy Jr., 1954년~), 로버트 '롭' 라이너(Robert 'Rob' Reiner, 1947년~)가 행사장에 모습을 보였다면 상황이 어떠했을지 대충 짐작할 수 있으리라. 과거였다면 거개가 페라리, 재규어, BMW, 기다란 리무진을 타고 행사장에 도착했을 것이다. 하지만 이번에는 달랐다. 상당수가 토요타 프리우스를 타고 나타난 것이다. 진짜로 그 수가 너무 많아서, 행사장을 찾은 명사들은 갈 때 남의 차를 몰고 가면 어떻게 하느냐며 서로 농담을 주고받았다.[32]

프리우스는, 자고 일어났더니 유명해졌더라는 누구의 말마따나, 하룻밤 사이에 연예계 엘리트들 사이에서 지위의 상징물로 부상했다.《워싱턴 포스트》가 어떻게 쓰고 있는지 보자. "할리우드에서 새로 하이브리드로 갈아 탄 스타들의 목록은 마치《피플(People)》의 목차처럼 읽힌다. 캐머런 디아즈(Cameron Diaz, 1972년~), 리어나도 디캐프리오(Leonardo DiCaprio, 1974년~), 캐럴 킹(Carole King, 1942년~), 빌리 조엘(Billy Joel, 1949년~), 데이비드 윌리엄 듀코브니(David William Duchovny, 1960년~), 윌리엄 '빌' 마어(William 'Bill' Maher, 1956년~). 그 외에도 지명도가 떨어지는 몇몇이 더 보인다."[33] 디캐프리오 가족의 경우는 실제로도 프리우스를 무려 4대나 보유했다. 2003년 아카데미 시상식에서 느닷없이 각광을 받은 것도 프리우스였다. 토요타가 프리우스를 제공했고, 프리우스는 스타들을 코닥 극장(Kodak Theatre)으로 실어 날랐다. 배우들이 내리면 TV 카메라가 돌아가고, 구경꾼들이 환호하는 레드 카펫에서 계속 프리우스가 비쳤고, 조연 차상(Best Supporting Car)이라도 수여해야 할 지경이었다.

토요타에 지극한 행복의 시간이 열렸다. "할리우드 스타들은 자신들이 환경 훼손을 걱정하고, 그 사안에 관심이 있음을 보여 줄 수 있었죠. 더불어서 우리는 홍보 효과를 톡톡히 누렸고, 광범위한 지지를 받았습니다." 토요타 사 한 임원의 말이다.[34] 스타들의 상품 보증이 공짜였다는 사실이 무척 중요했다. 프리우스 미국 판매량이 한 해 2만 5000대에 불과했고, 광고 캠페인에 막대한 자금을 쏟아부을 만한 단계가 결코 아니었기 때문이다.

프리우스가 아카데미 시상식에 선보일 즈음 HBO의 「커브 유어 인스지애즘」에 투입되었다. 「커브 유어 인수지애즘」은 당시 최고 인기의 텔레비전 시트콤 가운데 하나였다. 시트콤 「사인펠드(Seinfeld)」의 작가이자 공동 제작자인 로런스 진 '래리' 데이비드(Lawrence Gene 'Larry' David, 1947년~)가 이 시트콤을 만들었고, 여기에는 괴팍하기 이를 데 없는 할리우드 대본 작가가 나온다. 그의 좌충우돌 행각에 거의 모든 사람이 낭패스럽고, 짜증을 낸다는 것이 이야기의 얼개이다. 데이비드 자신이 주인공이다. 데이비드의 실제 아내 로리엘렌 데이비드(Laurie Ellen David, 1958년~)는 열렬한 환경 운동가였다. 대형 SUV는 "스프레이 식 페인트로 차체에 '돼지(PIG)'라고 써 버려야 한다."라고 한 면담자에게 독설을 쏟아 낸 적이 있을 정도였다.[35] 데이비드 부부에게는 프리우스가 3대 있었다. 로리 데이비드가 1대, 실제의 래리 데이비드가 1대, 그리고 극 중의 래리 데이비드가 운전하는 것이 또 1대였다. 데이비드 여사는 이런 말도 했다. "남편이 극 중 인물로 연기하며 하이브리드 자동차를 운전하다니, 남편에게 받은 최고의 선물이었죠."[36] (이 두 사람은 후에 이혼했다.)

래리 데이비드는 「커브 유어 인수지애즘」에서 사방에 프리우스를 타고 돌아다닌다. 직장, LA 다저스 야구 경기장, 심지어 아버지의 녹내장 증상을 완화하기 위해 대마초를 사야 하는 에피소드에서 어설프게 마약 밀매상을 찾아가는 길에도 프리우스를 몬다. 프리우스는 거의 뒷배경일 뿐이지만, 2004년 2월 29일 방송된 에피소드에서 마침내 주연을 꿰어 찼다.

래리 데이비드와 매니저 제프가 제프의 독일산 셰퍼드 오스카를 찾아나선다. 물론 프리우스를 타고서다. 그런데 래리의 눈에 다른 프리우스 운전자가 들어오고, 그는 반가운 마음에 손을 흔든다. 하지만 상대의 반응은 실망스럽기만 하다. 어떤 대사가 이어지는지 보라.

> 래리: 봤어? 어떤 놈이 프리우스를 몰고 있어서 손을 흔들었더니, 모르는 척하는데!
> 제프: 같은 차를 탔다고 손 흔드는 사람이 어디 있냐?
> 래리: 프리우스잖아. 우리는 달라. …… 도대체가 어떤 놈인지 봐야겠어.[37]

추격전이 시작된다. 하지만 래리가 개를 치면서 상황이 종료된다. 사고를 당한 개는 슬프게도 오스카다. 다행히 오스카가 죽지는 않는다.

프리우스가 공짜로 홍보되자 토요타는 뛸 듯이 기뻤다. 하지만 프리우스 소유자가 할리우드의 행태를 다 반긴 것은 아니다. 버지니아에 사는 한 중년 수학자가 불만을 토로했다. "내가 별안간 아무 생각 없이 영화배우나 따라하는 사람이 되어 버린 거예요." 그는 2003년에 프리우스를 구매했다. "그 일로 흥미를 잃었고, 그것이 분기점이었죠."[38]

할리우드의 일부 명사도 프리우스의 의기양양함에 흥미를 잃었다. 프리우스보다 제너럴 모터스의 허머 H2를 애호한 것이다. 2004년 오스카에서 시청자들은 프리우스 파와 허머 파의 대결을 목도했다. 행사가 끝나고 파티가 열렸는데, 주차 구역에서 각각의 차량 운전자들이 경계의 눈초리로 서로를 쳐다보았다. 《뉴욕 타임스》가 이렇게 촌평했다. "'허머 대 하이브리드, 할리우드의 쾌락 대 나 잘났소' 같은 정치적 올바름."[39] 자유주의와 보수주의로 단층선이 그어진 것이 아니었다. 확고한 기성의 스타 프리우스와 새로운 명작 허머가 대결한 것이다. 오래 된 알부자와 신흥 부자의 대결. 할리우드 용어로 바꿔 이야기하면 몇십 년 대 몇 년의 대결이기도 할 것이다.

할리우드에서 허머를 애호한 최고의 유명 인사는 슈워제네거였다. 그는 무려 7대를 보유했다. 주지사가 된 2003년까지는 확실히 그러했다. 캘리포니아 주민들에게 환경 지사의 모범을 보이지 않을 수 없었던 슈워제네거는 자신의 허머 전단을 7대에서 3대로 줄였다. 4대와 작별을 고하면서 그가 이렇게 말하지 않았을까? "아스타 라 비스타, 베이비.(Hasta la vista, baby. Hasta la vista. 에스파냐 어 작별 인사로 슈워제네거가 출연한 영화 「터미네이터」의 명대사 — 옮긴이)"[40] 하지만 시에라 클럽은 여전히 만족하지 못했다.

몇 년 후 캘리포니아 입법부가 법을 하나 통과시켰다. 그 덕분에 프리우스 운전자들은 캘리포니아의 고속도로에서 동승객 없이도 다인승 전용 차선을 달릴 수 있게 되었다. 그것은 사소한 사안이 아니었다. 캘리포니아에서는 혼잡 시간대에 고속도로와 주차장이 구별이 안 될 정도로 정체가 심했기 때문이다. 다인승 전용 차선은 특권이었다. 모든 운전자가 오스카 시상식 입장권만큼이나 다인승 전용 차선을 탐냈다. 법이 통과되자 난리가 났다. 당연했다. 《새크라멘토 비(Sacramento Bee)》가 그 입법을 "하이브리드 하이포크러시(hybrid hypocrisy)", 곧 "위선 짬뽕"이라고 비난하고 나섰다. 요컨대 캘리포니아의 다인승 전용 차선이 언제부터 "혼잡을 줄이는 것이 아니라 연료를 아끼는 것이 목적으로 바뀌었냐."라는 것이었다.[41] 터미네이터 주지사는 아랑곳하지 않고 법안에 최종 서명했다.

다인승 전용 차선법과 할리우드가 결부된 대대적인 홍보가 2005년 여름쯤 캘리포니아 이외 지역에서마저 반발을 낳았다. 프리우스 운전자를 '파이어스(Pious)', 곧 경건자라며 조롱조로 호칭하는 사람들이 나타났다. 토요타가 할리우드를 끌어들인 마케팅에서 비아냥을 원했을 리는 없다. 하지만 일이 거기서 끝나지 않았다. 프리우스를 경원하는 최악의 역풍은

13. 토요타 프리우스

케이블 텔레비전 프로그램 「사우스 파크(South Park)」에서 나왔다. 콜로라도에 있다는 가공의 도시를 배경으로 한 그 부조리극 만화에서 우리는 온갖 어이없는 캐릭터를 볼 수 있다. 아이들은 정서 장애고, 어른들은 맛이 갔으며, 배설물과 관련된 온갖 지저분한 유머가 판을 치는 쇼인 것이다.

2006년 3월 29일에 방송된 에피소드에서 제럴드 브로플로프스키(Gerald Broflovski)가 프리우스를 산다. 제럴드는 사우스 파크(South Park)에 사는 어른 중 한 사람이다. 그가 별안간 동네의 SUV 보유자들에게 가짜로 주차 위반 딱지를 발부하기 시작한다. 요컨대 "환경에 관심을 가지지 않았다."라는 것이다. 이런 장난을 사우스 파크 주민이 반길 리 없다. 브로플로프스키의 이웃이 충고한다. 너는 밥맛으로 찍혔고, 이제 그 허세와 자만이나 즐겨야 할 것이라고. 네가 뀐 방귀도 네가 처리하라는 조롱이 덧붙는다. 기분이 상한 브로플로프스키는 가족을 이끌고 샌프란시스코로 이사 간다. 새로 이사 간 곳에서는 누구나 다 프리우스를 몬다. 그리고 역시나 그들은 자신들이 뀐 방귀도 들이마셔서 처리한다.

그런데 사우스 파크에서도 프리우스가 인기를 끈다. 그 덕분에 도시 상공에 거대한 '밥맛(smug)' 구름이 형성된다. 사우스 파크의 밥맛 구름이 다른 두 지역의 밥맛 구름과 합쳐진다. 하나는 샌프란시스코 것이고, 다른 하나는 로스앤젤레스 것이다. 로스앤젤레스의 밥맛 구름은 그해 오스카 시상식에서 조지 클루니(George Clooney, 1961년~)가 밥맛없는 수상 연설을 하며 만들어진 것으로 묘사된다. 텔레비전 일기 예보관이 전한 대로, 샌프란시스코가 "폐허(asshole)"로 몰락하기 직전에 제럴드 일가는 간신히 도시를 탈출한다.[42]

지저분한 유머를 좋아하는 사람들이 그 에피소드에 열광했다. 환경 보호에 적극적이며 진보적 사고를 지지하고 건강에 좋은 음식까지 챙겨 먹는 호사가들이 프리우스를 윤리적 우월감의 표식으로 과시하는 행태에 사람들이 넌더리를 냈다. 어쩌면 후자의 부류가 더 많았을 것이다. 적어도 12세 이상에서는 확실하다. 하지만 「사우스 파크」 '밥맛 구름 경보(Smug Alert)' 에피소드가 방송될 즈음 프리우스는 대중문화 인식상의 변곡점을 돌고 있었다. 토요타의 그 미래 자동차가 새롭게 구매자를 끌어모으기 시작했다. 이번 구입자들의 주된 동기는 행성 지구를 구하는 것이 아니라 가진 돈을 아끼는 것이었다.

제너럴 모터스가 EV1을 단종한 2003년 말에 토요타가 제2세대 프리우스를 공개한 곳들은 몇몇 특별한 장소였다. 홀 푸즈 수퍼마켓과 인터내셔널 요가 컨벤션(International Yoga Convention)이 그런 곳들이었고, 데이토나 500과 세계 사냥 엑스포(World Hunting Expo)는 아니었다.

　캘리포니아 주의 롱비치에서 열린 미국 전기 자동차 협회(U.S. Electric Vehicle Association) 컨벤션에도 2004년형 프리우스가 선보였다. 프리우스는 휘발유 혼종 엔진이 들어갔고, 진정한 전기 차가 아니었지만, 상관없었다. 할리우드의 배우이자 활동가인 에드워드 제임스 '에드' 베글리 주니어(Edward James 'Ed' Begley Jr., 1949년~)와 라이너가 프리우스를 상찬했다. 토요타가 시승 행사를 열자, 그 줄이 건물을 뱀처럼 감쌌고, 사람들이 2~3시간씩 자기 차례를 기다렸다. 토요타의 한 판촉 이사가 동료들에게 이렇게 말했는데, 옳은 진단이었다. "어쩌면 이제 프리우스가 주류 상품이 된 듯도 하군요."[43]

　새로운 프리우스는 길이가 원래보다 6인치(15.24센티미터) 더 길어졌고, 정지 상태에서 시속 60마일(약 96.6킬로미터)로 가속하는 데도 10초밖에 안 걸렸다. 이 수치는 전보다 25퍼센트 개선된 성적이었다. 신형 프리우스는 1갤런(약 3.8리터)당 46마일(약 74킬로미터)을 달렸다. 이것은 환경 보호국(Environmental Protection Agency) 측정 기준을 따른 것으로 1세대 프리우스는 1갤런(약 3.8리터)당 41마일(약 66킬로미터)이었다. 새로 디자인된 날렵한 스타일이 공기 저항을 줄여 주었고, 연비 개선에도 기여했다. 프리우스는 도로 위의 그 어떤 차와도 달랐고, 운전자들은 자차의 환경 친화성을 뽐낼 수 있었다. 토요타는 기본 가격을 1만 9995달러로 그대로 유지했다.

프리우스의 2004년 미국 판매량은 5만 4000대였다. 전년도보다 2배 이상 판매한 셈이었다. 1년 후 허리케인 카트리나가 뉴올리언스를 강타했고, 미국인들은 얼떨떨한 심리 상태였다. 휘발유가 에비앙이나 펠레그리노보다 비싸졌다. 2005년의 프리우스 판매량이 다시 2배를 넘어 10만 8000대를 달성했다. 사상 처음으로 6자릿수를 기록한 것이었다. 2007년에는 18만 1000대 이상이 팔려 다시금 기록이 경신된다. 바로 그해에 고어 3세가 프리우스로 시속 100마일(약 161킬로미터) 이상 달리다가 체포되었다. 하지만 그해에 프리우스를 몰면서 3자릿수 속도위반으로 적발된 사람이 앨 고어 3세만은 아니었다.

그해 3월 28일 밤 캘리포니아 도로 순찰대가 시속 100마일(약 161킬로미터) 이상으로 달리던 프리우스 1대를 쫓아가 세웠다. 산호세의《머큐리 뉴스(Mercury News)》에서 「로드쇼 칼럼(Mr. Roadshow column)」을 담당하는 게리 리처즈(Gary Richards)가 이 사실을 접했다. 속도위반 차량의 운전자는 애플 컴퓨터의 공동 창업자인 워즈니악으로 그는 산호세에 살고 있었다.

「로드쇼 칼럼」이 그 사건을 다루었다. 리처즈가 워즈니악에게 이메일을 보내, 정말 하이브리드 차로 105마일(약 169킬로미터)을 찍었느냐고 물었다. 워즈니악은, 아니라고, "104마일(약 167.4킬로미터)"이었다고 답했다. 그는 재판관에게 자신이 속도계의 마일 수와 킬로미터를 헷갈린 것이라고 진

술했다. 판사는 웃었고, 아무튼 그에게 벌금 700달러를 부과했다.[44]

로드쇼는 프리우스가 시속 104마일(약 167.4킬로미터)의 속도에서 과연 어떤 조종성을 발휘했는지가 궁금했다. 워즈니악의 답변으로 들어 본다. "맞바람이 상당히 난폭했는데도 프리우스는 대단히 안정적이었고, 그 점이 놀라웠습니다. 저는 허머가 익숙했고, 정반대일 거라고 예상했거든요."[45]

막판의 허머 이야기가 진짜 뉴스거리였다. 워즈니악은 기술 업계의 전설이자 괴짜 구루로 인기가 대단했다. 그런 그가 프리우스와 허머를 둘 다 보유하고 운전까지! 레드 삭스와 양키스를 둘 다 응원하는 것, 맥(Mac)과 PC를 둘 다 보유하는 것과 비슷한 일이었던 셈이다. 상황이 50년 전이었다면 워즈니악이 폭스바겐 비틀과 테일핀 캐딜락을 둘 다 보유했을지도 모를 일이다.

미국의 문화 갈등과 충돌상이 못마땅한 사람일지라도 거기서 희망의 근거를 찾을 수 있었다. 어쩌면 사자가 양과 푸른 초장을 공유할 수 있을지도 모르고, 어쩌면 포드 F-150 킹 랜치를 모는 딱 봐도 불쾌한 촌뜨기가 토요타 프리우스를 모는 재수없는 할리우드 진보주의자와 맥주잔을 기울일 수 있을지도 몰랐다. 물론 함께 마실 맥주로 스텔라와 론 스타 사이에서 그들이 언쟁을 할 수는 있겠지만 말이다.

2008년 즈음에는 프리우스 구매자 가운데서 데이비드 부부와 같은 부류가 점점 감소하는 추세였다. 일리노이 주의 소도시 에드워즈빌(Edwardsville, 세인트루이스 인근에 위치)의 스콧 잭슨(Scott Jackson)과 케이티 잭슨(Katie Jackson) 같은 사람들이 프리우스를 더 많이 산 것이다. 영업 사원 스콧 잭슨은 포드 익스플로러 스포트 트랙(Ford Explorer Sport Trac)을 타고 장거리를 뛰었다. 이 차는 짤막한 픽업 트럭형 짐칸이 달린 SUV이다. 요컨대 익스플로러 스포트 트랙은 프리우스보다는 허머에 훨씬 가까웠다. 스콧 잭슨은 스포트 트랙을 사랑했다. 비록 가진 것은 많지 않아도 그 차를 운전하면 도로가 자기 것 같다는 느낌에 한없이 만족스러웠다. 하지만 휘발유 값으로 1개월에 450달러를 퍼붓고 나면 식료품을 사기도 빠듯했다.

아내인 케이티 잭슨이 주판알을 튕겨 보고 내린 결론은 이러했다. 프리우스를 사자. 그러면 휘발유 값을 대폭 줄일 수 있고, 그것이 남는 장사다. 잭슨 부부는 스포트 트랙을 처분하고 프리우스를 주문했다. 그런 프리우스 수요가 엄청났고, 부부는 2개월을 기다려야 했다. 판매상이 와서 서명하고 인수해 갈 기한으로 24시간을 주겠다고 통보했다. 안 그러면 당신들 차를 딴 사람에게 넘길 거라는 요지였다. 토요타 임원들이 프리우스를 찾는 사람이 아무도 없으면 어떻게 하지? 하면서 걱정하던 2000년과 비교하면 격세지감이라고 할 수 있는 상황이었다.

잭슨 부부는 3만 달러를 지불했다. 에누리 따위는 없었다. 물론 부부의 차에는 이런 것들이 달려 있었다. 배면 관측 카메라(rearview camera), 무건 점화 시스템(keyless ignition), 보조 오디오 잭, 위성 라디오 수신기, 15인치 합금 휠, 자동 주행 속도 유지 장치(cruise control) 등등. 다 기술 중심의 남성적인 것들이다. 그럼에도 스콧 잭슨은 새 차에 적응하는 데 약간의 시간이 필요했다. 스포트 트랙은 운전석이 횃대처럼 높았고, 그는 다른 운전자들을 위에서 내려다보던 과거가 그리웠다. 친구들이 여자처럼 핸드백도 들고 다니느냐고 놀리면 그는 우거지상이 되었다. 잭슨 스콧은 한숨을 내쉬며 자신을 위무했다. "프리우스는 남성적인 차가 아니야. 그냥 차라고." **46**

최종 결산 결과가 부부를 외면하지 않았다. 잭슨 부부는 휘발유 값을 1개월에 약 350달러 아낄 수 있었다. 프리우스가 제값을, 보답을 한 것이다. 할리우드와 소살리토 바깥에 사는 사람들 대다수에게는 이것이야말로 프리우스의 최고 장점이자 미덕이었다. 그들은 프리우스의 환경 친화력을 높이 평가했다. 하지만 훨씬 더 좋아한 것은 프리우스가 가정 경제에 끼치는 이득이었다. 휘발유를 아끼고 그 과정에서 이산화탄소 배출량을 줄인다면야 래리 데이비드 같은 사람보다 스콧 잭슨 같은 사람이 프리우스를 더 많이 몬다고 한들 무엇이 그리 대수일까? 미국의 개들이 더 안전할 것이라는 사실만큼은 확실하다.

2011년 1월에 우치야마다가 디트로이트를 찾았다. 매년 열리는 그 도시의 자동차 쇼 행사장을 둘러보기 위해서였다. 1997년 첫선을 보인 프리우스처럼 우치야마다도 크게 출세한 상태였다. 64세의 우치야마다는 토요타 부사장 직책을 달았고, 이사회 임원 자리에도 앉았다.

전시된 프리우스는 3세대로, 1갤런(약 3.8리터)당 주행 거리가 51마일(약 82.1킬로미터)을 찍었다. 함께 전시된 경쟁사의 차종들을 통해 프리우스의 압도적 영향력을 확인할 수 있었다. 혼다가 인사이트의 새 버전과 CR-Z를 선보였다. 인사이트는 뒷좌석이 생겨서 문짝이 4개였으며, CR-Z는 '스포츠 하이브리드'를 표방한 소형 SUV였다. 포드도 하이브리드 세단인 퓨전(Fusion)과 이스케이프 SUV(Escape SUV)를 전시했다.

《모터 트렌드》가 선정한 올해의 차는 쉐보레 볼트(Chevrolet Volt)였다. 볼트는 전원 연결 방식이 추가된 하이브리드여서 전기로 더 오래 주행할 수 있었고, 휘발유 1갤런(약 3.8리터)으로 90마일(약 144.8킬로미터) 이상을 달렸다. 실리콘 밸리의 자동차 기업 테슬라(Tesla)가 전기로만 작동하는 로드스터(가격이 10만 달러가 넘었다)를 공개했다. 비슷한 가격의 첨단 하이브리드 피스커(Fisker)가 테슬라의 주요 경쟁 차종이었다. 닛산은 완전 전기 방식의 양산 차 LEAF 출고를 준비 중이었다. 전시회의 동향과 추세를 일별하면 다음과 같은 결론이 자명했다. 프리우스로 촉발된 자동차의 추진력 혁명이 신상품을 출고한다는 의미에서 벗어나 실제와 실질로 진화해 나가고 있음을 말이다. 물론 그 기원은 수 세기 전으로까지 거슬러 올라간다.

토요타가 디트로이트 자동차 쇼 현장에서 프리우스 계획을 발표했다. 단일 모델을 넘어 완전 차종으로 확대하겠다는 것이었다. 프리우스 스테이션 왜건은 물론이고, 볼트처럼 전원 연결 방식을 추가한 프리우스도 포함될 것이라고 했다. 프리우스는 새 모델들과 더불어 전인미답의 새 여정을 밟아 나갈 것이다.

공식 발표 다음 날 나는 우치야마다와의 면담을 신청했고, 50년 후쯤에 프리우스가 어떤 평가를 받을 것 같으냐고 물었다. 자동차의 운행 여건, 심지어 자동차가 운행되고 있을지의 여부조차 알 수 없는 미래를 예측해 달라고 주문한 것이다. 그가 통역자를 통해 밝힌 내용을 들어 본다. "예상하기 힘듭니다. 사람들이 과거를 돌아보면서 이런 말을 했으면 싶습니다. 전 세계의 자동차 제조사들이 프리우스 때문에 환경 사안을 진지하고 심도 있게 다루었지. 프리우스 때문에 세상이 바뀌었어."[47]

후기

　책을 쓰면서 가장 어려웠던 부분은 어떤 차를 포함시킬 것이냐가 아니었다. 어떤 차를 뺄지가 정작 힘들었다. 나의 판단과 선택이 불만인 사람도 있을 것이다. 우상이나 다름없는데도 책에서 빠진 차의 팬들이라면 더 그럴 것이다.

　하지만 이 책은 위대한 차, 빠른 차, 유명한 차에 관한 내용으로 기획하지 않았다. 그런 요소가 어느 정도 들어가기는 했지만 말이다. 미국인들의 삶과 사고방식에 영향을 미친 자동차가 이 책의 테마였음을 다시 한 번 밝힌다. 이 책의 자동차들은 미국 사회를 바꾸었거나, 또는 당대인들의 흥미와 상상력을 사로잡았다. 이런 기준을 적용하면 아이콘과 같은 차라도 대부분의 차가 기준 미달에 해당한다.

　1934년부터 1937년까지 생산된 크라이슬러 에어플로(Chrysler Airflow)도 그런 차다. 에어플로는 자동차의 유선형 디자인을 개척했다. 하지만 상업적으로는 완전히 실패했고, 따라서 그 차가 미국인의 삶에 어떤 광범위

469

한 영향을 미쳤다고 인용하며 주목할 수는 없었다. 이 책은 제2차 세계 대전 이전기의 차로 포드 모델 T와 라살, 딱 2종만 소개한다. 다른 중요한 차도 물론 있었다. 하지만 미국의 사회와 문화는 전후에야 비로소 본격적으로 바뀐다.

콜의 차인 1957년식 쉐보레 벨 에어(Chevrolet Bel Air)는 오늘날에도 여전히 클래식으로 간주된다. 아름다운 선의 비례와 균형, 아르데코 칼라, 강력한 '스몰 블록' V8 엔진을 떠올려 보라. 벨 에어는 중요한 차였다. 하지만 그것으로는 충분하지 않았다. 그 1957년식 쉐비는 항공기 날개 같은 테일핀을 단 캐딜락처럼 문화적 영향력을 발휘하지 못했다.

포드 썬더버드에 관해서라면, 맥나마라가 뒷좌석을 달기로 하면서 상업적으로 크게 성공했다. 1964년에는 비치 보이스의 「펀, 펀, 펀」이라는 히트곡까지 나왔다. 하지만 썬더버드는 스포츠카 부문을 콜벳에게 빼앗겼거나 양보했다. 미국인들에게도 25년에 걸친 대공황과 전쟁은 힘겨운 시절이었다. 새로운 삶의 열정이 비등했을 때, 미국인들의 그 희원(希願)을 포착한 것은 콜벳이었다.

애고 어른이고 차 좀 모는 사람이면 누구나 쉐비 카마로에 열광했다. 하지만 카마로는 포드의 머스탱이 성공을 거두자, 뒤늦게 대응한 결과물로 약간 필사적이기까지 한 시도였음을 알아야 한다. 나 개인적으로는 AMC의 그렘린이야말로 애잔하기까지 한 물건이다. 그렘린은 볼품이 없었을 뿐만 아니라 성능까지 후졌다. 1970년대에 미국이 경험한 좌절과 실패가 고스란히 읽히는 것이다.

자료 조사 과정에서 접한 그렘린 이야기를 2~3개 소개하고자 한다. 희극인 존 스튜어트도 자신의 첫 차가 1975년식 그렘린이라고 했다. 그는 빗길에서 견인력을 확보할 요량으로 뒷좌석에 석회석을 넣어 가지고 다녔다.

고등학교 졸업식 날이었다고 한다. 키우던 고양이를 수의사에게 데려가야 해서 차에 태웠는데, 녀석이 석회석 주머니를 배설 상자에 까는 점토쯤으로 오인했다는 것이었다. 차에 밴 냄새가 그 가엾은 고양이보다 더 오래갔으리라.

디트로이트 인근 그린필드 빌리지(Greenfield Village)의 클래식 카 전시 행사에서는 이런 이야기도 들었다. 오하이오에서 온 한 남자가 선보인 그렘린 옆으로는 콜벳, 에드셀, 박쥐 날개 모양의 1959년식 쉐비 임팔라(Chevy Impala) 등 온통 기죽이는 차들이었다. 하지만 그 하찮은 그렘린을 존숭하는 인파가 끊이지 않는 기이한 상황이 내 앞에 펼쳐졌다. 어느 중년 여성이 가족사의 한 토막을 내게 들려주었다. 여자는 자신이 그렘린 뒷좌석에서 잉태되었다고 했다. 부모님이 대단히 유연했을 것이라나.

그렘린이라고 해서 안 될 이유가 뭐가 있나? 1970년대의 유산이 그렇게 나름으로 막강했다. 1980년대에 다시금 미국의 부활이 시작되었다. 혼다의 오하이오 성공 스토리가 이것을 대변한다. 혼다는 1982년에야 거기서 자동차를 만들기 시작했다. 하지만 계획은 1970년대 중반부터 이미 착착 진행되고 있었다. 메리즈빌 자동차 공장의 예비 타당성을 확인하는 시도였던 오토바이 공장의 경우 1979년부터 가동되었다.

1986년식 포드 토러스(Ford Taurus)로 미국의 자동차 디자인이 혁신되었다. 토러스는 날렵한 곡선을 뽐냈다. 하지만 토러스가 그 외에 미친 영향을 특정(特定)하기는 힘들다. 토요타 캠리(Toyota Camry)는 최근 20~30년 동안 가장 많이 팔린 차다. 하지만 상업적으로 성공했다고 해서 문화적으로 반드시 의미가 있는 것은 아니다. 한 친구는 자기가 고등학교 때 탔던 닷지 다트(Dodge Dart)를 꼭 쓰라고 했다. 닷지 다트도 1970년대에 굉장히 흔했다. 어린 시절이 불우했음에 틀림없다.

이 책에서 가려 뽑은 15종의 차는 그 전부가 미국인들의 삶에 심대한 영향을 미쳤다. 이견이 없을 정도로 또렷한 경우도 있다. 가령 모델 T에 의해 미국은 이동성 사회로 탈바꿈했다. 모델 T에 의해 미국에 중산층이 형성되었다. 다른 차들, 대표적으로 폭스바겐 마이크로버스와 크라이슬러 미니밴의 문화적 상징성도 엄청났다. 그런데 상징성과 상징물이라 함은 대규모의 광범위한 민족을 한데 묶어 주는 사회적 접착제 기능을 한다.

책을 쓴다는 소문이 나자 몇몇 친구가 물어왔다. 책에 소개한 차들 중에 개인적으로 가장 마음에 드는 것은 뭐냐고. 난감한 질문이고, 그래도 꼭 답해야 한다면 두 차종을 언급하고 싶다.

포드 머스탱이 그 하나다. 나는 베이비붐 세대고, 탄생한 순간부터 머스탱이 좋았다. 머스탱은 여러 면에서 미국을 상징한다. 전 세계 대부분의 나라에 머스탱 클럽이 있다. 머스탱의 대변자는 이민자의 후예인 아이아코카고, 그의 성공은 아메리칸 드림의 상징이다. 머스탱이 첫선을 보이고 40년이 지난 후 출시된 최신 버전의 개발자 역시 이민자의 후예다. 베트남계 미국인 하우 타이-탕(Hau Thai-Tang, 1966년~)의 인생 역정은 머스탱만큼이나 흥미진진하다.

타이-탕이 머스탱을 처음 본 것은 미군 위문 협회(USO) 행사에서였다. 그러니까 그가 다섯 살 때인 1971년 사이공에서였다는 말이다. 4년 후 사이공이 베트콩에 함락될 위기에 처한다. 소년 하우의 아버지는 남베트남 소속 군인이었고, 어머니는 미국계 은행에서 일했다. 가족 전체가 '재교육' 대상이라는 것은 불을 보듯 뻔한 일이었다.

타이-탕 가족은 운이 좋았다. 미군의 철수 대상 리스트에 포함되었던 것이다. 1975년 7월에 미국 관리들이 가족에게 미군 라디오 방송에서 나오는 빙 크로스비의 「화이트 크리스마스 (White Christmas)」를 들어 보라고

했다. 집합 장소로 당장 가라는 이야기였다.[1] 가족은 헬리콥터로 베트남을 탈출했고, 난민 수용소 생활을 거친 후 브루클린에 정착했다. 하우는 아홉 살이었고, 그렇게 미국 생활이 시작되었다. 그는 영어도 모른 채 학교에 다녔다.

하지만 그는 배움이 빨랐고, 카네기 멜론 대학교를 졸업한 후 엔지니어로 포드에 입사했다. 타이-탕이 연구진을 이끌고 2005년식 머스탱을 개발했을 때 그의 이야기는 완전히 한 바퀴를 돌아 제자리로 돌아온 셈이었다. 2005년식 머스탱은 10년 이상 단종되었다가 새로 탄생한 머스탱이었다. 타이-탕은 후에 이렇게 회고한다. 그 일은 "꿈을 실현하는 엄청난 과제였습니다. 이 차는 나에게 자유를 상징합니다."[2] 타이-탕은 현재 포드의 고위 임원이다.

두 번째 차는 이 책에 결함투성이로 소개된 쉐보레 콜베어다. 콜베어는 주목할 만한 차임에도, 그 이야기가 슬프다. 콜베어는 연비를 개선한 미래형 차를 개발하겠다는 진정한 공학적 활동을 표상했다. 폭스바겐 비틀처럼 간소하면서도 우아하고, 동시에 크기는 더 크고 기능은 향상시키겠다는 웅혼한 꿈을 대변했던 것이다. 콜베어를 개발한 제너럴 모터스의 콜은 공학 천재로, 강단을 발휘해 어마어마한 관료 체제와 맞섰다. "현실에 안주하겠다는 사람들의 간담을 서늘하게 만들어 주자."라는 좌우명을 가진 사람을 싫어하기는 힘들다.

하지만 콜베어를 몰락시킨 사나이인 네이더도 비전과 결단력은 콜에 못지않았다. 그는 기업 위주의 미국 사회가 무감각한 냉혈한이라고 믿었는데, 이것은 종종 사실이다. 네이더는 제조물 책임 소송이 사람보다 수익을 중시하는 기업들의 행각을 막을 수 있는 유력한 수단이라고 보았다.

콜과 네이더는 훌륭하고 멋진 맞수였다. 그리스 고전극의 등장인물 같았다고나 할까. 콜베어는 콜의 오만과 자기 과신 때문에 파멸을 피할 수 없었다. 하지만 그는 촉매 변환 장치 개발을 주도했고, 휘발유에서 납 성분을 빼냈다. 많은 이가 주목하지 않는 그 대속(代贖) 이야기를 나는 이 책에 썼다. 네이더 또한 그 나름의 오만과 자기 과신에 희생당하고 말았다. 온데 사방에서 공무원의 부정과 불법을 찾아내 온 그를 미국의 일반 대중은 기이한 괴짜 노인네로 인식한다.

콜 대 네이더 재판은 거인들의 충돌이었고, 이 재판을 계기로 미국에서 소송 산업이 본격화했다. 정부의 규제 기구가 대거 늘어났고, 다수 대중이 기업을 불신하게 되었으며, 제너럴 모터스는 기술 혁신을 외면해 버렸고, 결국 네이더 때문에 2000년 대선에서 부시가 승리를 가져갔다.

포드의 모델 T가 미국 역사에서 가장 중요한 차라는 데는 이견이 있을 수 없다. 그렇다면 어떤 차가 두 번째로 중요할까? 당연히 이게 더 우아한 질문일 것이다. 전개된 이야기의 연극성, 압도적 영향력의 지속성을 고려할 때 그 탈 많았던 콜베어에 나의 한 표를 던지고 싶다.

독자 제위의 생각은 어떠하신가?

감사의 말

『엔진의 시대(*Engines of Change*)』를 쓰는 데 많은 분이 도움을 주셨다. 감사의 말이라는 형식을 통해 내가 그저 이름을 소개하는 것 이상으로 그들의 기여는 실질적이었고 중요했다. 사이먼 앤드 슈스터(Simon & Schuster)의 유능한 담당 편집자 벤 뢰넌(Ben Loehnen)에게 큰 빚을 졌다. 부편집자 새미 펄머터(Sammy Perlmutter)와 함께 그가 보여 준 관심과 지원과 우정과 안내에 감사드린다. 나의 에이전트들인 앤드류 와일리(Andrew Wylie)와 스콧 모이어스(Scott Moyers)는 수완이 비상했고 크게 도움이 되었다. (스콧은 이제는 펭귄 출판사(Penguin Press)의 와일리 에이전시(Wylie Agency) 소속이 아니다.) 둘 모두에게 최고의 존경을 표하고 싶다.

자동차를 잘 알고 사랑하는 많은 분들의 도움에 무척 감사한다. 핼 스펄리치(Hal Sperlich), 폴 리너트(Paul Lienert), 사바 세라(Csaba Cera), 조 화이트(Joe White), 진 제닝스(Jean Jennings), 밥 케이시(Bob Casey), 밥 러츠(Bob Lutz), 제리 버튼(Jerry Burton), 제리 파머(Jerry Palmer), 짐 피츠패트릭(Jim

475

Fitzpatrick), 카스틴 제이콥슨(Carsten Jacobsen), 잭 하니드(Jack Harned), 래리 킨젤(Larry Kinsel), 버드 리블러(Bud Liebler), 이리마지리 소이치로(Irimajiri Soichiro), 다나카 신(Tanaka Shin), 빌 호글런드(Bill Hoglund), 아브 밀러(Arv Mueller), 더그 스콧(Doug Scott), 스티브 해리스(Steve Harris), 스티브 밀러(Steve Miller). 사서 분들의 협력도 밝혀야 도리일 것이다. 콜리어 박물관 겸 도서관(Collier Museum and Library)의 마일스 콜리어(Miles Collier)가 활수한 태도를 보여 주었고, 나는 훌륭한 자료를 마음껏 열람할 수 있었다. 그곳의 사서인 마크 패트릭(Mark Patrick)의 도움이 매우 유용했다. 디트로이트 공공 도서관(Detroit Public Library)의 자동차 역사 컬렉션(National Automotive History Collection) 구성원들은 놀랍기 그지없었다. 지나 테코스(Gina Tecos), 바버라 톰슨(Barbara Thompson), 패트리스 메릿(Patrice Merritt), 페이지 플랜트(Paige Plant) 및 그 외의 분들이 나를 도와주기 위해 직무 범위를 넘어서는 일도 마다하지 않았다. 몇몇 자동차 회사와 광고 에이전시들의 홍보 요원들은 당연히 박식했으며, 관대하게 나를 도와주었다. 제너럴 모터스의 톰 윌킨슨(Tom Wilkinson), 토요타의 조 티스로(Joe Tetherow), 크라이슬러의 괄베르토 라니에리(Gualberto Ranieri), 혼다의 에드 밀러(Ed Miller), 포드의 빌 콜린스(Bill Collins), DDB 월드와이드(DDB Worldwide)의 팻 슬론(Pat Sloan). 디트로이트 소재 헨리 포드 박물관(Henry Ford Museum)의 벤슨 포드 연구 센터(Benson Ford Research Center) 아카이브는 뛰어났고, 나는 그곳을 무시로 드나들었다. 로이터 통신사(Reuters)에 근무하는 친한 동료 셋은 주된 이동 수단이 지하철임에도 내가 자꾸 쏟아 내는 자동차 이야기를 불평 없이 들어주었다. 해서 그들의 이름을 여기 적어 놓지 않으면 천벌을 받을 것이다. 스티브 애들러(Steve Adler), 스튜어트 칼(Stuart Karle), 진 테이트(Jean Tait).

참신한 발상을 제시하고, 용기와 격려는 물론 따뜻하게 환대해 준 몇 몇 친구도 무척 고맙다. 로건 로빈슨(Logan Robinson)과 에드리 로빈슨(Edrie Robinson), 켈드 샬링(Keld Scharling)과 자이트 샬링(Jytte Scharling), 클라우스 핸슨(Claus Hansen)과 헬가 핸슨(Helga Hansen), 조 맥밀런(Joe McMillan), 개리 밀러(Gary Miller)와 레슬리 밀러(Leslie Miller). 나는 내부자로서 핵심적인 역할을 한 주요 인물 두 사람과 면담을 하는 행운도 누렸다. 포드 머스탱의 산파 중 한 명인 돈 프리(Don Frey)와 사상 최대의 테일핀을 달고 출시된 1959년식 캐딜락의 디자이너 척 조던(Chuck Jordan)이 그 두 인물이다. 슬프게도 그들은 집필 조사 중 세상을 뜨고 말았다. 두 사람이 사랑하는 차를 타고 구름 위를 순항 중일 거라고 확신한다.

마지막으로 가족에게도 고맙다는 인사를 하고 싶다. 아내 수지(Susie), 아들 애덤(Adam), 찰리(Charlie), 대니얼(Daniel), 손자 재스퍼(Jasper), 동생 래리(Larry)와 비키(Vicki) 부부, 그리고 가족 최초의 신문업계 종사자인 삼촌 토니 인그래시아(Tony Ingrassia).

후주

ADOH 자동차 디자인 구술 역사(Automotive Design Oral History), 벤슨 포드 연구 센터
 (Benson Ford Research Center), 헨리 포드 박물관(HFM)
HFM 헨리 포드 박물관(Henry Ford Museum), 미시간 주 디어본(Dearborn, MI)
NAHC 자동차 역사 컬렉션(National Automotive History Collection), 디트로이트 공공 도
 서관(Detroit Public Library)

1장

1 John Steinbeck, *Cannery Row* (New York: Viking Press, 1947), 41.

2 Henry Ford with Samuel Crowther, *My Life and Work* (Garden City, NY: Garden City Publishing Co., 1922), 73.

3 Steinbeck, *Cannery Row*, 41.

4 Henry Ford III (speech, July 21, 2008). Text provided by Ford Motor Co.

5 *The New LaSalle*, General Motors sales brochure, 1929, NAHC.

6 General Motors Corp., "Design History of General Motors," May 12, 2006, http://www.worldcarfans.com/10605127100/designhistory-of-general-motors.

7 Peter C. T. Elsworth, "Ford's Model T: It All Began 100 Years Ago," *Providence Journal*, April 19, 2008, http://www.projo.com/projocars/content/CA-MODELT_04-19-08_CE9Q41L_v24.2385320.html.

8 HFM, http://www.hfmgv.org/exhibits/showroom/1896/quad.html.

9 Ford Motor Co., http://corporate.ford.com/about-ford/heritage/vehicles/

quadricycle/675-quadricycle.

10   Ford, *My Life and Work*, 42.

11   Robert Casey, *The Model T: A Centennial History* (Baltimore: Johns Hopkins University Press, 2008), 14–16.

12   Ibid., 17.

13   "Brush Cars," http://remarkablecars.com/main/brush/brush.html.

14   Ford Motor Co. sales brochure, 1909, HFM, http://www.hfmgv.org/exhibits/showroom/1908/lit.html.

15   *The Original Ford Joke Book* (Binghamton, NY: Woodward Publishing Co., 1915; Vintage Antique Classics, 2006), 23, http://www.vintageantiqueclassics.com/fordjokebook/.

16   Casey, *Model T*, 53.

17   Harry Barnard, *Independent Man: The Life of Senator James Couzens* (New York: Scribner, 1958; Detroit: Wayne State University Press, 2002), 91.

18   Ibid.

19   Editorial, *Wall Street Journal*, January 7, 1914.

20   *Ford Joke Book*, 4.

21   "Sentiment In Business," *Bismarck Tribune*, November 8, 1927, 4.

22   "Seven Youths in Gang Steal 25 Machines," *Richwood Gazette* (Richwood, OH), September 22, 1927, 4.

23   Michael Lamm and Dave Holls, *A Century of Automotive Style: 100 Years of American Car Design* (Stockton, CA: Lamm-Morada Pub. Co., 1996), 89.

24   Ron Van Gelderen and Matt Larson, *LaSalle: Cadillac's Companion Car* (Columbus, OH: Cadillac & LaSalle Club, 1999), 15.

25   Ibid. (Originally from *New Yorker*, March 1927).

26   "The Woman's Reagan 'Par le Sport'" Vogue, June 1929, 56.

27   Van Gelderen and Larson, *LaSalle*, 45.

28   William L. Mitchell, April 8, 1987, ADOH, vol. 1, 3.

29   Harley J. Earl, "I Dream Automobiles," in *The Saturday Evening Post Automobile Book*, ed. Jean White (Indianapolis: Curtis Pub. Co., 1977), 46.

30   Mitchell, April 8, 1987, ADOH, 9.

31   David R. Holls, April 2, 1987, ADOH, vol. 1, 8.

32   Richard A. Teague, January 23, 1985, ADOH, vol. 2, 58.

33   Mitchell, April 8, 1987, ADOH, 19.

34   Van Gelderen and Larson, *LaSalle*, p. 177.

35   Author interview with Raymond Paske, August 2008.

36   James D. Bell, "Companion Car to Cadillac," *Automobile Quarterly* 5, no. 3 (Winter

1967), 311.

37　Earl, "I Dream Automobiles," 46.

2장

1　제리 버튼(Jerry Burton)이 2002년에 출간한 『조라 아르쿠스-둔토프: 콜벳의 전설 (*Zora Arkus-Duntov: The Legend Behind Corvette*)』이 책 속 주인공을 소개하는 결정본이라 할 수 있다. 버튼은 둔토프와 아내 엘피 생전에 두 사람을 폭넓게 면담하고, 조사했다. 그가 콜벳 명예의 전당 회원이라는 사실도 보태야겠다. 이 장을 준비하면서 당연하게도 버튼의 책을 폭넓게 참고했다. 저자인 버튼과 면담할 수 있었던 것도 큰 보탬이 되었다. 그가 관대하게도 새로운 시각과 통찰을 제시해 주었다.

2　Philip Booth, "Route 66-Television on the Road toward People," *Television Quarterly* 2 (Winter 1963), 9.

3　Dan Jenkins, "Talk About Putting the Show on the Road," *TV Guide*, July 22, 1961, 14.

4　Television Reviews, *Variety*, October 12, 1960.

5　Tom McCahill, "MI Tests the Chevrolet Corvette," *Mechanix Illustrated*, May 1954, 202.

6　"Jack Kennedy—The Senate's Gay Young Bachelor," *Saturday Evening Post*, June 13, 1953, headline on cover.

7　Zora Arkus-Duntov, untitled confidential memo to Ed Cole and Maurice Olley, October 15, 1954, National Corvette Museum, http://www.corvettefever.com/featuredvehicles/corp_0909_1956_chevrolet_corvette/index.html.

8　General Motors Corp., First Quarter Report to Shareholders, May 1953, NAHC.

9　Jerry Burton, *Zora Arkus-Duntov: The Legend Behind Corvette* (Cambridge, MA: Bentley Publishers, 2002), 14-16.

10　Coles Phinizy, "The Marque of Zora," *Sports Illustrated*, December 4, 1972, http://sportsillustrated.cnn.com/vault/article/magazine/MAG1086825/index.htm.

11　Ibid.

12　Ibid.

13　Burton, *Zora*, 134.

14　William L. Mitchell, August 1984, ADOH, http://www.autolife.umd.umich.edu/Design/Mitchell/mitchellinterview.htm.

15　David Halberstam, *The Fifties* (New York: Villard Books, 1993), 488-89.

16　Burton, *Zora*, 160.

17　Zora Arkus-Duntov, "Thoughts Pertaining to Youth, Hot-Rodders and Chevrolet," internal General Motors Corp. memo on display at the National Corvette Museum, Bowling Green, KY.

18 Ibid.

19 "GM Workers Beat, Expel Red Suspect," *Detroit Times*, June 17, 1954.

20 "Millionaire at High Speed," *Time*, April 26, 1954, http://www.time.com/time/magazine/article/0,9171,860655,00.html.

21 Zora Arkus-Duntov, memo to Cole and Olley.

22 Ibid.

23 Kenneth Rudeen, "Fantastico is for Fangio," *Sports Illustrated*, April 1, 1957, http://sportsillustrated.cnn.com/vault/article/magazine/MAG1132468/index.htm.

24 Author interview with Jerry Palmer, former General Motors design executive and colleague of Duntov, July 2008.

25 Lamm and Holls, *Century of Automotive Style*, 173.

26 C. Edson Armi, *The Art of American Car Design: The Profession and Personalities* (Pennsylvania State University Press, 1988), 37.

27 Lamm and Holls, *Century of Automotive Style*, 173.

28 Jan P. Norbye, "Mr. Duntov and His Cars," *Car and Driver*, November 1962, 41.

29 Burton, *Zora*, 271.

30 Booth, "Route 66," 6.

31 Jenkins, "Talk About Putting the Show on the Road," 14.

32 Palmer, interview.

33 Ibid.

34 Phinizy, "Marque of Zora."

35 Jerry Flint, *The Dream Machine: The Golden Age of American Automobiles: 1946–1965* (New York: Quadrangle/New York Times Book Co., 1976), 132.

36 Rick Ratliff, "Mr. 'Vette's Back on the Fast Track," *Detroit Free Press*, June 18, 1980.

37 Author interview with Jim Perkins, August 2008.

38 George F. Will, "Corvette King Revved Up America," *Washington Post*, April 28, 1996.

39 Andrew Peyton Thomas, *Clarence Thomas: A Biography* (San Francisco, Encounter Books: 2002), 557.

40 Author interview with Shelby Coffey III, July 2008.

3장

1 Chrysler Corp. sales brochures, 1957, NAHC.

2 William H. Whyte Jr., "The Cadillac Phenomenon," *Fortune*, February 1955, 181.

3 "The Cellini of Chrome," *Time*, November 4, 1957, http://www.time.com/time/magazine/article/0,9171,867903,00.html.

4 Teague, ADOH, 46.

5   Peter Grist, *Virgil Exner: Visioneer; The Official Biography of Virgil M. Exner, Designer Extraordinaire* (Dorchester, UK: Veloce Publishing, 2007), 39.

6   "Up from the Egg," *Time*, October 31, 1949, http://www.time.com/time/magazine/article/0,9171,801030,00.html.

7   Virgil Exner Jr., August 3, 1989, ADOH, 75.

8   David Riesman and Eric Larrabee, "The Executive as Hero," *Fortune*, January 1955, 108.

9   David Sarnoff, "The Fabulous Future," *Fortune*, January 1955, 83.

10   "First Among Equals," *Time*, January 2, 1956, http://www.time.com/time/magazine/article/0,9171,808128,00.html.

11   Lawrence R. Hofstad, "The Future Is Our Assignment," *The Greatest Frontier: Remarks at the Dedication Program, General Motors Technical Center; Detroit, Michigan*, May 16, 1956, http://history.gmheritagecenter.com/wiki/uploads/c/c9/The_Greatest_Frontier_LoRes.pdf.

12   "Stylist on the Spot," *Look*, September 1954, 122.

13   "Cellini of Chrome."

14   Raymond Loewy, "Jukebox on Wheels," *Atlantic*, April 1955, http://www.theatlantic.com/magazine/archive/1955/04/jukebox-on-wheels/3944/.

15   Chrysler Corp. sales brochure, 1956, NAHC.

16   "Road Test: Plymouth Four-door Hard Top," *Motor Life*, April 1956, 48.

17   Chrysler Corp. sales brochure, 1956.

18   Author interview with Chuck Jordan, June 2008.

19   Lamm and Holls, *Century of Automotive Style*, 38.

20   Teague, ADOH, 45.

21   Chrysler Corp. sales brochure, 1957.

22   Ibid.

23   Virgil M. Exner, "Styling and Aerodynamics" (speech, Society of Automotive Engineers, September 14, 1957), box 4, Exner's personal papers, Benson Ford Research Center, HFM.

24   Ibid.

25   Virgil M. Exner, "Style Sets a Winning Pace," Tobe Lecture in Retail Distribution, Harvard Business School, December 12, 1957, HFM archives.

26   Ibid.

27   Vance Packard, *The Hidden Persuaders* (New York: Pocket Books, 1957), 97.

28   John Keats, *The Insolent Chariots* (Philadelphia: Lippincott, 1958), 53.

29   "Cellini of Chrome."

30   "The Shape of Things to Come," *Motor Life*, August 1959.

31 Chrysler Corp., *The 1959 Cadillacs*, Competitive Assessment Report, NAHC.

32 Jordan, interview.

33 General Motors Corp., Cadillac press release, 1959, NAHC.

34 Mitchell, April 8, 1987, ADOH.

35 Author interview with Leif Kongso, May 2008.

4장

1 "Volkswagen Microbus," *Car and Driver*, June 1970, 76 –77, 92.

2 "The German People's Car," *Autocar*, February 10, 1939, 12.

3 Volkswagen advertisement, *Rolling Stone*, September 21, 1995.

4 *Small World* (Volkswagen of America magazine, introductory issue), 1962, NAHC, 9.

5 파울 쉴퍼로르트(Paul Schilperoord)가 *The Extraordinary Life of Josef Ganz, the Jewish Engineer Behind Hitler's Volkswagen*, RVPP Publishers, December 2011에서 요제프 간츠가 독일 국민차에 어떻게 기여했는지를 설명한다.

6 Phil Patton, *Bug: The Strange Mutations of the World's Most Famous Automobile* (Cambridge, MA: Da Capo Press, 2004), 26.

7 Arthur Railton, *The Beetle: A Most Unlikely Story*, Verlagsgesellschaft Eurotax AG, 1985), 18.

8 Walter Henry Nelson, *Small Wonder: The Amazing Story of the Volkswagen* (Boston: Little Brown, 1965), 45.

9 Ibid., 74.

10 Frank Rowsome Jr., *Think Small: The Story of Those Volkswagen Ads* (Brattleboro, VT: S. Greene Press, 1970), 32.

11 "German Car For Masses," *New York Times*, July 3, 1938.

12 "A German War Vehicle," *Automobile Engineer* 34, no. 451 (July 1944), 259.

13 Patton, *Bug*, 82.

14 "Builder of the Bug," obituary of Heinz Nordhoff, *Time*, April 19, 1968, http://www.time.com/time/magazine/article/0,9171,838254-1,00.html.

15 Railton, *Beetle*, 109.

16 Obituary of Ivan Hirst, *Guardian*, March 18, 2000, http://www.guardian.co.uk/news/2000/mar/18/guardianobituaries.

17 Patton, *Bug*, 84.

18 Volkswagen files, 1950, NAHC.

19 "Hitler's Flivver Now Sold in the U.S.," *Popular Science*, October 1950, 162.

20 Author interview with Holman Jenkins Sr., February 2008. 젠킨스 씨는 홀먼 주니어(Holman Jr.)의 아버지이고, 홀먼 주니어는《월 스트리트 저널》의 칼럼니스트로 내 동료

이다.

21 Mark Tungate, *Adland: A Global History of Advertising* (London: Kogan Page, 2007), 54.

22 Nelson, *Small Wonder*, 232.

23 Volkswagen Beetle ad, 1959, courtesy of DDB Worldwide.

24 Ibid.

25 Clive Challis, *Helmut Krone. The Book.: Graphic Design and Art Direction (Concept, Form and Meaning After Advertising's Creative Revolution* (Cambridge, UK: Cambridge Enchorial Press, 2005), 65.

26 Ibid., 1.

27 DDB ad.

28 Railton, *Beetle*, 162-63.

29 Author interview with Bob Kuperman, June 2008.

30 DDB ad.

31 Volkswagen of America, press release, 1962, NAHC.

32 Challis, *Helmut Krone*, 61.

33 *Small World*, 1969, NAHC, 7.

34 Author interview with former Volkswagen of America employee, who wished to remain anonymous, June 2008.

35 DDB ad.

36 Volkswagen sales brochure, 1969, NAHC.

37 Dan Greenburg, "Snobs' Guide to Status Cars," *Playboy*, July 1964, 66.

38 Ibid.

39 "Volkswagen Microbus," 76-77.

40 Bob Weber cartoon from *The New Yorker*, in *Think Small*, Volkswagen of America booklet, 1967 (no page numbers).

41 DDB ad.

42 Jim Jones, "The 'All-New' VW," *Newsweek*, October 20, 1969, 98B.

43 Heinz Nordhoff (speech to Economic Club of Detroit), in *VW Weathervane*, Volkswagen employee magazine, 1962 Commemorative Issue, 24.

44 John Muir and Tosh Gregg, *How to Keep Your Volkswagen Alive: A Manual of Step by Step Procedures for the Compleat Idiot*, 1981 ed. (Santa Fe, N.M.: John Muir Publications Inc.), 3.

45 Railton, *Beetle*, 142.

5장

1 "Executives: G.M.'s New Line-Up," *Time*, November 10, 1967, http://www.time.

com/time/magazine/article/0,9171,837554,00.html.

2   "The New Generation," *Time*, October 5, 1959, http://www.time.com/time/
    magazine/article/0,9171,894298,00.html.

3   Karl Ludvigsen, "SCI Analyzes Ed Cole's Corvair," *Sports Car Illustrated*,
    November 1959, 23.

4   Donald MacDonald, "GM's Cart-Before-the-Horse Car," *True: The Man's
    Magazine*, November 1959, 65.

5   Ibid., 104.

6   "New Generation."

7   "New Generation."

8   MacDonald, "GM's Cart-Before-the-Horse Car," 104.

9   "New Generation."

10 MacDonald, "GM's Cart-Before-the-Horse Car," 108.

11 Ibid., 61–62.

12 Ibid., 63–64.

13 Chevrolet advertisement, September 27, 1959, NAHC.

14 Ibid. (Emphasis in original.)

15 Ibid.

16 Chevrolet sales brochure, NAHC.

17 Chevrolet sales leaflet, NAHC.

18 Arthur W. Baum, "The Big Three Join the Revolution," Saturday Evening Post,
    October 3, 1959, 141.

19 Ludvigsen, "SCI Analyzes," 30.

20 Ibid., 25.

21 *The 1960 Corvair, Competitive Car Information, Chrysler Corp. Engineering
    Division*, Chrysler Internal Report, November 1959.

22 Ludvigsen, "SCI Analyzes," 25.

23 Baum, "Big Three," 141.

24 MacDonald, "GM's Cart-Before-the-Horse Car," 109.

25 Chevrolet sales brochure, NAHC.

26 Ibid.

27 "The Chevrolet Corvair" (technical paper presented to the Society of Automotive
    Engineers convention in Detroit, January 11–15, 1960), NAHC, 6.

28 Ibid., 4.

29 Ibid.

30 "Best Cars for 1964," *Car and Driver*, May 1964, 31.

31 Chevrolet, press release, 1963, NAHC.

32 Ralph Nader, *Unsafe at Any Speed: The Designed-In Dangers of the American Automobile*, 25th Anniversary ed. (New York: Knightsbridge Publishing, 1991), ciii.

33 Ibid., 2.

34 Ibid., 19.

35 Ibid., 11.

36 Ibid., 24.

37 Ibid., 14.

38 Ralph Nader, "Profits vs. Engineering—the Corvair Story," Nation, November 1, 1965, 265.

39 Elinor Langer, "Auto Safety: Nader vs. General Motors," Science, April 1966, 48.

40 Ibid.

41 Mike Knepper, *Corvair Affair* (Osceola, WI: Motorbooks International, 1982), 82.

42 Langer, "Auto Safety," 48.

43 Charles McCarry, *Citizen Nader* (New York: Saturday Review Press, 1972), 22.

44 "Why Cars Must—and Can—Be Made Safer," *Time*, April 1, 1966, http://www.time.com/time/magazine/article/0,9171,840604,00.html.

45 "The U.S.'s Toughest Customer," Time, December 12, 1969, http://www.time.com/time/magazine/article/0,9171,840502-1,00.html.

46 "GM and Nader Settle His Suit Over Snooping," *Wall Street Journal*, August 14, 1970.

47 National Highway Traffic Safety Administration, report PB 211-015, http://www.corvaircorsa.com/handling01.html.

48 Tom McCarthy, *Auto Mania: Cars, Consumers, and the Environment* (New Haven, CT: Yale University Press, 2008), 192.

49 William S. Wells, "TV Bout of '74: Nader vs. Cole," Detroit Free Press, October 30, 1974.

50 American Law Institute, Restatement (Second of Torts, § 402A.

51 Marshall S. Shapo, Tort Law and Culture (Durham, NC: Carolina Academic Press, 2003), 10.

52 Robert Marlow, "The Most Important Car Ever," *Old Cars*, November 7, 1996, 21.

53 Author interviews with Corvair collectors.

6장

1 Author interview with Harold Sperlich, June 2008.

2 Lee Iacocca, text of remarks at press conference, April 13, 1964, NAHC.

3 Chase Morsey Jr., Ford marketing manager, text of remarks at press conference,

April 13, 1964, NAHC.

4   Ibid.

5   *TV Guide*, January 1962.

6   President Lyndon B. Johnson, "Great Society" speech (commencement address, University of Michigan, Ann Arbor, MI, May 22, 1964), http://www.americanrhetoric.com/speeches/lbjthegreatsociety.htm.

7   Lee Iacocca with William Novak, *Iacocca* (New York: Bantam Books, 1984), 80.

8   Robert Boyd, "The Mustang—A Planned Miracle," *Detroit Free Press*, December 6, 1965.

9   Sperlich, interview.

10 "Ford's Young One," *Time*, April 17, 1964, http://www.time.com/time/magazine/article/0,9171,875829,00.html.

11 "The Mustang: Newest Breed Out of Detroit," *Newsweek*, April 20, 1964, 98.

12 Ibid.

13 Author interview with Baron Bates, retired Chrysler PR executive, March 2008.

14 Leonard M. Apcar, "Bookshelf: Motor Mouth Speaks Out," *Wall Street Journal*, November 8, 1984.

15 Iacocca, *Iacocca*, 45.

16 Ford Motor Co., Internal Marketing Memo, 1964, NAHC.

17 "Ford's Young One," *Time*.

18 Ford Motor Co., Internal Memo.

19 Author interview with Donald Frey, November 2007.

20 Bradley A. Stertz, "Sperlich, Intense Chrysler Executive, Retires Unexpectedly," *Wall Street Journal*, January 22, 1988.

21 Lee Iacocca with Catherine Whitney, *Where Have All the Leaders Gone?* (New York: Scribner, 2008), 19.

22 "Newest Breed," 98.

23 "Ford's Young One."

24 Iacocca, *Iacocca*, 71.

25 Sperlich, interview.

26 Frey and Sperlich, interviews.

27 Boyd, "The Mustang."

28 "Ford's Young One."

29 "Newest Breed," 100.

30 Boyd, "The Mustang."

31 Sperlich, interview.

32 "Unmasking the Mustang," *Time*, March 13, 1964, http://www.time.com/time/

magazine/article/0,9171,828277,00.html.

33 "Newest Breed," 97.

34 "Ford's Young One."

35 "Road Research Report: Ford Mustang," Car and Driver, May 1964, 42, 126.

36 Iacocca, *Iacocca*, 77.

37 "Crowds Pack Showrooms for a Look at the Mustang," Detroit News, May 18, 1964.

38 Ford Motor Co., press release, NAHC.

39 Author interview with John Hitchcock, August 2007.

40 Ford Motor Co. advertisement, 1965, NAHC.

41 Mustang sales brochure, 1965, NAHC.

42 Ford Motor Co. advertisements, 1964 and 1965, NAHC.

43 Author interview with Jack Ready Jr., June 2007.

44 Author interview with Jack Griffith, October 2007.

45 Ford Motor Co. commercial script, NAHC.

46 L. Scott Bailey, "Mustang Rides the Market," Automobile Quarterly 3, no. 3 (Fall 1964), 323.

47 Ford Motor Co., press releases, NAHC.

48 Iacocca, *Iacocca*, 81.

7장

1 Pontiac advertisement, 1964, NAHC.

2 Jim Wangers, *Glory Days: When Horsepower and Passion Ruled Detroit* (Cambridge, MA: Robert Bentley, 1998), 130.

3 Paul Zazarine, *Pontiac's Greatest Decade: 1959–1969: The Wide Track Era* (Hudson, WI: Iconografix, 2006), 102.

4 Pontiac sales brochure, 1967, NAHC.

5 Author interview with Bill Collins, retired Pontiac engineer, June 2007.

6 J. Patrick Wright, *On a Clear Day You Can See General Motors: John Z. DeLorean's Look Inside the Automotive Giant* (Grosse Pointe, MI: Wright Enterprises, 1979), 92.

7 Solon E. Phinney, Pontiac public relations department, to a Pontiac customer, September 25, 1964, NAHC.

8 "Best Performance Sedan: Pontiac Tempest GTO," *Car and Driver*, May 1964, 34.

9 Author interview with Ken Crocie, August 2007.

10 Pontiac sales brochures, 1964, NAHC.

11 "GTO vs. GTO," *Car and Driver*, March 1964, 26.

12 Wangers, *Glory Days*, 115.

13 "Ferocious GTO," Motor Trend, February 1965, 31.

14 Wright, *Clear Day*, 96.

15 Wangers, *Glory Days*, 96.

16 Pontiac sales brochure, 1967.

17 Pontiac advertisement, 1967.

18 Author's researcher interview with George Poynter, August 2008.

19 Terry Ehrich and Richard A. Lentinello, eds., *The Hemmings Motor News Book of Pontiacs* (Bennington, VT: Hemmings Motor News, 2001), 108.

20 Wangers, *Glory Days*, 157.

21 Pontiac advertisement, 1968, http://www.adclassix.com/ads2/68pontiacgtowoodward.htm.

22 Wangers, *Glory Days*, 184.

23 Ibid., second photo insert.

24 Mitchell, April 8, 1987, ADOH, 40.

25 Wright, *Clear Day*, 97.

26 Pontiac sales brochure, 1971, NAHC.

27 Collins, interview.

28 Author interview with former GM executive, who wished to remain anonymous, August 2007. (저자와 면담한 GM의 전직 임원은 익명으로 처리해 줄 것을 요청했다.)

29 Jeff Jarvis, "Downfall of an Auto Prince," *People*, November 8, 1982, 41.

30 Ibid., 44.

31 Author interview with John Skwirblies, August 2007.

8장

1 Jerry Knight, "Honda Took Simple Route to Get to No. 1, but Detroit Can't Read the Map," *Washington Post*, January 9, 1990.

2 Edrie J. Marquez, Amazing AMC Muscle: Complete Development and Racing History of the Cars from American Motors (Osceola, WI: Motorbooks International, 1988), 128.

3 Author interview with Brad Alty, Honda manufacturing manager, October 10, 2008.

4 Masaaki Sato, The Honda Myth: The Genius and His Wake, trans. Hiroko Yoda with Matt Alt (New York: Vertical, 2006), 5.

5 Ibid., 78.

6 Honda Motor Co. advertisement, 1967, http://oldadvertising.blogspot.com/2009_07_01_archive.html.

7 Patrick Neville, "Preview Test: Honda 1300," *Car and Driver*, June 1970, 63.

8   Tetsuo Chino (speech to the College of Engineering, The Ohio State University, Columbus, OH, May 14, 1987), 1.

9   Author interview with Soichiro Irimajiri, October 23, 2007.

10 Neville, "Preview Test," 63.

11 Sato, *Honda Myth*, 150–80.

12 Ibid.

13 "Honda Civic CVCC," *Road & Track*, February 1975, 108.

14 Brock Yates, "Make Way for the Latest in Cult Cars," *Car and Driver*, March 1978, 24.

15 Ibid.

16 Author interview with Shige Yoshida, January 8, 2009.

17 Author interview with Chan Cochran, former press secretary to Governor James Rhodes, October 29, 2008.

18 "Sabotage at Lordstown?" *Time*, February 7, 1972, http://www.time.com/time/magazine/article/0,9171,905747,00.html.

19 Chino, speech, 2.

20 Author interview with Toshi Amino, October 9, 2008.

21 Yoshida, interview.

22 Author interview with Brad Alty, September 29, 2010.

23 "Backers See Obstacles to Compensation of Japanese-Americans," *New York Times*, June 18, 1983.

24 Ibid.

25 Cindy Richards, "How Japanese 'Invasion' Fares," *Chicago Sun-Times*, November 22, 1987.

26 Ibid.

27 Author interview with Susan Insley, former Honda executive, January 8, 2009.

28 Don Hensley, ed., *Building on Dreams: The Story of Honda in Ohio* (s.l.: Honda of America Mfg. Inc., 2004), 21.

29 Ito Shuichi, "Interview with Hiroyuki Yoshino, President of Honda Motor Co.," Journal of Japanese Trade and Industry, September 1, 2002.

30 James Risen, "Honda's Accord Drives off with Best-Selling Status," *Los Angeles Times*, January 5, 1990.

31 Reuters, January 9, 1990.

32 Knight, "Honda Took Simple Route."

33 Risen, "Honda's Accord."

34 Ibid.

9장

1 Craig Shoemaker, Comedy Central's Jokes.com, http://www.jokes.com/funny/craig+shoemaker/craig-shoemaker—never-pulled-over-in-a-minivan.

2 Phil Patton, "A Visionary's Minivan Arrived Decades Too Soon," *New York Times*, January 6, 2008.

3 Al Rothenberg, "Sperlich Speaks Out," Ward's AutoWorld, August 1989.

4 Bradley A. Stertz, "Sperlich, Intense Chrysler Executive, Retires Unexpectedly," *Wall Street Journal*, January 22, 1988.

5 Author interview with Harold Sperlich, June 2007.

6 Iacocca, *Iacocca*, 129.

7 Ibid., 134.

8 Ibid., 149.

9 Dow Jones News Service, "Chrysler, Awaiting More Funds, Halts Payments to Suppliers," June 11, 1980.

10 Paul Ingrassia and Joseph B. White, *Comeback: The Fall and Rise of the American Automobile Industry* (New York: Simon & Schuster, 1994), 61.

11 Jim Dunne, "Chrysler's K-car," *Popular Science*, April 1980, 88.

12 Sperlich, interview, June 2008.

13 Ingrassia and White, *Comeback*, 62.

14 Brock Yates, "A Van for All Seasons," *Car and Driver*, May 1983, 39.

15 "Minivan a Hit For Chrysler," *New York Times*, February 7, 1984.

16 Author interview with Baron Bates, 1993.

17 Ingrassia and White, *Comeback*, 80.

18 Alex Taylor III, Sixty to Zero: An Inside Look at the Collapse of General Motors—and the Detroit Auto Industry (New Haven, CT: Yale University Press, 2010), 193.

19 Author interview with R. S. Miller Jr., former Chrysler vice chairman, June 2008.

20 Author interview with Harold Sperlich, May 2010.

21 Cathy Karlin Zahner, "Mama Chauffer," Kansas City Star, December 18, 1981.

22 Author interview with Lindy Robinson, April 2010.

23 Ibid.

24 Author interview with Arthur C. Liebler, former vice president of marketing for Chrysler, June 2010.

25 Carey Goldberg, "Suburbs' Soccer Moms, Fleeing the G.O.P., Are Much Sought," *New York Times*, October 6, 1996.

26 Steve Rubenstein, "Political Debate Doesn't Interest Busy Soccer Moms," San Francisco Chronicle, October 17, 1996.

27 Author interview with Ben Pearson, the girl's father, June 2010.

28 Author interview with Laurel Smith, founder of MomsMinivan.com, April 2010.

29 Denise Roy, *My Monastery Is a Minivan: Where the Daily Is Divine and the Routine Becomes Prayer; 35 Stories from a Real Life* (Chicago: Loyola Press, 2001), 10.

10장

1 Jonathan Gold, "What Happens After the Hype?" *Los Angeles Times*, October 1, 1989.

2 Author interview with William Collins, March 2010.

3 Ron Brownstein and Nina J. Easton, "The New Status Seekers in the 1980s," *Los Angeles Times Magazine*, December 27, 1987, http://articles.latimes.com/1987-12-27/magazine/tm-31245_1_status-symbol.

4 Lois Therrien, "Pet Food Moves Upscale," *BusinessWeek*, June 15, 1987, 80.

5 Herb Caen, "Friday Flimflam," *San Francisco Chronicle*, January 11, 1985, 41.

6 David Brooks, *Bobos in Paradise: The New Upper Class and How They Got There* (New York: Simon & Schuster, 2000), 91–92.

7 BMW Group, http://www.bmwgroup.com/e/nav/index.html?http://www.bmwgroup.com/e/0_0_www_bmwgroup_com/unternehmen/historie/meilensteine/meilensteine.html.

8 Stephen Williams, "BMW Roundel: Not Born From Planes," *New York Times*, January 7, 2010, http://wheels.blogs.nytimes.com/2010/01/07/bmw-roundel-not-born-from-planes/.

9 Goebbels family home movies, http://video.google.com/videoplay?docid=-8973962176504385280.

10 Magda Goebbels to her son, Harald Quandt, Axis History Forum, http://forum.axishistory.com/viewtopic.php?f=45&t=54731.

11 David Kiley, *Driven: Inside BMW, the Most Admired Car Company in the World* (Hoboken, NJ: John Wiley, 2004), 99.

12 Ibid., 103.

13 Automotive News, *1967 Almanac Issue*, 76.

14 David E. Davis Jr., "Turn Your Hymnals to 2002," *Car and Driver*, April 1968, 66.

15 Richard A. Johnson, Six Men Who Built the Modern Auto Industry (St. Paul, MN: Motorbooks, 2005), 67.

16 Paul Ingrassia, "Three for the Road," SmartMoney, November 1998.

17 Neal Boudette, "Navigating Curves: BMW's Push to Broaden Line Hits Some Bumps in the Road," *Wall Street Journal*, January 10, 2005.

18 BMW sales brochure, 1982, NAHC.

19　Brooks, *Bobos in Paradise*, 89–90.

20　"Suggested Retail Prices," BMW sales brochures, October 1982, NAHC.

21　Wards Automotive Yearbook 1986, 158.

22　Emmett Watson, "Yuppies? What's New About Status Seekers," *The Seattle Times*, Feb. 3, 1985.

23　Johnson, *Six Men*, 62.

24　Author interview with Larry Schultz, April 2010.

25　Ibid.

26　Author interview with Joseph Katz, March 2010.

27　Ibid.

28　Reuters, September 30, 1992.

29　Donna Lee, "3 Greens Find a Home in Status-Conscious Salads," *Chicago Tribune*, November 6, 1986.

30　Robin Hill, "Short Black," *Sydney Morning Herald*, February 6, 1990, 2.

31　Heath Urie, Daily Camera (Boulder, CO), March 25, 2009.

32　"Wilmington Horticulturalist Transplants Farming, Teaching Skills Overseas," *Star-News* (Wilmington, DE), December 1, 2009.

11장

1　Miller, interview.

2　"Shop Talk," *Wall Street Journal*, August 30, 1984.

3　Dale D. Buss, "AMC May Be Denying Itself Oscar for 'Best Supporting Auto Maker,'" *Wall Street Journal*, May 8, 1985.

4　Melinda Grenier Guiles, "AMC Is Granted an Order By Court Against UAW Unit," *Wall Street Journal*, April 25, 1985.

5　Sperlich, interview, June 2007.

6　Herbert R. Rifkind, *The Jeep—Its Development and Procurement under the Quartermaster Corps*, 1940–1942, Historical Section, General Service Branch, General Administrative Services, Office of the Quartermaster General, 1943, 2.

7　Patrick R. Foster, *The Story of Jeep* (Iola, WI: Krause Publications, 2004), 45.

8　Ibid., 41.

9　Ibid.

10　ExplorePAhistory.com, "Science and History," http://explorepahistory.com/hmarker.php?markerId=1-A-2F1.

11　Foster, Story of Jeep, 51.

12　Ronald H. Bailey, "The Incredible Jeep," http://www.historynet.com/the-incredible-jeep.htm.

13 Steve Statham, *Jeep Color History* (Osceola, WI: MBI Pub., 1999), 26.

14 Ibid.

15 "Willys-Overland: This Jeep-Riding Independent Is Taking New Leases on Life and Its Own Real Estate," Fortune, August 1946, 185.

16 Bailey, "Incredible Jeep."

17 Queen's Film and Media, "The Original Nellybelle," http://www.film.queensu.ca/cj3b/siblings/Nellybelle.html.

18 Frank Zappa with Peter Occhiogrosso, *The Real Frank Zappa Book* (New York: Poseidon Press, 1989), 23.

19 American Motors Corp., *Jeep Corporation: Its Heritage, Its Current Products, Its Future*, undated American Motors press release, 1971, AMC file, NAHC.

20 U.S. Scouting Service Project, "Boy Scout Oath or Promise," http://usscouts.org/advance/boyscout/bsoathlaw.asp.

21 American Motors Corp., Jeep Corporation.

22 T. Rex, "Jeepster," 1971, http://www.metrolyrics.com/jeepster-lyrics-t-rex.html.

23 American Motors Corp., letter to shareholders, 1970 Annual Report.

24 Robert W. Irvin, "Outlook Still Cloudy for Hard-working AMC," *Detroit News*, December 10, 1970.

25 Statham, *Jeep Color History*, 106–7.

26 Laurence G. O'Donnell, quoting industry analyst Arvid Jouppi, "The Little Fourth: Tiny American Motors Struggles to Survive as a Separate Concern," *Wall Street Journal*, July 12, 1971.

27 Mitch McCullough, review of 1997 Jeep Wrangler, http://www.newcartestdrive.com/review-intro.cfm?Vehicle=1997_Jeep_Wrangler&ReviewID=4242.

28 Kevin Klose, "A U.S. Era Ends," *Washington Post*, January 29, 1986.

29 Diane Jennings, "Wagons Ho! Trade in the BMW and Mercedes," Dallas Morning News, January 26, 1986.

30 Ibid.

31 Pearson, interview.

32 Ibid.

33 Author interview with John Peterman, July 6, 2010.

34 Pearson, interview.

35 Yvon Chouinard, *Let My People Go Surfing: The Education of a Reluctant Businessman* (New York: Penguin Press, 2005), 48.

36 Ibid., 54.

37 American Motors Corp., 1985 Almanac: U.S. Market Data.

38 Damon Darlin and Thomas Kamm, "Stalling Out: AMC Is French Now, But

Renault's Money Hasn't Put It Right," *Wall Street Journal*, July 30, 1986.

39 Merriam-Webster Online Dictionary, s.v. "SUV," http://www.merriam-webster. com/dictionary/suv?show=0&t=1310891469.

40 Statham, Jeep Color History, 122.

41 Bradley A. Stertz, "Off-Road Vehicles Do Delicate Duty with the Quiche Set," *Wall Street Journal*, March 5, 1990.

42 Chrysler Corp., Mexico videotape, obtained by the author.

43 Jerry Flint, "Occupied Chrysler," *Ward's AutoWorld*, November 1999, 23.

12장

1 P. J. O'Rourke, *Republican Party Reptile: The Confessions, Adventures, Essays, and (Other Outrages of . . .* (New York: Atlantic Monthly Press, 1987), 114–15.

2 Don Bunn, "Chevrolet Trucks History: Segment Two: 1929–1936 Early Six Cylinder Pickups," http://www.pickuptrucks.com/html/history/chev_segment2. html.

3 John Steinbeck, *Travels with Charley* (New York: Viking Press, 1962), 6.

4 Ibid., 70.

5 Ibid., 205.

6 *Ward's Automotive Yearbook* 1979, 42.

7 Ford Motor Co., office of sales statistics, 2011.

8 Ibid.

9 Sidney C. Schaer, "Billy Carter Dies: Ex-president's Brother Succumbs to Cancer," *Newsday*, September 26, 1988, accessed on Factiva.com.

10 Songs and artists(노래와 가수, 차례대로): Billy Joe Shaver, "Ragged Old Truck," 1981; Jerry Jeff Walker, "Pickup Truck Song," 1989; Toby Keith, "Big Ol' Truck," 1994; Joe Diffie, "Pickup Man," 1994; J. C. Hyke, "That Old Truck," 2002; John Williamson, "This Old Truck," 2002.

11 Keith Bradsher, *High and Mighty: The Dangerous Rise of the SUV* (New York: Public Affairs, 2003), 95.

12 Jack Keebler, "The Ford SVT Lightning," *Motor Trend*, June 1999, 70.

13 Ford Motor Co., *Big, Bad and Bold: The 2005 Harley-Davidson Super Duty*, press release, 2004.

14 Christian Bokich, spokesman for Ford, e-mail message to author, August 9, 2010.

15 Federal Documents Clearing House e-Media, Transcript of Bush-Putin press conference in Slovenia, June 16, 2001, accessed on Factiva.com.

16 Author interview with Douglas Scott, Ford director of truck marketing, July 19, 2010.

17 Boe, e-mail.

18 Author interview with Professor Bryan Jones, July 14, 2010.

19 Author interview with John Williford, August 10, 2010.

20 Ibid.

21 Ibid.

22 Paul Ingrassia, "The Pickup Bar Has Just Been Raised," *Smart-Money*, November 1, 2003, 130.

23 Paul Ingrassia, *Crash Course: The American Automobile Industry's Road from Glory to Disaster* (New York: Random House, 2010), 206.

24 Michael Cooper, "Senate GOP Victory Stuns Democrats," *New York Times*, January 19, 2010.

25 Alexander Burns, "Scott Brown Pulls Off Historic Upset," January 20, 2010, http://www.politico.com/news/stories/0110/31674.html.

26 Kimberley A. Strassel, "The Obama Heyday Is Over," *Wall Street Journal*, September 10, 2010, http://online.wsj.com/article/SB10001424052748704644404575482122517174884.html.

27 Author interview with a Washington automotive lobbyist, who wished to remain anonymous(익명을 요구했다.), March 2009.

13장

1 Alex Taylor III, "Toyota: The Birth of the *Prius*," Fortune, February 21, 2006.

2 "Pious *Prius*," posting to "I, Anonymous" column, Portland Mercury(Portland, OR), September 4, 2008.

3 Frank Swertlow, "Al Gore's Son Arrested for Speeding, Drugs," *People*, July 4, 2007, http://www.people.com/people/article/0,,20044628,00.html.

4 Horst O. Hardenberg, The Oldest Precursor of the Automobile: Ferdinand Verbiest's Steam Turbine-Powered Vehicle Model, (Warrendale, PA: Society of Automotive Engineers, 1995).

5 Dr. Ing. h.c. F. Porsche AG, ed., Ferdinand Porsche: Hybrid Automobile Pioneer (Cologne: DuMont Buchverlag, 2010), 16–19.

6 "Present at the Creation" (interview with retired TRW scientist Dr. George Gelb), *Automotive Design and Production*, November 2006, http://www.autofieldguide.com/articles/present-at-thecreation.

7 Ibid.

8 Stuart Lavietes, "Victor Wouk, 86, Dies; Built Early Hybrid Car," *New York Times*, June 12, 2005.

9 Michael Shnayerson, *The Car That Could: The Inside Story of GM's Revolutionary*

Electric Vehicle (New York: Random House, 1996), 182.

10 Author interview with Takeshi Uchiyamada, January 2011.

11 Ibid.

12 Hideshi Itazaki, *The Prius That Shook the World, trans. Albert Yamada and Masako Ishikawa* (Tokyo: Nikkan Kogyo Shimbun Ltd., 1999), 48–49.

13 Ibid., 70.

14 Uchiyamada, interview.

15 Ibid.

16 Itazaki, *Prius*, 152, 154.

17 Uchiyamada, interview.

18 Ibid.

19 Itazaki, *Prius*, 270.

20 James B. Treece, "Six from Toyota Die in Crash," *Automotive News*, February 10, 1997.

21 Itazaki, *Prius*, 164.

22 Uchiyamada, interview.

23 Yuri Kageyama, Associated Press, "Toyota Introduces the World's First Gas-Electric Hybrid Car," October 14, 1997.

24 Author interview with Joseph Tetherow, Toyota public relations executive, November 2010.

25 Author interview with Toyota manager, who wished to remain anonymous. (익명을 요구했다.)

26 Author interview with Csaba Csere, former editor of *Car and Driver*, November 2010.

27 Carole McCluskey, "Squeaky Clean, But Not Much Fun," *Seattle Times*, September 3, 1999.

28 Author interview with Mark Amstock, Toyota marketing executive, November 2010.

29 Ibid.

30 Ibid.

31 Lavietes, "Victor Wouk," *New York Times*, June 12, 2005.

32 "Half Gas, Half Electric, Total California Cool: Hollywood Gets a Charge out of Hybrid Cars," *Washington Post*, June 6, 2002.

33 Ibid.

34 Author interview with Ed LaRocque, Toyota marketing executive, November 2010.

35 "Half Gas, Half Electric."

36 Ned Martel, "Playing a Wife Who's the Other Woman," *New York Times*, February

1, 2004.

37 Curb Your Enthusiasm, "Wandering Bear" episode, February 29, 2004.

38 Author interview with Steve Ingrassia, cousin of the author(저자의 친척), November 2010.

39 Sharon Waxman, "A Prius-Hummer War Divides Oscarville," *New York Times*, March 7, 2004.

40 Associated Press, October 26, 2004.

41 "Hybrid Hypocrisy: Gas Guzzlers Get Breaks Too," *Sacramento Bee*, August 3, 2005.

42 South Park, "Smug Alert!" episode, March 29, 2006, http://www.southparkstudios.com/full-episodes/s10e02-smug-alert.

43 Ed LaRocque, interview.

44 Gary Richards, "Can Prius Top 100 MPH? Ask Wozniak," *San Jose Mercury News*, August 21, 2007.

45 Ibid.

46 Author interview with Scott Jackson, November 2010.

47 Uchiyamada, interview.

후기

1 Gayle Pollard-Terry, "Mustang Is His Driving Passion: The '05 Version of the Car Was Designed by a Vietnamese Immigrant," *Los Angeles Times*, January 3, 2005.

2 Paul Ingrassia, "Pony Express Rides Again," *SmartMoney*, April 1, 2005.

참고 문헌

Burton, Jerry. *Zora Arkus-Duntov: The Legend Behind the Corvette.* Cambridge, Mass: Bentley, 2002.

Casey, Robert. *The Model T: A Centennial History.* Baltimore: Johns Hopkins University Press, 2008.

Challis, Clive. *Helmut Krone, The Book: Graphic Design and Art Direction(Concept, Form and Meaning) After Advertising's Creative Revolution.* Cambridge: Cambridge Enchorial, 2005.

Chouinard, Yvon. *Let My People Go Surfing: The Education of a Reluctant Businessman.* New York: Penguin Press, 2005.

Ford, Henry, with Samuel Crowther. *My Life and Work.* Garden City NY: Garden Publishing, 1926.

Foster, Patrick R. *The Story of Jeep.* Iola, Wis.: Krause Publications, 2004.

Genat, Robert. *Woodward Avenue: Cruising the Legendary Strip.* North Branch, Minn.: CarTech, Inc. 2010.

Iacocca, Lee, with William Novak. *Iacocca.* New York: Bantam Dell, 1984.

Itazaki, Hideshi. *The Prius that Shook the World.* Translated by Albert Yamada and Masako Ishikawa. Tokyo: Nikkan Kogyo Shimbun, 1999.

Johnson, Richard A. *Six Men Who Built the Modern Auto Industry.* Minneapolis, Minn: Motorbooks, 2005.

Keats, John. *The Insolent Chariots.* Philadelphia: J. B. Lippencott & Co.,1958.

Kerouac, Jack. *On the Road*. First published 1957; New York: Penguin, 1976.

Kiley, David. *Inside BMW, the Most Admired Car Company in the World*. Hoboken, NJ: John Wiley & Sons, 2004.

Kreipke, Robert C. *The Model T: A Pictorial Chronology of the Most Famous Car in the World*. Evansville, Ind.: M.T. Publishing, 2007.

Lamm, Michael, and David Holls. *A Century of Automotive Style: 100 Years of American Car Design*. Stockton, Calif.: Lamm-Morada Publishing, 1996.

Larson, Matt, and Ron Van Gelderen. *LaSalle: Cadillac's Companion Car*. Paducah, Ky.: Turner Publishing, 2001.

Levenson, Bob. *Bill Bernbach's Book: A History of the Advertising that Changed the History of Advertising*. New York: Villard, 1987.

Lewis, David L., and Laurence Goldstein, eds. *The Automobile and American Culture*. Ann Arbor: University of Michigan Press, 1980.

Lewis, David L. *The Public Image of Henry Ford: An American Folk Hero and His Company*. Detroit: Wayne State University Press, 1976.

McCarthy, Tom. *Auto Mania: Cars, Consumers and the Environment*. New Haven, Conn.: Yale University Press, 2008.

McLaughlin, Paul G. *Ford Pickup Trucks: Buyer's Guide*. Osceola, Wis.: MBI Publishing, 1991.

Muir, John. *How to Keep Your Volkswagen Alive: A Manual of Step by Step Procedures for the Compleat Idiot*. Santa Fe: John Muir Publications, 1969.

Nader, Ralph. *Unsafe at Any Speed*. New York: Pocket Books, 1966.

Nelson, Walter Henry. *Small Wonder: The Amazing Story of the Volkswagen Beetle*. Cambridge, Mass: Bentley Publishers, 1998.

O'Rourke, P.J. *Republican Party Reptile: The Confessions, Adventures, Essays, and (Other) Outrages of P.J. O'Rourke*. New York: Atlantic Monthly Press, 1995.

Packard, Vance. *The Hidden Persuaders*. Updated edition; New York: Pocket Books, 1984.

Railton, Arthur. *The Beetle: A Most Unlikely Story*. Stuttgart: Verlagsgesellschaft, 1985.

Rowsome, Frank. *Think Small: The Story of Those Volkswagen Ads*. Lexington, Mass: S. Greene Press, 1970.

Sato, Masaaki. *The Honda Myth: The Genius and His Wake*. New York: Vertical, 2006.

Shapo, Marshall S. *Tort Law and Culture*. Durham, NC: Carolina Academic Press, 2003.

Steinbeck, John. *Cannery Row*. First published 1945; New York: Penguin, 1993.

_____ *Travels with Charley: In Search of America*. New York: Penguin Modern Classics, 1980.

Van Doren Stern, Philip. *Tin Lizzie: The Story of the Fabulous Model T Ford*. New York: Simon and Schuster, 1955.

Wangers, Jim, and Art Fitzpatrick. *Pontiac Pizazz*! Oceanside, Calif.: Jim Wangers Productions, 2007.

Wolfe, Tom. *The Electric Kool-Aid Acid Test*. First published 1968; New York: Bantam, 1999.

Wright, J. Patrick. *On a Clear Day You Can See General Motors: John Z. DeLorean's Look Inside the Automotive Giant*. Brooklyn, NY: Wright Enterprises, 1979.

Yates, Brock. *The Critical Path: Inventing an Automobile and Reinventing a Corporation*. Boston: Little, Brown & Co., 1996.

찾아보기

가

가르시아, 제롬 존 '제리' 134
간츠, 요제프 138
개인 승용차 59
개인용 고급차 86
고든, 존 89
고어, 앨버트 아널드 205
골드 콜벳 쇼 21, 97
골프 카트 439, 455
괴벨스, 마그다 347~348
괴벨스, 요제프 347~348
교토 기후 회의 453
구글 168
그랜드래피즈 175
그랜드 비타라 394
그랜드 체로키 11, 393~395
그랜드 투어링 카 248
그레이트풀 데드 134
그램린 21, 276, 305, 470
그로스먼, 리처드 192
그린브라이어 스포츠 왜건 188
그린브라이어 313
그린피스, 밀드레드 228
그릴 53, 59
기아 118
기어비 56

나

나스카(NASCAR) 438
내비게이션 406
내셔널 램푼 165
내시-켈비네이터 379
낸터킷 315
네이더, 내스라 190
네이더, 랠프 14, 190~205, 254, 386, 473, 474
네이더, 로즈 190
네이더스 레이더스 200
《네이션》 194, 196
노로트, 빌 241
노르웨이 미국 자동차 클럽 105

노르트호프, 하인츠 하인리히 144~149, 151, 162, 164
노바 17, 287
노스먼 118
노스웨스트 항공사 276
뉴 리퍼블릭 191~192, 196
뉴 비틀 167
뉴먼, 폴 78, 159
《뉴스위크》 162, 215, 224
《뉴요커》 55, 160~161, 388
《뉴욕 타임스》 141~142, 196, 332, 340, 429, 460
니만 마커스 411
니켈-수소 합금 전지 442
니클라우스, 잭 291
닉슨, 리처드 밀하우스 199, 288
닛산 20, 289, 305, 413, 414, 428

다

다임러 398
다임러-벤츠 137, 345~346, 348, 397
다임러크라이슬러 397
다트 471
닷지 104, 112, 173, 233, 256, 304, 325, 334, 413, 420,
428, 436, 471
대공황 62, 115
대기 오염 방지법 94
대너, 리처드 194
대서 166
대형 스테이션 왜건 172
더너웨이, 페이 243
더트 트랙 경주 35
데 소토 16, 112
데스먼드 227
데쓰오 치노 293~294
데이비드, 로런스 진 '래리' 459~460
데이비스 주니어, 데이비드 에번 351
데일리 일리니 69
덴마크 캐딜락 클럽 23, 104
덴버, 존 416
도나휴, 필립 존 '필' 202
도요다 에이지 445, 453

도일 데인 앤드 번바흐(DDB) 152
도쿄 모터 쇼 446
둔토프 캠샤프트 87
둔토프, 요제프 74
둔토프, 조라 71~96
듀런트, 윌리엄 '빌리' 크레이포 듀런트 53
듀센버그 55, 109
듀센버그 오토모빌 앤드 모터스 컴퍼니 48
듀코브니, 데이비드 윌리엄 458
드래그 레이스 15, 17
드림 카 59, 128
드밀, 세실 블런트 51
드비토, 다니엘 마이클 '대니' 129
드와이어, 조지 제퍼슨 '제프' 233
들라이에 148
들라지 드 빌라스 21
들로리안 253~255, 259~263, 266~271
들로리안, 존 재커리 242, 244~249
들로리안 모터 268~270
DDB 153~156, 158~159, 162, 165
디마지오, 조 304
디어본 인디펜던트 46
DMC-12 269, 271
디즈니 162
디즈니, 월트 104
디캐프리오, 리어나도 458
디트로이트 오토 쇼 428
디트로이트 자동차 회사 35
《디트로이트 타임스》 82
디트로이트 프리 프레스 212, 224
디트로이트 135, 152~153, 157, 159, 162~163, 168,
　　171~172, 174, 177, 183, 186, 188, 201~202, 214,
　　215, 221, 224, 228, 235, 241~245, 265, 275, 278,
　　288, 292, 295~299, 303, 306, 313~314, 317~318,
　　321, 327, 329, 342, 345, 350, 369, 373, 374, 379, 393
디피, 조 로건 419
딕테이터 50
딘, 잰 앤드 228

라
라곤다 148
라살 12~13, 32~34, 49~50, 53~56, 58, 61~64, 470
라스푸틴 94
라이너, 로버트 '롭' 458
라이트풋, 고든 메러디스 243
라이프 153
라임 록 184
라파이유, 질베르 클로테르 420
란체로 409
래브4 394

래빗 293
래스, 톰 136
랜드 로버 403
랜드 크루저 394
램 428
램50 413
램블러 152, 173, 369
램스티드 캠프카 47
램프사이드 188
랭글러 YJ 385~386, 394
러서트, 티머시 존 '팀' 429
러츠, 로버트 앤서니 '밥' 393
런어바웃 40, 48, 50
레고 407
레닌, 블라디미르 일리치 37
레드넥 벨트 416
레드포드, 로버트 418
레디 시니어, 잭 227~228, 227~228
레버리지 427
레이건 380
레이크우드 스테이션 왜건 188
레이턴, 아서 162
레이저 414
레인지 로버 394, 403
레지 나스요날 데 지컨 르노 384
렉서스 362
로드 러너 260~261
《로드 앤드 트랙》 287, 351
로드스터 21, 54, 72, 211, 218~219, 269, 395
《로스앤젤레스 타임스》 303, 337, 339
로시, 제임스 196~197, 255, 262
로위, 레이먼드 110, 116
로이, 데니즈 334
로젠베르거, 아돌프 140
로즈, 마거릿 159
로즈, 제임스 앨런 290~291, 301
록히드 107
론스타 404
《롤링 스톤》 135
롤스로이스 189
롬니, 윌켄 173, 256, 369
루거버, 월터 196
루미나 327
루스, 베이브 229
루스벨트, 테디 40
루티스, 윌리엄 144
《룩》 115
르노 151, 370, 372, 385, 390~393
르망 경주 72, 79, 85, 87
르망 스포츠 250, 265

리무진 458
리비코프, 에이브러햄 알렉산더 190
리스턴, 소니 213
리지웨이, 제임스 196
리처즈, 메리 234
리히트호펜, 만프레드 알브레히트 프라이헤어 폰 343
린, 로레타 416
린드버그, 찰스 오거스터스 49
릴라이언트 321
릴런드, 헨리 마틴 36
링, 제임스 '지미' 230
링컨 108, 124, 161, 342
링-템코-보트 230

마

마샤크, 시모어 212
마시 3세, 스탠리 128
마이캐퍼 138
마이크로버스 30, 135, 136, 147, 150~151, 158,
    160~161, 163, 166~167, 188, 313, 360~361, 472
마이크로소프트 427
마이크로시스템스 167
마즈다 305, 413
마페르스도르프 137
마하리스, 조지 67
말로, 로버트 205
매덕스, 레스터 가필드 417
매리스, 로저 유진 229
매카시, 조지프 레이먼드 71
매클렐런, 데이비드 95
맥나마라, 로버트 스트레인지 214~221, 470
맥도날드 203
맥스웰 37
맥카힐 3세, 토머스 제이 68
맥퀸, 스티브 233
맨스텝 422
머스탱 12, 15~16, 104, 211~213, 217, 221~235,
    243~254, 256, 266, 305, 311, 313, 314, 322,
    327~328, 404, 470~473
머스탱 GT 233
머스탱 GT-350 232
머스탱 V8 17
머스탱 컨버터블 226
머슬 카 104, 235, 256, 257, 262~263, 265, 275,
    350~352
《머큐리 뉴스》 464
먼로, 메릴린 69
메러디스, 제임스 하워드 417
메르세데스 361
메르세데스벤츠 134, 305, 342, 346, 350, 353,

355~358, 397
메리즈빌 290~294, 296~301, 303, 305
《메캐닉스 일러스트레이티드》 68, 184
모델 A 37, 407~408
모델 GTO 239
모델 K 38
모델 N 30, 38
모델 R 30, 39
모델 S 30, 39
모델 T 12~13, 20~22, 29~50, 63, 134, 167, 171, 175,
    192, 205, 278, 380, 421, 470, 474
모델 T 런어바웃 407
《모터 라이프》 117126
《모터 트렌드》 71, 184, 253, 260, 320, 351, 420, 467
모터라마 72, 77
몬스터 잼 421
몬차 세단 188
몬차 쿠페 188
몰딘, 윌리엄 헨리 '빌' 375
무개 접좌석 54
무솔리니, 베니토 50
미국 전기 자동차 협회 463
미국 고무 회사(유니로열) 180
미니맥스 315~317
미니밴 11, 18, 312, 324~334, 369, 371, 394, 407, 414,
    472
미드 아메리카 모터웍스 97
미드, 마거릿 105
미드엔진 94
미쓰비시 304~305, 413
미첼, 윌리엄 '빌' 61, 78, 89~90, 120
믹스, 톰 33
밀너, 마틴 샘 67
밀러 주니어 369
밀포드 245

바

바그너, 빌헬름 리하르트 279
바라쿠다 235, 256, 259
바에즈, 조앤 217
바이블 벨트 416
바이에리셰 모토렌 베르케(BMW) 342
바이에리셰 플루크초이크베르케(BFW) 343
밥콕 일렉트릭 캐리지 컴퍼니 37
방열공 62
방열기 452
방열창 53
밴텀 376~379
밸리언트 184
버블 카 346

버틀러 372, 374
번바흐, 윌리엄 152~153
범퍼 스티커 406
범퍼 59, 112
베글리 주니어, 에드워드 제임스 '에드' 463
베리, 윌리엄 잰 92
베트남 전쟁 94
베티 262
벨 에어 17, 177~178, 470
보, 클라라 고든 56
보그 56
보이저 325~326
보잉 사 304
볼트 467~468
볼프, 엘피 75
볼프강 227
볼프스부르크(팔레슬레벤) 145
볼프스부르크 146~147, 152, 154
부시, 조지 205
불리 224
붓쿠스, 디 288
뷰익 54, 58~59, 125, 127, 133, 173, 175, 179, 245, 310,
    342, 440
브라운, 스콧 필립 429
브라이언트, 애니타 제인 288
브랫 413
브러시 사 40
브론코 II 393
브론코 382
브룩스 341
브룩스, 데이비드 340
브리치, 어니스트 146
블룸필드 힐스 컨트리 클럽 78
비머 361~362
《비스마르크 트리뷴》 49
비스케인 185
BMW 128, 167, 305, 337, 339~365, 372, 385, 420, 458
BMW 3 시리즈 341, 355~356, 361~362
BMW 3/15 344
BMW 328 베를리네타 344
BMW 5 시리즈 356
BMW 501 345
BMW 7 시리즈 356
BMW 북아메리카 법인 354, 362
《비즈니스위크》 267, 339
비치 보이스 11, 15, 470
비틀 14, 133~138, 142, 147~152, 155~157, 159,
    162~168, 172, 174, 180, 185, 198, 226, 284, 288,
    312, 346, 361, 465, 473
비틀 컨버터블 166

비틀 하드톱 166
비티, 워런 243
빈, 레온 레온우드 388
빌헬름 황제 342

사

사노프, 데이비드 114
사이드 커튼 83
살랭이 파업 82
《새크라멘토 비》 461
《새터데이 이브닝 포스트》 68, 185
색슨 175
《샌프란시스코 크로니클》 332
샤포, 마셜 203
샤프트 40
서리 380~381
서브어번 394
석유 파동 94~95
선빔 알파인 218
세단 30, 54, 63~64, 83, 111, 148, 172, 188, 256, 306,
    341, 355, 370
셰익스피어, 윌리엄 104
셸비, 캐럴 홀 231~233
소렌슨, 시어도어 챌킨 198
소이치로 279, 282
소형 밴 315, 321~322
쇼, 디나 73, 81
수소 연료 전지 439
수카르노 114
수퍼 커브 50 280
수퍼차저 420
쉐벨 SS 259
쉐벨 SS 396 256
쉐보레 13~14, 48, 58, 67~68, 77, 80~86, 88, 90~93,
    95, 113, 116, 127, 168, 171~190, 235, 245~246,
    254~256, 261~262, 267, 276, 313, 394, 406~407,
    419, 421, 467, 470, 473
쉐비 16, 17, 83, 177~179, 181~189, 197, 200~201, 245,
    261, 267, 287, 310, 327, 407~409, 413, 419, 426, 428,
    431, 441~442, 470
쉐비 파 405
슈메이커, 그레이스 L 309
슈미트, 에릭 167~168
슈빔바겐 142
슈워제네거, 아닐드 395, 461
슈타이어 137
슈투트가르트 137
수퍼 비틀 165
수퍼 스톡 닷지 12
슐츠, 래리 359

스냅-인 83
스마트 머니 19
스몰 블록 V8 409, 470
스바루 305, 413
스즈키 394
스카우트 382
스카이라크 440
스캐럽 313
스쿼블리스, 존 271
스타우트 스캐럽 312
스타우트, 윌리엄 부슈널 312
스타인벡, 존 언스트 22, 408, 410~411
스탠리 스티머 439
스테이션 왜건 16, 189, 226, 310, 341, 355~356, 377,
    380, 468
스텔스 304
스튜드베이커 50, 110~111, 11, 6244
스튜어트, 존 21, 470
스트리트 헤미 GTX 258
스티븐슨, 애들레이 유잉 160
스팅 레이 90, 104
스파탄버그 362
스펄리치 213, 218~219, 221, 223, 311, 313~322,
    326~328, 334
스페셜티 트럭 406, 420
스포츠-유틸리티 비클(SUV) 19, 305, 393~398, 414,
    421, 437, 445, 457, 459,
《스포츠 일러스트레이티드》 77, 87, 93, 466~467
스포츠카 68, 70, 72, 77~78, 87, 91
《스포츠카 일러스트레이티드》 174, 185~186, 189
스포티카 248
스피드 위크 경주 88
슬론 주니어, 앨프리드 프리처드 52~54, 57~58, 180
시거, 로버트 클라크 '밥' 419
시거, 피터 '피트' 217
시나트라, 프랭크 125, 217, 381
시동기 47
《시드니 모닝 헤럴드》 363
시빅 166, 286~298
CJ 381, 385~386
CJ-2A 377
CJ-5 380~381
CJ-7 385
시트로엥 148
실버라도 419, 425
심카 320
썬더버드 11, 18, 82, 84~86, 89, 116, 218~220, 470

아
아덴, 엘리자베스 226

R32 344
RCA 114
아르둔 기계 회사 76
아르쿠스, 레이첼 73
아르쿠스, 자카리(조라 아르쿠스-둔토프) 73
아르쿠스, 자크 73
아르쿠스-둔토프, 조라 70, 76
아마릴로 컨트리 클럽 404
아메리칸 모터스 코퍼레이션(AMC) 21, 108, 152, 173,
    256, 370~372, 379, 382~386, 390~392, 396, 441,
    470
아메리칸 밴텀 자동차 회사 374
아메리칸 오스틴 자동차 회사 374
아셀라 코리도 407
아우스트로-다임러 137
아이아코카, 리도 앤서니 '리' 210, 220, 222~223,
    229, 234, 244, 311, 314, 316~323, 325, 328~372,
    391~392, 397
아이제나호 모터 웍스(EMW) 345
아이젠하워, 드와이트 데이비드 68, 82, 114, 160, 380
아폴로 계획 449
안드레스, 우르줄라 266
안호이저부시 47
알리, 무하마드 213
알파 로메오 344
애나 297~298
애덤스, 에디 189
애드버타이징 아티스트 스튜디오 109
애벌란치 421
애틀랜틱 117
앤더슨, 버질 109
앨 고어 3세 438, 464
앨러드 자동차 회사 79
앨저, 호레이쇼 171
《앰카》 105
어번 럭셔리 422
어코드 277, 287~288, 297~298, 301~306, 310, 316
어코드 세단 296
어코드 쿠페 301
어큐라 362
얼, 할리 32~33, 50~64, 72, 89, 107, 109, 119, 121
얼라이언스 370, 385, 391
에드셀 124~126, 172, 209, 211, 222, 409, 471
에디슨 일렉트릭 일루미네이팅 컴퍼니 34
에발트, 안토니 347
에버하르트 360
S-10 414
S360 281~282
S500 282
SVT 랩터 429

에스테이트 310
에스티스, 엘리엇 '피트' 249, 253
에어리스 320
에어플로 111, 469
AMC 그렘린 275
AMX 패스트백 256
F-1 408
F-100 409
F-150 404, 409, 424, 426, 465
F-150 SVT 라이트닝 420
F-2 408
F-200 409
F-250 409
F-300 409
F-350 409
F-시리즈 408, 418~419, 422~423, 427, 431
EX 122 68, 73, 77
엑스너, 버질 맥스 '엑스' 108~112, 115~118, 121~123, 127~128
엑스너, 이바 109
엑스너, 조지 109
XK120 72
XKE 92
엑스페디시온 데 라스 아메리카스 383
N360 285
L88 92
엘 카미노 409
LUV 413
엘도라도 브로엄 126
엘도라도 비아리츠 103
L. L. 빈 387, 389, 396
MG 로드스터 75
에이츠, 브록 288
에이츠, 윌리엄 버틀러 364
오로스, 조지 F 220
오루크, 패트릭 제이크 23
오바마, 버락 429
오스틴 세븐 344
오스틴-힐리 68
오쿠다 히로시 447, 452~453
《오토모빌 쿼털리》 63, 231
《오토모빌》 39
오펠 144~145, 304
오프로드 383, 386, 395, 399
올리, 모리스 79, 84, 181~182
올보드 앤 올보드 194
올즈모빌 54, 58, 97, 104, 125, 173, 179, 245, 256, 418
올즈모빌 442 256
올티 275~278, 294~295, 301, 305
옴니 320

와이-잡 59
와일더, 빌리 189
왜거니어 381~382
요시노 히로유키 302~303
요시다 시게 289~294
우주 시대 33
우즈 인터어번 439
우치야마다 다케시 444~446, 448~452, 467
우크, 빅터 440
울프, 토머스 케닐리 '톰' 103
《워싱턴 포스트》 303, 458
워즈니악, 스티브 35, 465
워커, 윌리엄 108
위홀, 앤디 155
《월 스트리트 저널》 18~19, 43, 200, 216, 388, 394
월터 불포드 3세 223
윙거스, 짐 241, 250~258~259
웨인, 존 81
웰치, 라켈 266
윈저 325
윈턴, 알렉산더 35~36
윌, 조지 프레더릭 97
윌리 95
윌리스 모터스 379~381
윌리스 지프 377
윌리스-오벌랜드 376~379
윌슨, 슬론 136
윌슨, 찰슨 어윈 177
윌킨, 메리온 251
윌킨, 존 '버키' 251
유나이티드 항공 304
유로밴 166
유투브 168
이리마지리 소이치로 283, 302
EV1 441~443, 447, 454, 463
이세타 346
이스즈 413
이스트우드, 클린트 264
이스파노-스이자 21, 53
이코노라인 315
이코노-카 275
익스커션 19-20, 396, 398
익스퍼디션 394
익스플로러 16, 393
익스플로러 스포트 트랙 466
익스플로러 에디 바우어 에디션 393
인디애나폴리스 500 55
인사이트 455, 467
인터내셔널 텔레폰 앤드 텔레그래프 230
인터내셔널 하베스터 110, 160, 382

인터쿨러 19, 420
인투이트 167
인피니티 362
임팔라 471
임팩트 441
입실란티 174

자

자동차 공학 협회(SAE) 79
자동차 노조 연맹 412
자리크니, 제임스 82
자파, 프랭크 빈센트 378
잡스, 스티브 35, 136
재규어 72, 82, 92, 148, 386, 458
재즈 시대 33
잭슨, 앨런 유진 421
잰 앤드 딘 12, 92
저속 기어 56
전기-기계식 전동 장치(EMT) 440
정례 생산 옵션(PRO) 92
제1종 세단 150
제2종 스테이션 왜건 150
제2차 세계 대전 34, 71, 449
제너럴 모터스(GM) 12, 13, 32~33, 36, 48, 50~62, 64,
   67, 70, 77~79, 81, 83, 85, 88~89, 93~96, 107, 109,
   111, 114, 116, 120~121, 125~126~128, 144, 152,
   164, 172~182, 185, 191~202, 220, 235, 241~242,
   244~245, 247, 249, 254~255, 259, 261~262,
   266~268, 271, 275, 277, 287, 297, 303~304, 320,
   327, 379, 382, 396, 398, 410, 413~414, 430, 439,
   441, 443, 460, 463, 474
제너럴 모터스 인스티튜트 175
제닌, 해럴드 시드니 230
제로백 97
제트ZR1 97
젠킨스, 홀먼 150~151
조던, 척 14, 118, 120, 127
조엘, 빌리 458
조플린, 재니스 264
존슨, 린든 베인스 198, 211, 411
준미니밴 328
지, 러셀 246
지스프터 377
GMC 22
GMC 410, 429
GTO 16~17, 240~243, 248~250, 252~258~266, 271,
   281, 295, 305, 352
지프 11, 20, 63, 369~372, 375~381, 383, 385~386,
   390, 392, 394~398, 436
지프CJ 391, 399

지프 리무진 386
지프 매버릭 380
지프 체로키 381
지프스터 382
질렌, 빈센트 194~195, 197

차

차대 30, 40, 74, 112
차저 256, 436
차저 R/T 매그넘 233
차체 30, 40, 52, 54
차축 40
채퍼퀴딕 165
챌리스, 클라이브 154
처칠, 베아트리스 82
체로키 392~393
체로키 리미티드 392
체임벌린, 월턴 노먼 '월트' 155
추이나드, 이본 389
축간 거리 56
치노 데쓰오 282, 302

카

《카 앤드 드라이버》 90, 133, 161, 189, 225, 248,
   250~251, 281, 284, 287, 323, 326, 351
카마로 235, 256, 470
카벨라 403
카뷰레터 41
카슨, 자니 268
카이엔 395
카이저 379~380
카이저, 에드거 포스 버러 382
카이저 지프 381~382
카이저, 헨리 존 378, 382
카이저-프레이저 378~379
카츠, 조지프 360
카터, 빌리 417
카터, 지미 416~417
캐넌 429
캐디백 178
캐딜락 14, 32, 36, 52~54, 56, 58, 60, 63, 79, 103~104,
   112, 121, 124~129, 135, 161, 175, 177~179, 228,
   245, 267, 339, 342, 377, 465
캐딜락 컨버터블 176
캐러밴 325~326, 334
캔자스 시티 스타 328
캠리 471
캠벨, 글렌 415
캠벨, 윌리엄 '빌' 167
캠샤프트 86

커닝햄, 브리그스 스위프트 82, 88
커즌스, 제임스 37~38, 43~46, 279
커틀래스 수프림 418
커티스, 레드 173, 179
커티스, 할로 허버트 '레드' 72, 114
컨버터블 55, 83, 103, 189, 227, 231~233, 250, 341,
    355~356, 381
컨트리 스콰이어 310
컨티넨털 161
케네디 주니어, 로버트 프랜시스 '바비' 458
케네디, 로버트 프랜시스 197, 244
케네디, 에드워드 무어 '테드' 165
케네디, 존 피츠제럴드 69, 198, 212~216
케네디, 테드 429
케노셔 391
케루악, 잭 23, 154
케르베로스 398
케이카 321~323, 326
케터링, 찰스 프랭클린 180
켈러, 코프먼 서머 111~112
코네스토가 포장 마차 439
코로넷 수퍼 비 104
코로넷 256
코롤라 446~447, 452, 455
코박스, 어니 189
코번 188
코벨, 토비 키스 421
코요테, 와일리 260
코페크니, 메리 조 165
코피 3세, 셸비 97
콘셉트 카 446~447
콘티넨털 108
콜, 로이 110
콜, 에드워드 니콜라스 72, 79, 81, 84, 86, 89, 116,
    168~172, 180, 186, 199~202, 205, 283, 409, 473
콜린스, 윌리엄 카페지 '빌' 246, 266, 268~269
콜베어 14~15, 152, 168, 171~175, 179~203, 205, 255,
    269, 284, 304, 313, 386, 473~474
콜베어 몬차 스파이더 189
콜벳 그랜드 스포트 88
콜벳 13~14, 68, 70~71, 74, 80~97, 104, 178, 240,
    246~247, 269, 305, 471
콜벳 박물관 96~97
콜벳의 밤 97
콤팩트 세단 189
콤팩트 카 173, 182~183, 256
콩스오, 라이프 128~129
콩쿠르 델레강스 21
콰드 캡 417, 422
콴트 형제 349

콴트, 귄터 347~348
콴트, 요한나 358~359
콴트, 하랄트 346~349, 352
콴트, 헤르베르트 베르너 346, 349~350, 353, 358
쿠리어 413~414
쿠엔하임 353~354, 358, 362
쿠엔하임, 에버하르트 폰 352
쿠엔하임, 파비안 360
쿠퍼먼, 밥 156
쿠페 55, 189, 250, 256, 258, 341, 355
쿼드러사이클 35
퀴벨바겐 142
크라이슬러 11, 14, 18, 77, 88, 106, 111~112,
    115~117~122, 124~127, 152, 182, 186, 202, 244,
    275, 277, 296~297, 303~304, 311~312, 314,
    317~326, 328~331, 369, 371, 379, 382, 391~393,
    395~398, 413, 440, 469, 472
크라이슬러, 월터 퍼시 58
크라이슬러-케르베로스 398
크라프트 두르히 프로이데 바겐(KdF) 133~135,
    141~145
크로스비, 빙 472
크로시, 켄 250
크론, 헬무트 154~156
크롬 59, 64, 112, 121, 422
크루 캡 417
크리스티나 270~271
클레이, 캐시어스 마셀러스 213
클루니, 조지 462
클리블랜드, 스티븐 그로버 159
클린턴, 빌 233, 333, 458
키지, 켄 엘턴 160~161
키츠, 존 154, 123
키팅 178
키팅, 토머스 177
킹 랜치 422, 465
킹, 마틴 루터 243
킹, 캐럴 458

타
타이탄 20, 427~428
《타임》 82~83, 111, 114, 125, 149, 160, 171, 184,
    198~199, 213, 224, 293, 322, 443
탈보 74
태디백 176
터커, 스탠리 225~226, 232
터커, 프레스턴 토머스 176
턱시도 파크 381
턴파이크 16
테슬라 468

테일핀 13~14, 23, 64, 105~107, 116~117, 120~122,
　124, 127~129, 151, 431, 444, 465
텍사스 머스탱 404
《텔레비전 쿼털리》 91
템페스트 246~250, 266, 440
템페스트 GTO 248~251, 253
토러스 302, 471
토르페도 런어바웃 42
토리노 222
토머스 37
토머스, 클래런스 97
토요타 183, 289, 305, 327, 394, 408, 413, 428,
　436~437, 443~460, 463, 466, 468, 471
톨레도 371, 379
투어링 카 229
투어링 40
툰드라 428
튜린 222
트라반트 304
트라이엄프 TR4 218
트렁 룸 423
트레일러 422, 427
트로츠키, 레프 다비도비치 37
《트루: 맨스 매거진》 174
T115 322
TRW 440
《TV 가이드》 67, 210
틴 리지 31

파
파나소닉 450
파리 모터쇼 53
파워 3세, 제임스 데이비드 297
파워, 앨로이시어스 194
파이어버드 351
파일, 어니스트 테일러 '어니' 375
파타고니아 390
팔레슐레벤 134, 141~145
패밀리 밴 321
패밀리 세단 83
패스트백 231
패커드 52, 54, 244
패커드, 밴스 123, 154
패튼 323
패튼, 조지 스미스 178
팰컨 152, 182, 184, 212, 215~221, 322
퍼킨스, 짐 95~96
펄스틴, 노먼 18
페라레, 크리스티나 268
페라리 82, 217, 248, 250, 458

페라리 GTO 250~251
페르비스트, 페르디난트 438
페어레인 151
펜실베이니아 301
평화의 배 45
포니 카 231, 235
포드 11~12, 15, 20, 29, 43, 76~85, 88~89, 111,
　116, 125~126, 134, 146, 151~152, 173, 175, 180,
　182, 196, 201~, 227, 229, 231~235, 245, 254, 256,
　275~279, 297, 302~304, 310~311, 314~316,
　324, 327, 376, 379, 382~394, 396, 398, 404~409,
　413~414, 419~423, 427~431, 466, 470
포드, 에드셀 브라이언트 46~48, 108, 124
포드 2세, 헨리 108, 124, 146, 163, 186, 219~223, 311,
　316~319, 358~359
포드 3세, 헨리 32
포드 V8 75
포드 디자인 연구소 219
포드 매뉴팩처링 컴퍼니 38
포드 자동차 사 32, 37~38, 42, 46~47, 108
포드 파 405
포드, 헨리 30~32, 34~41, 44~48, 50~51, 54, 63, 108
포르셰 86, 138~140, 144, 146~147, 164, 166, 178,
　283, 395, 439
포르셰, 페르디난트 137
포르셰-콘스트룩치온스뷔로 137, 139
포퓰러 원 283~284, 301
포인터, 조지 258
《포천》 107, 113~114, 377, 435
《포틀랜드 머큐리》 435
《포퓰러 사이언스》 148, 321
폭스, 마이클 제이 271
폭스바겐 14, 30, 128, 133~136, 139, 144, 147~185,
　198, 226, 242, 284, 290, 293, 301, 305, 312~313,
　345~346, 354~361, 384, 465, 472~473
폭스바겐베르크 147
폭스바겐 아메리카 151, 157, 162
폰, 벤 147
폰티액 16~17, 54, 58, 104, 173, 179, 235, 239~242,
　244~256, 259~266, 352, 440
폴, 알렉산드라 엘리자베스 442
푸틴, 블라디미르 블라디미로비치 422
퓨얼리 87
프레비아 327
프레슬리, 엘비스 69~70
프로 로데오 경기 연맹(PBR) 423
프로젝트 12 137
프로젝트 G21 446
프롭스트, 칼 374
프리 219, 222

프리, 도널드 넬슨 218
프리들랜더 348
프리들랜더, 리하르트 347
프리들랜더, 마그다 347
프리우스 20, 183, 435~438, 440, 447~468
플래티넘 에디션 429
플랫헤드 V8 엔진 76
《플레이보이》 69, 115, 159, 360
플리머스 밸리언트 152, 182
플리머스 112, 117, 173, 235, 256, 258~260, 276,
  320~321, 325
플리버 42
피니, 솔론 248
피셔, 로런스 피터 52~53
피셔 형제 51, 57~58
피스커 468
피아트 398
피에리니, 로즈 192
피에스타 316, 320
피켓, 윌슨 233
피터먼, 존 388
피터슨, 로버트 에이나르 '피트' 71
피프티, 니프티 230
《피플》 458
픽업 벤트 416
픽업 트럭 15, 20~23, 403~412, 417~418, 421,
  424~427, 429~431
핀토 203, 276

하
하드톱 231, 234, 271
하먼 266
하먼, 켈리 진 262
하먼, 토머스 더들리 '톰' 262
하워드, 론 371
하워드, 필립 203
하이브리드 436~440, 446~447, 449, 455, 457, 459,
  461, 465~468
한, 카를 호르스트 151
할리-데이비슨 에디션 420
《핫 로드》 71, 93
해프스태드, 로런스 115
행크스, 톰 458
허드슨 모터 카 379
허드슨 16
허머 H2 126, 396, 460
허머 395, 398~399, 461
허스트, 아이반 143~147, 167
험비 395~396
헤프너, 휴 마스턴 69~70

헨드릭스, 지미 334
헨리 J 378, 380
헨리 포드 컴퍼니 36
헨리 186, 221
현가 장치 40, 90
현대 305
호라이즌 320
호프먼, 맥시밀리언 148
혼다 기연 공업 278
혼다 모터 280
혼다 95, 166, 277, 305, 310, 316, 455, 467, 471
혼다 소이치로 278, 280~285, 290~293, 301~302, 305
혼다 자동차 282, 285~286, 290
홀든 181
홀든, 윌리엄 113
홀스, 데이비드 60~61, 119
홀스먼 37
화이트 37
후지사와 다케오 279, 282~285, 293
휘트먼, 찰스 조지프 243
흐루쇼프, 니키타 세르게예비치 125
히로히토 376
히치콕, 자넷 226
히치콕, 존 226
히틀러, 아돌프 134~142, 147, 150, 343, 347~348, 376

정병선

번역가. 수학, 사회물리학, 진화생물학, 언어학, 신경문화번역학을 공부하며, 영어 읽기도 가르친다. 번역서로 『타고난 반항아』, 『무기』, 『여자가 섹스를 하는 237가지 이유』, 『카북』 등이 있다. sumbolon@gmail.com

엔진의 시대

1판 1쇄 찍음 2015년 12월 24일
1판 1쇄 펴냄 2015년 12월 31일

지은이 폴 인그래시아
옮긴이 정병선
펴낸이 박상준
펴낸곳 (주)사이언스북스

출판등록 1997. 3. 24.(제16-1444호)
(우)06027 서울특별시 강남구 도산대로1길 62
대표전화 515-2000   팩시밀리 515-2007
편집부 517-4263   팩시밀리 514-2329

www.sciencebooks.co.kr

ISBN 978-89-8371-744-3 03500